First Steps in
Mathematics
Department of Mathematics, The University of Tokyo
東京大学数学部会 編
Atsushi MATSUO
松尾 厚 著

大学数学
ことはじめ
新入生のために

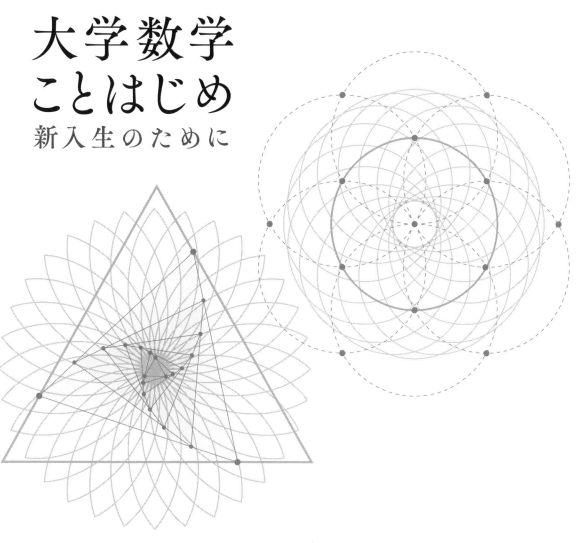

東京大学出版会

First Steps in Mathematics

Department of Mathematics, The University of Tokyo, Editor
Atsushi MATSUO

University of Tokyo Press, 2019
ISBN978-4-13-062923-2

はじめに

　大学での数学は高等学校までの数学とは違うとよく言われます。高等学校までは数学が得意だったが，大学に入って急に数学が苦手になったと聞くこともよくあります。学問としての数学そのものに違いがあるわけではありませんので，高等学校までに行われている数学教育と大学で行われている数学教育のあり方の違いによって，あたかも数学に違いがあるかのように感じられるのでしょう。

　高等学校までの数学教育では，学習指導要領のもと，それぞれの学校で適切に指導するための工夫がなされているものと思います。大学での数学教育においても，各大学において学部・学科等に応じた指導上の工夫が行われており，その結果として，大学での数学がそれまで学んできた数学と違うように感じられるのですから，それは決して悪いことではありません。しかし，大学に入学して，その違いに戸惑って悩んでいるうちにも，大学の授業はどんどん進んでいってしまいます。大学で学ぶべきことは多く，学生が戸惑いを解消するのを待つ時間的な余裕は大学にはないのです。

　東京大学では，この問題点に対処することを一つの目的として，新科目「数理科学基礎」を導入しました。数理科学基礎は，理科生向けの数学科目として，入学直後からおよそ二ヶ月間にわたって開講され，一年生の間に学ぶ数学科目の内容のうち，さまざまな理由からはじめに学ぶのが適当だと考えられる題材を扱います。具体的には，以下の題材からシラバスで指定した内容について講義が行われます。

○ 数学全般に共通する基礎となるもの
　　集合と写像・述語論理
○ 微分積分学と線型代数学に共通する基礎となるもの
　　座標空間と数ベクトル・二変数関数のグラフ
○ 高等学校で扱う題材を厳密に扱うことにより，後の学修に役立つもの
　　関数の極限・導関数と原始関数
○ 他教科で用いられる内容を早期に導入するもの
　　種々の関数・微分方程式入門・偏微分係数と接平面・平面の一次変換・
　　行列とその演算
○ そのほか基本的で重要なもの
　　複素数と多項式・線型写像と行列・行列の基本変形

　東京大学では，現在，数理科学基礎の講義内容と関連する内容について書かれた冊子を「数理科学基礎共通資料」と題して新入生全員に配布しています。本書は，その冊子の内容をそのまま第I部として収録し，さらに問題の解答と解説を加えて増補したものです。記載の科目名などは，現在の授業科目の名称そのままです。

　授業内容などの詳細は https://www.ms.u-tokyo.ac.jp/sugaku/ をご覧ください。科目名や授業内容は，変更の可能性があります。

数理科学基礎共通資料には，高等学校までに学んだ内容についても詳しく述べている部分がありますが，それは復習を意図したものではありません．たとえ大学に入ってから学ぶ題材であっても，大学ではじめて学ぶ部分から書き始めたのでは，記述が唐突になり，意味が分からなくなってしまいますので，高等学校までに学ぶ基本的なところから説き起こしています．また，大学では異なる扱い方をするものや，特に注意が必要となる点などについては，必要に応じて説明を加えてありますので，本書を読む際には，すでに学んで良く理解していると感じられる部分についても，細かい部分に気を配り，よく考えながら目を通していただきたいと思います．

　実際に本書に目を通すと，易しく感じられる部分と難しく感じられる部分があり，その中間的な部分があまりないように思われるかもしれません．それは，数学という科目の特徴とも言えることで，はじめて学ぶ内容については難しく感じられる反面，ひとたび理解すると，あるいは理解した気になると，まるで空気のように当たり前に感じられ，その中間的な状態はないことが多いのです．

　しかし，見た目で理解度を判断すると，本当は理解していない部分があるのに，完全に理解した気になって勉強がおろそかになり，それがあとあとで問題を引き起こす可能性があります．

　そこで，各章の章末には，その章で述べた内容について，きちんと理解できているかどうか読者がチェックできるよう，確認と称する問題を挙げてありますので，取り組んでみてください．読者の便宜のため，その解答と解説を第Ⅱ部に収録しました．

　また，各章の内容の理解をさらに深めつつ，思考力をつけるための練習問題と，さらに進んだ話題に取り組むための研究課題を本書の第Ⅲ部に収録しましたので，適宜，活用してください．

　なお，問題に取り組む際に便利なように，問題だけのファイルを用意しました．http://www.utp.or.jp/ にある『大学数学ことはじめ』のサポートページをご参照ください．

　さて，高等学校までに学ぶ数学では，具体的にイメージできるような対象を調べるのに数学を利用することがほとんどでした．しかし，大学で数学を用いる場面では，数学を適用して考察すべき対象そのものが数学的に記述されていることが多く，そのため考察対象に具体的なイメージを持つことが難しくなってきます．そのような状況においては，論理的に正確に数学を運用する技量が非常に重要になってきます．

　また，数学に現れる諸公式のなかには，その両辺が意味を持っていても，何らかの条件の下でしか成り立たないものがあります．さらに，公式そのものは具体的であっても，成立するための条件が抽象的な言葉で述べられることも良くあります．言うまでもありませんが，成立するための条件を満たさないのに公式を用いてしまっては，誤った結論に至る危険があります．

このように，大学で数学を学ぶ際には，論理的に正確に用語や公式を運用し，抽象的な言葉で述べられた条件を取り扱う必要があります．ただし，大学初年級の数学については，具体的なイメージからの類推によって，抽象的な用語や公式などの意味が把握できることも多いので，具体的なイメージを通じてその意味を理解するよう努め，その上で，それらを論理的に正確に運用できるようにすることが大切です．はじめは抽象的と思われたことがらも，慣れ親しむにつれて実感がわくようになり，次の段階に進んだ際には，それが具体的なイメージとなって，より進んだ内容の理解につながることでしょう．

　数学を学ぶ際には，記号の意味や用語の定義，定理や公式が成立する理由などを確認しながら一歩ずつ丁寧に進めば，その各ステップはおおむね難しくはありませんが，易しいはずのステップが幾つか重なっただけで，途端にまったく理解できなくなることがあります．その一方で，一歩ずつ丁寧に進むのでは，先が見通せないため，むしろ分かった気がしなかったり，前に進もうとする意欲が湧きにくいなどの面もあります．ときには背伸びをして，先の様子を見てみるのも良いでしょう．また，細かいことは気にせずに，大胆に取り組んでみることが功を奏する場面もあるでしょう．しかし，いずれにしても，地道な作業を抜きにして，数学を理解することは困難です．新しい内容に取り組む際には，特に丁寧に学ぶ必要があります．

　数学に限らず，およそ勉学の成否は，教える側の工夫もさることながら，最終的には学ぶ側の皆さんの覚悟にかかっています．心理的にも時間的にも折り合いをつけて，きちんとした理解の上に，しっかりとした知識と技量を身に付け，それぞれの道に数学を生かしてほしいと思います．

　本書がきっかけとなって，これに引き続く学修が順調に進み，ひいては，さらに進んだ数学を学んだ読者が世界で活躍せんことを切に願います．

平成 31 年 3 月

著者

目 次

はじめに …………………………… iii

I 数理科学基礎共通資料

第 1 章 集合と写像 …………………… 1
§1 集合 1
§2 集合の構成法 3
§3 集合の直積 6
§4 写像 7
§5 全射・単射と逆写像 11

第 2 章 述語論理 …………………… 14
§1 述語論理 14
§2 上界と下界 17
§3 上限と下限 18
§4 関数の極大と極小 20

第 3 章 関数の極限 …………………… 23
§1 ε-δ 論法による極限値の定義 23
§2 種々の極限 26
§3 関数の極限値の性質 27
§4 関数の連続性 29
§5 連続関数の性質 30
§6 数列の極限 32

第 4 章 導関数と原始関数 …………… 35
§1 微分可能な関数 35
§2 高次導関数 37
§3 連続微分可能性 38
§4 平均値の定理とその応用 39
§5 逆関数の導関数 42
§6 原始関数と不定積分 43

第 5 章 種々の関数 …………………… 46
§1 三角関数・指数関数・対数関数 46
§2 双曲線関数 47
§3 逆三角関数と逆双曲線関数 49
§A 種々の関数のグラフ 52

第 6 章 微分方程式入門 ……………… 58
§1 微分方程式とは何か 58
§2 変数分離型方程式 60
§3 一階斉次線型微分方程式 63
§A 単振動の方程式 65

第 7 章 複素数と多項式 ……………… 68
§1 複素数 68
§2 複素平面と複素数の演算 70
§3 多項式 71
§4 多項式の根と重複度 73

第 8 章 平面の一次変換 ……………… 77
§1 平面ベクトル 77
§2 平面の一次変換 80
§3 一次変換の線型性 82
§4 平面の回転 86
§A 平面の種々の変換 88

第 9 章 座標空間と数ベクトル …… 90
§1 座標空間と幾何ベクトル 90
§2 数ベクトル空間 91
§3 ノルムと内積 94
§4 空間内の図形 97
§5 直線の方程式 99
§6 平面のパラメータ表示 101
§7 空間ベクトルの外積 103

第 10 章 二変数関数のグラフ …… 107
§1 二変数関数 107
§2 二変数関数のグラフの形状 110
§3 二変数の二次形式 112
§4 グラフの等高線 115

第 11 章 偏微分係数と接平面 …… 118
§1 偏微分係数と偏導関数 118
§2 偏微分係数と接平面 121
§3 勾配ベクトル 123
§A 多変数関数に関する注意点 126

第 12 章　行列とその演算 ………… 129
　§1 行列　129
　§2 行列の和とスカラー倍　132
　§3 行列とベクトルの積　133
　§4 行列の応用　135
　§5 行列の積　137

第 13 章　線型写像と行列 ………… 140
　§1 線型写像　140
　§2 線型写像の行列表示　143
　§3 逆変換と逆行列　144
　§4 二次行列の逆行列と行列式　146
　§5 逆行列の応用　147

第 14 章　行列の基本変形 ………… 149
　§1 行基本変形　149
　§2 逆行列と行基本変形　155
　§3 行基本変形と線型写像　156
　§A 行簡約化の一意性　158
　§B 列基本変形　159

数学で用いられる種々の記号 ……… 161
数学で用いられる種々の記法 ……… 164

II　確認問題の解答と解説　167

III　練習問題と研究課題　207

おわりに ………………………… 255
謝辞 ……………………………… 256

英語索引 ………………………… 257
日本語索引 ……………………… 262

第Ⅰ部

数理科学基礎共通資料

内 容

第 1 章　集合と写像 …………… 1
第 2 章　述語論理 ……………… 14
第 3 章　関数の極限 …………… 23
第 4 章　導関数と原始関数 …… 35
第 5 章　種々の関数 …………… 46
第 6 章　微分方程式入門 ……… 58
第 7 章　複素数と多項式 ……… 68
第 8 章　平面の一次変換 ……… 77
第 9 章　座標空間と数ベクトル …… 90
第 10 章　二変数関数のグラフ …… 107
第 11 章　偏微分係数と接平面 …… 118
第 12 章　行列とその演算 ………… 129
第 13 章　線型写像と行列 ………… 140
第 14 章　行列の基本変形 ………… 149
数学で用いられる種々の記号 …… 161
数学で用いられる種々の記法 …… 164

凡 例

　各章はいくつかの節に分けられており，各節はいくつかの項に分けられている．各項について，本文の説明の後に，注意，備考，参考，展望の記載がある．

注意　本文の内容に関して，注目すべき点や誤解しやすい点などについて述べてある．

備考　用語や記法に関する習慣などの補足を述べてある．

参考　本文の内容に関連して，参考となることがらについて述べてある．

展望　本文の内容と本科目の他の章や，他の数学科目との関係について述べてある．

　このうち，参考および展望については，あえて進んだ話題や難しい内容に言及していることがあるので，現段階でただちに詳細を理解できなくとも良い．

　各章の終わりには，その章で学んでおくべき重要な用語をキーワードとして列挙し，その章で学ぶ内容についての理解を確認するための基本的な問題を掲げてある．各頁の下部には，新出の用語と対応する英語を，重要度とは関係なく記載してある．

　章・節・項の番号には原則として算用数字を用いるが，節全体が参考の扱いであるものについては，各章の末尾に置き，番号には大文字のアルファベットを用いた．節を引用する場合は §1 などとし，項を引用する場合は §1.1 などとした．

構 成

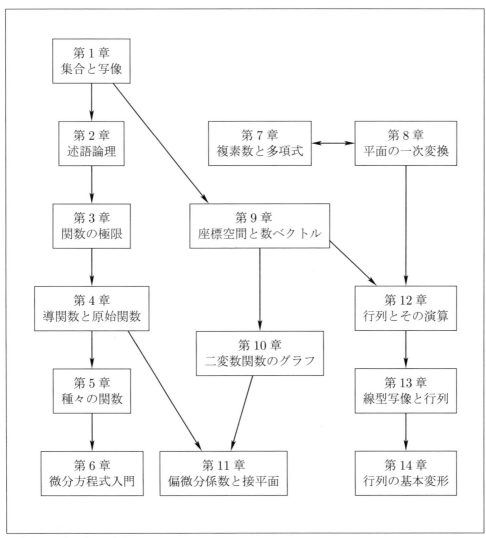

※ 矢印は記述の流れを表す．

○ 第1章および第2章の内容は，数学全般の基礎となるものである．第3章以降の内容を正確に理解するには，第1章と第2章の内容に習熟している必要がある．

○ 第1章と第2章に引き続き，第3章および第9章からそれぞれ独立に読み進めることができる．

○ 第12章以降を読み進めるには，第8章の内容に習熟しておくのが良い．

○ 第7章の内容は，他の章の内容とほぼ独立して読むことができる．

第1章 集合と写像

数学を学ぶことにより，方程式や不等式を利用して図形を記述し，その形状を調べたり，関数を利用して量の変化の様子を記述し，最大値・最小値を求めたりすることができるようになった。今後は，これまで以上に図形と量を一体的に扱い，さらに高度な問題に取り組むことになるが，そのためには，図形や関数を正確に言い表すための言語が必要になる。その役割を果たすのが，集合と写像である。この章では，集合と写像に関する用語や記法をまとめる。比較的簡単な状況を題材とすることにより，早いうちに集合と写像に慣れておくのが良い。

§1 集合

集合については，高等学校の数学でも学んだところだが，集合に関連する用語や記号をまとめながら，やや進んだ話題についても見ていこう。

1.1 集合とは何か 実数や平面上の点などの数学的対象が集まったものを一つの数学的対象と考え，**集合**と呼ぶ。ただし，重複や順序の違いは無視するものとする。集合をなす一つ一つの数学的対象を，その集合の**元**（または**要素**）と呼ぶ。

1.2 所属関係 数学的対象 a が集合 A をなす元の一つであるとき，$a \in A$ と表し，a は A に**属する**と言う。また，そうでないとき $a \notin A$ と表し，a は A に属さないと言う。二つの集合 A, B が等しいのは，$x \in A$ と $x \in B$ が互いに同値となるときである。記号 $\in$ の表す元と集合の間の関係を**所属関係**と呼ぶ。

集合 A を主語にする場合には，$a \in A$ であるときに「A は a を元に持つ」と言えばよい。もちろん $a \in A$ の代わりに $A \ni a$ と書いても良い。

備考「a は A に属する」の代わりに「a は A に元として含まれる」と言うこともある。特に点からなる集合の場合には「点 a が集合 A に含まれる」と言うこともある。また，A に含まれる点を「集合 A の点」「集合 A 上の点」などと呼ぶ。

1.3 集合の例（数体系）

例 1（自然数） 自然数 $1, 2, 3, \ldots$ をもれなく一つずつ集めて得られる集合を $\mathbf{N}$ と表し，すべての自然数全体のなす集合または自然数全体の集合と呼ぶ。

例 2（整数） 整数 $\ldots, -2, -1, 0, 1, 2, 3, \ldots$ をもれなく一つずつ集めて得られる集合を $\mathbf{Z}$ と表し，すべての整数全体のなす集合または整数全体の集合と呼ぶ。

集合 (set)　元=要素 (element)　属する (belong to)　所属関係 (membership relation)　点 (point)　自然数 (natural number)　整数 (integer)

例3（有理数） 整数を 0 でない整数で割った形の分数として表される数を有理数と呼ぶ．有理数をもれなく一つずつ集めて得られる集合を $\mathbf{Q}$ と表し，すべての有理数全体のなす集合または有理数全体の集合と呼ぶ．

例4（実数と数直線） 数直線を単に直線と呼ぶ．直線上の点の表す数を実数と呼ぶ．実数をもれなく一つずつ集めて得られる集合を $\mathbf{R}$ と表し，すべての実数全体のなす集合または実数全体の集合と呼ぶ．有理数でない実数を無理数と呼ぶ．直線上の点は実数と一対一に対応しているので，両者を同一視して，直線とは実数全体の集合 $\mathbf{R}$ のことであると考える．

注意 自然数全体の集合 $\mathbf{N}$ について，$x \in \mathbf{N}$ となることと x が自然数であることは互いに同値である．集合 $\mathbf{Z}, \mathbf{Q}, \mathbf{R}$ についても同様である．

備考 1° 手書きでは線の一部を二重にすることにより太字であることを表す習慣である．そのため $\mathbf{N}, \mathbf{Z}, \mathbf{Q}, \mathbf{R}$ はそれぞれ $\mathbb{N}, \mathbb{Z}, \mathbb{Q}, \mathbb{R}$ と書かれることがある．

2° 文献によって 0 を自然数とする流儀と 0 は自然数としない流儀がある．

1.4 空集合 まったく元を持たないようなものも集合であると考えると便利である．そのような集合を**空集合**と言い $\emptyset$ と表す．集合 A が元を持たないとき，A は空であると言い，元を持つとき，A は空でないと言う．

備考 空集合の記号 $\emptyset$ は北欧語の字母の一つであって，ギリシャ文字の ϕ ではない．近年では $\varnothing$ という字体がよく用いられる．また $\emptyset$ と書かれることもある．

1.5 集合の表記法 有限集合すなわち有限個の元からなる集合を表すには，それらの元を列挙して，波括弧 { } で括れば良い．例えば，集合 A が元 $-1, 2, 4, 5, 7$ からなり，それ以外のものは元でないとき $A = \{-1, 2, 4, 5, 7\}$ と表す．

空集合を {} と表すこともできる．また，元の個数が大きい場合などには，誤解の恐れのない範囲で点々 $\cdots$ を用いて $\{1, 2, 3, \ldots, 99\}$ などと略記することがある．この方法で表すことのできる集合は有限集合に限るが，無限集合でも，誤解の恐れがない場合には，例えば $\{1, 2, 3, \ldots\}$ のように，同様に表記することがある．

集合の表記法については，元の満たすべき条件を用いて表す方法について §2.2 で述べる．また，写像の値の集まりとして表す方法について §4.5 で述べる．

注意 集合の概念は，何が集合に属するかだけに注目するものなので，重複や順序の違いは無視する．例えば $\{1, 2\} = \{2, 1\} = \{2, 1, 2\}$ が成立する．

備考 1° 上記のように，元を列挙して集合を表す方法を，集合の外延的記法と呼ぶ．

2° 集合 X が有限集合であることを $|X| < \infty$ または $\#X < \infty$ と表す．また，有限集合 X の元の個数を $|X|$ または $\#X$ と表す．

有理数 (rational number) 直線 (line) 数直線 (number line) 実数 (real number) 無理数 (irrational number) 空集合 (empty set) 空である (empty) 空でない (nonempty) 外延的記法 (extensional definition)

1.6 包含関係と部分集合　集合 A, B について，A の元がすべて B の元でもあるとき，言い換えれば，$x \in A$ ならば $x \in B$ であるとき，A は B に**含まれる**と言い，$A \subset B$ と表す。もちろん，B は A を含むと言ってもよい。このとき A は B の**部分集合**であるとも言う。記号 $\subset$ の表す集合と集合の間の関係を**包含関係**と呼ぶ。

集合 A, B について，$A = B$ であるとき，$A \subset B$ も $B \subset A$ も成立する。逆に，$A \subset B$ と $B \subset A$ がともに成立するとき $A = B$ である。集合 A, B について $A \subset B$ かつ $A \neq B$ であるとき，A は B に**真に含まれる**と言う。また A は B の**真部分集合**であるとも言う。

注意　所属関係 $\in$ と包含関係 $\subset$ の違いを明瞭に認識する必要がある。

	正	誤
所属	$1 \in \{1\}$	$\{1\} \in \{1\}$
包含	$\{1\} \subset \{1\}$	$1 \subset \{1\}$

例えば，$\{1\} \in \{1, 2\}, \{2\} \in \{1, 2\}, \{1, 2\} \in \{1, 2\}$ や $1 \subset \{1, 2\}, 2 \subset \{1, 2\}$ などは誤りである。

備考　文献によっては，A が B に含まれるときに $A \subseteq B$ あるいは $A \subseqq B$ と表し，A が B に真に含まれるときに $A \subset B$ と表すこともある。また，後者を $A \subsetneq B$ あるいは $A \subsetneqq B$ と表すこともある。

§2　集合の構成法

集合を定めるためには，数や点などの数学的対象が集合に属するかどうか判定する条件を与えればよい。このようにして集合を定める方法について述べる。

2.1 条件とは何か　例えば $x > 0$ という式は，実数全体の集合 $\mathbf{R}$ を動く変数 x に関する主張であり，x の値が正の実数であれば成立し，そうでなければ成立しない。このように，集合 X の元を動く変数 x に関する主張であって，x の値によって成立する（真となる）か成立しない（偽となる）か定まっているものを x に関する**条件**と呼ぶ。ここで言う x に関する条件は，必ずしも $x > 0$ のような式で表されるものとは限らず，文字 x を含む文で表されることもある。

変数 x に関する条件を一般に表すのに $P(x)$ のように書くことにする。条件 $P(x)$ が真となるような変数 x の値について，そのような x は「$P(x)$ を満たす」と言う。

二つの条件 $P(x), Q(x)$ が両方とも成立するという条件を「$P(x)$ かつ $Q(x)$」と言う。これを $P(x) \wedge Q(x)$ と表すことがある。また $P(x)$ と $Q(x)$ の少なくとも一方が成立するという条件を「$P(x)$ または $Q(x)$」と言う。これを $P(x) \vee Q(x)$ と表すことがある。二つの条件 $P(x)$ と $Q(x)$ をコンマでつないで $P(x), Q(x)$ と書き，これを一つの条件と見る場合には，$P(x)$ かつ $Q(x)$ を意味する。

含まれる (contained, included)　部分集合 (subset)　包含関係 (containment, inclusion relation)　真に含まれる (properly contained)　真部分集合 (proper subset)　条件 (condition)

2.2 条件で与えられる部分集合 集合 X の元 x で条件 $P(x)$ を満たすもの全体からなる集合 A を次のように表す。

$$A = \{x \in X \mid P(x)\}$$

このように表される集合 A について $x \in A$ となることと $x \in X$ かつ $P(x)$ となることは互いに同値である。

例 実数 a に対して，集合 $\mathbf{R}_{>a}$ および $\mathbf{R}_{\geq a}$ を次のように定める。

$$\mathbf{R}_{>a} = \{x \in \mathbf{R} \mid x > a\}, \ \mathbf{R}_{\geq a} = \{x \in \mathbf{R} \mid x \geq a\}$$

例えば，$\mathbf{R}_{>0}$ は正の実数全体の集合であり，$\mathbf{R}_{\geq 0}$ は非負の実数全体の集合である。同様に，集合 $\mathbf{R}_{\geq a}, \mathbf{R}_{\leq a}$ が定義される。また，$\mathbf{R}$ を $\mathbf{Q}$ や $\mathbf{Z}$ に置き換えたものも同様に定義される。なお，記号 $\leq, \geq$ はそれぞれ等号付き不等号 $\leqq, \geqq$ と同じである。

備考 1° 記法 $A = \{x \in X \mid P(x)\}$ を集合の内包的記法と呼ぶ。なお，これによく似ているが，写像の値の集まりとして表す別の表記法について §4.5 で述べる。

2° 英語では，区切り記号として，縦棒 | の代わりにコロン : を用いることがある。また，その他の言語では，セミコロン ; を用いることがある。

2.3 集合の交叉と合併 集合 X の二つの部分集合 A, B に対して，次のように表す。

$$A \cap B = \{x \in X \mid x \in A \text{ かつ } x \in B\}$$
$$A \cup B = \{x \in X \mid x \in A \text{ または } x \in B\}$$

集合 $A \cap B$ を A と B の**交叉**（または**共通部分**）と呼び，集合 $A \cup B$ を A と B の**合併**（または**和集合**）と呼ぶ。記号 $\cap$ は「インターセクション」または「キャップ」と読み，記号 $\cup$ は「ユニオン」または「カップ」と読む。

同様に，有限個の集合に対して，交叉と合併が定義される。例えば

$$A \cap B \cap C = \{x \in X \mid x \in A \text{ かつ } x \in B \text{ かつ } x \in C\}$$
$$A \cup B \cup C = \{x \in X \mid x \in A \text{ または } x \in B \text{ または } x \in C\}$$

のようになる。

注意 1° 交換則 $A \cap B = B \cap A, A \cup B = B \cup A$ が成立する。

2° 結合則 $(A \cap B) \cap C = A \cap (B \cap C), (A \cup B) \cup C = A \cup (B \cup C)$ が成立し，それぞれ $A \cap B \cap C, A \cup B \cup C$ に等しい。

3° 分配則 $(A \cap B) \cup C = (A \cup C) \cap (B \cup C), (A \cup B) \cap C = (A \cap C) \cup (B \cap C)$ が成立する。

4° 交叉と合併が混在する場合には，括弧を付けずに $A \cap B \cup C$ などと書いたのでは意味が定まらないので，必ず意味が定まるように $(A \cap B) \cup C, A \cap (B \cup C)$ などと括弧を付けなければならない。

内包的記法 (intensional definition) 交叉 (intersection) 共通部分 (common part) 合併 (union) 和集合 (sum set) 交換則＝交換法則＝交換律＝可換則＝可換律 (commutative law) 結合則＝結合法則＝結合律 (associative law) 分配則＝分配法則＝分配律 (distributive law)

2.4 差集合 集合 X の二つの部分集合 A, B に対して,次のように表す.
$$A \setminus B = \{x \in X \mid x \in A \text{ かつ } x \notin B\}$$
これを A と B の**差集合**または A における B の**補集合**と呼ぶ.特に,集合 X における B の補集合を,単に B の補集合と呼び,B^c と表す.

注意 ド・モルガン則と呼ばれる関係式が成立する.
$$A \setminus (B \cup C) = (A \setminus B) \cap (A \setminus C), \quad A \setminus (B \cap C) = (A \setminus B) \cup (A \setminus C)$$

備考 1° 差集合 $A \setminus B$ を $A - B$ と表すこともある.

2° 記号 \ は「バックスラッシュ」と呼ばれる記号で,差集合を意味する場合には「マイナス」と読むことが多い.

3° 高等学校の数学では,集合 B の補集合を $\overline{B}$ と表したが,大学の数学では,この記法は臨機応変に用いられ,特に補集合を表すということはない.

2.5 例(直線上の区間) 以下の集合を直線 $\mathbf{R}$ 上の**区間**と呼ぶ.ただし,a, b は $a \leq b$ を満たす実数である.

$(a, b) = \{x \in \mathbf{R} \mid a < x < b\}$ $\quad (a, \infty) = \{x \in \mathbf{R} \mid a < x\}$ $\quad (-\infty, \infty) = \mathbf{R}$
$[a, b) = \{x \in \mathbf{R} \mid a \leq x < b\}$ $\quad [a, \infty) = \{x \in \mathbf{R} \mid a \leq x\}$
$(a, b] = \{x \in \mathbf{R} \mid a < x \leq b\}$ $\quad (-\infty, b) = \{x \in \mathbf{R} \mid x < b\}$
$[a, b] = \{x \in \mathbf{R} \mid a \leq x \leq b\}$ $\quad (-\infty, b] = \{x \in \mathbf{R} \mid x \leq b\}$

ここで,$-\infty, \infty$ は形式的な記号であって,数を表すわけではない.区間の記号 (a, b) を平面上の点の座標と混同しないように注意する必要がある.

さて,区間に対して,次のような呼称を用いる.

	開区間	半開区間	閉区間
有限区間	(a, b)	$(a, b], [a, b)$	$[a, b]$
半無限区間	$(-\infty, b), (a, \infty)$	$(-\infty, b], [a, \infty)$	
無限区間	$(-\infty, \infty)$		

例えば $[a, b]$ は有限閉区間と呼ばれ,$[a, \infty)$ は半無限半開区間と呼ばれる.なお,有限区間を有界区間と呼ぶこともあり,例えば $[a, b]$ は有界閉区間と呼ばれる.

注意 1° $a = b$ のときは $(a, a) = [a, a) = (a, a] = \emptyset$ であり,$[a, a] = \{a\}$ である.

2° 区間の合併は区間とは限らない.例えば $(-\infty, 0)$ と $(0, \infty)$ はそれぞれ区間であるが,合併 $(-\infty, 0) \cup (0, \infty) = \mathbf{R} \setminus \{0\}$ は区間ではない.

参考 1° 区間 $(-\infty, b]$ は半開区間と呼ばれるが,補集合 (b, ∞) が開区間となることから,閉区間であるとも考えられる.区間 $[a, \infty)$ についても同様である.

2° 空集合 $\emptyset$ および $\mathbf{R} = (-\infty, \infty)$ は開区間であり,閉区間でもあるとみなす.

備考 文献によっては,例えば,開区間 (a, b) を $]a, b[$ と表記することがある.

差集合 (difference set)　補集合 (complement)　ド・モルガン則 (de Morgan's law)　区間 (interval)　開区間 (open interval)　閉区間 (closed interval)　半開区間 (semi-open interval, half-open interval)　有限区間＝有界区間 (finite interval, bounded interval)　半無限区間 (semi-infinite interval)　無限区間 (infinite interval)

§3 集合の直積

3.1 元の組 集合 X の元 x と集合 Y の元 y に対して，記号 (x,y) を考えよう。この記号は次の性質を持つものとする。すなわち，$x, z \in X$, $y, w \in Y$ であるとき，$(x,y) = (z,w)$ となることと $x = z$ かつ $y = w$ となることが互いに同値である。

$$(x,y) = (z,w) \iff x = z \text{ かつ } y = w$$

このような記号 (x,y) を x, y の**組**（詳しくは順序付き組）と言う。

同様に，有限個の集合 $X_1, \ldots, X_n$ の元 $x_1, \ldots, x_n$ に対して，組 $(x_1, \ldots, x_n)$ が考えられる。各 $i = 1, \ldots, n$ に対して $x_i \in X_i$ を組 $(x_1, \ldots, x_n)$ の第 i 成分と呼ぶ。

注意 集合の記号では $\{1,2\} = \{2,1\} = \{2,1,2\}$ であるのに対し，組の記号では $(1,2) \neq (2,1) \neq (2,1,2) \neq (1,2)$ である。このように，両者には大きな違いがあり，きちんと括弧を使い分ける必要がある。

備考 二つの元の組を対と呼ぶことがある。英語では，組をなす元の個数に応じて，二つのとき pair，三つのとき triple，四つのとき quadruple，五つのとき quintuple などと言い，一般の自然数 n に対しては，n 個の元の組を n-tuple と言う。

3.2 集合の直積 上記のような記号 (x,y) を一つの対象と考え，その全体のなす集合を $X \times Y$ と表す。これを集合 X と集合 Y の**直積**と呼ぶ。

同様に，有限個の集合 $X_1, \ldots, X_n$ の元の組 $(x_1, \ldots, x_n)$ の全体のなす集合として直積 $X_1 \times \cdots \times X_n$ が定義される。特に $X_1, \ldots, X_n$ がすべて同じ集合 X であるとき，それらの直積を X^n と表す。

例（座標平面） 座標平面を単に平面と呼ぶ。平面上の点は二つの実数 x, y の組として (x,y) の形でただ一通りに表され，平面には二つの実数 x, y の組 (x,y) がすべてもれなく一回だけ現れる。このように考えると，平面は「二つの実数のすべての組全体のなす集合」であるので，これを $\mathbf{R}^2$ と表す。

展望 同様に，**座標空間**は 3 個の実数の組 (x,y,z) 全体の集合として，$\mathbf{R}^3$ と表される。さらに，n 個の実数の組 $(x_1, \ldots, x_n)$ 全体の集合として，n 次元空間 $\mathbf{R}^n$ を考えることができる。これらについては第 9 章で扱う。

備考 記号 × は「クロス」または「かける」と読む。

組 (tuple)　順序付き組 (ordered tuple)　成分 (entry)　対(つい) (pair)　直積 (direct product, Cartesian product)　平面 (plane)　空間 (space)　座標平面 (coordinate plane)　座標空間 (coordinate space)

3.3 集合の例（平面図形）

例1（円周） 平面 $\mathbf{R}^2$ 上の2点 $\mathrm{P}(a,b)$ と $\mathrm{Q}(c,d)$ の距離 $\overline{\mathrm{PQ}}$ を $\|(c,d)-(a,b)\|$ または $|(c,d)-(a,b)|$ と表す。

$$\|(c,d)-(a,b)\| = \sqrt{(c-a)^2+(d-b)^2}$$

平面上の点 (a,b) と正の実数 r に対して，平面 $\mathbf{R}^2$ の部分集合を次のように定める。

$$\{(x,y) \in \mathbf{R}^2 \mid \|(x,y)-(a,b)\| = r\}$$

この集合を，点 (a,b) を中心とする半径 r の**円周**と呼ぶ。特に，原点 $(0,0)$ を中心とする半径 1 の円周を**単位円周**と呼ぶ。これを S^1 と表すことがある。

例2（円板） 平面上の点 (a,b) と正の実数 r に対して，平面 $\mathbf{R}^2$ の部分集合を次のように定める。

$$\{(x,y) \in \mathbf{R}^2 \mid \|(x,y)-(a,b)\| < r\}$$

この集合を，点 (a,b) を中心とする半径 r の**開円板**と呼ぶ。集合を定める不等式を等号付きの不等式に置き換えて得られる集合 $\{(x,y) \in \mathbf{R}^2 \mid \|(x,y)-(a,b)\| \le r\}$ を，点 (a,b) を中心とする半径 r の**閉円板**と呼ぶ。目的によって，開円板または閉円板を単に**円板**と呼ぶことがある。

例3（矩形） 四つの実数 a,b,c,d が $a<b, c<d$ を満たすとする。このとき，平面 $\mathbf{R}^2$ の部分集合 $\{(x,y) \in \mathbf{R}^2 \mid a<x<b, c<y<d\}$ は，開区間の直積として $(a,b) \times (c,d)$ とも表される。このような集合を**開矩形**と呼ぶ。また $[a,b] \times [c,d]$ と表される集合を**閉矩形**と呼ぶ。これらを2次元の開区間，閉区間と呼ぶこともある。目的によって，開矩形または閉矩形を単に**矩形**と呼ぶことがある。

§4 写像

中学校および高等学校で学んだように，実数を動く変数 x,y について，x の値が決まると，それに応じて y の値が定まるような規則を**関数**と呼び，変数 x,y をそれぞれ**独立変数，従属変数**と呼ぶのであった。より正確には，関数とは，定義域に属する各実数に対して，一つの実数を対応させる規則のことである。写像は，これを集合から集合への対応に一般化したものである。

4.1 写像とは何か 集合 X の各元に対して，集合 Y の元をただ一つ対応させるような規則を集合 X から集合 Y への**写像**と呼ぶ。ここで言う規則は，簡単な式で表されるような綺麗な規則である必要はない。

距離 (distance)　半径 (radius)　円周 (circle)　単位円周 (unit circle)　円板 (disc)　開円板 (open disc)　閉円板 (closed disc)　矩形(けい) (rectangle)　開矩形 (open rectangle)　閉矩形 (closed rectangle)　関数 (function)　変数 (variable)　独立変数 (independent variable)　従属変数 (dependent variable)　写像 (map, mapping)

注意 「集合 X の各元に対して，集合 Y の元をただ一つ対応させる」とは，集合 X のすべての元のそれぞれに対して，集合 Y の元のいずれかを一つだけ対応させるという意味である．従って，X のどの元に対しても，それに対応する Y の元が定まっていなければならず，それは X の元によって異なっていてもよいが，X の元を一つ決めると，それに対してはただ一つでなければならない．

4.2 写像に関する用語と記法 集合 X から集合 Y への写像が与えられたとし，それを例えば f という記号で書き表すことにするとき，写像 f が集合 X から集合 Y への写像であることを明示するために次のように表記する．

$$f : X \longrightarrow Y$$

集合 X を写像 f の**定義域**と呼ぶ．

写像 $f : X \longrightarrow Y$ によって元 $x \in X$ に対して元 $y \in Y$ が対応するとき，$f : x \mapsto y$ と表し，写像 f は元 $x \in X$ を元 $y \in Y$ に写す（または移す）と言う．

$$f : X \longrightarrow Y, \quad x \mapsto y$$

そのような元 y を元 x における写像 f の**値**と言う．これを写像 f による元 x の像と呼ぶこともある．

二つの写像 $f, g : X \longrightarrow Y$ が等しいのは，それらの値がつねに一致するとき，すなわち，すべての元 $x \in X$ に対して $f(x) = g(x)$ が成立するときである．このとき $f = g$ と表す．

備考 1° 写像 $f : X \longrightarrow Y$ について，定義域 X を写像 f の**始域**と呼び，集合 Y を写像 f の**終域**と呼ぶことがある．

2° 写像 $f : X \longrightarrow Y$ に対して，集合 Y を写像 f の値域と呼ぶこともあるが，値域という言葉は §4.5 で述べる像の意味で用いることが多い．

3° 英語では，記号 $f(x)$ に現れる変数 x またはその値を f の argument と呼ぶ．情報科学では，これを引数と訳すが，数学ではあまり用いられない．

4.3 写像のグラフ 中学校や高等学校の数学で学んだように，関数 $y = f(x)$ のグラフは，関係式 $y = f(x)$ によって定まる平面上の図形であり，平面 $\mathbf{R}^2$ の部分集合 $\{(x, y) \in \mathbf{R}^2 \mid y = f(x)\}$ にほかならない．

これにならい，一般に，写像 $f : X \longrightarrow Y$ に対して，直積 $X \times Y$ の部分集合 $\{(x, y) \in X \times Y \mid y = f(x)\}$ を写像 f の**グラフ**と呼ぶ．

注意 二つの写像 $f, g : X \longrightarrow Y$ が等しいためには，それらのグラフが一致することが必要十分である．

定義域 (domain of definition, domain)　写す (map)　値 (value)　像 (image)　始域 (domain)　終域 (codomain)　値域 (range)　引数(ひきすう) (argument)　グラフ (graph)

4.4 写像の例

例 1（集合の変換） 集合 X に対して，X から X への写像を，集合 X の**変換**（または集合 X 上の変換）と呼ぶ．特に，集合 X の各元 x に対して x 自身を対応させる X から X への写像を id_X または 1_X と表す．

$$\mathrm{id}_X : X \longrightarrow X, \ x \mapsto x$$

これを集合 X の**恒等写像**（または**恒等変換**）と呼ぶ．

例 2（集合上の関数） 集合 X が与えられたとし，集合 X から実数全体の集合 $\mathbf{R}$ への写像を考える．

$$f : X \longrightarrow \mathbf{R}$$

このような写像を集合 X 上の**関数**（詳しくは**実数値関数**）と呼ぶ．

例えば，反比例 $y = \dfrac{1}{x}$ は，実数 $x \neq 0$ に対して $f(x) = \dfrac{1}{x}$ とおくことにより写像 $f : \mathbf{R} \setminus \{0\} \longrightarrow \mathbf{R}$ を定め，これは $\mathbf{R} \setminus \{0\}$ 上の関数である．なお，このように定めた写像 f は，あくまで $\mathbf{R} \setminus \{0\}$ を定義域とするものであり，$\mathbf{R}$ 上の関数ではない．

例 3（二項演算） 一般に，集合 X の二つの元の組に対して同じ集合 X の一つの元を対応させる規則を，集合 X 上の**二項演算**と呼ぶ．二項演算は直積 $X \times X$ から X への写像で与えられる．

例えば，実数の加法は，直積 $\mathbf{R} \times \mathbf{R}$ から $\mathbf{R}$ への写像

$$+ : \mathbf{R} \times \mathbf{R} \longrightarrow \mathbf{R}, \ (x,y) \mapsto x+y$$

で与えられるような二項演算である．実数の減法と乗法についても同様であるが，実数の除法は次のような写像である．ただし，記号 x/y は商 $\dfrac{x}{y}$ を表す．

$$/ : \mathbf{R} \times (\mathbf{R} \setminus \{0\}) \longrightarrow \mathbf{R}, \ (x,y) \mapsto x/y$$

展望 1° 高等学校までに学んだ関数は，いずれも直線 $\mathbf{R}$ の部分集合を定義域とするもので，このような関数は一変数関数と呼ばれる．平面 $\mathbf{R}^2$ の部分集合上の実数値関数は二変数関数と呼ばれ，より一般に n 変数関数が考えられる．また，実数値関数だけでなく，複素数値関数やベクトル値関数などが考えられる．二変数関数とそのグラフについては，第 10 章および第 11 章で扱う．

2° 数学では，種々の二項演算が重要な役割を果たす．例えば，ベクトルの加法は二項演算の一種であり，スカラー乗法と呼ばれる演算とともに，線型写像の概念を記述するのに利用される．これらについては，第 8 章，第 9 章，第 12 章，第 13 章で扱う．

備考 1° 関数はもともと函数と書いた．現在でも函数と書くことがある．

2° 英語では，上記の意味の関数に限らず，一般の写像を function と呼び，上記の意味の変換に限らず，一般の写像を transformation と呼ぶことがある．

変換 (transformation)　恒等写像 (identity map)　恒等変換 (identity transformation)　関数 (function)
実数値関数 (real-valued function)　二項演算 (binary operation)

4.5 写像の像 写像 $f: X \longrightarrow Y$ と集合 X の部分集合 A が与えられたとする。このとき，A の元を f で写して得られるような Y の元全体のなす集合を，写像 f による集合 A の**像**と呼び，$f(A)$ と表す。また，これを次のように表記する。

$$f(A) = \{ f(x) \mid x \in A \}$$

特に $A = X$ のときには，集合 $f(X)$ を写像 f の**像**と呼び $\operatorname{Im} f$ と表す。

像 $\operatorname{Im} f$ を写像 f の**値域**と呼ぶこともある。特に，集合上の関数については，関数の値域と呼ぶことが多い。

例 整数の平方として表されるような数を平方数と呼ぶ。平方数全体の集合は，写像 $f: \mathbf{Z} \longrightarrow \mathbf{Z}$, $x \mapsto x^2$ の像であり，これを $\{ x^2 \mid x \in \mathbf{Z} \}$ と表すことができる。

4.6 写像の制限 写像 $f: X \longrightarrow Y$ および X の部分集合 A が与えられたとする。このとき，各 $x \in A$ に値 $f(x)$ を対応させるような A から Y への写像を $f|_A$ と表す。

$$f|_A : A \longrightarrow Y,\ x \mapsto f|_A(x) = f(x)$$

これを写像 f の集合 A への**制限**と呼ぶ。少し丁寧には，写像 f の定義域を集合 A に制限して得られる写像と言う。

4.7 写像の合成 写像 $f: X \longrightarrow Y$ および $g: Y \longrightarrow Z$ が与えられたとする。このとき，各 $x \in X$ に対して，Z の元 $g(f(x))$ を対応させる写像を $g \circ f$ と表す。

$$g \circ f : X \longrightarrow Z, \quad x \mapsto g(f(x))$$

この写像 $g \circ f$ を二つの写像 f, g の**合成**（または**合成写像**）と呼ぶ。

写像 $f: X \longrightarrow Y$, $g: Y \longrightarrow Z$, $h: Z \longrightarrow W$ に対して，写像の合成は結合則 $(h \circ g) \circ f = h \circ (g \circ f)$ を満たす。従って，括弧を省略して $h \circ g \circ f$ と書いてもよい。

備考 特に，集合 X 上の変換の合成を**合成変換**と呼ぶ。

4.8 写像の逆写像 写像 $f: X \longrightarrow Y$ に対して，次の条件を満たすような写像 $g: Y \longrightarrow X$ を写像 f の**逆写像**と言う。

$$g \circ f = \operatorname{id}_X \quad \text{かつ} \quad f \circ g = \operatorname{id}_Y$$

写像 g が写像 f の逆写像であれば，写像 f は写像 g の逆写像である。

写像 $f: X \longrightarrow Y$ に対して，その逆写像は存在するとは限らないが，存在すればただ一つに定まるので，これを f^{-1} と表す。写像 f の逆写像が存在するとき，f は**逆写像を持つ**（または**可逆である**）と言う。

像 (image) 値域 (range) 平方数 (square number) 制限 (restriction) 合成 (composition) 合成写像 (composite map) 結合則＝結合法則＝結合律 (associative law) 合成変換 (composite transformation) 逆写像 (inverse map) 可逆 (invertible)

注意 1° 写像 $f: X \longrightarrow Y, g: Y \longrightarrow X$ について，$g \circ f = \mathrm{id}_X$ となるのは，条件 $g(f(x)) = x$ がすべての $x \in X$ に対して成立するときであり，$f \circ g = \mathrm{id}_Y$ となるのは，条件 $f(g(y)) = y$ がすべての $y \in Y$ に対して成立するときである。

2° 写像 $f: X \longrightarrow Y, g: Y \longrightarrow X$ について，$g \circ f = \mathrm{id}_X$ と $f \circ g = \mathrm{id}_Y$ の一方が成立したからといって，他方が成立するとは限らない。従って，$g \circ f = \mathrm{id}_X$ となったからといって g が f の逆写像であるとは限らないし，$f \circ g = \mathrm{id}_Y$ が成り立つからといって g が f の逆写像であるとは限らない。

3° 写像 $f: X \longrightarrow Y, g: Y \longrightarrow Z$ がともに逆写像を持てば，合成写像 $g \circ f: X \longrightarrow Z$ も逆写像を持ち，$(g \circ f)^{-1} = f^{-1} \circ g^{-1}$ が成立する。

備考 1° 特に，集合 X 上の可逆な変換の逆写像を**逆変換**と呼ぶ。

2° 記号 $^{-1}$ は「インバース」と読む。

4.9 変換の巾 変換 $f: X \longrightarrow X$ を繰り返し合成したものを次のように表す。
$$f^k = \underbrace{f \circ f \circ \cdots \circ f}_{k}, \quad f^0 = \mathrm{id}_X$$

ただし，k は正整数である。また，変換 f が可逆であるとき $f^{-k} = (f^{-1})^k$ と表し，これらを総称して，変換の**巾**と呼ぶ。

一般に，変換 f および非負整数 k, l に対して，指数法則
$$f^k \circ f^l = f^{k+l}, \quad (f^k)^l = f^{kl}$$

が成立する。さらに，f が可逆であるとき，これらは k, l が一般の整数でも成立する。

備考 「巾」は「冪」の略字であり，常用漢字の巾（キン）とは別字である。

§5 全射・単射と逆写像

全射と単射および全単射は，写像が特別な状況にあることを言い表す言葉であり，写像が逆写像を持つかどうかと密接に関係している。これらの概念は数学全般にわたり基本的な役割を果たす。

5.1 全射・単射とは何か 写像 $f: X \longrightarrow Y$ の像 $\mathrm{Im}\, f = f(X)$ は Y の部分集合だが，特に $\mathrm{Im}\, f = Y$ となるとき f を**全射**と呼ぶ。写像 $f: X \longrightarrow Y$ が全射であるのは，各 $y \in Y$ に対して $y = f(x)$ となる x が少なくとも一つ存在するときである。

一般には，定義域の相異なる元が写像によって同じ値に対応することがあるが，そのようなことがないような写像を**単射**と呼ぶ。写像 $f: X \longrightarrow Y$ が単射であるのは，各 $y \in Y$ に対して $y = f(x)$ となる x が多くとも一つしかないときである。

全射かつ単射であるような写像を**全単射**と呼ぶ。写像 $f: X \longrightarrow Y$ が全単射であるのは，各 $y \in Y$ に対して $y = f(x)$ となる x がちょうど一つ存在するときである。

逆変換 (inverse transformation)　巾(べき) (power)　全射 (surjective map, surjection)　単射 (injective map, injection)　全単射 (bijective map, bijection)

備考 1° 全射のことを「上への写像」と呼ぶことがある．単射のことを「一対一の写像」と呼ぶことがあるが，次の項目で述べる「一対一対応」と紛らわしいので，注意を要する．ただし，これらは少々ふるい言い方で，現在ではあまり用いられない．

2° 写像 $f : X \longrightarrow Y$ が全単射であるとき，写像 f は X の元と Y の元の間の一対一対応を与えると言うことがある．

3° 写像 $f : X \longrightarrow Y$ が全射でなくても，その像が Z である場合に，写像 f は X から Z への全射を定めると言うことがある．また，写像 $f : X \longrightarrow Y$ が単射であって，像が Z である場合に，写像 f は X から Z への全単射を定めると言うことがある．

5.2 全射・単射の例

例1 直線 $\mathbf{R}$ 全体で定義された関数 $y = f(x)$ は写像 $f : \mathbf{R} \longrightarrow \mathbf{R}$ を定める．

(1) $f(x) = x^2$ のとき，写像 $f : \mathbf{R} \longrightarrow \mathbf{R}$ は全射でも単射でもない．

(2) $f(x) = x^3$ のとき，写像 $f : \mathbf{R} \longrightarrow \mathbf{R}$ は全単射である．

(3) $f(x) = x^3 - 3x$ のとき，写像 $f : \mathbf{R} \longrightarrow \mathbf{R}$ は全射だが単射でない．

(4) $f(x) = 2^x$ のとき，写像 $f : \mathbf{R} \longrightarrow \mathbf{R}$ は単射だが全射でない．

写像 $f : X \longrightarrow Y$ が単射かどうか，全射かどうかは，集合 X, Y にも依存する．

例2 同じ規則 $f(x) = x^2$ によって定まる写像 $f : X \longrightarrow Y$ であっても，集合 X, Y の選び方によって次のように事情が変わる．ただし，X, Y は $f(X) \subset Y$ を満たすような直線 $\mathbf{R}$ の部分集合である．

(1) 写像 $f : \mathbf{R} \longrightarrow \mathbf{R}$ は全射でも単射でもない．

(2) 写像 $f : \mathbf{R} \longrightarrow [0, \infty)$ は全射だが単射でない．

(3) 写像 $f : [0, \infty) \longrightarrow \mathbf{R}$ は単射だが全射でない．

(4) 写像 $f : [0, \infty) \longrightarrow [0, \infty)$ は全単射である．

5.3 全単射と逆写像

写像が逆写像を持つかどうかは全単射かどうかで判定される．すなわち，次の命題が成立する．

> **命題** 写像 f が逆写像を持つためには f が全単射であることが必要十分である．

[略証] 写像 $f : X \longrightarrow Y$ が全単射であるとき，各 $y \in Y$ に $y = f(x)$ となるただ一つの x を対応させる写像 $g : Y \longrightarrow X$ が f の逆写像となる．実際 g の定め方から，$y \in Y$ に対して $f(g(y)) = y$ であり，$x \in X$ に対して $g(f(x)) = x$ である．一方 f が逆写像 g を持てば，各 $y \in Y$ に対して $f(g(y)) = y$ であるから f は全射であり，$f(x_1) = f(x_2)$ ならば $x_1 = g(f(x_1)) = g(f(x_2)) = x_2$ だから f は単射である． □

上への写像 (onto mapping)　一対一の写像 (one-to-one mapping)　一対一対応 (one-to-one correspondence)

キーワード 集合，元，所属関係，属する，実数，直線，空集合，包含関係，含まれる，部分集合，条件，集合の交叉，集合の合併，差集合，補集合，区間，開区間，閉区間，組，集合の直積，写像，写像の定義域，写像の値，写像のグラフ，集合の変換，恒等写像，二項演算，集合上の関数，写像の像，写像の制限，写像の合成，逆写像，全射，単射，全単射

確認 1A 次のように X, Y を定めるとき，$X \in Y$ であるかどうか答えよ．また $X \subset Y$ であるかどうか答えよ．

(1) $X = 1, Y = \mathbf{R}$　(2) $X = \{1\}, Y = \mathbf{R}$　(3) $X = \mathbf{R}, Y = \mathbf{R}$

確認 1B 次の集合の元の個数を答えよ．

(1) $\{1\}$　(2) $\{1,1\}$　(3) $\{1,2,1\}$　(4) $\{(1,2),(2,1)\}$　(5) $\{\{1,2\},\{2,1\}\}$

確認 1C 次の集合の元を重複なくすべて答えよ．元がない場合は，その旨を答えよ．

(1) $\{x \in \mathbf{Z} \mid 1 \leq x \leq 3, 2 \leq x \leq 4\}$　(2) $\{x \in \mathbf{Z} \mid 1 \leq x \leq 2, 3 \leq x \leq 4\}$

(3) $\{(x,y) \in \mathbf{Z}^2 \mid 1 \leq x \leq 2, 3 \leq y \leq 4\}$　(4) $\{(x,y) \in \mathbf{Z} \times \mathbf{Z}_{\geq 0} \mid x^2 + y^2 = 25\}$

(5) $\{x^2 \mid x \in \mathbf{Z}, 1 \leq |x| \leq 2\}$　(6) $\{1/x \mid x \in \mathbf{Z}, 1 \leq |x| \leq 2\}$

確認 1D 集合 $X = \{1,2\}, Y = \{2,3\}$ に対して，次の集合の元を重複なくすべて答えよ．元がない場合は，その旨を答えよ．

(1) $X \cap Y$　(2) $X \cup Y$　(3) $X \setminus Y$　(4) $Y \setminus X$　(5) $X \times Y$　(6) $Y \times X$

(7) $(X \times Y) \cap (Y \times X)$　(8) $(X \times Y) \cup (Y \times X)$　(9) $(X \times Y) \setminus (Y \times X)$

確認 1E 次の集合がある写像 $f : \mathbf{R} \longrightarrow \mathbf{R}$ のグラフであるかどうか答えよ．

(1) $X = \{(x,y) \in \mathbf{R}^2 \mid xy = 1\}$　(2) $X = \{(x,y) \in \mathbf{R}^2 \mid x = y^3\}$

(3) $X = \{(x,y) \in \mathbf{R}^2 \mid x^2 = y^2\}$　(4) $X = \{(x,y) \in \mathbf{R}^2 \mid x^2 = y^3\}$

写像とその定義域および写像のグラフとは何であるかに基づいて考えること．

確認 1F 集合 X, Y を次のように定めるとき，写像 $f : X \longrightarrow Y, x \mapsto \sin x$ が全射かどうか，また単射かどうか答えよ．

(1) $X = [0, 2\pi], Y = [-1, 1]$　(2) $X = [0, \pi], Y = [-1, 1]$

(3) $X = [0, \pi/2], Y = [-1, 1]$　(4) $X = [0, \pi/2], Y = [0, 1]$

(5) $X = [-\pi/2, \pi/2], Y = [-1, 1]$　(6) $X = [\pi/2, 3\pi/2], Y = [-1, 1]$

確認 1G 正整数全体のなす集合 $X = \{1, 2, \ldots\}$ の変換 $f, g : X \longrightarrow X$ を次のように定める．このとき，合成写像 $g \circ f$ と $f \circ g$ が等しいかどうか答えよ．

(1) $f(n) = n + 1, g(n) = n + 2$　(2) $f(n) = n + 1, g(n) = 2n$

(3) $f(n) = n + 1, g(n) = |n - 2| + 1$

第 2 章　述語論理

数学を正しく運用するためには，第 1 章で扱った集合と写像の言葉に加え，論理的な文章によって条件や命題を正確に述べる必要がある。論理については，高等学校の数学でも学んだところだが，これに加えて，この章では「任意の $x \in X$ に対して」「ある $x \in X$ に対して」という形式の言葉遣いについて詳しく説明する。ほとんどの数学的概念が，この種の言葉遣いによって言い表されるが，比較的簡単な応用として，上限・下限や極大・極小を取りあげる。

§1　述語論理

変数に関する条件に対して，それが変数の取り得るどの値に対しても成立するという主張や，ある値に対して成立するという主張を言い表す論理を述語論理と言う。ここでは，述語論理の言葉遣いについて，数学で用いられる形で説明する。

1.1　全称命題　変数 x に関する条件 $Q(x)$ が与えられたとする。変数 x のどの値も必ず条件 $Q(x)$ を満たすとき，次のように言い表す。

「すべての x に対して $Q(x)$ となる」「任意の x に対して $Q(x)$ となる」

この主張を $\forall x\, Q(x)$ と表すことがある。この種の主張を**全称命題**と呼ぶ。

また，集合 X のどの元 x も必ず条件 $Q(x)$ を満たすとき「任意の $x \in X$ に対して $Q(x)$ となる」などと言い，これを $\forall x \in X\, Q(x)$ と表すことがある。

例　どの実数も二乗すると非負となるから「任意の $x \in \mathbf{R}$ に対して $x^2 \geq 0$ となる」が成立し，記号で表せば $\forall x \in \mathbf{R}\, (x^2 \geq 0)$ となる。なお，この主張は「$x \in \mathbf{R}$ ならば $x^2 \geq 0$ である」と言う主張と同じである。

1.2　存在命題　条件 $Q(x)$ を満たすような変数 x の値が少なくとも一つはあるとき，次のように言い表す。

「ある x に対して $Q(x)$ となる」「ある x が存在して $Q(x)$ となる」

この主張を $\exists x\, Q(x)$ と表すことがある。この種の主張を**存在命題**と呼ぶ。

また，集合 X の元 x で条件 $Q(x)$ を満たすものが少なくとも一つはあるとき「ある $x \in X$ に対して $Q(x)$ となる」「ある $x \in X$ が存在して $Q(x)$ となる」などと言い，これを $\exists x \in X\, Q(x)$ と表すことがある。やや冗長だが「ある $x \in X$ であって $Q(x)$ となるものが存在する」と述べれば，自然で誤解が生じにくくなることがある。

述語論理 (predicate logic)　すべての (for all)　任意の (for any)　存在する (exist)　ある (for some)
全称命題 (universal proposition)　存在命題 (existential proposition)

例 実数 a は非負であるとする。このとき，二乗すると a になる実数が少なくとも一つはあるので「ある $x \in \mathbf{R}$ に対して $x^2 = a$ となる」が成立し，記号で表せば $\exists x \in \mathbf{R}\,(x^2 = a)$ となる。

備考 存在命題を $\exists x \in X$ s.t. $Q(x)$ と書くこともある。これは there exists an $x \in X$ such that $Q(x)$ の略記であり，全称命題は $\forall x \in X$ s.t. $Q(x)$ とは書かない。

1.3 命題の否定 全称命題の否定は存在命題によって言い表され，存在命題の否定は全称命題によって言い表される。

命題	否定	命題	否定
$\forall x\, Q(x)$	$\exists x\, \neg Q(x)$	$\forall x \in X\, Q(x)$	$\exists x \in X\, \neg Q(x)$
$\exists x\, Q(x)$	$\forall x\, \neg Q(x)$	$\exists x \in X\, Q(x)$	$\forall x \in X\, \neg Q(x)$

ただし $\neg Q(x)$ は条件 $Q(x)$ の否定すなわち「$Q(x)$ でない」という条件を表す。

1.4 含意と全称命題 変数 x に関する条件 $P(x), Q(x)$ が与えられたとする。条件 $P(x)$ を満たすどの x も必ず条件 $Q(x)$ を満たすとき，次のように言い表す。

「すべての x に対して $P(x)$ ならば $Q(x)$ となる」
「任意の x に対して $P(x)$ ならば $Q(x)$ となる」

この主張を $\forall x\,(P(x) \to Q(x))$ と表すことがある。これは $P(x) \implies Q(x)$ と主張することと同じなので，誤解のない限り「任意の x に対して」を省略して，単に「$P(x)$ ならば $Q(x)$ となる」と言い表すことが多い。この種の主張を**含意**と呼ぶことがある。

また，条件 $P(x)$ を満たす集合 X のどの元 x も必ず条件 $Q(x)$ を満たすとき，次のように言い表す。

「すべての $x \in X$ に対して $P(x)$ ならば $Q(x)$ となる」
「任意の $x \in X$ に対して $P(x)$ ならば $Q(x)$ となる」

この主張を $\forall x \in X\,(P(x) \to Q(x))$ と表すことがある。これは $(x \in X \wedge P(x)) \implies Q(x)$ と主張することと同じなので「$x \in X$ かつ $P(x)$ ならば $Q(x)$ となる」という含意として言い表すことができる。

例（包含関係） 集合 X, Y について，包含関係 $X \subset Y$ は $x \in X \implies x \in Y$ と言い表される。これは「任意の $x \in X$ に対して $x \in Y$ となる」と同じことであり，$\forall x \in X\,(x \in Y)$ と表すこともできる。

注意 $\forall x \in X\,(P(x) \wedge Q(x))$ と $\forall x \in X\,(P(x) \to Q(x))$ では意味がまったく異なる。前者では，どのような元 $x \in X$ についても $P(x)$ と $Q(x)$ が両方とも成立しなければならないのに対し，後者では，$P(x)$ が成立するような元 $x \in X$ に限って $Q(x)$ が成立すればよいので，$P(x)$ が成立しないような元 $x \in X$ があってもよいし，そのような x については $Q(x)$ は成立しなくてもよい。

備考 $\forall x\,(P(x) \to Q(x))$ を $\forall x\,(P(x) \Rightarrow Q(x))$ と表すこともある。

否定 (negation)　含意 (implication)

1.5 含意の否定 $P(x) \Longrightarrow Q(x)$ は「$P(x)$ が成立する場合には必ず $Q(x)$ も成立する」という意味であり，その否定は「$P(x)$ が成立するにもかかわらず $Q(x)$ が成立しないことがある」すなわち「$P(x)$ が成立し $Q(x)$ が成立しないような x が存在する」となる。

主張	否定
$P(x) \Longrightarrow Q(x)$	$\exists x \, (P(x) \wedge \neg Q(x))$

従って $P(x) \Longrightarrow Q(x)$ が正しくないことを示すには，$P(x)$ を満たすにもかかわらず，$Q(x)$ を満たさないような x の例を挙げればよい。そのような例を，主張 $P(x) \Longrightarrow Q(x)$ に対する**反例**と言う。

例（包含関係の否定） 集合 X, Y について，包含関係 $X \subset Y$ は含意 $x \in X \Longrightarrow x \in Y$ によって言い表されたから，その否定は $\exists x \in X \, (x \notin Y)$ となる。従って，$x \in X$ かつ $x \notin Y$ となるような元 x が主張 $X \subset Y$ に対する反例となり，そのような反例の存在を示せば，包含関係 $X \subset Y$ が成立しないことが証明される。

注意 1° 条件 $P(x)$ を満たす x が存在しない場合には，$P(x) \Longrightarrow Q(x)$ は真である。実際，$P(x)$ を満たす x が存在しないとき，$\exists x(P(x) \wedge \neg Q(x))$ は偽となり，否定が偽なのだから $P(x) \Longrightarrow Q(x)$ は真である。

2° 「任意の $x \in X$ に対して $Q(x)$ となる」という主張は，集合 X が空集合である場合には真である。

1.6 多変数の条件 複数の変数に関する条件を考えることにより，より複雑な主張を述べることができる。例として，第 1 章で述べた全射と単射の概念を述語論理の言葉遣いで述べてみよう。

例 1（全射性） 写像 $f : X \longrightarrow Y$ が与えられたとし，集合 X の元を動く変数 x と集合 Y の元を動く変数 y に関する条件 $y = f(x)$ を考える。このとき，写像 f が全射であることは「任意の $y \in Y$ に対して，ある $x \in X$ が存在して $y = f(x)$ となる」と述べることができる。これを否定すると，写像 f が全射でないことは「ある $y \in Y$ が存在して，任意の $x \in X$ に対して $y \neq f(x)$ となる」と述べられる。

例 2（単射性） 同じく写像 $f : X \longrightarrow Y$ について，集合 X の元を動く変数 x_1, x_2 に関する二つの条件 $x_1 \neq x_2$ および $f(x_1) \neq f(x_2)$ を考える。このとき，写像 f が単射であることは「$x_1 \neq x_2$ ならば $f(x_1) \neq f(x_2)$ となる」と述べることができる。対偶を取ると「$f(x_1) = f(x_2)$ ならば $x_1 = x_2$ となる」となる。これを否定すると，写像 f が単射でないことは「ある $x_1, x_2 \in X$ が存在して $f(x_1) = f(x_2)$ かつ $x_1 \neq x_2$ となる」と述べられる。

反例 (counterexample)

§2 上界と下界

述語論理を応用して，さまざまな数学的概念を論理的に記述していこう．以下では，集合 A は直線 $\mathbf{R}$ の部分集合であるとする．

2.1 上界・下界 実数 b が集合 A の**上界**であるとは，任意の $x \in A$ に対して $x \leq b$ となることである．集合 A の上界が存在するとき「A は上界を持つ」と言う．同様に，集合 A の**下界**も定義される．

集合 A が上界を持つとき，A は**上に有界**であると言う．すなわち，集合 A が上に有界であるとは，ある実数 $b \in \mathbf{R}$ が存在して，任意の $x \in A$ に対して $x \leq b$ となることである．同様に，集合 A が下界を持つとき**下に有界**であると言う．集合 A が上にも下にも有界であるとき，A は**有界**であると言う．

例1（区間） 実数 b に対して，区間 $(-\infty, b)$ および区間 $(-\infty, b]$ は実数 b が上界となって，上に有界であるが，下界は存在せず，下に有界でない．よって，有界でない．

例2（空集合） A が空集合のとき，§1.5 注意で述べたことにより，任意の実数が A の上界であり，下界である．よって，空集合は有界である．

注意 1° 上界は存在するとは限らないし，存在しても，ただ一つではない．実数 b が集合 A の上界であれば，$b \leq c$ を満たす実数 c はすべて A の上界である．

2° 集合 A の上界という言葉は，上の定義を満たすような実数 b の一つ一つを指し，そのような b 全体のなす集合を指すものではない．下界についても同様である．

2.2 最大元・最小元 集合 A の元 a であって，任意の $x \in A$ に対して $x \leq a$ となるものを A の**最大元**と呼ぶ．言い換えれば，A の最大元とは，A の上界であって A の元であるようなもののことである．最大元は存在するとは限らないが，存在すれば，ただ一つである．集合 A の最大元が存在するとき「A は最大元を持つ」と言うことがある．このとき，集合 A の最大元を $\max A$ または $\max\limits_{x \in A} x$ と表す．

集合 A の**最小元**も同様に定義される．集合 A が最小元を持つとき，それを $\min A$ または $\min\limits_{x \in A} x$ と表す．

例 例えば $\max [0,1] = 1$ であるが，$\max [0,1)$ や $\max [0,\infty)$ は存在しない．

備考 1° 記号 $\max$ は「マックス」などと読み，記号 $\min$ は「ミン」「ミニマム」などと読む．

2° 集合 A の最大元が存在するときに，それを $\max A$ と表す約束だが，例えば，集合 A が最大元を持たないとき「$\max A$ は存在しない」と言うことがある．そのほかの記号についても同様である．

上界 (upper bound)　下界 (lower bound)　上に有界 (bounded above)　下に有界 (bounded below)　有界 (bounded)　最大 (maximum, *pl.* maxima)　最小 (minimum, *pl.* minima)　最大元 (greatest element)　最小元 (least element)

§3 上限と下限

前節に引き続き，集合 A は直線 $\mathbf{R}$ の部分集合であるとする。例えば $A = [0,1]$ のとき，1 は A の最大元と言い表すことができるが，$A = [0,1)$ のときには，このように言い表せなくて不便なので，後者のような場合にも通用する概念を導入しよう。

3.1 上限・下限 集合 A の上界全体のなす集合を考える。この集合が最小元を持つとき，それを A の**上限**と呼び，$\sup A$ または $\sup\limits_{x \in A} x$ と表す。

集合 A の**下限**も同様に定義される。集合 A が下限を持つとき，それを $\inf A$ または $\inf\limits_{x \in A} x$ と表す。

上限や下限は存在するとは限らないが，それぞれ存在すればただ一つである。集合 A が最大元を持てば，それは A の上限である。最小元と下限についても同様である。

備考 1° 記号 sup は「スープ」などと読み，記号 inf は「インフ」などと読む。
2° 上限を最小上界と呼び，下限を最大下界と呼ぶこともある。

例1（区間の場合） 条件 $a < b$ を満たす実数 a, b に対して

$$\sup [a,b] = \sup (a,b) = \sup [a,b) = \sup (a,b] = b$$
$$\inf [a,b] = \inf (a,b) = \inf [a,b) = \inf (a,b] = a$$

である。また，実数 a に対して $\inf (a,\infty) = \inf [a,\infty) = a$ であり，実数 b に対して $\sup (-\infty,b) = \sup (-\infty,b] = b$ である。

例2（非有界な場合） A が上に有界でないとき，A は上界を持たないので，A の上界全体の集合は空集合であり，これは最小元を持たない。よって，上に有界でない集合は上限を持たない。同様に，下に有界でない集合は下限を持たない。

上に有界でない集合 A に対して上限 $\sup A$ は存在しないが，形式的に $\sup A = +\infty$ と表す。同様に，下に有界でない集合 A に対して $\inf A = -\infty$ と表す。

記号 $+\infty, -\infty$ はそれぞれ正の無限大，負の無限大と呼ばれる。これらは形式的な記号であって，数を表すわけではない。

例3（空集合の場合） A が空集合のとき，任意の実数が A の上界である。従って，A の上界全体の集合は $\mathbf{R}$ であり，これは最小元を持たない。よって，空集合は上限を持たない。同様に，下限も持たない。

3.2 上限・下限の特徴付け 実数 a に対する次の二つの条件 (1) (2) を考える。ただし，条件 (1) は a が A の上界であることを述べているものである。

(1) 任意の $x \in A$ に対して $x \leq a$ である。
(2) 任意の正数 ε に対して，ある $x \in A$ が存在して $a - \varepsilon < x$ となる。

上限 (supremum) 下限 (infimum) 最小上界 (least upper bound) 最大下界 (greatest lower bound)

> **命題** 実数 a が集合 A の上限であるためには条件 (1) (2) がともに成立することが必要十分である。

下限についても，不等号の向きと符号を反対にすることで，同様の命題が成立する。

[証明] 実数 a が集合 A の上限であるとする。特に a は A の上界であるから (1) が成立する。(2) を示すため ε を任意の正数とする。上限の定義により a は A の最小の上界だから，$a - \varepsilon$ は A の上界でない。よって $a - \varepsilon < x$ となる $x \in A$ が存在する。

逆に，条件 (1) (2) が成立するとする。(1) より a は A の上界である。また，$b < a$ であるとき，$\varepsilon = a - b$ とおけば $\varepsilon > 0$ となり，(2) により $b = a - \varepsilon < x$ となる $x \in A$ が存在するので，b は A の上界ではない。従って，b が A の上界ならば $a \le b$ となるので，a は A の最小の上界である。すなわち a は A の上限である。 □

参考 命題の主張するところをもって「性質 (1) (2) は上限を特徴付ける」と言う。

3.3 実数の連続性 集合 A が空であったり，上に有界でない場合には，集合 A は上限を持たない。では，それ以外の場合には，集合 A は上限を持つと言えるだろうか。

例（平方根） 集合 $A = \{x \in \mathbf{R} \mid x^2 < 2\}$ の上限は $\sqrt{2}$ である。ところが $\sqrt{2}$ は無理数であって，有理数の範囲では A の上限は存在しない。

数直線は，有理数だけでは隙間だらけだが，無理数によって隙間が埋められ，実数で完全に埋め尽くされている。このことを**実数の連続性**と呼ぶ。これを正確に述べる方法の一つが次のものである。

> **実数の連続性** 直線 $\mathbf{R}$ の空でない部分集合は，上に有界ならば上限を持ち，下に有界ならば下限を持つ。

展望 微分積分学や，これに引き続く解析学の諸定理を正確に理解するには，実数の連続性に基づく緻密な議論が必要である。これについては，一年生でも履修可能な総合科目「解析学基礎」で扱われるので，必要に応じて履修することを薦める。

3.4 関数の上限・下限 直線 $\mathbf{R}$ の部分集合で定義された実数値関数 $y = f(x)$ について，その値域すなわち像 $\operatorname{Im} f$ は直線 $\mathbf{R}$ の部分集合である。

そこで，像 $\operatorname{Im} f$ の上界を関数 $f(x)$ の**上界**と呼び，像 $\operatorname{Im} f$ の下界を関数 $f(x)$ の**下界**と呼ぶ。関数が**上に有界**であること，**下に有界**であること，**有界**であることも同様に定める。

また $\operatorname{Im} f$ の上限を関数 $f(x)$ の**上限**と呼び $\sup_{x \in A} f(x)$ と表す。同様に $\operatorname{Im} f$ の下限を関数 $f(x)$ の**下限**と呼び $\inf_{x \in A} f(x)$ と表す。

備考 関数 $f(x)$ の定義域を集合 A に制限したものが有界であるとき「関数 $f(x)$ は A で有界である」「関数 $f(x)$ は A 上有界である」と言う。

特徴付ける (characterize) 実数の連続性 (continuity of real numbers)

次の定理は，実数の連続性から直ちに分かる．

> **定理** 空でない定義域を持つ実数値関数は，上に有界ならば上限を持ち，下に有界ならば下限を持つ．

参考 直線 $\mathbf{R}$ 上の関数の定義域を空集合 $\emptyset$ に制限すれば，空集合を定義域とする関数 $f|_\emptyset$ が得られ，その像は空集合となる．このように，定義域が空であるような関数が考えられるので，上の定理では，定義域が空でないと仮定しておく必要がある．

§4 関数の極大と極小

関数の最大・最小および極大・極小の概念を論理的に述べる．直線 $\mathbf{R}$ の部分集合 A で定義された関数 $y = f(x)$ が与えられたとする．

4.1 関数の最大・最小 関数 $f(x)$ の像 $\mathrm{Im}\,f$ の最大元を関数 $f(x)$ の**最大値**と呼び，$\max_{x \in A} f(x)$ と表す．値 $f(x_0)$ が関数 $f(x)$ の最大値となるような点 x_0 を関数 $f(x)$ の**最大点**と呼び「点 x_0 で $f(x)$ は最大となる」「点 x_0 で $f(x)$ は最大値を取る」と言う．これは，定義域の任意の点 x に対して $f(x) \leq f(x_0)$ となることと同値である．

同様に**最小値**も定義され，$\min_{x \in A} f(x)$ と表される．また，関数値が最小値となる点を**最小点**と呼び，その点で関数 $f(x)$ は最小となるなどと言う．

次項で述べる局所的な最大・最小と対比して，ここで述べた最大・最小を**大域的**な最大・最小と呼ぶことがある．

備考 英語では，最大値と最小値を総称して extremum value または extreme value と言い，それらの値を取る点を extremum point または extreme point と呼ぶ．

4.2 局所的な最大・最小 以下では，簡単のため，特に断らなくとも，変数 x の値は関数 $f(x)$ の定義域に属するものとする．関数 $f(x)$ の定義域に属する点 x_0 を考える．値 $f(x_0)$ が定義域全体では最大となるとは限らないが，点 x_0 の近くに限れば最大となっているとき，局所的に最大となるという．すなわち，関数 $f(x)$ が点 x_0 で**局所的に最大となる**とは，次の条件を満たす正数 δ が存在することである（図1）．

(1) $\qquad |x - x_0| < \delta$ ならば $f(x) \leq f(x_0)$ となる

このとき，点 x_0 を関数 $f(x)$ の**局所的な最大点**と呼び，値 $f(x_0)$ を関数 $f(x)$ の**局所的な最大値**と呼ぶ．また「点 x_0 で $f(x)$ は局所的に最大値を取る」などと言う．

関数が局所的に最小となることや，局所的な最小点および局所的な最小値も同様に定義される．

注意 1° 大域的な最大・最小は局所的な最大・最小でもあるが，局所的な最大・最小は大域的な最大・最小とは限らない．

2° 条件 (1) において，$x = x_0$ の場合は $f(x) \leq f(x_0)$ が自動的に成立しているから，条件 (1) は「$0 < |x - x_0| < \delta$ ならば $f(x) \leq f(x_0)$ となる」と同値である．

最大値 (maximum value) 最小値 (minimum value) 最大点 (maximum point) 最小点 (minimum point) 大域的 (global) 局所的 (local)

備考 1° 文献によっては，ここで述べた局所的な最大・最小を極大・極小と呼び，次項で述べる極大・極小を狭義の極大・極小と呼ぶことがある。

2° 英語では，大域的な最大を absolute maximum と呼び，局所的な最大を relative maximum と呼ぶことがある。最小についても同様である。

4.3 極大・極小 関数 $f(x)$ の定義域に属する点 x_0 を考える。値 $f(x_0)$ が局所的に最大となるのみならず，点 x_0 の近くに限れば，値が $f(x_0)$ に到達する点が x_0 の他にないとき，極大となると言う。すなわち，関数 $f(x)$ が点 x_0 で**極大になる**とは，次の条件を満たす正数 δ が存在することである（図2）。

(2) $\qquad 0 < |x - x_0| < \delta$ ならば $f(x) < f(x_0)$ となる

このとき，点 x_0 を関数 $f(x)$ の**極大点**と呼び，値 $f(x_0)$ を関数 $f(x)$ の**極大値**と呼ぶ。また「点 x_0 で $f(x)$ は極大値を取る」などと言う。

関数が極小になることや極小点および極小値も同様に定義される。極大値と極小値を総称して**極値**と言う。

ここで述べた極大・極小の定義は，多変数関数の場合を見据えたスタンダードなものであるが，高等学校で学んだ説明とは違っているので，注意していただきたい。

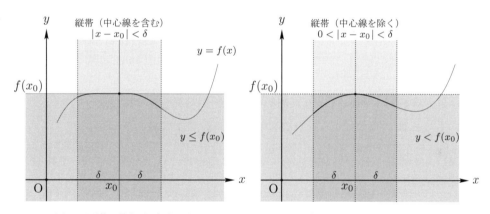

図1 局所的に最大だが極大でない
関数 $y = f(x)$ のグラフと縦帯の共通部分はすべて領域 $y \leq f(x_0)$ に含まれる

図2 極大であり局所的に最大である
関数 $y = f(x)$ のグラフと中心線を除く縦帯の共通部分はすべて領域 $y < f(x_0)$ に含まれる

注意 極大・極小は局所的な最大・最小でもあるが，局所的な最大・最小は極大・極小であるとは限らない（図1, 2）。大域的な最大・最小が極大・極小であるとは限らない。

備考 前項の備考で述べたように，ここで述べた極大・極小を狭義の極大・極小と呼び，前項で述べた局所的な最大・最小を極大・極小と呼ぶことがある。

極大値 (strict local maximum value)　極小値 (strict local minimum value)　極大点 (strict local maximum point)　極小点 (strict local minimum point)　極値 (strict local extremum value)

キーワード 任意の，存在する，含意，否定，反例，集合の上界・下界，集合が上に有界・下に有界・有界，最大元・最小元，集合の上限・下限，実数の連続性，関数の上界・下界，関数が上に有界・下に有界・有界，関数の上限・下限，最大値・最小値，局所的な最大値・最小値，極大値・極小値

確認 2A 次の条件を満たす実数 x の範囲を区間の記号で表せ。

(1) 任意の正数 ε に対して $|x| < 1 + \varepsilon$ となる。

(2) 任意の正数 ε に対して $|x| \leq 1 + \varepsilon$ となる。

(3) ある正数 δ が存在して $|x| < 1 - \delta$ となる。

(4) ある正数 δ が存在して $|x| \leq 1 - \delta$ となる。

確認 2B 区間 $I = [-1, 1]$ に対して，次の各条件を満たす実数 x の存在する範囲を区間の記号で表せ。また，各条件の否定を「任意の $t \in I$ に対して○○○となる」または「ある $t \in I$ が存在して○○○となる」の形式で答え，それを満たす実数 x の存在する範囲を区間の記号で表せ。ただし，文字 x, t は実数を表すとし，○○○は t と x の間の不等式である。

(1) 任意の $t \in I$ に対して $x \geq t$ となる。　(2) 任意の $t \in I$ に対して $x > t$ となる。

(3) ある $t \in I$ が存在して $x \geq t$ となる。　(4) ある $t \in I$ が存在して $x > t$ となる。

確認 2C 次の二つの主張のそれぞれは正しいか誤りか？

(1) 任意の $x \in \mathbf{R}$ に対して，ある $y \in \mathbf{R}$ が存在して $x \leq y$ となる。

(2) ある $y \in \mathbf{R}$ が存在して，任意の $x \in \mathbf{R}$ に対して $x \leq y$ となる。

確認 2D 直線 $\mathbf{R}$ の部分集合を次のように与えるとき，その上限を求め，それが最大元かどうか答えよ。

(1) $[1, 2]$　(2) $[1, 2)$　(3) $[1, 2] \cup [3, 4)$　(4) $[1, 2) \cup [3, 4]$　(5) $[1, \sqrt{2}] \cap \mathbf{Q}$

確認 2E 次の関数 $f : \mathbf{R} \longrightarrow \mathbf{R}$ が上に有界かどうか調べ，上に有界な場合には上限を求め，それが最大値かどうか答えよ。

(1) $f(x) = \dfrac{1}{1 + x^2}$　(2) $f(x) = \dfrac{x}{1 + x^2}$　(3) $f(x) = \dfrac{x^2}{1 + x^2}$　(4) $f(x) = \dfrac{x^3}{1 + x^2}$

確認 2F 次の関数 $y = f(x)$ は原点 0 において，最大となるか，局所的な最大となるか，極大となるか答えよ。また，最小となるか，局所的な最小となるか，極小となるか答えよ。

(1) $f(x) = |x|$

(2) $f(x) = \begin{cases} |x| & (x \neq 0) \\ 1 & (x = 0) \end{cases}$

(3) $f(x) = \begin{cases} -x & (x < 0) \\ 1 - x & (x \geq 0) \end{cases}$

(4) $f(x) = \begin{cases} x^2 - 1 & (|x| > 1) \\ 0 & (|x| \leq 1) \end{cases}$

第3章 関数の極限

極限値がどういうものであるかは，高等学校の数学でも説明がなされ，基礎的な計算について学んで来たところだが，さらに先に進むには不十分である。この章では，ε-δ 論法と呼ばれる方法によって，極限値の概念を論理的に正確にとらえる。この方法は，多変数関数やリーマン積分など，先に進んだ部分で有用となるが，ここでは準備として，ε-δ 論法による極限値の定義を説明し，それから容易に導かれる結論について述べる。また，数列の極限についても述べる。

§1　ε-δ 論法による極限値の定義

直線 $\mathbf{R}$ の部分集合で定義された実数値関数 $y = f(x)$ と直線上の点 $x_0 \in \mathbf{R}$ および実数 $L \in \mathbf{R}$ を考える。点 x_0 は関数 $f(x)$ の定義域に属していなくてもよいが，ある正数 $r > 0$ に対して集合 $(x_0 - r, x_0) \cup (x_0, x_0 + r)$ が定義域に含まれるとする。

　高等学校の数学では，$\lim_{x \to x_0} f(x) = L$ となるとは，条件 $x \neq x_0$ を保ちながら x を動かすときに，「x が x_0 に限りなく近づくとき，$f(x)$ が L に限りなく近づく」ことであり，これを「$x \to x_0$ のとき $f(x) \to L$ となる」と言うのであった。

1.1　極限値とはどういうものか　正の実数 ε と δ に関する次の条件を考える。

(*)　　　　　　　$0 < |x - x_0| < \delta$ ならば $|f(x) - L| < \varepsilon$ となる。

これが成り立つような ε と δ の関係に注目して「$x \to x_0$ のとき $f(x) \to L$ となる」ことの意味を考察する（図1参照）。

1. 「$f(x) \to L$ となる」の部分は「$f(x)$ がいくらでも L に近づく」ことであるから「$x \to x_0$ のとき $f(x) \to L$ となる」は全体として「どんなに小さな正数 ε に対しても，$x \to x_0$ のとき $|f(x) - L| < \varepsilon$ となる」ことである。

2. 「$x \to x_0$ のとき $|f(x) - L| < \varepsilon$ となる」とは「x が x_0 に十分に近ければ $|f(x) - L| < \varepsilon$ となる」ことである。ここで「x が x_0 に十分に近ければ」は $x \neq x_0$ であることに注意すると「正数 δ を十分に小さく選んで $0 < |x - x_0| < \delta$ とすれば」と解釈される。

3. 全体としては「どんなに小さな正数 ε に対しても，正数 δ を十分に小さく選んで $0 < |x - x_0| < \delta$ とすれば $|f(x) - L| < \varepsilon$ となる」となり，これを論理的な言い方に直すと「任意の正数 ε に対して，ある正数 δ であって，$0 < |x - x_0| < \delta$ ならば $|f(x) - L| < \varepsilon$ となるものが存在する」となる。

注意　正数 ε に対して，ある正数 δ について (*) が成立すれば，それより小さな正数 δ についても (*) が成立する。また，ある正数 ε に対して，(*) が成立するような正数 δ が存在すれば，それより大きな正数 ε についても，(*) が成立するような正数 δ が存在する。実際，同じ δ を選べば良い。

1.2 関数の極限値の定義 前項の考察に基づいて，関数の極限値の概念の厳密な定義を与えよう．この種の定義のしかたを **ε-δ 論法** と言う．以下では，特に断らなくとも，変数 x は関数 $y = f(x)$ の定義域に属する点を動くものとし，L は実数とする．

> **定義 1** $\lim_{x \to x_0} f(x) = L$ であるとは，任意の正数 ε に対して，ある正数 δ であって，$0 < |x - x_0| < \delta$ ならば $|f(x) - L| < \varepsilon$ となるようなものが存在することである．

この定義によって $\lim_{x \to x_0} f(x) = L$ であるとき「$x \to x_0$ のとき $f(x) \to L$ となる」と言い，$f(x) \to L \ (x \to x_0)$ と表す．

このような実数 L は存在するとは限らないが，存在すればただ一つであるので，これを，関数 $f(x)$ の $x \to x_0$ のときの **極限** または **極限値** と言い，あらためて $\lim_{x \to x_0} f(x)$ と表す．

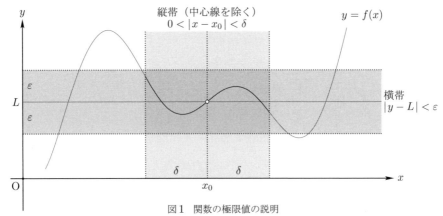

図 1 関数の極限値の説明

横帯の幅をどのように取っても，それに応じて縦帯の幅をうまく選べば，
$y = f(x)$ のグラフと縦帯の共通部分が横帯に含まれるようにできる．

注意 上記の定義により，$\lim_{x \to x_0} f(x) = L$ となることと $\lim_{x \to x_0} |f(x) - L| = 0$ となることは互いに同値である．また，$0 < |x - x_0| < r$ ならば $f(x) = g(x)$ となるような正数 r が存在すれば $\lim_{x \to x_0} f(x) = \lim_{x \to x_0} g(x)$ である．

備考 極限値 $\lim_{x \to x_0} f(x)$ が存在するときに「関数 $f(x)$ は $x \to x_0$ のとき収束する」と言い，そうでないとき「関数 $f(x)$ は $x \to x_0$ のとき発散する」と言う．

1.3 関数の極限値の例 確認のため，ごく簡単な例について ε-δ 論法による関数の極限値の定義を適用してみよう．

極限値の定義に従って $\lim_{x \to x_0} f(x) = L$ を示すには，まず ε を任意の正数とする．これに対して，都合の良い δ が存在することを，具体的に δ を見繕って定めるなどして示せばよい．ここで都合が良いとは，$\delta > 0$ であり $0 < |x - x_0| < \delta$ ならば $|f(x) - L| < \varepsilon$ が成立するということである．そこで，見繕って定めるなどした δ に対して，それが正であることを確認したうえで，$0 < |x - x_0| < \delta$ と仮定して $|f(x) - L| < \varepsilon$ を示せばよいことになる．

極限 (limit) 極限値 (limit value) ε-δ 論法 (ε-δ argument)

例1 $\lim_{x\to 0} x\sin(1/x) = 0$ である.これを示すため,ε を任意の正数とする.これに対して $\delta = \varepsilon$ と定めると,これは正数であり,$0 < |x-0| < \delta$ と仮定すると $|x\sin(1/x) - 0| = |x\sin(1/x)| = |x||\sin(1/x)| \leq |x| < \delta = \varepsilon$ となる.以上により,$\lim_{x\to 0} x\sin(1/x) = 0$ が成立する.

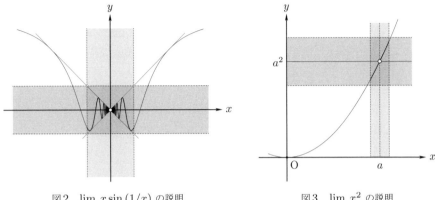

図2 $\lim_{x\to 0} x\sin(1/x)$ の説明　　　図3 $\lim_{x\to a} x^2$ の説明

例2 $\lim_{x\to 2} x^2 = 4$ である.これを示すため,ε を任意の正数とする.これに対して $\varepsilon/5$ と 1 の小さい方を δ と定める.すなわち $\delta = \min\{\varepsilon/5, 1\}$ と定める.このとき δ は正であり $\delta \leq \varepsilon/5$ かつ $\delta \leq 1$ が成立する.ここで $0 < |x-2| < \delta$ と仮定すると,$\delta \leq 1$ より $1 < x < 3$ であるから $|x+2| = x+2 < 5$ となり,$|x^2-4| = |x+2||x-2| < 5\delta \leq 5(\varepsilon/5) = \varepsilon$ が成立する.かくして $0 < |x-2| < \delta$ ならば $|x^2-4| < \varepsilon$ となることが分かった.以上により,$\lim_{x\to 2} x^2 = 4$ が成立する.

注意 1° 正数 ε に応じて都合の良い δ を見つけることは,証明を行う際の重要なステップであるが,どうやって見つけたのかを証明に書く必要はない.

2° 関数 $f(x)$ が $x = x_0$ で定義されている場合であっても,極限値 $\lim_{x\to x_0} f(x)$ はあくまで $x \neq x_0$ における条件によって定義されているので,$f(x)$ に $x = x_0$ を代入して極限値 $\lim_{x\to x_0} f(x)$ が得られるとは限らない.実際,関数 $f(x)$ を

$$f(x) = \begin{cases} 1 & (x = 0) \\ 0 & (x \neq 0) \end{cases}$$

と定めれば,$\lim_{x\to 0} f(x) = 0 \neq 1 = f(0)$ である.

3° 例2 の結果から,関数 $f(x) = x^2$ については $\lim_{x\to 2} f(x) = f(2)$ が成立している.これは,§3.4 で述べるように,極限値の公式からも得られる.理論的には,§4.1 で述べるように,関数 $f(x) = x^2$ が $x = 2$ で連続であることを意味する.

4° 極限値を持たない例として $\lim_{x\to 0} |x|/x$ や $\lim_{x\to 0} \sin(1/x)$ が挙げられる.前者については,§2.1 で述べる右極限値と左極限値はそれぞれ存在するが,後者については,右極限値も左極限値も存在しない.これらについて,極限値が存在しない理由を,極限値の定義に基づいて考えてみると,ε-δ 論法に対する理解が深まって良いであろう.

参考 注意 2° で定めた関数 $f(x)$ は開区間 $(-\pi, \pi)$ において $f(x) = \lim_{n\to\infty} (\cos x)^n$ と表され,$\lim_{x\to 0} \lim_{n\to\infty} (\cos x)^n = 0 \neq 1 = \lim_{n\to\infty} \lim_{x\to 0} (\cos x)^n$ となっている.

§2 種々の極限

前節で述べた関数の極限値の定義は次のようなものであった。

(1) $\lim_{x \to x_0} f(x) = L$ であるとは，任意の正数 ε に対して，ある正数 δ であって，$|x - x_0| < \delta$ ならば $|f(x) - L| < \varepsilon$ となるものが存在することである。

この節では，これ以外の種々の極限について考察する。特に断らなくとも，変数 x は関数 $y = f(x)$ の定義域に属する点を動くものとし，L は実数とする。

2.1 右極限と左極限 関数 $f(x)$ の $x \to x_0$ のときの極限の代わりに，x の動く範囲を x_0 の右側すなわち $x_0 < x$ なる範囲に限定した場合の極限を考えよう。そのような極限を**右極限**と言う。同様に**左極限**も考えられる。正確には，次のように定める。

(2) $\lim_{x \to x_0 + 0} f(x) = L$ であるとは，任意の正数 ε に対して，ある正数 δ であって，$x_0 < x < x_0 + \delta$ ならば $|f(x) - L| < \varepsilon$ となるものが存在することである。

(3) $\lim_{x \to x_0 - 0} f(x) = L$ であるとは，任意の正数 ε に対して，ある正数 δ であって，$x_0 - \delta < x < x_0$ ならば $|f(x) - L| < \varepsilon$ となるものが存在することである。

前者の極限値を**右極限値**と言い，後者の極限値を**左極限値**と言う。

注意 右極限 $\lim_{x \to x_0 + 0} f(x)$ は，ある正数 $r > 0$ に対して開区間 $(x_0, x_0 + r)$ が定義域に含まれるという設定の下で定義される。同様に，左極限 $\lim_{x \to x_0 - 0} f(x)$ は，ある正数 $r > 0$ に対して開区間 $(x_0 - r, x_0)$ が定義域に含まれるという設定の下で定義される。

備考 右極限値は $\lim_{x \to x_0+} f(x)$ とも $\lim_{x \downarrow x_0} f(x)$ とも表され，左極限値は $\lim_{x \to x_0-} f(x)$ とも $\lim_{x \uparrow x_0} f(x)$ とも表される。特に，$x_0 = 0$ の場合に，右極限値 $\lim_{x \to 0+0} f(x)$ を $\lim_{x \to +0} f(x)$ と表し，左極限値 $\lim_{x \to 0-0} f(x)$ を $\lim_{x \to -0} f(x)$ と表すこともある。

2.2 $x \to \pm\infty$ のときの極限 ある実数 r に対して集合 (r, ∞) が関数 $y = f(x)$ の定義域に含まれるとき，$x \to +\infty$ のときの極限値が定義される。また，ある実数 r に対して集合 $(-\infty, -r)$ が定義域に含まれるとき，$x \to -\infty$ のときの極限値が定義される。正確には，次のように定める。

(4) $\lim_{x \to +\infty} f(x) = L$ であるとは，任意の正数 ε に対して，ある実数 ρ であって，$\rho < x$ ならば $|f(x) - L| < \varepsilon$ となるようなものが存在することである。

(5) $\lim_{x \to -\infty} f(x) = L$ であるとは，任意の正数 ε に対して，ある実数 ρ であって，$x < \rho$ ならば $|f(x) - L| < \varepsilon$ となるようなものが存在することである。

ここで，$+\infty$ および $-\infty$ は形式的な記号であって，直線上の点を表すわけではない。

2.3 極限が $\pm\infty$ となる場合 関数 $f(x)$ が $x \to x_0$ のときに極限値を持たない場合のうち，関数値 $f(x)$ が限りなく大きくなる場合と $-f(x)$ が限りなく大きくなる場合については，特別な用語と記号が用意されている。

右極限 (right limit) 左極限 (left limit)

(6) $\lim_{x \to x_0} f(x) = +\infty$ であるとは，任意の実数 λ に対して，ある正数 δ であって，$0 < |x - x_0| < \delta$ ならば $\lambda < f(x)$ となるようなものが存在することである．

(7) $\lim_{x \to x_0} f(x) = -\infty$ であるとは，任意の実数 λ に対して，ある正数 δ であって，$0 < |x - x_0| < \delta$ ならば $f(x) < \lambda$ となるようなものが存在することである．

ここで，$\lim_{x \to x_0} f(x) = +\infty$ のとき「$f(x)$ の $x \to x_0$ のときの極限は $+\infty$ である」と言い，$f(x) \to +\infty \ (x \to x_0)$ とも表す．また，$\lim_{x \to x_0} f(x) = -\infty$ のとき「$f(x)$ の $x \to x_0$ のときの極限は $-\infty$ である」と言い，$f(x) \to -\infty \ (x \to x_0)$ とも表す．これは $\lim_{x \to x_0} (-f(x)) = +\infty$ と同値である．

注意 $+\infty$ および $-\infty$ は形式的な記号であって，実数値を表すわけではなく，$\lim_{x \to x_0} f(x) = +\infty$ および $\lim_{x \to x_0} f(x) = -\infty$ のとき，極限値 $\lim_{x \to x_0} f(x)$ は存在しない．

2.4 片側極限と両側極限 右極限と左極限を総称して**片側極限**と呼び，これに対して §1.2 で述べた極限を**両側極限**と呼ぶ．これらに関して，次の命題が成立する．

> **命題 1** $\lim_{x \to x_0} f(x) = L$ となるためには $\lim_{x \to x_0+0} f(x) = L$ かつ $\lim_{x \to x_0-0} f(x) = L$ となることが必要十分である．

[証明] $\lim_{x \to x_0+0} f(x) = L$ かつ $\lim_{x \to x_0-0} f(x) = L$ と仮定し，ε を任意の正数とする．仮定により，正数 δ_1 であって $x_0 < x < x_0 + \delta_1$ ならば $|f(x) - L| < \varepsilon$ となるものと，正数 δ_2 であって $x_0 - \delta_2 < x < x_0$ ならば $|f(x) - L| < \varepsilon$ となるものが存在する．それらの小さい方を δ と定め，$0 < |x - x_0| < \delta$ と仮定すると，$x_0 < x$ または $x < x_0$ であるが，$x_0 < x$ のときは $x_0 < x < x_0 + \delta \leq x_0 + \delta_1$ より $|f(x) - L| < \varepsilon$ となり，$x < x_0$ のときも $x_0 - \delta_2 \leq x_0 - \delta < x < x_0$ より $|f(x) - L| < \varepsilon$ となる．以上により $\lim_{x \to x_0} f(x) = L$ が成立する．逆の証明は省略する． □

例 $\lim_{x \to 0+0} |x|/x = \lim_{x \to 0+0} 1 = 1$ および $\lim_{x \to 0-0} |x|/x = \lim_{x \to 0-0} (-1) = -1$ が片側極限の定義から分かるが，両者が一致しないので，極限値 $\lim_{x \to 0} |x|/x$ は存在しない．

§3 関数の極限値の性質

3.1 極限値の性質 以下の命題は，関数の極限値の定義の直接の帰結である．

> **命題 2** 極限値 $\lim_{x \to x_0} f(x)$ が存在し，その値が正であるとき，ある正数 δ であって，$0 < |x - x_0| < \delta$ ならば $f(x) > 0$ となるものが存在する．

極限値が負の場合についても，類似の結果が成立する．

[証明] $\lim_{x \to x_0} f(x) = L > 0$ と仮定し，$\varepsilon = L$ とおくと，$\varepsilon > 0$ より，ある正数 δ で $0 < |x - x_0| < \delta$ ならば $|f(x) - L| < \varepsilon$ となるものが存在する．そのような δ に対して，$0 < |x - x_0| < \delta$ のとき，$|f(x) - L| < L$ により $f(x) > 0$ となる． □

片側極限 (one-sided limit) 両側極限 (two-sided limit)

> **命題 3** 極限値 $\lim_{x \to x_0} f(x)$ が存在するならば，ある正数 δ が存在して，関数 $f(x)$ は $(x_0 - \delta, x_0) \cup (x_0, x_0 + \delta)$ で有界である．

［証明］ $\lim_{x \to x_0} f(x) = L$ と仮定する．$\varepsilon = 1$ とおくと $\varepsilon > 0$ だから，ある正数 δ であって，$0 < |x - x_0| < \delta$ ならば $|f(x) - L| < \varepsilon$ となるものが存在する．そのような δ については，$0 < |x - x_0| < \delta$ のとき，$|f(x) - L| < 1$ より $L - 1 < f(x) < L + 1$ となるので，関数 $f(x)$ は $(x_0 - \delta, x_0) \cup (x_0, x_0 + \delta)$ で有界である． □

3.2 極限値の性質（続） 以下の命題も，関数の極限値の定義から容易に示される．

> **命題 4** $x \neq x_0$ のとき $|f(x) - L| \leq r(x)$ であり，$\lim_{x \to x_0} r(x) = 0$ であるとする．このとき $\lim_{x \to x_0} f(x) = L$ が成立する．

［証明］ ε を正数とする．$\lim_{x \to x_0} r(x) = 0$ より，$0 < |x - x_0| < \delta$ ならば $|r(x) - 0| < \varepsilon$ となる正数 δ が存在する．そのような δ に対しては，$0 < |x - x_0| < \delta$ であるとき $|f(x) - L| \leq r(x) \leq |r(x) - 0| < \varepsilon$ となる．以上により $\lim_{x \to x_0} f(x) = L$ である． □

> **命題 5** 極限値 $\lim_{x \to x_0} f(x)$ が存在し，$x \neq x_0$ のとき $f(x) \geq 0$ であるとする．このとき $\lim_{x \to x_0} f(x) \geq 0$ が成立する．

［証明］ $\lim_{x \to x_0} f(x) < 0$ だったとすると，命題 2 の負の場合により，正数 δ であって，$0 < |x - x_0| < \delta$ ならば $f(x) < 0$ となるものが存在し，例えば $x = x_0 + \delta/2$ のとき $f(x) < 0$ となって，仮定に反する．よって $\lim_{x \to x_0} f(x) \geq 0$ である． □

注意 1° 命題 4 の内容は，いわゆる「はさみうちの原理」に相当する．

2° 命題 5 において，$x \neq x_0$ のとき $f(x) > 0$ となっている場合については，命題から $\lim_{x \to x_0} f(x) \geq 0$ は成立するが，$\lim_{x \to x_0} f(x) > 0$ が成立するとは限らない．例えば $x \neq 0$ のとき $x^2 > 0$ だが，$\lim_{x \to 0} x^2 = 0$ である．

3.3 極限値の公式 次の公式が成立する．ただし λ, μ は実数の定数である．

(1) $\lim_{x \to x_0} (\lambda f(x) + \mu g(x)) = \lambda \lim_{x \to x_0} f(x) + \mu \lim_{x \to x_0} g(x)$

(2) $\lim_{x \to x_0} (f(x) g(x)) = \lim_{x \to x_0} f(x) \lim_{x \to x_0} g(x)$ (3) $\lim_{x \to x_0} \frac{f(x)}{g(x)} = \frac{\lim_{x \to x_0} f(x)}{\lim_{x \to x_0} g(x)}$

ここで，(1) では，右辺に現れる極限値 $\lim_{x \to x_0} f(x)$ と $\lim_{x \to x_0} g(x)$ がともに存在するとき，左辺の極限値も存在し，左辺の値と右辺の値が等しくなると解釈する．(2)(3) についても同様である．ただし (3) においては $\lim_{x \to x_0} g(x) \neq 0$ と仮定する．

なお，$x \neq x_0$ ならば $f(x) \neq y_0$ であるとき，$\lim_{x \to x_0} f(x) = y_0$ かつ $\lim_{y \to y_0} g(y) = z_0$ ならば $\lim_{x \to x_0} g(f(x)) = z_0$ である（§4.2 注意 2° 参照）．ここで，$y = y_0$ のときに $g(y)$ が定義されているとは限らないことに注意せよ．

はさみうちの原理 (squeeze theorem)

3.4 極限値の計算 実数の定数 c について $\lim_{x \to x_0} c = c$ が成立し,また $\lim_{x \to a} x = a$ が成立することは極限値の定義に基づいて容易に確認される。また,高等学校の数学で学んだように,極限値について次の公式が成立する。

$$\lim_{x \to 0} \frac{\sin x}{x} = 1, \quad \lim_{x \to 0} (1+x)^{1/x} = e, \quad \lim_{x \to 0} \frac{e^x - 1}{x} = 1$$

ただし,e は自然対数の底である。また,次の式も成立する。

$$\lim_{x \to 0+0} x \log x = 0$$

こうした基本的な極限値をもとにして,前項までに述べた命題や公式を利用することによって,極限値が計算できる場合がある。§1.3 で挙げた例について,このような取扱いをしてみよう。

例 1 $|\sin(1/x)| \leq 1$ より $0 \leq |x \sin(1/x) - 0| = |x||\sin(1/x)| \leq |x|$ となり,$\lim_{x \to 0} |x| = 0$ であるから $\lim_{x \to 0} x \sin(1/x) = 0$ となる。

例 2 $\lim_{x \to 2} x = 2$ であるから $\lim_{x \to 2} x^2 = (\lim_{x \to 2} x)^2 = 2^2 = 4$ となる。

§4 関数の連続性

関数の極限値を利用して関数が定義域の一点で連続であることの定義を与える。

4.1 関数の一点での連続性 関数 $f(x)$ およびその定義域に属する点 x_0 について $\lim_{x \to x_0} f(x) = f(x_0)$ となるとき,関数 $f(x)$ は点 x_0 で**連続**であると言う。極限値の定義に戻って ε-δ 論法で述べると,次のようになる。

> **定義 2** 関数 $f(x)$ が点 x_0 で連続であるとは,任意の正数 ε に対して,ある正数 δ であって,$|x - x_0| < \delta$ ならば $|f(x) - f(x_0)| < \varepsilon$ となるものが存在することである。

注意 任意の正数 ε に対して,$x = x_0$ のとき $|f(x) - f(x_0)| = 0 < \varepsilon$ は必ず成立しているので,極限値の定義における $0 < |x - x_0| < \delta$ は,連続性の定義においては $|x - x_0| < \delta$ に置き換えることができる。

4.2 極限との交換可能性 次の命題が成立する。

> **命題 6** 関数 $z = g(y)$ は点 y_0 で連続で,関数 $y = f(x)$ は $\lim_{x \to x_0} f(x) = y_0$ を満たすとする。このとき $\lim_{x \to x_0} g(f(x)) = g(y_0)$ が成立する。

注意 1° この命題の結論は $\lim_{x \to x_0} g(f(x)) = g\left(\lim_{x \to x_0} f(x)\right)$ と表すことができる。
2° 一般に $\lim_{x \to x_0} f(x) = y_0, \lim_{y \to y_0} g(y) = z_0$ であったとする。このとき,$y \neq y_0$ ならば $h(y) = g(y)$ と定め,$y = y_0$ なら $h(y) = z_0$ と定めて得られる関数 $z = h(y)$ は y_0 で連続となるので,命題 6 により $\lim_{x \to x_0} h(f(x)) = h(y_0) = z_0$ となる。特に,$x \neq x_0$ ならば $f(x) \neq y_0$ であるとき,$\lim_{x \to x_0} g(f(x)) = z_0$ となる(§3.3 参照)。

連続 (continuous)

[証明] ε を任意の正数とする。関数 $g(y)$ は y_0 で連続だから，正数 δ_1 であって，$|y - y_0| < \delta_1$ ならば $|g(y) - g(y_0)| < \varepsilon$ となるものが存在する。そのような δ_1 を一つ選び，$\varepsilon_1 = \delta_1$ とおく。すると $\varepsilon_1 > 0$ であり，$\lim_{x \to x_0} f(x) = y_0$ だから，ある正数 δ であって，$0 < |x - x_0| < \delta$ ならば $|f(x) - y_0| < \varepsilon_1$ となるものが存在する。そのような δ に対して，$0 < |x - x_0| < \delta$ とすると，$|f(x) - y_0| < \varepsilon_1 = \delta_1$ より $|g(f(x)) - g(y_0)| < \varepsilon$ となる。以上により $\lim_{x \to x_0} g(f(x)) = g(y_0)$ が成立する。 □

4.3 連続性の遺伝 §3.3 の極限値の公式から，以下のことが分かる。ただし λ, μ は実数の定数である。

(1) 関数 $f(x), g(x)$ が点 x_0 で連続ならば，$\lambda f(x) + \mu g(x)$ も点 x_0 で連続である。

(2) 関数 $f(x), g(x)$ が点 x_0 で連続ならば，積 $f(x)g(x)$ も点 x_0 で連続である。

(3) 関数 $f(x), g(x)$ が点 x_0 で連続であり，$g(x_0) \neq 0$ ならば，商 $f(x)/g(x)$ も点 x_0 で連続である。

4.4 片側連続性 $\lim_{x \to x_0 + 0} f(x) = f(x_0)$ となるとき，関数 $f(x)$ は点 x_0 で**右連続**であると言い，$\lim_{x \to x_0 - 0} f(x) = f(x_0)$ のときは**左連続**であると言う。

関数 $f(x)$ が点 x_0 で連続であるためには，点 x_0 で左連続かつ右連続となることが必要十分である。

§5 連続関数の性質

前節では関数の一点での連続性を考えたが，ここでは定義域に含まれる集合における関数の連続性を考える。関数 $f(x)$ は直線 $\mathbf{R}$ の部分集合 A で定義されているとする。

5.1 連続関数とは何か 関数 $f(x)$ が集合 A で（または A 上）**連続**であるとは，集合 A に属するすべての点で $f(x)$ が連続となることである。特に，定義域全体で連続な関数を，単に**連続関数**と呼ぶ。

ただし，例えば $[a, b]$ を定義域とする関数については，(a, b) のすべての点で連続で a で右連続であるとき，$f(x)$ は連続であると言う。同様に $(a, b]$ を定義域とする関数は，(a, b) のすべての点で連続で b で左連続であるとき連続であると言う。

5.2 連続関数の例 すでに述べたように $\lim_{x \to a} x = a$ が成立するから，関数 $f(x) = x$ は連続である。また，三角関数 $\sin x, \cos x$ は連続であり，指数関数 e^x，対数関数 $\log x$ なども連続である。

連続関数に四則演算を繰り返し施して得られる関数は，§4.3 (1)(2)(3) によって連続である。また，連続関数の合成関数は，命題 6 によって連続である。このようにして，既知の連続関数から，次々と連続な関数が得られる。

右連続 (right continuous) 左連続 (left continuous) 連続関数 (continuous function)

5.3 中間値の定理
次の定理が成立することは，直感的には容易に了解されるであろう．ここでは，この定理が成立することを認めて先に進むことにする．

> **定理 1** 空でない有界閉区間 $[a,b]$ で定義された連続関数 $f(x)$ および実数 d が $f(a) < d < f(b)$ または $f(b) < d < f(a)$ を満たすならば $f(c) = d$ かつ $a < c < b$ を満たす実数 c が存在する．

注意 1° 中間値の定理の結論において，条件 $f(c) = d$ かつ $a < c < b$ を満たす実数 c はただ一つとは限らない．例えば，区間 $[-2, 2]$ で定義された関数 $f(x) = x^3 - x$ は連続であって，条件 $f(-2) = -4 < 0 < 4 = f(2)$ を満たす．これについて，$c = -1, 0, 1$ はいずれも $f(c) = 0$ かつ $-2 < c < 2$ を満たす．

2° 関数 $f(x)$ の定義域が区間 $[a,b]$ を含まない場合には，中間値の定理の結論が成立するとは限らない．例えば，集合 $[-1, 0) \cup (0, 1]$ で定義された関数 $f(x) = 1/x$ は連続であって，条件 $f(-1) = -1 < 0 < 1 = f(1)$ を満たすが，$f(c) = 0$ かつ $-1 < c < 1$ を満たす実数 c は存在しない．

5.4 最大値の定理
次の定理が成立することも，直感的には容易に了解されるであろう．ここでは，この定理が成立することを認めて先に進むことにする．

> **定理 2** 空でない有界閉区間を定義域とする連続関数は最大値と最小値を持つ．

注意 1° 有界でない定義域を持つ連続関数や，有界だが閉区間でない定義域を持つ連続関数は，最大値・最小値を持つとは限らない．例えば，連続関数 $f(x) = x$ は直線 $\mathbf{R}$ 全体で最大値・最小値を持たない．また，その定義域を有界な区間 $(-1, 1]$ に制限して得られる関数は最大値を持つが最小値を持たない．区間 $[-1, 1)$ の場合は最小値を持つが最大値を持たず，$(-1, 1)$ だと最大値も最小値も持たない．

2° 有限個の空でない有界閉区間の合併を定義域とする連続関数は最大値・最小値を持つ．

展望 中間値の定理や最大値の定理の証明には，実数の連続性を用いた緻密な議論が必要である．これらの定理の証明は，一年生でも履修可能な総合科目「解析学基礎」で扱われるので，必要に応じて履修することを薦める．

中間値の定理 (intermediate value theorem)　最大値の定理 (extreme value theorem)

§6 数列の極限

高等学校の数学で学んだように，実数を並べた列 $a_1, a_2, \ldots$ を数列と呼び，a_1 を第 1 項，a_2 を第 2 項などと呼ぶ．一般に，このような数列を $(a_n)_{n=1,2,\ldots}$ あるいは略して (a_n) のように表す．

6.1 数列の極限値の定義　数列 (a_n) および実数 L について，$\lim_{n\to\infty} a_n = L$ となることを次のように定義する．ただし，文字 n は数列の項の番号を表す自然数を動く変数であるとする．

> $\lim_{n\to\infty} a_n = L$ であるとは，任意の正数 ε に対して，ある番号 N であって，$N < n$ ならば $|a_n - L| < \varepsilon$ となるようなものが存在することである．

このような実数 L は存在するとは限らないが，存在すればただ一つであるので，これを数列 (a_n) の**極限値**と言い，あらためて $\lim_{n\to\infty} a_n$ と表す．極限値 $\lim_{n\to\infty} a_n$ が存在するとき，数列 (a_n) は**収束する**と言い，そうでないとき，**発散する**と言う．また，収束する数列を**収束列**と言う．

6.2 数列の極限値の例　高等学校の数学で学んだように，a を実数の定数とすると，$\lim_{n\to\infty} \dfrac{a}{n} = 0$ である．これを数列の極限値の定義に基づいて示してみよう．

そのため，ε を任意の正数とする．すると，$|a|/\varepsilon < N$ となる整数 N が存在するので，そのような N を一つ選ぶ．このとき，$N < n$ とすると，$|a/n - 0| = |a|/n < |a|/N < \varepsilon$ が成立する．以上により $\lim_{n\to\infty} \dfrac{a}{n} = 0$ である．

参考　この例では「任意の正数 r に対して，ある整数 N であって $r < N$ となるものが存在する」という事実を用いた．これは実数のアルキメデス性と呼ばれ，実数の基本的な性質の一つと位置付けられる．詳しくは，一年生でも履修可能な総合科目「解析学基礎」で扱われる．

6.3 数列の極限値の性質　数列の極限についても，関数の極限について §3 で述べた種々の性質と類似した性質が成り立つ．例えば，次の命題が成立する．

> **命題 7**　任意の n に対して $|a_n - L| \leq r_n$ であり $\lim_{n\to\infty} r_n = 0$ であるとする．このとき $\lim_{n\to\infty} a_n = L$ である．

［証明］ε を任意の正数とする．$\lim_{n\to\infty} r_n = 0$ であるから，$N < n$ ならば $|r_n - 0| < \varepsilon$ となる番号 N が存在する．そのような N に対して，$N < n$ とすると，仮定を用いて $|a_n - L| \leq r_n \leq |r_n - 0| < \varepsilon$ となる．以上により $\lim_{n\to\infty} a_n = L$ である．　□

注意　命題において「任意の n に対して $|a_n - L| \leq r_n$ である」という仮定を「十分大きな n に対して $|a_n - L| \leq r_n$ である」に置き換えられる．ただし「十分大きな n に対して $\cdots$」は「ある番号 M が存在して $M < n$ ならば $\cdots$」という意味である．

備考　この命題の状況を $|a_n - L| \leq r_n \to 0 \ (n \to \infty)$ と略記することがある．

数列 (sequence)　収束する (converge, convergent)　発散する (divergent)　収束列 (convergent sequence)

計算例 高等学校の数学で学んだように，a を実数の定数とすると，$|r| < 1$ のとき $\lim_{n\to\infty} ar^n = 0$ である．これを上の命題の応用として示してみよう．

そこで $0 < |r| < 1$ とし，$d = \dfrac{1}{|r|} - 1$ とおくと，これは正数であり，$|r| = \dfrac{1}{1+d}$ が成立する．さて，$n \geq 1$ とする．二項定理により $1 + nd \leq (1+d)^n$ であるから

$$|ar^n - 0| = |a||r|^n = \frac{|a|}{(1+d)^n} \leq \frac{|a|}{nd} \leq \frac{|a|/d}{n} \to 0 \quad (n \to \infty)$$

となり，よって $\lim_{n\to\infty} ar^n = 0$ である．なお，$r = 0$ の場合は $\lim_{n\to\infty} ar^n = \lim_{n\to\infty} 0 = 0$ である．

展望 数列の極限の扱いに際しては，誤差 $|a_n - L|$ を不等式によって評価することが重要である．「微分積分学」では，種々の関数のテイラー展開として現れる重要な級数の誤差の評価について詳しく扱う．また，より一般の巾級数と呼ばれる級数の収束・発散などの話題についても「微分積分学」で扱う．こういった不等式による評価の手法は，数列や級数の極限に限らず，微分積分学全般で重要となる．

6.4 平均の極限 次に掲げる例では，ε-δ 論法が大いに威力を発揮する．（数列の極限の場合には ε-N 論法と呼ぶこともある．）

例 収束する数列 (a_n) に対して $b_n = \dfrac{a_1 + \cdots + a_n}{n}$ と定めると，数列 (b_n) も収束して $\lim_{n\to\infty} b_n = \lim_{n\to\infty} a_n$ が成立する．

これを示すため，$\lim_{n\to\infty} a_n = L$ と仮定し，ε を任意の正数とする．仮定から，ある番号 N_1 であって，$N_1 < n$ ならば $|a_n - L| < \varepsilon/2$ となるものが存在するので，そのような N_1 を一つ選ぶ．このとき，

$$\lim_{n\to\infty} \frac{|a_1 - L| + \cdots + |a_{N_1} - L|}{n} = 0$$

であるから，ある番号 N_2 であって，$N_2 < n$ ならば

$$\frac{|a_1 - L| + \cdots + |a_{N_1} - L|}{n} < \frac{\varepsilon}{2}$$

となるものが存在するので，そのような N_2 を一つ選ぶ．そこで，$N = \max\{N_1, N_2\}$ と定め，$N < n$ とする．このとき，$N_1 < n$ かつ $N_2 < n$ であるから，

$$\begin{aligned}
|b_n - L| &= \left|\frac{a_1 + \cdots + a_n}{n} - L\right| = \left|\frac{(a_1 - L) + \cdots + (a_n - L)}{n}\right| \\
&\leq \frac{|a_1 - L| + \cdots + |a_{N_1} - L|}{n} + \frac{|a_{N_1+1} - L| + \cdots + |a_n - L|}{n} \\
&< \frac{\varepsilon}{2} + \frac{n - N_1}{n} \cdot \frac{\varepsilon}{2} < \varepsilon
\end{aligned}$$

となる．以上により，$\lim_{n\to\infty} b_n = L$ である．

級数 (series) 不等式 (inequality) 評価 (estimate) テイラー展開 (Taylor expansion) 巾級数 (power series)

キーワード ε-δ 論法, 極限値, 極限, 右極限, 左極限, 連続, 右連続, 左連続, 連続関数, 中間値の定理, 最大値の定理, 数列の極限

確認 3A 正数 ε を次のように与えるとき, 条件「$0 < |x-1| < \delta$ ならば $|x^2-1| < \varepsilon$ である」を満たす実数 δ の最大値を答えよ.
(1) $\varepsilon = 1$ (2) $\varepsilon = 1/4$ (3) $\varepsilon = \dfrac{21}{100}$ (4) $\varepsilon = \dfrac{201}{10000}$

確認 3B 関数 $f(x)$ および直線上の点 x_0 を次のように与えるとき, 各正数 ε に対して, 条件「$0 < |x-x_0| < \delta$ ならば $|f(x) - f(x_0)| < \varepsilon$ となる」を満たす正数 δ を一つ求め, ε を用いて具体的に答えよ. ただし ε の値による場合分けがあっても構わないが, できるだけ簡単な形で答えよ.
(1) $f(x) = x$, $x_0 = 2$ (2) $f(x) = x^2$, $x_0 = 0$ (3) $f(x) = x^2$, $x_0 = -1$

確認 3C 次の条件が $\lim_{x \to a} f(x) = b$ と同値かどうか答えよ.
(1) 任意の正数 ε に対して, ある正数 δ であって,
 $0 < |x-a| < \delta$ ならば $|f(x) - b| < \varepsilon/2$ となるものが存在する.
(2) 任意の正数 ε に対して, ある正数 δ であって,
 $0 < |x-a| < \delta/2$ ならば $|f(x) - b| < \varepsilon$ となるものが存在する.

確認 3D 極限値の性質を利用して, 次の極限値を計算せよ.
(1) $\lim_{x \to 0} \dfrac{1-\cos x}{x^2}$ (2) $\lim_{x \to 1} \dfrac{x-1}{\log x}$ (3) $\lim_{x \to 0+0} \sqrt{x} \log x$ (4) $\lim_{x \to 0+0} x^x$

極限値 $\lim_{x \to 0} \dfrac{\sin x}{x} = 1$, $\lim_{x \to 0} \dfrac{e^x - 1}{x} = 1$, $\lim_{x \to 0+0} x \log x = 0$ は用いてよいが, 微分法は用いないこと.

確認 3E 次の方程式が実数解を持つかどうか調べよ. ただし, 多項式関数および関数 e^x, $\cos x$ は微分可能であり, 特に連続であることは既知として良い.
(1) $x^3 - 3x + 3 = 0$ (2) $x^4 - 4x + 4 = 0$ (3) $e^x = x$ (4) $\cos x = x$

確認 3F 次の区間 I に対して, 関数 $f(x) = x \sin x$ の区間 I における最大値が存在するかどうか答えよ. ただし $\sin x$ の一般的な性質は既知として良い.
(1) $I = [0, \pi/2]$ (2) $I = (0, \pi/2)$ (3) $I = [0, \pi]$ (4) $I = (0, \pi)$

確認 3G 次の数列 (a_n) の極限 $\lim_{n \to \infty} a_n$ を求めよ. ただし $|r| < 1 < |R|$ とする.
(1) $a_n = \dfrac{1}{n^2}$ (2) $a_n = \dfrac{1}{\sqrt{n}}$ (3) $a_n = nr^n$ (4) $a_n = \dfrac{R^n}{n!}$ (5) $a_n = \dfrac{\log n}{n}$

第4章 導関数と原始関数

関数の微分可能性や微分可能関数の導関数は，極限を利用して定義されるものであるから，先に学んだ ε-δ 論法を適用して調べることができる。ここでは，平均値の定理について述べ，その応用として関数の増減についてまとめる。また，停留点の概念を導入し，停留点で極値を取るかどうかを判定する方針で極値問題を取り扱う。さらに，逆関数の導関数の公式について述べる。最後に，関数の原始関数（不定積分）についてまとめ，第6章で扱う微分方程式の求積法に備える。

§1 微分可能な関数

直線 $\mathbf{R}$ の開区間 I で定義された実数値関数 $y = f(x)$ を考える。

1.1 微分可能性と微分係数　開区間 I の点 x_0 について，次の極限値が存在するとき，関数 $f(x)$ は点 x_0 で**微分可能**であると言う。

$$\lim_{x \to x_0} \frac{f(x) - f(x_0)}{x - x_0}$$

この極限値を $f(x)$ の点 x_0 における（または $x = x_0$ における）**微分係数**と呼び，

$$f'(x_0), \quad \frac{df}{dx}(x_0), \quad \left.\frac{d}{dx}f(x)\right|_{x=x_0}$$

などと表す。

　先に学んだ ε-δ 論法を上記の極限値に適用することにより，関数が微分可能であることの定義を正確に述べよう。関数 $f(x)$ が点 x_0 で微分可能であるとは，ある実数 α が存在し，任意の正数 ε に対して，ある正数 δ であって，

$$0 < |x - x_0| < \delta \quad \text{ならば} \quad \left|\frac{f(x) - f(x_0)}{x - x_0} - \alpha\right| < \varepsilon \quad \text{となる}$$

ようなものが存在することである。ただし x は区間 I の点を動く変数である。このとき，上記の実数 α はただ一つに定まり，その値が微分係数 $f'(x_0)$ である。

　なお，右極限値と左極限値を考えて**右微分係数**と**左微分係数**が定義される。これらを総称して**片側微分係数**と言い，通常の微分係数を**両側微分係数**と言う。

注意　関数 $f(x)$ が微分可能であるためには，ある実数 α が存在して

$$\lim_{x \to x_0} \frac{|f(x) - f(x_0) - \alpha(x - x_0)|}{|x - x_0|} = 0$$

となることが必要十分であり，このとき $\alpha = f'(x_0)$ となる。

備考　微分係数に相当する英語 differential coefficient は現在では用いられない。

微分可能 (differentiable)　微分係数 (derivative)　右微分係数 (right derivative)　左微分係数 (left derivative)　片側微分係数 (one-sided derivative)　両側微分係数 (two-sided derivative)

1.2 微分可能性と連続性　次の命題が成立する。

> **命題 1**　関数 $f(x)$ が点 x_0 で微分可能ならば，$f(x)$ は点 x_0 で連続である。

［証明］$f(x)$ は x_0 で微分可能であるとする。極限値 $\lim_{x \to x_0} \dfrac{f(x) - f(x_0)}{x - x_0}$ が存在するので，第 3 章 §3.2 命題 3 により，ある正数 δ が存在して $(x_0 - \delta, x_0) \cup (x_0, x_0 + \delta)$ で $\left|\dfrac{f(x) - f(x_0)}{x - x_0}\right|$ は有界である。その上界の一つを A とおくと，$0 < |x - x_0| < \delta$ のとき

$$0 \leq |f(x) - f(x_0)| = \left|\frac{f(x) - f(x_0)}{x - x_0}\right| |x - x_0| \leq A |x - x_0|$$

であり，$x \to x_0$ のとき，右辺は 0 に収束するので，$|f(x) - f(x_0)|$ も 0 に収束する。よって $f(x)$ は点 x_0 で連続である。　□

展望　二個以上の変数を持つ多変数関数については，偏微分可能だからと言って連続であるとは言えないが，全微分可能であれば連続である。偏微分可能性については第 11 章で扱う。また全微分可能性については「微分積分学」で扱う。

1.3 停留点とは何か　
関数 $f(x)$ が点 x_0 で微分可能で $f'(x_0) = 0$ が成立するとき，点 x_0 を関数 $f(x)$ の**停留点**（または**臨界点**）と呼ぶ。また，その点での関数の値 $f(x_0)$ を**停留値**（または**臨界値**）と呼ぶ。

点 x_0 が停留点となるのは，関数 $f(x)$ のグラフ上の点 $(x_0, f(x_0))$ における接線 $y = f'(x_0)(x - x_0) + f(x_0)$ が x 軸と平行になるときである。

1.4 局所的な最大最小と停留点　次の命題が成立する。

> **命題 2**　関数 $f(x)$ が微分可能となる点であって，関数 $f(x)$ が局所的に最大または局所的に最小となるようなものは，関数 $f(x)$ の停留点である。

［証明］関数 $f(x)$ は点 x_0 で微分可能かつ局所的に最大であるとする。このとき，微分係数 $f'(x_0) = \lim_{x \to x_0} \dfrac{f(x) - f(x_0)}{x - x_0}$ が存在し，その値は左微分係数および右微分係数に等しい。一方，点 x_0 は $f(x)$ の局所的な最大点だから，$|x - x_0| < \delta$ ならば $f(x) \leq f(x_0)$ となる正数 δ が存在し，そのような δ について

$$x_0 - \delta < x < x_0 \text{ のとき } \frac{f(x) - f(x_0)}{x - x_0} \geq 0$$

$$x_0 < x < x_0 + \delta \text{ のとき } \frac{f(x) - f(x_0)}{x - x_0} \leq 0$$

であるから，次の不等式が成立する。

$$0 \leq \lim_{x \to x_0 - 0} \frac{f(x) - f(x_0)}{x - x_0} = f'(x_0) = \lim_{x \to x_0 + 0} \frac{f(x) - f(x_0)}{x - x_0} \leq 0$$

よって，$f'(x_0) = 0$ である。局所的に最小の場合も同様に $f'(x_0) = 0$ となる。　□

注意　停留点において局所的に最大または最小となるとは限らない。

停留点 (stationary point)　臨界点 (critical point)　停留値 (stationary value)　臨界値 (critical value)

§2 高次導関数

2.1 微分可能関数の導関数 関数 $f(x)$ が定義域のすべての点で微分可能であるとき，単に $f(x)$ は**微分可能**であると言い，定義域の各点 x に対して点 x における微分係数 $f'(x)$ を対応させる関数を $f(x)$ の**導関数**と呼ぶ．関数 $y=f(x)$ の導関数を

$$f'(x), \quad \frac{dy}{dx}, \quad \frac{df}{dx}(x), \quad \frac{d}{dx}f(x)$$

などと表す．微分可能な関数から導関数を得る操作を**微分する**と言う．

導関数について，和の導関数，積の導関数，商の導関数，合成関数の導関数の公式が成立する．これらについては，高等学校の数学で学んだ通りである．

特に，積の導関数の公式は**ライプニッツ則**とも呼ばれる．また，合成関数の導関数の公式は**連鎖律**とも呼ばれる．

2.2 高次導関数 関数 $f(x)$ の導関数 $f'(x)$ が微分可能であるとき，$f(x)$ は二回微分可能であると言い，導関数 $f'(x)$ の導関数を第 2 次導関数（または二階導関数）と言い，次のように表す．

$$f''(x), \quad \frac{d^2y}{dx^2}, \quad \frac{d^2f}{dx^2}(x), \quad \frac{d^2}{dx^2}f(x), \quad \left(\frac{d}{dx}\right)^2 f(x)$$

同様に n 回微分可能な関数に対して，第 n 次導関数（または n 階導関数）を

$$f^{(n)}(x), \quad \frac{d^ny}{dx^n}, \quad \frac{d^nf}{dx^n}(x), \quad \frac{d^n}{dx^n}f(x), \quad \left(\frac{d}{dx}\right)^n f(x)$$

などと表す．

備考 導関数を考察する際は，定義域の端点では片側微分係数を考えるものとする．例えば，閉区間 $[a,b]$ ($a<b$) の場合には，左端の a では右微分係数を考え，右端の b では左微分係数を考える．

2.3 一般ライプニッツ則 ライプニッツ則すなわち積の導関数の公式

$$\frac{d}{dx}(f(x)g(x)) = f'(x)g(x) + f(x)g'(x)$$

を繰り返し用いることによって，高次導関数に関する次の公式が得られる．

$$\frac{d^n}{dx^n}(f(x)g(x)) = \sum_{k=0}^{n}\binom{n}{k}f^{(k)}(x)g^{(n-k)}(x)$$

これを**一般ライプニッツ則**と呼ぶ．ただし $0 \leq k \leq n$ となる非負整数 n, k に対して

$$\binom{n}{k} = {}_nC_k = \frac{n!}{k!(n-k)!}$$

は**二項係数**である（「数学で用いられる種々の記号」参照）．

導関数 (derivative)　微分する (differentiate)　ライプニッツ則 (Leibniz rule)　連鎖律 (chain rule)　二回微分可能 (twice differentiable)　第 2 次導関数 (second derivative)　二階導関数 (second order derivative)　n 回微分可能 (n times differentiable)　第 n 次導関数 (n-th derivative)　n 階導関数 (n-th order derivative)　一般ライプニッツ則 (general Leibniz rule)　二項係数 (binomial coefficient)

§3 連続微分可能性

すでに述べたように，関数 $f(x)$ が微分可能ならば，その関数は連続である．しかし，関数 $f(x)$ が微分可能だからと言って，導関数 $f'(x)$ が連続であるとは限らない．

3.1 C^n 関数 微分可能な関数は連続だから，関数 $f(x)$ が n 回微分可能であれば $f(x), f'(x), \ldots, f^{(n-1)}(x)$ はすべて連続である．これに加えて，第 n 次導関数 $f^{(n)}(x)$ が連続であるとき，関数 $f(x)$ は **n 回連続微分可能**であると言う．このとき，関数 $f(x)$ は **C^n 級**であるとも言い，そのような関数を **C^n 関数**と呼ぶ．

さらに，任意の正整数 n に対して C^n 級であるとき，関数 $f(x)$ は **C^∞ 級**であると言い，そのような関数を **C^∞ 関数**と呼ぶ．連続関数を C^0 関数と呼ぶこともある．

注意 1° 連続微分可能という言葉は非常に紛らわしく，「n 回連続微分可能」は「n 回続けて微分可能」という意味ではないので，気を付ける必要がある．

2° 微分可能な関数は連続であるから，何回でも微分可能な関数は C^∞ 級である．

展望 多変数関数についても C^n 関数の概念が然るべく定義されるが，一変数関数の場合とは大きく異なる面があるので，注意を要する．例えば，多変数関数の場合には，偏微分可能な関数が連続とは限らないので，何回でも偏微分可能だからと言って C^∞ 級であるとは言えない．多変数の C^n 関数については「微分積分学」で扱う．

3.2 連続微分可能性の応用 関数 $f(x)$ が C^1 級であるとき，導関数 $f'(x)$ は連続だから $\lim_{x \to x_0} f'(x) = f'(x_0)$ となるので，第 3 章 §3.1 命題 2 により次の命題が得られる．

> **命題 3** C^1 関数 $f(x)$ が $f'(x_0) > 0$ を満たすとする．このとき，ある正数 δ で $|x - x_0| < \delta$ ならば $f'(x) > 0$ となるようなものが存在する．

$f'(x_0) < 0$ の場合も同様である．また，C^n 関数については，第 n 次導関数 $f^{(n)}(x)$ に関して同様の命題が成立する．

注意 関数 $f(x)$ が微分可能だが C^1 級とは限らない場合，すなわち導関数 $f'(x)$ は意味を持つが，それが連続ではない場合については，$f'(x_0) > 0$ を満たしたからと言って，上の命題の結論が成り立つとは限らない．

参考 上の命題により，C^1 関数 $f(x)$ が $f'(x_0) > 0$ を満たせば，点 x_0 を含むある開区間において $f(x)$ が単調増加となることが分かる．これについては，§4.4 命題 7 で述べる．なお，上の注意により，この結論を得るには，関数 $f(x)$ が微分可能という仮定では不十分である．

連続微分可能 (continuously differentiable)　C^n 関数 (C^n function)　C^∞ 関数 (C^∞ function)

§4 平均値の定理とその応用

4.1 平均値の定理 関数 $f(x)$ の定義域が閉区間 $I = [a, b]$ を含むとする。

> **定理 1** 関数 $f(x)$ は閉区間 $I = [a, b]$ で連続で，開区間 (a, b) で微分可能であるとする。このとき，
> $$f(b) - f(a) = (b - a)f'(c), \quad a < c < b$$
> を満たす実数 c が存在する。ただし $a < b$ とする。

[証明] グラフ上の二点 $(a, f(a))$ と $(b, f(b))$ を結ぶ直線の方程式は，
$$y = \frac{f(b) - f(a)}{b - a}(x - a) + f(a)$$
で与えられる。この式の右辺を $g(x)$ とおき，$h(x) = f(x) - g(x)$ と定める。このとき $h(a) = h(b) = 0$ が成立している。

関数 $h(x)$ が定数である場合は，$f(x)$ は一次関数であり，定理の主張は成立している。実際，$a < c < b$ となる任意の c が定理の結論を満たすので，例えば $c = (a+b)/2$ とおけばよい。

そこで，以下では $h(x)$ は定数でないとする。関数 $f(x)$ は閉区間 $[a, b]$ で連続で，一次関数 $g(x)$ も連続だから，$h(x)$ も $[a, b]$ で連続である。よって，最大値の定理（第 3 章 §5.4 定理 2）により，$h(x)$ は閉区間 $[a, b]$ において最大値・最小値を取る。ここで，$h(a) = h(b)$ であり，$h(x)$ は定数でないから，最大点または最小点で a でも b でもないものが存在する。そのような点の一つを c とおくと，選び方から $a < c < b$ である。さて，$f(x)$ は開区間 (a, b) で微分可能であり，一次関数 $g(x)$ は微分可能だから，$h(x)$ も (a, b) で微分可能である。点 c で $h(x)$ は最大または最小となるので，点 c は $h(x)$ の停留点である（命題 2）。微分係数は $0 = h'(c) = f'(c) - \dfrac{f(b) - f(a)}{b - a}$ を満たすので $f(b) - f(a) = (b - a)f'(c)$ が成立する。 □

注意 1° 平均値の定理で存在の保証された点 c はただ一つとは限らない。
2° 閉区間 $[a, b]$ の二点 x_0, x を考え，その大小に応じて区間 $[x_0, x]$ または $[x, x_0]$ に平均値の定理を適用する。このとき，$h = x - x_0$ とおけば，いずれの場合にも
$$f(x) = f(x_0) + hf'(x_0 + h\theta), \quad 0 < \theta < 1$$
を満たす実数 θ が存在することになる。ただし，θ は x_0 と x に依存する。

備考 特に $f(a) = f(b)$ となっている場合の平均値の定理を特にロルの定理と言う。

展望 平均値の定理は，テイラーの定理と呼ばれる定理に一般化される。テイラーの定理については「微分積分学」で扱う。

平均値の定理 (mean value theorem, law of the mean)　ロルの定理 (Rolle's thorem)　テイラーの定理 (Taylor's theorem)

4.2 定数関数の特徴付け　関数 $f(x)$ が定義域のすべての点で同じ値を取るとき，関数 $f(x)$ は**定数**であると言い，その値が c であるとき，このことを強調して $f(x) \equiv c$ と表す．また，そのような関数を**定数関数**と呼ぶ．特に $f(x) \equiv 0$ であるとき，関数 $f(x)$ は**恒等的に 0 である**（または恒等的に消える）と言う．

また，二つの関数 $f(x), g(x)$ の差 $f(x) - g(x)$ が恒等的に 0 であるとき，$f(x)$ と $g(x)$ は**恒等的に等しい**と言い，このことを強調するとき $f(x) \equiv g(x)$ と表す．

定数関数を微分すると，導関数は恒等的に 0 である．定義域が区間の場合には，このことの逆が，次のように成立する．

> **命題 4**　閉区間 $[a,b]$ で連続で，開区間 (a,b) で微分可能な関数 $f(x)$ の導関数 $f'(x)$ が恒等的に 0 であるならば，関数 $f(x)$ は $[a,b]$ で定数である．

[証明]　関数 $f(x)$ が $[a,b]$ で定数でなかったとすると，$a \leq x_1 < x_2 \leq b$ となる点 x_1, x_2 であって，$f(x_1) \neq f(x_2)$ となるものが存在する．仮定から，平均値の定理が適用できて，$x_1 < c < x_2$ となる点 c であって

$$f(x_2) - f(x_1) = f'(c)(x_2 - x_1)$$

となるものが存在するはずだが，左辺は非零であり，$f'(c) = 0$ により右辺は零だから矛盾である．よって，関数 $f(x)$ は $[a,b]$ で定数である．　□

注意　関数 $f(x)$ の定義域が区間ではない場合には，導関数 $f'(x)$ が恒等的に 0 であったからといって，関数 $f(x)$ が定数であるとは限らない．

4.3 関数の増加・減少　関数 $f(x)$ は区間 I で定義されているとする．区間 I の任意の二点 x_1, x_2 について，$x_1 \leq x_2$ ならば $f(x_1) \leq f(x_2)$ となるとき，関数 $f(x)$ は区間 I で（または I 上）**単調非減少**であると言う．また，$x_1 < x_2$ ならば $f(x_1) < f(x_2)$ となるときには，区間 I で**単調増加**であると言う．

特に，関数 $f(x)$ が定義域全体で単調非減少であるとき，単に関数 $f(x)$ は単調非減少であると言い，そのような関数を非減少関数と呼ぶ．また，定義域全体において単調増加であるとき，単に関数 $f(x)$ は単調増加であると言い，そのような関数を増加関数と呼ぶ．

単調非増加および**単調減少**についても同様である．

注意　単調増加ならば単調非減少だが，単調非減少だからと言って単調増加とは限らない．単調減少と単調非増加についても同様である．

備考　1° 単調増加であることを「単調に増加する」とも言う．省略して「増加である」「増加する」などと言うこともある．増加のことを増大と言うこともある．

定数 (constant)　定数関数 (constant function)　恒等的に 0 である (identically zero)　恒等的に消える (identically vanish)　恒等的に等しい (identically equal)　単調 (monotonic, monotonous)　単調増加 (monotonically increasing)　単調減少 (monotonically decreasing)　単調非増加 (monotonically nonincreasing)　単調非減少 (monotonically nondecreasing)

2° 上記の意味で単調増加であることを「狭義単調増加である」または「真に増加する」と言い，単調非減少であることを「単調増加である」と言うこともある。また，狭義単調増加との対比から，単調非減少であることを「広義単調増加である」と言うこともある。単調非増加および単調減少についても同様である。

4.4 増加・減少の判定 単調非減少な関数を微分すると，微分係数は非負である。定義域が区間の場合には，このことの逆が，次のように成立する。

> **命題 5** 関数 $f(x)$ は閉区間 $[a,b]$ で連続で，開区間 (a,b) で微分可能とする。開区間 (a,b) で $f'(x) \geq 0$ ならば，関数 $f(x)$ は $[a,b]$ で単調非減少である。

[証明] 関数 $f(x)$ が $[a,b]$ で単調非減少でなかったとすると，$a \leq x_1 < x_2 \leq b$ となる点 x_1, x_2 であって，$f(x_1) > f(x_2)$ となるものが存在する。仮定から，平均値の定理が適用できて，$x_1 < c < x_2$ となる点 c であって
$$f(x_2) - f(x_1) = f'(c)(x_2 - x_1)$$
となるものが存在するはずだが，左辺は負で，$f'(c) \geq 0$ により右辺は非負だから矛盾である。よって，関数 $f(x)$ は $[a,b]$ で単調非減少である。 □

一方，導関数が区間 (a,b) で正の値を取る場合には，次の命題が成立する。

> **命題 6** 関数 $f(x)$ は閉区間 $[a,b]$ で連続で，開区間 (a,b) で微分可能とする。開区間 (a,b) で $f'(x) > 0$ ならば，関数 $f(x)$ は $[a,b]$ で単調増加である。

証明は，命題 5 と同様なので省略する。
この命題と §3.2 命題 3 により，次の命題が直ちに得られる。

> **命題 7** C^1 関数 $f(x)$ が $f'(x_0) > 0$ を満たせば，ある正数 δ であって，区間 $[x_0 - \delta, x_0 + \delta]$ で関数 $f(x)$ が単調増加となるようなものが存在する。

注意 1° 微分可能な関数 $f(x)$ が単調増加だからと言って，すべての点で $f'(x) > 0$ となるとは限らない。例えば，関数 $f(x) = x^3$ は直線 **R** 全体で単調増加だが，$f'(0) = 0$ である。

2° 微分可能な関数 $f(x)$ が $f'(x_0) > 0$ を満たせば，ある正数 δ であって，$x_0 - \delta < x < x_0$ ならば $f(x) < f(x_0)$ となり，$x_0 < x < x_0 + \delta$ ならば $f(x_0) < f(x)$ となるものが存在する。

3° 微分可能だが C^1 級でない関数 $f(x)$ については，$f'(x_0) > 0$ が成立したからといって，区間 $(x_0 - \delta, x_0 + \delta)$ で $f(x)$ が単調増加になるような正数 δ が存在するとは限らない。

狭義単調増加 (strictly increasing) 狭義単調減少 (strictly decreasing)

4.5 極値判定法　関数 $f(x)$ が開区間 (a,b) で微分可能であったとし，$a < x_0 < b$ を満たす点 x_0 において $f'(x_0) = 0$ となり，さらに点 x_0 で第2次微分係数 $f''(x_0)$ が存在したとする．このとき，$f''(x_0) \neq 0$ ならば，その符号によって，関数 $f(x)$ が x_0 で極値を取るかどうか判定できる．

> **定理 2**　上記の仮定のもとで，$f''(x_0) > 0$ ならば $f(x)$ は x_0 で極小となる．

同様に，上記の仮定のもとで，$f''(x_0) < 0$ ならば極大となる．

[証明]　関数 $f(x)$ は上記の仮定および $f''(x_0) > 0$ を満たすとする．このとき，第3章 §3.1 命題2により，$0 < |x - x_0| < \delta$ ならば $\dfrac{f'(x) - f'(x_0)}{x - x_0} > 0$ となるような正数 δ が存在するので，そのような δ を一つ選ぶ．すると，開区間 $(x_0 - \delta, x_0)$ においては，$f'(x) < f'(x_0) = 0$ であるから，前項の命題6により $f(x)$ は同じ区間で単調減少となるので，$x_0 - \delta < x < x_0$ ならば $f(x) > f(x_0)$ である．同様に，開区間 $(x_0, x_0 + \delta)$ においては単調増加なので，$x_0 < x < x_0 + \delta$ ならば $f(x_0) < f(x)$ である．よって，関数 $f(x)$ は点 x_0 で極小となる．　□

注意　$f''(x_0) = 0$ の場合には，極小となることも，極大となることも，どちらでもないこともあり得る．

展望　二変数関数の極値問題については第10章で触れるが，二階偏微分係数を用いた極値判定法については「微分積分学」で扱う．また，一般の多変数関数の極値問題については総合科目「微分積分学続論」で扱う．

§5　逆関数の導関数

微分可能な関数 $f(x)$ が開区間 I で単調増加または単調減少であったとする．関数 $f(x)$ の I への制限が像 $J = f(I)$ への全単射を定めたとし，その逆写像の定める関数を $g(x)$ とする．中間値の定理により J は開区間である．このとき $y = g(x)$ のグラフは，$y = f(x)$ のグラフを直線 $y = x$ に関して対称移動したものになるから，$g(x)$ が微分可能ならば，その導関数は $g'(x) = \dfrac{1}{f'(y)} = \dfrac{1}{f'(g(x))}$ となるはずである．

5.1 逆関数の連続性　次の定理が成立する．単調減少の場合も同様である．

> **定理 3**　関数 $y = f(x)$ が開区間 I で単調増加かつ連続ならば，逆関数 $x = g(y)$ も連続である．

[証明]　関数 $y = f(x)$ が開区間 I で単調増加かつ連続であるとし，y_0 を像 $J = f(I)$ の任意の点とする．さて，ε を任意の正数とし，$x_0 = g(y_0)$ とおく．必要ならば ε を小さく取り直して $x_0 \pm \varepsilon \in I$ としてよい．関数 $f(x)$ は単調増加だから，$f(x_0) - f(x_0 - \varepsilon)$ および $f(x_0 + \varepsilon) - f(x_0)$ はともに正である．その小さい方を δ と定める．もちろん δ も正であり，$|y - y_0| < \delta$ のとき，$f(x_0 - \varepsilon) < y < f(x_0 + \varepsilon)$ により $x_0 - \varepsilon < g(y) < x_0 + \varepsilon$ となるので $|g(y) - g(y_0)| < \varepsilon$ が成立する．　□

5.2 逆関数の微分可能性 次の定理が成立する。単調減少の場合も同様である。

> **定理 4** 関数 $f(x)$ は開区間 I で単調増加かつ微分可能で $f'(x) \neq 0$ ならば，逆関数 $x = g(y)$ も微分可能で，その導関数は $g'(y) = \dfrac{1}{f'(g(y))}$ で与えられる。

［証明］関数 $f(x)$ が開区間 I で単調増加かつ微分可能であるとし，y_0 を像 $J = f(I)$ の任意の点とする。その像を $x_0 = g(y_0)$ とおく。関数 $f(x)$ は単調増加なので，逆関数 $g(y)$ も単調増加であり，よって $y \neq y_0$ ならば $g(y) \neq g(y_0) = x_0$ が成立する。ここで，$I \setminus \{x_0\}$ で定義された次の関数を考える。

$$h(x) = \frac{f(x) - f(x_0)}{x - x_0}$$

関数 $f(x)$ は点 x_0 で微分可能だから $\lim_{x \to x_0} h(x) = f'(x_0)$ である。また，関数 $g(y)$ は連続だから $\lim_{y \to y_0} g(y) = g(y_0) = x_0$ が成立する。従って，$y \neq y_0$ ならば $g(y) \neq x_0$ であることに注意すれば，第 3 章 §4.2 命題 6 注意 2° により $\lim_{y \to y_0} h(g(y)) = h(g(y_0)) = h(x_0) = f'(x_0)$ が成立することが分かる。再び $y \neq y_0$ ならば $g(y) \neq g(y_0)$ であることに注意して

$$\lim_{y \to y_0} \frac{g(y) - g(y_0)}{y - y_0} = \lim_{y \to y_0} \frac{g(y) - g(y_0)}{f(g(y)) - f(g(y_0))} = \lim_{y \to y_0} \frac{1}{h(g(y))} = \frac{1}{f'(g(y_0))}$$

を得る。 □

展望 多変数関数の定める写像の逆写像の微分可能性については，逆写像定理と呼ばれる定理が成立する。これについては，総合科目「微分積分学続論」で扱う。

§6 原始関数と不定積分

6.1 原始関数とは何か 関数 $f(x)$ に対して，関数 $F(x)$ であって $\dfrac{d}{dx} F(x) = f(x)$ となるものが存在するとき，関数 $F(x)$ を関数 $f(x)$ の **原始関数** と呼ぶ。

関数 $F(x)$ が関数 $f(x)$ の原始関数であるとき，関数 $F(g(x))$ は関数 $g'(x)f(g(x))$ の原始関数である。

実際，仮定により $F'(x) = f(x)$ であるから，連鎖律すなわち合成関数の導関数の公式により $\dfrac{d}{dx} F(g(x)) = g'(x) F'(g(x)) = g'(x) f(g(x))$ となる。特に，定数 a, b に対して，$a \neq 0$ のとき $\dfrac{1}{a} F(ax + b)$ は $f(ax + b)$ の原始関数である。

注意 §3.2 命題 4 により，区間 I で定義された関数 $f(x)$ の二つの原始関数の差は区間 I で定数である。しかし，定義域が区間でない場合には，次項で述べるように，この限りでない。

原始関数 (antiderivative, primitive function)

6.2 不定積分の記法 定義域が区間であるとき，関数 $F(x)$ が関数 $f(x)$ の原始関数の一つならば，関数 $f(x)$ の任意の原始関数は，ある定数 C によって $F(x)+C$ の形に表されるので，次のように表記して，すべての原始関数をまとめて表すことにする。

$$\int f(x)\,dx = F(x) + C$$

これを関数 $f(x)$ の**不定積分**と呼び，右辺の C を積分定数と呼ぶ。関数の不定積分を計算することを，その関数を積分すると言うことがある。

注意 定義域が区間でない場合には，二つの原始関数の差が定数であるとは限らないが，その場合でも上記のように略記することがある。例えば，関数 $\dfrac{1}{x}$ の不定積分は $\int \dfrac{dx}{x} = \log|x| + C$ と書かれることが多いが，正確には

$$\int \frac{dx}{x} = \begin{cases} \log x + C & (x > 0) \\ \log(-x) + D & (x < 0) \end{cases}$$

において C と D は異なる定数であって良い。

展望 高等学校では，不定積分を利用して定積分を定義したが，大学の微分積分学では，区分求積法の考えに基づいて，定積分をリーマン積分として定義する。この立場では，定積分と不定積分の関係は「微分積分学の基本定理」と呼ばれる定理として定式化される。これについては「微分積分学」で扱う。

6.3 置換積分と部分積分 関数 $F(x)$ が関数 $f(x)$ の原始関数であるとき，関数 $F(g(x))$ は関数 $g'(x)f(g(x))$ の原始関数であった。そこで，$y = g(x)$ とおいて，不定積分の記法で表すと

$$\int g'(x)f(g(x))\,dx = \int f(y)\,dy$$

となる。これを**置換積分の公式**と言う。

ライプニッツ則すなわち積の導関数の公式を変形すると

$$f'(x)g(x) = \frac{d}{dx}\bigl(f(x)g(x)\bigr) - f(x)g'(x)$$

を得る。両辺の不定積分を考えることによって，次の公式が得られる。

$$\int f'(x)g(x)\,dx = f(x)g(x) - \int f(x)g'(x)\,dx$$

これを**部分積分の公式**と言う。

不定積分 (indefinite integral, antiderivative) 積分する (integrate) 置換積分 (integration by substitution) 部分積分 (integration by parts)

第 4 章 導関数と原始関数

キーワード 微分可能，微分係数，右微分係数，左微分係数，停留点，停留値，導関数，ライプニッツ則，連鎖律，C^n 関数，C^∞ 関数，平均値の定理，定数関数，恒等的に等しい，単調非減少，単調増加，単調非増加，単調減少，原始関数，不定積分

確認 4A 関数 $f(x)$ を次のように定める。
$$f(x) = \begin{cases} x^2 \sin \dfrac{1}{x} & (x \neq 0 \text{ のとき}) \\ 0 & (x = 0 \text{ のとき}) \end{cases}$$
(1) $x \neq 0$ のとき $f'(x)$ を求めよ。　(2) $f'(0)$ を求めよ。

確認 4B 次の関数 $f(x)$ の第 n 次導関数 $f^{(n)}(x)$ を求めよ。ただし，n は自然数である。
(1) $f(x) = \log x$　(2) $f(x) = \dfrac{1}{1-x}$　(3) $f(x) = \dfrac{x^2}{1-x}$　(4) $f(x) = xe^x$

確認 4C 次の関数 $y = f(x)$ が C^n 級となる最大の自然数 n を求めよ。ただし，$y = f(x)$ が C^∞ 級となる場合には，$n = \infty$ と答えよ。
(1) $f(x) = x^2$　(2) $f(x) = |x^3|$　(3) $f(x) = e^x$　(4) $f(x) = \dfrac{1}{1+x^2}$

確認 4D 次の関数の原始関数を一つ見つけよ。
(1) $\tan x$　(2) $\dfrac{\log x}{x}$　(3) $\dfrac{1}{x \log x}$　(4) $\dfrac{\sin x \cos x}{1 + \sin^2 x}$

確認 4E 次の不定積分を計算せよ。
(1) $\displaystyle\int \log x \, dx$　(2) $\displaystyle\int \dfrac{1}{1-x^2} \, dx$　(3) $\displaystyle\int \dfrac{x}{1-x^2} \, dx$　(4) $\displaystyle\int \dfrac{1}{\cos x} \, dx$

確認 4F 次の関数 $y = f(x)$ が原点で局所的に最小となるかどうか答えよ。また，極小となるかどうか答えよ。ただし，$f(0) = 0$ と定めるものとする。
(1) $f(x) = x^2 \sin \dfrac{1}{x}$　(2) $f(x) = x^2 \sin \dfrac{1}{x} + x^2$　(3) $f(x) = x^2 \sin \dfrac{1}{x} + 2x^2$

第5章 種々の関数

三角関数や指数関数については，すでに高等学校の数学で学んだが，高等学校では扱わない記号で，よく用いられるものもある．また，双曲線関数と呼ばれる一群の関数や，三角関数や双曲線関数の逆関数もよく用いられる．この章では，これらの関数の定義と基本的な性質についてまとめておく．ここで取り上げる関数は理工系諸分野で頻出のものであるから，この機会を利用して慣れておくとよい．

§1 三角関数・指数関数・対数関数

1.1 三角関数 正弦関数 $\sin x$, 余弦関数 $\cos x$, 正接関数 $\tan x = \dfrac{\sin x}{\cos x}$ は高等学校で学んだ通りである．これに加えて，次のように表す（図1 参照）．

$$\cot x = \frac{\cos x}{\sin x}, \quad \sec x = \frac{1}{\cos x}, \quad \csc x = \frac{1}{\sin x}$$

ただし，定義域は，それぞれ分母が 0 とならない範囲である．この種の関数を総称して**三角関数**と呼ぶ．

関数	英語	日本語
$\sin x$	sine	サイン
$\cos x$	cosine	コサイン
$\tan x$	tangent	タンジェント

関数	英語	日本語
$\cot x$	cotangent	コタンジェント
$\sec x$	secant	セカント
$\csc x$	cosecant	コセカント

関数 $y = \cot x, \sec x, \csc x$ のグラフを章末の §A1 に掲載した．

高等学校で学んだ $\sin x, \cos x, \tan x$ の場合と同様に，$(\cot x)^n$, $(\sec x)^n$, $(\csc x)^n$ をそれぞれ $\cot^n x, \sec^n x, \csc^n x$ と表記することがある．

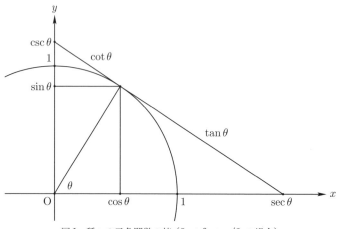

図1　種々の三角関数の値 ($0 < \theta < \pi/2$ の場合)

備考 1° 関数 $\cot x, \sec x, \csc x$ は順に余接関数，正割関数，余割関数と呼ばれる．
2° 関数 $\tan x, \cot x, \csc x$ はそれぞれ $\operatorname{tg} x, \operatorname{ctg} x, \operatorname{cosec} x$ とも表される．

三角関数 (trigonometric functions)

1.2 指数関数　正数 a に対して関数 $y = a^x$ を**指数関数**と呼び，正数 a をその底と呼ぶのであった．自然対数の底と呼ばれる実数の定数 e を思い出そう．

$$e = \lim_{n \to \infty} \left(1 + \frac{1}{n}\right)^n = 2.71828182\cdots$$

これを底とする指数関数 e^x を $\exp x$ と表す．数学で単に指数関数と言えば，通常は $\exp x$ を意味する．

備考　自然対数の底 e をネイピア数またはオイラーの数と呼ぶことがある．

1.3 対数関数　実数 a は $0 < a < 1$ または $1 < a$ を満たすとする．このとき，関数 $f(x) = a^x$ は実数全体の集合 $\mathbf{R}$ から正の実数全体の集合 $\mathbf{R}_{>0}$ への全単射を定める．

$$f : \mathbf{R} \longrightarrow \mathbf{R}_{>0},\ x \mapsto f(x) = a^x$$

この全単射の逆写像として得られる関数を a を**底**とする**対数関数**と言い $\log_a x$ と表すのであった．

$$\log_a : \mathbf{R}_{>0} \longrightarrow \mathbf{R},\quad x \mapsto \log_a x$$

また，その値を a を底とする x の対数と呼ぶ．

特に e を底とする対数 $\log_e x$ を**自然対数**と呼ぶ．数学で単に対数関数と言えば自然対数の定める関数を意味し，通常は底を省略して $\log x$ と表す．

$$\log : \mathbf{R}_{>0} \longrightarrow \mathbf{R},\quad x \mapsto \log x$$

定め方から，対数関数 $\log x$ は指数関数 $\exp x$ の逆関数である．

備考　10 を底とする対数 $\log_{10} x$ を**常用対数**と言う．数学以外の諸分野では，自然対数 $\log_e x$ を $\ln x$ と表し，常用対数 $\log_{10} x$ を $\log x$ と表すことが多い．

§2 双曲線関数

指数関数を用いて定められる関数のうち，三角関数とよく似た性質を持つ一群の関数がある．それらは双曲線関数と呼ばれ，三角関数の記号と似た記号で表される．

2.1 双曲線関数とは何か　次のように表す．ただし，定義域はそれぞれ分母が 0 とならない範囲である．この種の関数を総称して**双曲線関数**と呼ぶ．

$$\sinh x = \frac{e^x - e^{-x}}{2},\quad \cosh x = \frac{e^x + e^{-x}}{2},\quad \tanh x = \frac{\sinh x}{\cosh x} = \frac{e^x - e^{-x}}{e^x + e^{-x}}$$

$$\coth x = \frac{\cosh x}{\sinh x} = \frac{e^x + e^{-x}}{e^x - e^{-x}},\quad \operatorname{sech} x = \frac{1}{\cosh x},\quad \operatorname{csch} x = \frac{1}{\sinh x}$$

指数関数 (exponential function)　底 (base)　ネイピア数 (Napier's number)　オイラーの数 (Euler's number)　対数関数 (logarithmic function)　対数 (logarithm)　自然対数 (natural logarithm)　常用対数 (common logarithm)　双曲線関数 (hyperbolic functions)

関数 $y = \sinh x, \cosh x, \tanh x$ のグラフを章末の §A2 に掲載した。

関数	英語	日本語
$\sinh x$	hyperbolic sine	ハイパボリック・サイン
$\cosh x$	hyperbolic cosine	ハイパボリック・コサイン
$\tanh x$	hyperbolic tangent	ハイパボリック・タンジェント
$\coth x$	hyperbolic cotangent	ハイパボリック・コタンジェント
$\operatorname{sech} x$	hyperbolic secant	ハイパボリック・セカント
$\operatorname{csch} x$	hyperbolic cosecant	ハイパボリック・コセカント

備考 1° これらの関数は，順に，双曲正弦関数，双曲余弦関数，双曲正接関数，双曲余接関数，双曲正割関数，双曲余割関数と呼ばれる．

2° 関数 $\tanh x, \coth x, \operatorname{csch} x$ はそれぞれ $\operatorname{tgh} x, \operatorname{ctgh} x, \operatorname{cosech} x$ とも表される

3° 関数 $\cosh x$ のグラフ（図9）は懸垂線またはカテナリーと呼ばれる曲線である．

2.2 双曲線関数の性質 主要な公式を三角関数の公式と対比して下に掲げる．

三角関数	双曲線関数
$\cos^2 x + \sin^2 x = 1$	$\cosh^2 x - \sinh^2 x = 1$
$\cos(x+y) = \cos x \cos y - \sin x \sin y$	$\cosh(x+y) = \cosh x \cosh y + \sinh x \sinh y$
$\sin(x+y) = \cos x \sin y + \sin x \cos y$	$\sinh(x+y) = \cosh x \sinh y + \sinh x \cosh y$
$\dfrac{d}{dx}\sin x = \cos x$	$\dfrac{d}{dx}\sinh x = \cosh x$
$\dfrac{d}{dx}\cos x = -\sin x$	$\dfrac{d}{dx}\cosh x = \sinh x$

参考 曲線 C は円 $x^2 + y^2 = 1$ または双曲線 $x^2 - y^2 = 1$ の第一象限にある部分とし，O(0,0), A(1,0) とおく．点 P(a,b) は曲線 C 上にあるとし，曲線 C と折線 POA で囲まれる領域の面積の2倍を t とすると，円 $x^2 + y^2 = 1$ の場合は $a = \cos t$, $b = \sin t$ が成立し，双曲線 $x^2 - y^2 = 1$ の場合は $a = \cosh t$, $b = \sinh t$ が成立する．

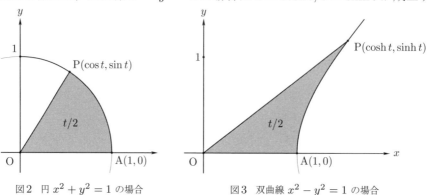

図2 円 $x^2 + y^2 = 1$ の場合　　図3 双曲線 $x^2 - y^2 = 1$ の場合

展望 三角関数と双曲線関数の関係は，テイラー展開によって得られた巾級数を複素数の範囲で考察することによって，より明瞭に理解される．テイラー展開や巾級数については「微分積分学」で扱う．

懸垂線＝カテナリー (catenary)

§3 逆三角関数と逆双曲線関数

三角関数の定義域を制限して得られる写像の逆写像として得られる逆三角関数は，微分法・積分法を通じて有用である。逆双曲線関数についても同様である。

3.1 逆三角関数 三角関数の逆関数として得られる関数を**逆三角関数**と呼ぶ。以下に例として挙げる $\arcsin x$, $\arccos x$, $\arctan x$ 以外の逆三角関数については，当面は用いないので，ここでは詳しい説明を省略する。

例1（逆正弦関数） 正弦関数 $y = \sin x$ は集合 $\mathbf{R}$ から集合 $\mathbf{R}$ への写像と考えると，全射でも単射でもない。しかし，定義域を閉区間 $[-\pi/2, \pi/2]$ に制限すると，$[-\pi/2, \pi/2]$ から $[-1, 1]$ への全単射を定める。その逆写像を実数値関数とみなしたものを $\arcsin$ と表す。

$$\arcsin : [-1, 1] \longrightarrow \mathbf{R}, \quad x \mapsto \arcsin x$$

記号 $\arcsin$ は「アーク・サイン」と読む。値域は $[-\pi/2, \pi/2]$ である。

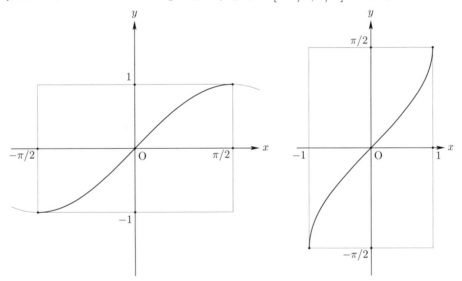

図4 関数 $y = \sin x$ を $[-\pi/2, \pi/2]$ に制限したもののグラフ　　図5 関数 $y = \arcsin x$ のグラフ

例2（逆余弦関数） 余弦関数 $y = \cos x$ は，定義域を $[0, \pi]$ に制限すると，閉区間 $[0, \pi]$ から $[-1, 1]$ への全単射を定めるので，その逆写像を実数値関数とみなしたものを $\arccos$ と表す。

$$\arccos : [-1, 1] \longrightarrow \mathbf{R}, \quad x \mapsto \arccos x$$

記号 $\arccos$ は「アーク・コサイン」と読む。値域は $[0, \pi]$ である。関数 $y = \arccos x$ のグラフを章末の §A3 に掲載した。

逆三角関数 (inverse trigonometric functions)

例3（逆正接関数） 正接関数 $y = \tan x$ は，定義域を開区間 $(-\pi/2, \pi/2)$ に制限すると，$(-\pi/2, \pi/2)$ から $\mathbf{R}$ への全単射を定めるので，その逆写像を実数値関数とみなしたものを arctan と表す。

$$\arctan : \mathbf{R} \longrightarrow \mathbf{R}, \quad x \mapsto \arctan x$$

記号 arctan は「アーク・タンジェント」と読む。値域は $(-\pi/2, \pi/2)$ である。関数 $y = \arctan x$ のグラフを章末の §A3 に掲載した。

例えば，関数 $\arcsin x$ は $\sin \theta = x$ となる θ の無数の値のうち，特に $-\pi/2 \leq \theta \leq \pi/2$ を満たすものを選ぶ規則である。このような特別な選び方をしていることを強調し，その値を逆正弦関数の**主値**と呼ぶ。そのほかの逆三角関数についても同様である。

注意 実数 x, y について，$y = \arcsin x$ ならば $x = \sin y$ であるが，$x = \sin y$ のとき $y = \arcsin x$ であるとは限らない。そのほかの逆三角関数についても同様である。

備考 1° 関数 $\arcsin x$ を $\sin^{-1} x$ と表すこともあるが，逆数 $\dfrac{1}{\sin x}$ と紛らわしいので，使用を避けるのが無難である。そのほかの逆三角関数についても同様である。

2° 逆三角関数の主値を考察していることを明白にするため，頭文字を大文字にして，$\operatorname{Arcsin} x$ または $\operatorname{Sin}^{-1} x$ のように表すことがある。

3.2 逆双曲線関数 双曲線関数の逆関数として得られる関数を**逆双曲線関数**と呼ぶ。以下に例として挙げる $\operatorname{arsinh} x$, $\operatorname{artanh} x$ 以外の逆双曲線関数については，当面は用いないので，ここでは詳しい説明を省略する。

例1（逆双曲正弦関数） 関数 $y = \sinh x$ は集合 $\mathbf{R}$ から集合 $\mathbf{R}$ への全単射を定める。その逆写像を実数値関数とみなしたものを arsinh と表す。

$$\operatorname{arsinh} : \mathbf{R} \longrightarrow \mathbf{R}, \quad x \mapsto \operatorname{arsinh} x$$

記号 arsinh は「エリア・ハイパボリック・サイン」と読む。値域は $\mathbf{R}$ 全体である。この関数は，対数関数を利用して

$$\operatorname{arsinh} x = \log\left(x + \sqrt{x^2 + 1}\right)$$

と表される。なお，すべての実数 x に対して $x + \sqrt{x^2 + 1} > 0$ である。

例2（逆双曲正接関数） 関数 $y = \tanh x$ は集合 $\mathbf{R}$ から集合 $(-1, 1)$ への全単射を定める。その逆写像を実数値関数とみなしたものを artanh と表す。関数 $y = \operatorname{arsinh} x$ のグラフを章末の §A4 に掲載した。

$$\operatorname{artanh} : (-1, 1) \longrightarrow \mathbf{R}, \quad x \mapsto \operatorname{artanh} x$$

主値 (principal value)　逆双曲線関数 (inverse hyperbolic function, area hyperbolic functions)

記号 artanh は「エリア・ハイパボリック・タンジェント」と読む。値域は **R** 全体である。この関数は，対数関数を利用して

$$\operatorname{artanh} x = \frac{1}{2} \log \frac{1+x}{1-x} \quad (-1 < x < 1)$$

と表される。関数 $y = \operatorname{artanh} x$ のグラフを章末の§A4 に掲載した。

備考 1° $\operatorname{arsinh} x$ の代わりに $\operatorname{arcsinh} x$ と表して「アーク・ハイパボリック・サイン」と読むことも多い。また，$\operatorname{asinh} x$ と表すこともある。そのほかの逆双曲線関数についても同様である。記号の用法に関する注意点は逆三角関数と同様である。

2° 逆双曲線関数は area hyperbolic function とも呼ばれ，$\operatorname{arsinh} x$ などの記号は，この言葉に由来する。

3.3 導関数と不定積分の公式

例 1（逆三角関数の導関数） 次が成立する。

$$\frac{d}{dx} \arcsin x = \frac{1}{\sqrt{1-x^2}} \quad (-1 < x < 1), \quad \frac{d}{dx} \arctan x = \frac{1}{1+x^2}$$

これより

$$\int \frac{dx}{\sqrt{1-x^2}} = \arcsin x + C, \quad \int \frac{dx}{1+x^2} = \arctan x + C$$

が成立する。

例 2（逆双曲線関数の導関数） 次が成立する。

$$\frac{d}{dx} \operatorname{arsinh} x = \frac{1}{\sqrt{1+x^2}}, \quad \frac{d}{dx} \operatorname{artanh} x = \frac{1}{1-x^2} \quad (-1 < x < 1)$$

これより

$$\int \frac{dx}{\sqrt{1+x^2}} = \operatorname{arsinh} x + C = \log(x + \sqrt{x^2+1}) + C$$

が成立する。

§A 種々の関数のグラフ（参考）

A1 三角関数のグラフ　高等学校で既習の $y=\sin x, \cos x, \tan x$ については省略し，新たに学んだ $y=\cot x, \sec x, \csc x$ のグラフを掲載する。

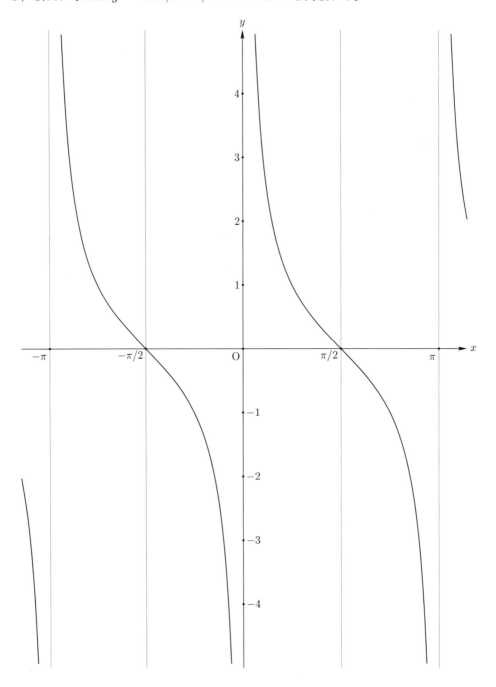

図6　余接関数 $y=\cot x$ のグラフ

第 5 章　種々の関数　　53

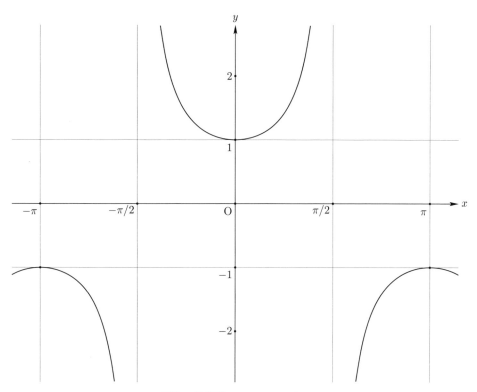

図 7　正割関数 $y = \sec x$ のグラフ

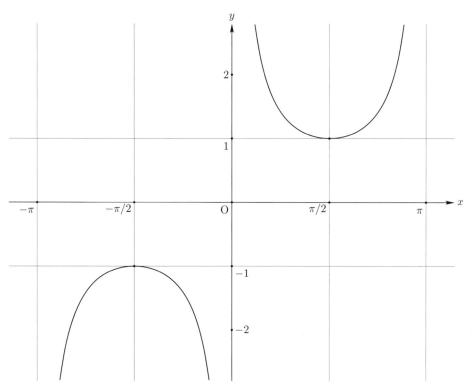

図 8　余割関数 $y = \csc x$ のグラフ

A2 双曲線関数のグラフ　関数 $y = \sinh x,\ \cosh x,\ \tanh x$ のグラフを掲載する。

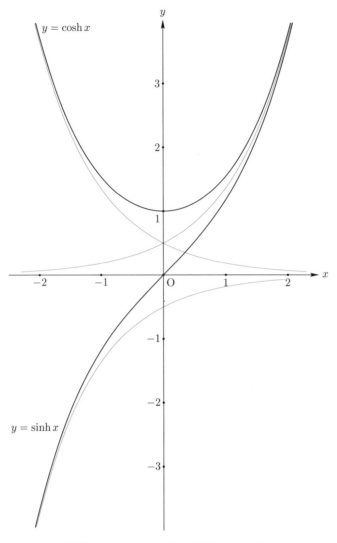

図9　双曲正弦関数 $y = \sinh x$ と双曲余弦関数 $y = \cosh x$ のグラフ
（比較のため関数 $y = e^x/2,\ e^{-x}/2,\ -e^{-x}/2$ のグラフも記載した。）

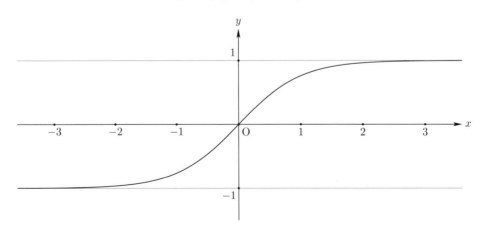

図10　双曲正接関数 $y = \tanh x$ のグラフ

A3 逆三角関数のグラフ 関数 $y = \arcsin x, \arccos x, \arctan x$ のグラフを掲載する。

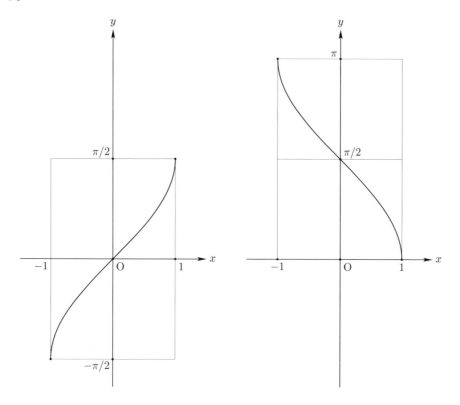

図11 逆正弦関数 $y = \arcsin x$ のグラフ　　図12 逆余弦関数 $y = \arccos x$ のグラフ

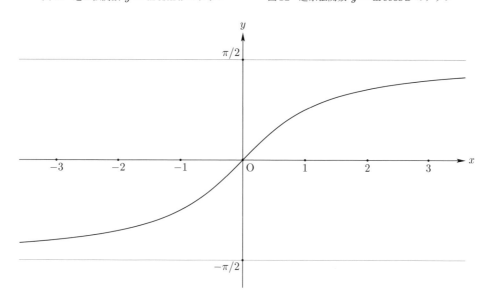

図13 逆正接関数 $y = \arctan x$ のグラフ

A4 逆双曲線関数のグラフ 関数 $y = \text{arsinh}\, x$, $\text{artanh}\, x$ のグラフを掲載する。

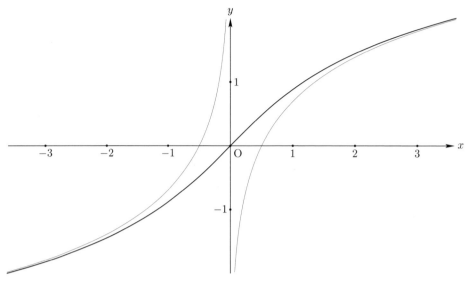

図14　逆双曲正弦関数 $y = \text{arsinh}\, x$ のグラフ
　　　（比較のため関数 $y = \log 2x$, $-\log(-2x)$ のグラフも記載した。）

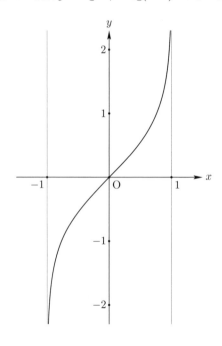

図15　逆双曲正接関数 $y = \text{artanh}\, x$ のグラフ

キーワード 三角関数，指数関数，底，対数関数，自然対数，双曲線関数，逆三角関数，逆三角関数の主値，逆双曲線関数，逆三角関数の導関数，逆双曲線関数の導関数

確認 5A 次の値を求めよ．
(1) $\cot \dfrac{\pi}{2}$ (2) $\cot \dfrac{2\pi}{3}$ (3) $\sec 0$ (4) $\sec\left(-\dfrac{\pi}{3}\right)$ (5) $\csc \dfrac{\pi}{2}$ (6) $\csc\left(-\dfrac{\pi}{4}\right)$
(7) $\sinh(-\log 3)$ (8) $\cosh(\log 5)$ (9) $\tanh 0$ (10) $\tanh(\log(3/5))$

確認 5B 次の条件を満たす実数 x の値をすべて求めよ．
(1) $\tan x = -1$ (2) $\cot x = \sqrt{3}$ (3) $\sec x = -\sqrt{2}$ (4) $\csc x = \dfrac{2\sqrt{3}}{3}$

確認 5C 次の値を求めよ．
(1) $\arcsin 0$ (2) $\arcsin \dfrac{1}{2}$ (3) $\arcsin\left(-\dfrac{\sqrt{2}}{2}\right)$ (4) $\arccos 1$ (5) $\arccos \dfrac{1}{2}$
(6) $\arccos 0$ (7) $\arctan 0$ (8) $\arctan \dfrac{\sqrt{3}}{3}$ (9) $\arctan 1$ (10) $\arctan(-\sqrt{3})$
ただし，arcsin, arccos, arctan は，それぞれ主値を表す．

確認 5D 次の関係式を示せ．
(1) $\operatorname{arsinh} x = \log(x + \sqrt{x^2+1})$ (2) $\operatorname{artanh} x = \dfrac{1}{2} \log \dfrac{1+x}{1-x}$ $(-1 < x < 1)$

確認 5E 三角関数の加法定理を利用することによって次の値を求めよ．
(1) $\arcsin \dfrac{4}{5} + \arcsin \dfrac{3}{5}$ (2) $\arcsin \dfrac{1}{\sqrt{5}} + \arcsin \dfrac{1}{\sqrt{10}}$
(3) $\arctan \dfrac{1}{2} + \arctan \dfrac{1}{3}$ (4) $\arctan(\sqrt{3}+2) + \arctan(\sqrt{3}-2)$

確認 5F 次の関数を微分せよ．
(1) $\cot x$ (2) $\sec x$ (3) $\csc x$ (4) $\tanh x$ (5) $(\sinh x)^2$ (6) $(\arctan x)^2$

確認 5G 次の関数の原始関数を一つ見つけよ．
(1) $\cot x$ (2) $\tanh x$ (3) $\dfrac{\cos x}{1+\sin^2 x}$ (4) $\dfrac{e^{-x}}{\sqrt{1-e^{-2x}}}$ (5) $\dfrac{e^x}{\sqrt{1+e^{2x}}}$
(6) $\arcsin x$ (7) $\arctan x$

第 6 章　微分方程式入門

微分方程式は，さまざまな自然現象や社会現象の解析のため，理工系全般にわたって広汎に用いられ，その重要性は強調してもしきれない。この章では，微分方程式とはどのようなものか説明し，変数分離型と呼ばれるタイプの微分方程式の解法について述べる。また，一階斉次線型微分方程式と呼ばれるタイプの微分方程式の解法と基本的な性質についても触れる。

§1　微分方程式とは何か

以下では，関数 $y = f(x)$ の導関数を y' と表し，第 2 次導関数を y'' と表す。一般に，第 n 次導関数を $y^{(n)}$ と表す。

1.1　種々の関数の満たす関係式

例 1（指数関数） 指数関数 $\exp x = e^x$ を考える。この関数は関係式

$$\frac{d}{dx} \exp x = \exp x$$

を満たす。そこで $y = \exp x$ とおけば，関係式 $\dfrac{dy}{dx} = y$ すなわち $y' = y$ が成立する。

例 2（巾関数） 非負の正数 m を固定し，関数 x^m を考える。この関数は関係式

$$x \frac{d}{dx} x^m = m x^m$$

を満たす。そこで $y = x^m$ とおけば，関係式 $x \dfrac{dy}{dx} = ay$ すなわち $xy' = my$ が成立する。

例 3（三角関数） 三角関数 $\sin x$ および $\cos x$ を考える。これらの関数は関係式

$$\frac{d^2}{dx^2} \sin x = -\sin x, \quad \frac{d^2}{dx^2} \cos x = -\cos x$$

を満たす。そこで，λ, μ を実数の定数とし，$y = \lambda \cos x + \mu \sin x$ とおけば，関係式 $\dfrac{d^2 y}{dx^2} = -y$ すなわち $y'' = -y$ が成立する。

以上の例に現れた関係式

$$y' = y, \quad xy' = my, \quad y'' = -y$$

はいずれも微分方程式と呼ばれるものである。

最初のものは y, y' の間の関係式であり，二つ目は x, y, y' の間の関係式である。いずれも x, y, y' の間の関係式の特別な場合になっており，この種の関係式は一階の常微分方程式と呼ばれる。また，最後のものは，y, y'' の間の関係式であり，これは x, y, y', y'' の間の関係式の特別な場合である。この種の関係式は二階の常微分方程式と呼ばれる。

巾関数 (power function)

1.2 微分方程式　一般に n 回微分可能な関数 $y = f(x)$ について，以下の関数が考えられる．
$$x, y, y', y'', \ldots, y^{(n-1)}, y^{(n)}$$

これらの関数の間の関係式が与えられたとき，それを満たすような関数 $y = f(x)$ を求める問題を考えよう．このとき，求めたい関数 $y = f(x)$ を**未知関数**と呼び，未知関数の満たす関係式を**微分方程式**と呼ぶ．

微分方程式が $x, y, y', y'', \ldots, y^{(n-1)}, y^{(n)}$ の間の関係式であって，第 n 次導関数 $y^{(n)}$ に真に依存しているとき，n をこの微分方程式の**階数**と言う．

参考　1° 上記のような一変数関数を未知関数とする微分方程式を常微分方程式と呼び，二変数以上の関数を未知関数とする微分方程式を偏微分方程式と呼ぶ．
2° 第 n 次導関数 $y^{(n)}$ が $n-1$ 次以下の導関数 $y, y', \ldots, y^{(n-1)}$ および x で表されるという形の微分方程式を正規形の微分方程式と呼ぶ．前項で考察した方程式のうち，$y' = y$ と $y'' = -y$ は正規形であるが，$xy' = my$ は正規形でない．

備考　理工系諸分野では，時刻 t の関数が満たす微分方程式がよく現れる．関数 $x(t)$ が時刻 t における点の位置であるとき，その t に関する微分係数は点の移動する速度となり，第 2 次微分係数は同じく加速度となるが，それぞれ $\dot{x}(t), \ddot{x}(t)$ と表すのが伝統的な記法である．

展望　ここでは，常微分方程式に関する初歩的な内容に限って説明する．より詳しい内容は総合科目「常微分方程式」で扱う．

1.3 微分方程式の解　微分方程式を満たす関数を，その微分方程式の**解**と呼び，微分方程式の解を求めることを，その微分方程式を**解く**と言う．

微分方程式を解くとは，要するに微分方程式に代入して成り立つような関数を求めるということである．計算によって解の候補を得たら，それを微分方程式に代入してみることにより，本当に解かどうか検算して確かめることができる．

例 1（指数関数）　実数 a に対して，関係式 $y' = ay$ は一階の微分方程式であり，定数 λ に対して $y = \lambda \exp ax$ は微分方程式 $y' = ay$ の解である．

例 2（巾関数）　正数 a に対して，関係式 $xy' = ay$ は一階の微分方程式であり，定数 λ に対して $y = \lambda x^a$ は微分方程式 $xy' = ay$ の解である．

例 3（三角関数）　正数 a に対して，関係式 $y'' = -a^2 y$ は二階の微分方程式であり，定数 λ, μ に対して $y = \lambda \cos ax + \mu \sin ax$ は微分方程式 $y'' = -a^2 y$ の解である．この型の微分方程式は物理学等で**単振動の方程式**と呼ばれる．

未知関数 (unknown function)　微分方程式 (differential equation)　階数 (order)　常微分方程式 (ordinary differential equation)　偏微分方程式 (partial differential equation)　速度 (velocity)　加速度 (acceleration)　微分方程式の解 (solution of a differential equation)　単振動の方程式 (equation of simple oscillator)

注意 与えられた関数 $b(x)$ に対して，関係式 $y' = b(x)$ は一階の微分方程式である。関数 $b(x)$ の原始関数の一つを $B(x)$ とすれば，定数 C に対して，関数 $y = B(x) + C$ は微分方程式 $y' = b(x)$ の解である。このように，与えられた関数の原始関数を求める問題は，微分方程式の解を求める問題の特別な場合である。

§2 変数分離型方程式

残念ながら，すべての微分方程式に通用する一般的な解法があるわけではない。しかし，特別なタイプの方程式については，解法が知られている。ここでは，変数分離型微分方程式と呼ばれるタイプの微分方程式について，その解法を紹介する。

2.1 変数分離型微分方程式 次の形をした一階の微分方程式を考える。ただし，$p(y)$ は y の関数であり，$q(x)$ は x の関数である。

$$p(y)y' = q(x)$$

このように変形されるような微分方程式を**変数分離型方程式**と呼ぶ。また，微分方程式をこの形に変形することを**変数分離**（または**変数を分離する**）と言う。

一般に，積分することによって微分方程式の解を見出す方法を求積法と呼ぶ。以下では，変数分離型方程式の求積法について説明する。

2.2 変数分離型方程式の解法 変数の分離によって，与えられた微分方程式が $p(y)y' = q(x)$ の形に変形されたとし，関数 $P(y)$, $Q(x)$ をそれぞれ関数 $p(y)$, $q(x)$ の原始関数の一つとする。

このとき，区間上の関数 $y = f(x)$ が微分方程式 $p(y)y' = q(x)$ の解であるならば，関数 $P(f(x)) - Q(x)$ は変数 x に依らない定数である。実際，$f(x)$ は区間上の関数だから，$P(f(x)) - Q(x)$ も区間上の関数であり，

$$\frac{d}{dx}(P(f(x)) - Q(x)) = f'(x)P'(f(x)) - Q'(x) = y'p(y) - q(x) = 0$$

より $P(f(x)) - Q(x)$ は x に依らない定数である。逆に，$P(f(x)) - Q(x)$ が定数となるような関数 $y = f(x)$ は，容易に確かめられるように，微分方程式 $y'p(y) - q(x) = 0$ の解である。

以上の議論により，区間上の関数 $f(x)$ であって，ある定数 C に対して関係式 $P(f(x)) = Q(x) + C$ を満たすようなものがすべて求まれば，方程式 $p(y)y' = q(x)$ の区間上の解がすべて求まることになる。

注意 1° 与えられた微分方程式を $p(y)y' = q(x)$ の形に変形する際に x や y の関数で割る操作を行うと，その関数の値が 0 となる解が変形後の方程式では除外されるため，上記の方法でもとの方程式の区間上の解がすべて求まるとは限らない。

2° 上の議論ののちに，関係式 $P(y) = Q(x) + C$ を y について解く部分については，関数 $p(y)$, $q(x)$ がどのような関数であるかによって事情が大きく変化する。

変数分離型微分方程式 (separable differential equation)　変数分離 (separation of variables)　変数を分離する (separate variables)

2.3 変数分離型方程式の解法（続）

前項の議論は，不定積分を用いて次のように行うのが一般的である。

関数 $y = f(x)$ が微分方程式 $p(y)y' = q(x)$ の区間上の解であったとすると，関係式 $p(f(x))f'(x) = q(x)$ の両辺を x について積分することにより，次の関係式を得る。

$$\int p(f(x))\, f'(x)\, dx = \int q(x)\, dx$$

ここで $y = f(x)$ と置換すると，左辺は

$$\int p(f(x))\, f'(x)\, dx = \int p(y)\, \frac{dy}{dx}\, dx = \int p(y)\, dy$$

となるので，上の関係式は次のように変形される。

$$\int p(y)\, dy = \int q(x)\, dx$$

関数 $y = f(x)$ の定義域は区間であったので，ある定数 C に対して $P(y) = Q(x) + C$ が成立する。ただし，$P(y), Q(x)$ はそれぞれ関数 $p(y), q(x)$ の原始関数である。

そこで，原始関数 $P(y), Q(x)$ を計算し，関係式 $P(y) = Q(x) + C$ を y について解くことによって，微分方程式 $p(y)y' = q(x)$ の区間上の解が得られる。

2.4 変数分離型方程式の形式的な解法

前項の計算を次のように記述するのが伝統的である。

微分方程式 $p(y)\dfrac{dy}{dx} = q(x)$ を形式的に次のように変形する。

$$p(y)\, dy = q(x)\, dx$$

両辺を積分すると $\displaystyle\int p(y)\, dy = \int q(x)\, dx$ となり，両辺の不定積分を計算して

$$P(y) = Q(x) + C$$

を得る。この関係式を y について解けばよい。ただし，$P(y), Q(x)$ はそれぞれ関数 $p(y), q(x)$ の原始関数であり，C は任意の定数である。

この方法は，前項の議論を形式的に簡略化し，細かい説明を省略したものなので，内容的には前項および前々項のものとまったく同じである。ただし，解の定義域については，必要に応じて注意を払う必要がある。

参考 式 $p(y)\, dy = q(x)\, dx$ の左辺には変数 y のみが，右辺には変数 x のみが現れ，左辺と右辺に変数が分離されている。

展望 式 $p(y)\, dy = q(x)\, dx$ は形式的なものだが，微分形式と呼ばれる概念によって定式化される。微分形式については，総合科目「ベクトル解析」で扱われる。

微分形式 (differential form)

2.5 計算例 1 微分方程式 $y' = \sqrt{1+y^2}$ の解を求めてみよう。$\sqrt{1+y^2} \neq 0$ に注意すれば，この方程式は $\dfrac{dy}{\sqrt{1+y^2}} = dx$ と変形され，変数分離型である。両辺を積分すると $\operatorname{arsinh} y = x + c$ を得る。ただし，c は定数である。これを y について解くと $y = \sinh(x+c)$ を得る。

逆に，関数 $y = \sinh(x+c)$ は，確かに微分方程式 $y' = \sqrt{1+y^2}$ を満たす。以上により，微分方程式 $y' = \sqrt{1+y^2}$ の解が $y = \sinh(x+c)$, (c は任意の定数) と求まった。

注意 $y' = \sqrt{1+y^2} > 0$ であるから，微分方程式 $y' = \sqrt{1+y^2}$ の任意の解は，開区間において単調増加である。

2.6 計算例 2 微分方程式 $y' = 2xe^{-y}$ の解を求めてみよう。この方程式は $e^y\, dy = 2x\, dx$ と変形され，変数分離型である。両辺を積分すると $e^y = x^2 + c$ となる。これを y について解くと，$y = \log(x^2 + c)$ を得る。

逆に，関数 $y = \log(x^2 + c)$ は，確かに微分方程式 $y' = 2xe^{-y}$ を満たすので，微分方程式 $y' = 2xe^{-y}$ の解が $y = \log(x^2 + c)$, (c は任意の定数) と求まった。

注意 1° 解 $y = \log(x^2 + c)$ は，定数 c が正の場合は，直線 $\mathbf{R}$ 全体で定義されているが，$c \leq 0$ の場合は $x^2 + c \leq 0$ のときに定義されず，定義域が二つの開区間 $(-\infty, -\sqrt{-c})$, $(\sqrt{-c}, \infty)$ の和に分かれる。このように，微分方程式の解は直線 $\mathbf{R}$ 全体で定義されるとは限らず，また定数の値ごとに定義域の様子が変わることがある。

2° $y' = 2xe^{-y}$ の正負は x の正負と一致するので，微分方程式 $y' = 2xe^{-y}$ の任意の解は，開区間において $x < 0$ のとき単調減少であり，$x > 0$ のとき単調増加である。

2.7 計算例 3 微分方程式 $y' = -y^2$ の解を求めてみよう。まず $y \neq 0$ であるとき，この方程式は $-\dfrac{dy}{y^2} = dx$ と変形され，変数分離型である。両辺を積分すると $\dfrac{1}{y} = x + c$ となる。これを y について解くと $y = \dfrac{1}{x+c}$ を得る。

逆に，関数 $y = \dfrac{1}{x+c}$ は，確かに微分方程式 $y' = -y^2$ を満たす。このほか，恒等的に 0 となる関数 $y \equiv 0$ もまた $y' = -y^2$ を満たし，微分方程式 $y' = -y^2$ の解が

$$y = \frac{1}{x+c} \quad (c \text{ は任意の定数}), \quad y \equiv 0$$

と求まる。

注意 1° 可能性としては，定義域のある点で $y = 0$ となり，別のある点で $y \neq 0$ となるような解も考えられるが，方程式 $y' = -y^2$ の開区間を定義域とする解について，そのようなことは実際には起こらない。

2° $y \neq 0$ のとき $y' = -y^2 < 0$ であるから，微分方程式 $y' = -y^2$ の $y \equiv 0$ 以外の解は，開区間において単調減少である。

§3 一階斉次線型微分方程式

微分方程式のなかでも，線型微分方程式と呼ばれるタイプの方程式は，基本的かつ重要である．ここでは，一階の斉次線型微分方程式の解法と基本的な性質を紹介する．

3.1 一階斉次線型微分方程式 次のような形をした微分方程式を一階斉次線型微分方程式（または略して一階斉次線型方程式）と呼ぶ．

$$a_1(x)y' + a_0(x)y = 0$$

ただし $a_1(x), a_0(x)$ は x の関数である．例えば，関数 $y = \exp ax$ の満たす方程式 $y' = ay$ や関数 $y = x^a$ の満たす方程式 $xy' = ay$ は一階斉次線型方程式である．

方程式 $a_1(x)y' + a_0(x)y = 0$ は，両辺を $a_1(x)$ で割って移項することによって

$$y' = a(x)y$$

の形に変形される．ただし $a(x) = -a_0(x)/a_1(x)$ である．

注意 $a_1(x) = 0$ となる x が存在する場合は，方程式 $a_1(x)y' + a_0(x)y = 0$ と変形後の方程式 $y' = a(x)y$ は同値とは限らない．例えば，微分方程式 $xy' = ay$ の両辺を x で割って $y' = (a/x)y$ と変形したとき，前者の方程式はすべての実数 x に対して意味を持つのに対して，後者では $x \neq 0$ となる範囲で意味を持つ．

3.2 一階斉次線型方程式の解法 一階斉次線型微分方程式が $y' = a(x)y$ の形に変形されたとする．これは変数分離型方程式の一種だが，この形の方程式については，関数 $a(x)$ の原始関数を利用することによって，容易にすべての解を求めることができる．ただし，ここで扱う関数はすべて空でない開区間で定義されているものとする．

関数 $A(x)$ を関数 $a(x)$ の原始関数の一つとする．このとき，任意の定数 λ に対して $y' = \lambda A'(x) \exp A(x) = A'(x) \lambda \exp A(x) = a(x)y$ であるから，関数 $y = \lambda \exp A(x)$ は方程式 $y' = a(x)y$ の解である．

さて，関数 $y = f(x)$ が $y' = a(x)y$ の解であったとする．このとき，$\exp A(x) \neq 0$ であることに注意すると

$$\frac{d}{dx}\frac{f(x)}{\exp A(x)} = \frac{f'(x)\exp A(x) - f(x)a(x)\exp A(x)}{(\exp A(x))^2} = 0$$

となり，定義域は区間だから，関数 $\dfrac{f(x)}{\exp A(x)}$ は x に依らない定数である．従って，ある定数 λ に対して $f(x) = \lambda \exp A(x)$ となる．

以上により，方程式 $y' = a(x)y$ のすべての解が $f(x) = \lambda \exp A(x)$ と表される関数の全体として求まった．ただし，λ は任意の定数である．

一階 (first order)　斉次＝同次 (homogeneous)　線型微分方程式 (linear differential equation)

計算例 微分方程式 $y' = ay$ の解をすべて求めてみよう。任意の定数 λ に対して関数 $y = \lambda \exp ax$ が解であることは分かっている。そこで，関数 $y = f(x)$ が $y' = ay$ の解であったとすると，$f'(x) = af(x)$ が成立するので

$$\frac{d}{dx}\frac{f(x)}{\exp ax} = \frac{f'(x)\exp ax - af(x)\exp ax}{(\exp ax)^2} = \frac{\big(f'(x) - af(x)\big)\exp ax}{(\exp ax)^2} = 0$$

となり，定義域は区間だから，関数 $\dfrac{f(x)}{\exp ax}$ は x に依らない定数である。従って，ある定数 λ に対して $f(x) = \lambda \exp ax$ となる。以上により，求める解は $f(x) = \lambda \exp ax$ である。ただし，λ は任意の定数である。

3.3 解の重ね合わせ 一般に，関数 $f(x), g(x)$ に対して，$\lambda f(x) + \mu g(x)$ の形の関数を $f(x), g(x)$ の一次結合と呼ぶ。ここで，λ, μ は実数の定数である。

さて，関数 $f(x), g(x)$ が同じ一階斉次線型方程式の解であれば，その一次結合も同じ方程式の解になる。これを**解の重ね合わせ**（または**重ね合わせの原理**）と言う。

関数 $A(x)$ が $a(x)$ の原始関数であるとき，方程式 $y' = a(x)y$ のすべての解は $y = \lambda \exp A(x)$ と表されることから，この方程式について解の重ね合わせができることは直ちに分かるが，これは方程式の形だけから容易に確かめられる。

実際，関数 $y = f(x), g(x)$ が方程式 $y' = a(x)y$ の解ならば，実数 λ, μ に対して

$$\begin{aligned}\frac{d}{dx}\big(\lambda f(x) + \mu g(x)\big) &= \lambda f'(x) + \mu g'(x) \\ &= \lambda\big(a(x)f(x)\big) + \mu\big(a(x)g(x)\big) = a(x)\big(\lambda f(x) + \mu g(x)\big)\end{aligned}$$

となり，関数 $y = \lambda f(x) + \mu g(x)$ もまた方程式 $y' = a(x)y$ の解である。

注意 どんな微分方程式についても解の重ね合わせが成り立つわけではない。例えば，§2 で挙げた計算例の方程式については，解の重ね合わせが成り立たないことが容易に確認される。

参考 1° 次の形の微分方程式を斉次線型微分方程式と呼ぶ。

(1) $\qquad a_n(x)y^{(n)} + a_{n-1}(x)y^{(n-1)} + \cdots + a_1(x)y' + a_0(x)y = 0$

斉次線型微分方程式について解の重ね合わせが成立する。すなわち，関数 $f(x), g(x)$ が方程式 (1) の解ならば，その一次結合 $\lambda f(x) + \mu g(x)$ も同じ方程式 (1) の解になる。

2° より一般に，次の形の微分方程式を線型微分方程式と言う。

(2) $\qquad a_n(x)y^{(n)} + a_{n-1}(x)y^{(n-1)} + \cdots + a_1(x)y' + a_0(x)y = b(x)$

斉次線型微分方程式と対比して，この形の微分方程式を非斉次線型微分方程式と呼ぶことがある。斉次方程式 (1) は，非斉次方程式 (2) において関数 $b(x)$ を 0 に置き換えて得られるので，これを非斉次方程式 (2) に付随する斉次方程式と言う。非斉次方程式 (2) のすべての解は，その一つの解と斉次方程式 (1) の解の和として表される。なお，同様のことが連立一次方程式について成立する（第 12 章 §4.3 参考）。

重ね合わせ (superposition)　非斉次＝非同次 (inhomogeneous)

第6章 微分方程式入門

§A 単振動の方程式（参考）

微分方程式に関する重要な話題として，単振動の方程式 $y'' = -a^2 y$ を取り上げる。ただし a は正数である。これは二階斉次線型方程式と呼ばれるものの一つである。

A1 解の重ね合わせ　簡単のため $a = 1$ の場合の方程式 $y'' = -y$ を考え，その解としては，原点を含む開区間で定義されたもののみ考えることとする。

§3.3 の議論と同様にして，方程式 $y'' = -y$ についても解の重ね合わせが成り立つことが分かる。すなわち，二つの関数 $y = f(x), g(x)$ がともに $y'' = -y$ の解であれば，その一次結合もまた同じ方程式 $y'' = -y$ の解となる。

特に $y = \cos x, y = \sin x$ は $y'' = -y$ の解であり，よって $f(x) = \lambda \cos x + \mu \sin x$ とおけば，$y = f(x)$ も同じ方程式の解となる。ここで $\lambda = f(0), \mu = f'(0)$ が成立していることに注意しよう。

注意　1°　単振動の方程式の考察には $a = 1$ の場合を考えれば十分である。実際，方程式 $y'' = -a^2 y$ の解 $y = f(x)$ に対して $y = f(x/a)$ は $y'' = -y$ の解となり，$y'' = -y$ の解 $y = f(x)$ に対して $y = f(ax)$ は $y'' = -a^2 y$ の解となるからである。
2°　単振動の方程式を解くにあたっては，定義域が原点 0 を含むような解を考えれば十分である。実際，x_0 を直線上の任意の点とするとき，点 x_0 を含む開区間で定義された解 $y = f(x)$ に対して，$y = f(x + x_0)$ は原点を含む開区間で定義された解となり，原点 0 を含む開区間で定義された解 $y = f(x)$ に対して $y = f(x - x_0)$ は点 x_0 を含む開区間で定義された解となるからである。

A2 解の分類　実は，方程式 $y'' = -y$ の解は，$\lambda \cos x + \mu \sin x$ の形の解ですべて尽くされている。これを示すため，$y = f(x)$ を方程式 $y'' = -y$ の任意の解とする。前項の注意 2° により，その定義域は原点を含む開区間としてよい。このとき $f(x) = f(0) \cos x + f'(0) \sin x$ が成立することを示そう。

そのため，関数 $g(x), h(x)$ を次のように定める。

$$g(x) = f(x) \cos x - f'(x) \sin x, \quad h(x) = f(x) \sin x + f'(x) \cos x$$

微分方程式 $f''(x) = -f(x)$ を用いると，関数 $g(x), h(x)$ の導関数が次のように計算される。

$$\begin{aligned} g'(x) &= f'(x) \cos x - f(x) \sin x - f''(x) \sin x - f'(x) \cos x \\ &= f'(x) \cos x - f(x) \sin x + f(x) \sin x - f'(x) \cos x = 0 \\ h'(x) &= f'(x) \sin x + f(x) \cos x + f''(x) \cos x - f'(x) \sin x \\ &= f'(x) \sin x + f(x) \cos x - f(x) \cos x - f'(x) \sin x = 0 \end{aligned}$$

よって $g(x), h(x)$ は x に依らない定数であるが，$g(0) = f(0), h(0) = f'(0)$ により

$$\begin{aligned} f(x) &= (f(x) \cos x - f'(x) \sin x) \cos x + (f(x) \sin x + f'(x) \cos x) \sin x \\ &= g(x) \cos x + h(x) \sin x = g(0) \cos x + h(0) \sin x = f(0) \cos x + f'(0) \sin x \end{aligned}$$

を得る。

参考 1° 特に $f(x) = \cos x, \sin x$ の場合には，点 $(f(x), f'(x))$ は原点を中心とする時計回りの等速円運動をしているので，示すべき結論からすると，方程式 $y'' = -y$ の任意の解 $y = f(x)$ についても $(f(x), f'(x))$ は同様の運動をしているはずであり，その分だけ反時計回りに回転させれば動かなくなるはずである．実際に，回転行列を用いて回転させると

$$\begin{bmatrix} \cos x & -\sin x \\ \sin x & \cos x \end{bmatrix} \begin{bmatrix} f(x) \\ f'(x) \end{bmatrix} = \begin{bmatrix} f(x)\cos x - f'(x)\sin x \\ f(x)\sin x + f'(x)\cos x \end{bmatrix}$$

となるので，その成分を $g(x), h(x)$ とおいたというのが上記の議論の舞台裏である．回転行列については，第 8 章で扱う．

2° 方程式 $y'' = -y$ の解が $\lambda \cos x + \mu \sin x$ の形の解で尽くされることは，次のように示すこともできる．解 $y = f(x)$ に対して $g(x) = f(x) - f(0)\cos x - f'(0)\sin x$ と定める．このとき $g(x) \equiv 0$ を示せばよい．解の重ね合わせにより $y = g(x)$ もまた $y'' = -y$ の解であるから，

$$\frac{d}{dx}\big(g(x)^2 + g'(x)^2\big) = 2g'(x)g(x) + 2g''(x)g'(x) = 2g'(x)g(x) - 2g(x)g'(x) = 0$$

となる．よって，関数 $g(x)^2 + g'(x)^2$ は x に依らない定数となるが，$g(0) = g'(0) = 0$ により，その値は 0 である．よって $g(x)^2 + g'(x)^2 \equiv 0$ となり $g(x) \equiv 0$ を得る．

展望 1° 単振動の方程式 $y'' = -a^2 y$ のすべての解が $\cos ax, \sin ax$ の一次結合で表されるという事実は，複素数を利用することによって，定数係数線型常微分方程式の解法の一般的な枠組みのなかで明瞭に理解される．

2° 定数係数線型常微分方程式の解法をはじめとして，常微分方程式全般については，総合科目「常微分方程式」で詳しく扱われる．そこでは「微分積分学」「線型代数学」で学ぶ内容が重要な役割を果たす．

第6章 微分方程式入門

キーワード 微分方程式，未知関数，微分方程式の階数，微分方程式の解，変数分離型方程式，変数分離，微分方程式の求積法，微分方程式の解の増減，一階斉次線型微分方程式，解の重ね合わせ

確認 6A 次の関数がそれぞれの微分方程式を満たすことを確かめよ。ただし a, b, λ, μ は定数である。

(1) 関数 $y = \lambda \cos(ax+b) + \mu \sin(ax+b)$ は微分方程式 $y'' = -a^2 y$ を満たす。
(2) 関数 $y = \log(ax+b)$ は微分方程式 $y' = ae^{-y}$ を満たす。
(3) 関数 $y = \tan(ax+b)$ は微分方程式 $y'' = 2ayy'$ を満たす。
(4) 関数 $y = \arcsin x$ は微分方程式 $(1-x^2)y'' = xy'$ を満たす。
(5) 関数 $y = \dfrac{1}{1-x}$ は微分方程式 $x(1-x)y'' + (1-3x)y' - y = 0$ を満たす。

確認 6B 次の微分方程式の解を変数分離型方程式の求積法によって求めよ。

(1) $y' = 2x\sqrt{1+y^2}$ (2) $y' = 1+y^2$ (3) $y' = e^{x-y}$ (4) $y' = \operatorname{sech} y$

確認 6C 次の微分方程式の解を変数分離型方程式の求積法によって求めよ。ただし，k, a, b は定数であり，$a \neq b$ であるとする。

(1) $y' = k(y-a)$ (2) $y' = k(y-a)(y-b)$ (3) $y' = k(y-a)^2$ (4) $y' = k(y-a)^3$

確認 6D 次の微分方程式の解であって，$x=0$ のとき $y=1$ となるものを求めよ。

(1) $y' = \dfrac{x}{y}$ (2) $y' = -\dfrac{x}{y}$ (3) $2y' = \dfrac{1}{y}$ (4) $y' = 1+y^2$

確認 6E 次の微分方程式の直線 $\mathbf{R}$ 全体で定義された解をすべて求めよ。

(1) $y' = xy$ (2) $y' = y\sin x$ (3) $y' = \dfrac{2xy}{x^2+1}$ (4) $y' = \dfrac{e^x y}{e^x+1}$ (5) $y' = \dfrac{y}{\cosh x}$

確認 6F 次の微分方程式の任意の二つの解の一次結合が再び同じ微分方程式の解となるかどうか答えよ。

(1) $y' = y$ (2) $y' = 1+y$ (3) $y' = \sqrt{1+y^2}$ (4) $y' = x^2 y$ (5) $x^2 y'' = 2y$

第 7 章　複素数と多項式

複素数は，高等学校の数学でも学んだところだが，例えば量子力学で本質的な役割を果たすほか，理工系諸分野で広汎に用いられる。本科目「数理科学基礎」に引き続く「線型代数学」では，固有値問題と呼ばれる問題の基礎を扱うが，そこでは多項式を複素数の範囲で考え，その性質を利用することが基本的となる。この章では，複素数と多項式の基本的な性質について詳しく見ていく。

§1　複素数

まずは，複素数とその演算に関する基本事項をまとめておこう。

1.1　複素数とは何か　二つの実数の組 (x, y) を一つの数と考え，$x + iy$ あるいは $x + yi$ と表記する。その加法と乗法を次のように定めたものを**複素数**と呼ぶ。

$$(x_1 + iy_1) + (x_2 + iy_2) = (x_1 + x_2) + i(y_1 + y_2)$$
$$(x_1 + iy_1) \cdot (x_2 + iy_2) = (x_1 x_2 - y_1 y_2) + i(x_1 y_2 + x_2 y_1)$$

すべての複素数全体のなす集合を $\mathbf{C}$ と表し，複素数全体の集合と呼ぶ。

乗法を表す際に，記号 $\cdot$ を省略して $(x_1 + iy_1)(x_2 + iy_2)$ と表す。なお，複素数 $x + iy$ と書いたら，特に断らなくても x と y は実数であるとするのが普通である。

備考　電気関連の分野では，複素数がよく用いられるが，電流を i と表すため，複素数を $x + jy$ などと表す習慣である。

1.2　複素数に関する用語　複素数 $z = x + iy$ を考える。ただし，x, y は実数である。複素数 z に対して，実数 x を z の**実部**と言い $\operatorname{Re} z$ と表す。また，実数 y を z の**虚部**と言い $\operatorname{Im} z$ と表す。

虚部が 0 の複素数 $x + i0$ を単に x と表記し，実数 x と同一視する。このとき，上記の加法と乗法は実数の加法と乗法と整合的である。実数でない複素数を**虚数**と呼ぶ。

実部が 0 であるような複素数 $0 + iy$ を単に iy と表記し，これを**純虚数**と呼ぶ。すると，複素数 $x + iy$ は実数 x と純虚数 iy を加えたものに等しい。特に $0 + i1$ を単に i と表記し，これを**虚数単位**と呼ぶ。なお，複素数 $x + i(-y)$ を $x - iy$ と表す。これは，§1.4 で定める複素数の減法と整合的である。

備考　1° 虚数単位 i は $i^2 = -1$ を満たすので，これを $\sqrt{-1}$ と表すこともある。ただし，$i^2 = i \cdot i$ である。

2° 英語では，実部が 0 の複素数を単に imaginary number と呼び，実数でない複素数を nonreal complex number と呼ぶ。

複素数 (complex number)　実部 (real part)　虚部 (imaginary part)　虚数 (imaginary number)　純虚数 (purely imaginary number)　虚数単位 (imaginary unit)

1.3 複素数の絶対値と共役　複素数 $z = x + iy$ に対して，実数 $\sqrt{x^2 + y^2}$ を複素数 z の**絶対値**（または**大きさ**）と呼び $|z|$ と表す．

$$|z| = \sqrt{x^2 + y^2}$$

虚部が 0 の複素数を実数とみなすとき，複素数の絶対値と実数としての絶対値は一致する．また $|z| = 0$ と $z = 0$ は同値である．さらに，複素数 z_1, z_2 に対して $|z_1 z_2| = |z_1||z_2|$ が成立する．

また，複素数 $z = x + iy$ の虚部 y を $-y$ に置き換えて得られる複素数を $\bar{z} = x - iy$ と表し，複素数 z の**共役**（詳しくは**複素共役**または**共役複素数**）と呼ぶ．複素数の共役について $|\bar{z}| = |z|$ および $z \cdot \bar{z} = |z|^2 = \bar{z} \cdot z$ が成立する．

備考　分野によっては，複素数 z の共役を z^* と表すことがある．

1.4 複素数の四則演算　複素数に対する加法と乗法は既に定めた．複素数の減法は

$$(x_1 + iy_1) - (x_2 + iy_2) = (x_1 - x_2) + i(y_1 - y_2)$$

により定める．

複素数の除法は $\dfrac{z_1}{z_2}$ の分母子に $\bar{z}_2$ を掛けた式 $\dfrac{z_1 \bar{z}_2}{z_2 \bar{z}_2} = \dfrac{z_1 \bar{z}_2}{|z_2|^2}$ を利用して定めることができる．具体的には，$z_1 = x_1 + iy_1, z_2 = x_2 + iy_2 \neq 0$ に対して

$$\frac{x_1 + iy_1}{x_2 + iy_2} = \frac{(x_1 + iy_1)(x_2 - iy_2)}{x_2^2 + y_2^2} = \frac{x_1 x_2 + y_1 y_2}{x_2^2 + y_2^2} + i\frac{-x_1 y_2 + x_2 y_1}{x_2^2 + y_2^2}$$

により定める．

以上のように定めた複素数の四則演算は，結合則，交換則，分配則など，実数の四則演算と同様の性質を持つ．そこで，複素数に対しても，中学校や高等学校で学んだ文字式の表記の規則に従うものとする．例えば，複素数 $z = x + iy$ に対して

$$z^k = \underbrace{z \cdot z \cdots\cdots z}_{k}, \quad z^0 = 1, \quad z^{-k} = \frac{1}{z^k} \quad (z \neq 0)$$

と表す．ただし k は正整数である．このような複素数を複素数 z の**巾**と呼ぶ．なお，$z = 0$ のときも $z^0 = 1$ と解釈する（「数学で用いられる種々の記法」参照）．

参考　1°　大雑把に言って，実数の四則演算と同様の性質を持つ数体系を**体**と呼ぶ．有理数全体の集合 **Q**，実数全体の集合 **R**，複素数全体の集合 **C** は体であるが，自然数全体の集合 **N** や整数全体の集合 **Z** は体ではない．体であることを強調する場合には，**有理数体 Q**，**実数体 R**，**複素数体 C** と呼ぶ．

2°　不特定の体を表すのに **K** や **F** などの文字を用いることがある．例えば，はじめに「**K** = **R** または **C** とする」と述べ，それ以降は文字 **K** を用いることによって，実数体 **R** の場合と複素数体 **C** の場合を並行して扱うことがある．

絶対値 (absolute value)　大きさ (magnitude, modulus)　共役 (conjugate)　複素共役 (complex conjugate)　交換則＝交換法則＝交換律＝可換則＝可換律 (commutative law)　結合則＝結合法則＝結合律 (associative law)　分配則＝分配法則＝分配律 (distributive law)　巾 (power)　体 (field)

§2 複素平面と複素数の演算

前節では，複素数を形式的にとらえたが，ここでは複素数を図形的にとらえ，その演算について理解を深めよう．

2.1 複素平面 座標平面上の点 (x, y) を複素数 $x + iy$ とみなすことにより，座標平面は複素数全体の集合 $\mathbf{C}$ と同一視される．これを**複素平面**（または**ガウス平面**）と呼ぶ．複素平面は，実数における数直線の役割を果たすものである．複素平面においては，x 軸を**実軸**と呼び，y 軸を**虚軸**と呼ぶ．

複素平面を図示する際，実軸に Re と記し，虚軸に Im と記すことがある．また，複素数を文字 z で表すとき，複素平面を z 平面と呼ぶことがある．

備考 高等学校の数学では，上記の複素平面のことを複素数平面と呼んだが，大学の数学では複素平面と呼ぶのが一般的である．

2.2 複素数の加法と実数倍 二つの複素数 $z_1 = x_1 + iy_1, z_2 = x_2 + iy_2$ に対して $z_1 + z_2 = (x_1 + x_2) + i(y_1 + y_2)$ であるから，これらの複素数を加えることは，座標平面上のベクトル $(x_1, y_1), (x_2, y_2)$ を加えることに対応する．複素数の減法についても同様である．

また，実数 λ を複素数 $\lambda + i0$ とみなすとき，

$$\lambda \cdot (x + iy) = (\lambda + i0) \cdot (x + iy) = \lambda x + i(\lambda y)$$

であるから，実数 λ を複素数 $x + iy$ に掛けることは，座標平面上のベクトル (x, y) を λ 倍してベクトル $(\lambda x, \lambda y)$ を得ることに対応する．

2.3 複素数の偏角と極形式 複素数 $z = x + iy$ が 0 でないとき，原点 $(0, 0)$ を始点とし，点 (x, y) を通る半直線が x 軸の非負の部分となす角 θ を複素数 z の**偏角**と言い，$\arg z$ と表す．ただし，偏角は，x 軸の非負の部分から正の向き（反時計回り）に測るものとする．また，複素数 z の大きさを $r = |z|$ とおく．

このとき，複素数 z は，次のように表される（図1）．

$$z = r(\cos \theta + i \sin \theta)$$

このような表示を複素数 z の**極形式**と言う．

複素数の偏角 $\arg z$ には 2π の整数倍を加えるだけの不定性がある．通常は $0 \leq \theta < 2\pi$ あるいは $-\pi < \theta \leq \pi$ の範囲に取り，これを偏角の**主値**と呼ぶ．

備考 極形式と対比して，$z = x + iy$ の形式の表示を複素数 z の**直交形式**と呼ぶ．

複素平面 (complex plane) ガウス平面 (Gaussian plane) 実軸 (real axis) 虚軸 (imaginary axis) 偏角 (argument) 時計回り (clockwise) 反時計回り (anticlockwise) 極形式 (polar form) 主値 (principal value) 直交形式 (rectangular form)

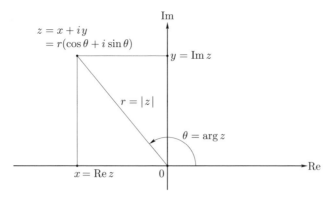

図1 直交形式と極形式

2.4 複素数の乗法と平面の回転 複素数 $z_1 = x_1 + iy_1, z_2 = x_2 + iy_2$ がともに 0 でないとき，それらの大きさを r_1, r_2 とし，偏角を θ_1, θ_2 とすると，次が成立する。

$$(*) \qquad z_1 z_2 = (r_1 r_2) \cos(\theta_1 + \theta_2) + i(r_1 r_2) \sin(\theta_1 + \theta_2)$$

すなわち，二つの複素数を掛けることは，大きさを掛けて偏角を足すことを意味する。

従って，複素数 $x + iy$ の表す点を原点を中心として角 θ 回転させて得られる点は，大きさ 1 の複素数 $\cos\theta + i\sin\theta$ を掛けて得られる複素数 $(\cos\theta + i\sin\theta)(x + iy)$ で表される。すなわち，原点を中心とする角 θ の回転は，複素平面の変換

$$r_\theta : \mathbf{C} \longrightarrow \mathbf{C}, \quad x + iy \mapsto (\cos\theta + i\sin\theta)(x + iy)$$

によって記述される。

注意 複素数 $z \neq 0$ の共役 $\bar{z}$ は $|\bar{z}| = |z|, \arg \bar{z} = -\arg z$ を満たす。すなわち，共役 $\bar{z}$ は，大きさが複素数 z の大きさと同じで，偏角が z の偏角と反対であるような複素数である。従って，共役 $\bar{z}$ を掛けて大きさ $|z|$ の二乗で割る操作は z を掛ける操作の逆の操作になる。これより $\dfrac{1}{z} = \dfrac{\bar{z}}{|z|^2}$ が了解される。

備考 式 $(*)$ を繰り返し用いて得られる式 $(\cos\theta + i\sin\theta)^n = \cos(n\theta) + i\sin(n\theta)$ を**ド・モアブルの公式**と言う。

展望 平面の回転は，行列を用いて記述することもできる（第 8 章 §4 参照）。

§3 多項式

多項式については，高等学校までに既習であるが，ここでは複素数を係数とするものも含め，多項式に関連する用語と記法についてまとめておく。

3.1 多項式とは何か 文字 x を用いて次のように表される式を x の**多項式**と呼ぶ。

$$a_0 + a_1 x + a_2 x^2 + \cdots + a_n x^n$$

ただし n は非負整数であり，係数 $a_0, a_1, \ldots, a_n$ は複素数である。項を並べる順序には特段の決まりはないので，使いやすい順序で並べればよい。

ド・モアブルの公式 (de Moivre's formula) 多項式 (polynomial) 係数 (coefficient) 項 (term)

多項式は，総和記号を用いて表すこともできる。

$$\sum_{i=0}^{n} a_i x^i = a_0 + a_1 x + a_2 x^2 + \cdots + a_n x^n$$

ここで，$x^0 = 1$ である。

多項式を表すのに用いた文字 x を**不定元**と呼ぶ。これを変数と呼ぶこともある。もちろん，別の文字を不定元として用いることもできる。例えば，文字 t を用いて $a_0 + a_1 t + a_2 t^2 + \cdots + a_n t^n$ と表される式を t の多項式と言う。

参考　複数の不定元を持つ多項式を考えることもできるが，ここでは一つの不定元を持つ多項式のみを考える。

備考　多項式，$a_0 + a_1 x + a_2 x^2 + \cdots + a_n x^n$ のように並べるとき，昇巾の順に並べると言い，反対に $a_n x^n + a_{n-1} x^{n-1} + \cdots + a_1 x + a_0$ のように並べるとき，降巾の順に並べると言う。

3.2 実多項式と複素多項式　係数がすべて実数であるような多項式を**実多項式**と呼ぶ。これに対して，係数に複素数を許すものを**複素多項式**と呼ぶ。実多項式は複素多項式の特別な場合である。多項式の係数を実数に限るか，複素数まで考えるかは，状況によって選択する。

文字 x を不定元とする実多項式全体の集合を $\mathbf{R}[x]$ と表し，同じく複素多項式全体の集合を $\mathbf{C}[x]$ と表す。

3.3 多項式に関する用語　多項式 $P(x) = a_0 + a_1 x + a_2 x^2 + \cdots + a_n x^n$ の項 $a_i x^i$ を **i 次の項**と呼び，その係数 a_i を **i 次の係数**と呼ぶ。また，項 a_0 を **0 次の項**または**定数項**と呼ぶ。

定数項のみからなる多項式を**定数多項式**と呼ぶ。特に，すべての項が 0 であるような多項式 0 も定数多項式の一つとみなす。定数多項式 a を複素数 a と同一視し，単に**定数**と呼ぶことがある。なお，0 でない項を一つだけ持つ多項式を**単項式**と呼ぶ。単項式は多項式の一種である。

多項式 $P(x) = a_0 + a_1 x + a_2 x^2 + \cdots + a_n x^n$ において $a_n \neq 0$ であるとき，n を多項式 $P(x)$ の**次数**と呼び，$\deg P(x)$ と表す。また，そのような多項式を **n 次多項式**と呼ぶ。このとき，項 $a_n x^n$ を多項式 $P(x)$ の**最高次の項**と呼び，その係数を**最高次の係数**と呼ぶ。最高次の係数が 1 に等しいような多項式を**モニックな多項式**と言う。

備考　上記の説明によれば，多項式 0 の次数は定義されないが，形式的に多項式 0 の次数を $-\infty$ と定めることがある。こうすると後々都合が良いことがあるからである。また，多項式 0 の次数は任意の数を取り得るとみなすこともある。

不定元 (indeterminate)　変数 (variable)　昇巾の順 (order of increasing power)　降巾の順 (order of decreasing power)　実多項式 (real polynomial)　複素多項式 (complex polynomial)　定数 (constant)　定数項 (constant term)　定数多項式 (constant polynomial)　単項式 (monomial)　次数 (degree)　n 次多項式 (polynomial of degree n)　最高次の項 (leading term)　最高次の係数 (leading coefficient)　モニックな多項式 (monic polynomial)

3.4 多項式関数 多項式 $P(x)$ に対して，不定元 x を複素数 α に置き換えて計算した結果を $P(\alpha)$ と表す．

$$P(\alpha) = a_0 + a_1\alpha + a_2\alpha^2 + \cdots + a_n\alpha^n$$

この操作を「$P(x)$ において x に α を代入する」「$P(x)$ に $x = \alpha$ を代入する」と言う．

このようにして，多項式 $P(x)$ に対して，複素数 α に複素数 $P(\alpha)$ を対応させる複素数値関数 $P : \mathbf{C} \longrightarrow \mathbf{C}$ が考えられる．これを多項式 $P(x)$ の定める**多項式関数**と呼ぶ．誤解の恐れのない場合には，多項式関数を単に多項式と呼ぶことがある．

実数の範囲に限って考察する場合には，実多項式 $P(x)$ に対して，実数 α に実数 $P(\alpha)$ を対応させる実数値関数 $P : \mathbf{R} \longrightarrow \mathbf{R}$ を多項式関数と呼ぶ．また，実多項式に対しても，あえて複素数の範囲で考えて，複素数値関数 $P : \mathbf{C} \longrightarrow \mathbf{C}$ を多項式関数と呼ぶこともある．

§4 多項式の根と重複度

多項式の定める方程式の解を伝統的な用語で多項式の根と言う．複素数の範囲で，多項式とその根に関する事柄について述べ，代数学の基本定理について触れる．

4.1 多項式の商と剰余 次の定理が成立する．

> **定理（除法定理）** 多項式 $P(x)$ および次数が 1 以上の多項式 $D(x)$ に対して
>
> $$P(x) = D(x)Q(x) + R(x)$$
>
> となる多項式 $Q(x), R(x)$ であって，
>
> $$R(x) = 0 \quad \text{または} \quad \deg R(x) < \deg D(x)$$
>
> となるものがただ一通り存在する．

このような多項式 $Q(x)$ と $R(x)$ をそれぞれ $P(x)$ の $D(x)$ による**商**と**剰余**と呼ぶ．

特に，一次式 $D(x) = x - c$ による剰余 $R(x)$ は定数となるから，ある複素数 r に等しい．その値は $P(x) = D(x)Q(x) + R(x) = (x-c)Q(x) + r$ の両辺に $x = c$ を代入することによって，$P(c)$ に等しいことが分かる．これを**剰余定理**と言う．

備考 1° §3.3 備考で述べたように，多項式 0 の次数を $-\infty$ と定めたり，多項式 0 の次数は任意の数を取り得るとすることがある．これらの立場では，除法定理の結論の条件において，$R(x) = 0$ の場合は $\deg R(x) < \deg D(x)$ の場合に含まれる．

2° 除法定理を「除法原理」と呼ぶこともある．また，上記の除法定理と類似した定理が整数の商と剰余について成立するので，上記の意味の除法定理を，詳しくは「多項式に対する除法定理」などと呼ぶ．

代入する (substitute) 多項式関数 (polynomial function) 除法定理 (division theorem) 商 (quotient) 剰余 (remainder) 剰余定理 (remainder theorem)

4.2 多項式の因数分解　前節の除法定理において、特に $R(x)=0$ となるとき、$D(x)$ は $P(x)$ を**割り切る**と言い、$D(x)\,|\,P(x)$ と表す。また、このとき、$D(x)$ を $P(x)$ の**因数**（または**因子**）と言う。多項式をその因数の積の形に表すことを**因数分解**と言う。誤解の恐れがなければ、単に「分解する」と言うこともある。

参考　多項式 $P(x)$ が一次以上の多項式 $D(x), E(x)$ によって $P(x) = D(x)E(x)$ と因数分解されないとき、多項式 $P(x)$ は**既約**であると言う。例えば、多項式 x^2+1 は実多項式としては既約だが、複素多項式としては $(x-i)(x+i)$ と因数分解されるので、既約でない。多項式を既約な多項式の積に因数分解することを**既約分解**と言う。

4.3 多項式の根と因数定理　複素数 α で $P(\alpha)=0$ となるものを多項式 $P(x)$ の**根**と呼ぶ。これは、方程式 $P(x)=0$ の**解**のことであり、方程式 $P(x)=0$ の根と言うこともある。

次の定理は、除法定理から（または剰余定理から）直ちに得られる。

> **定理（因数定理）**　複素数 α が多項式 $P(x)$ の根となるための必要十分条件は、$x-\alpha$ が $P(x)$ を割り切ることである。

多項式 $P(x)$ の根 α が実数であるとき、これを特に**実根**と言う。また、そうでないときは**虚根**（または**複素根**）と言う。

なお、実多項式 $P(x)$ が虚根 α を持てば、その共役複素数 $\bar{\alpha}$ も $P(x)$ の根であり、$P(x)$ は実多項式 $(x-\alpha)(x-\bar{\alpha})$ を因数に持つ。

注意　多項式が実根を持たなかったからと言って、実多項式として因数分解できないとは限らない。例えば、$x^4+x^2+1 = (x^2+1)^2 - x^2 = (x^2+x+1)(x^2-x+1)$ であるが、各因数 $x^2 \pm x + 1$ は実根を持たず、x^4+x^2+1 も実根を持たない。

参考　未知数 x に関する方程式であって、多項式 $P(x)$ によって $P(x)=0$ と表されるようなものを、一般に**代数方程式**と呼ぶ。

4.4 因数分解の例　多項式 $P(x) = x^3-1$ の根は $x^3=1$ を満たすので、1 の 3 乗根である。まず、$P(1)=0$ であるから、多項式 $P(x)$ は 1 次式 $x-1$ を因数に持ち、$x^3-1 = (x-1)(x^2+x+1)$ と因数分解される。多項式 x^2+x+1 は虚根 $\dfrac{-1 \pm i\sqrt{3}}{2}$ を持つので、複素多項式としては、さらに

$$x^3-1 = (x-1)\left(x - \frac{-1+i\sqrt{3}}{2}\right)\left(x - \frac{-1-i\sqrt{3}}{2}\right)$$

と因数分解される。二つの因数を掛けて実多項式になるのは、後ろの二つを掛けて x^2+x+1 となる場合だけなので、実多項式として $x^3-1 = (x-1)(x^2+x+1)$ はこれ以上因数分解できない。

割り切る (divide)　因数＝因子 (factor)　因数分解 (factorization)　既約 (irreducible)　既約分解 (irreducible factorization)　根 (root)　解 (solution)　実根 (real root)　虚根 (imaginary root)　複素根 (complex root)　代数方程式 (algebraic equation)

複素数 $\cos\frac{2\pi}{3} \pm i\sin\frac{2\pi}{3}$ の一方を ω と表すと，他方は $\overline{\omega}$ となり，$\omega^3 = 1 = \overline{\omega}^3$，$\omega^2 = \overline{\omega}, \overline{\omega}^2 = \omega$ が成立する。ただし，$\overline{\omega}$ は ω の複素共役である。

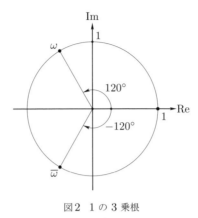

図 2　1 の 3 乗根

備考　複素数 a に対して，方程式 $x^2 = a$ の根を a の平方根と言い，$x^3 = a$ の根を a の立方根と言う。一般に，自然数 $n \geq 2$ に対して，方程式 $x^n = a$ の根を a の n 乗根と言う。日本語では，これらを総称して a の巾根または累乗根と言う。

参考　自然数 $n \geq 2$ に対して，多項式 $x^n - 1$ の根は 1 の n 乗根である。特に，n 乗して初めて 1 になるものを 1 の原始 n 乗根と言う。複素数 $1, \omega, \overline{\omega}$ はいずれも 1 の 3 乗根であるが，このうち ω と $\overline{\omega}$ は 1 の原始 3 乗根である。

4.5　代数学の基本定理　次の定理は非常に重要だが，その証明は容易ではないので，ここでは，これが成立することを認めて先に進むことにする。

> **定理（代数学の基本定理）**　複素数を係数とする n 次のモニックな多項式 $P(x)$ に対して，複素数 $\alpha_1, \ldots, \alpha_n$ であって $P(x) = (x - \alpha_1) \cdots (x - \alpha_n)$ となるものが存在する。

ここで，$\alpha_1, \ldots, \alpha_n$ には重複があっても良く，根 $\alpha_1, \ldots, \alpha_n$ は並べ替える自由度を除いてただ一通りに定まる。

参考　定理の主張は「複素数を係数とする 1 次以上の多項式は少なくとも一つ複素数の根を持つ」と同値である。こちらを代数学の基本定理と呼ぶことも多い。

4.6　根の重複度　上記の分解を次のように表すこともできる。
$$P(x) = (x - \beta_1)^{\mu_1} \cdots (x - \beta_m)^{\mu_m}$$
ただし $\beta_1, \ldots, \beta_m$ は互いに異なる複素数であり，$\mu_1, \ldots, \mu_m$ は正整数である。このとき，各 $i = 1, \ldots, m$ について，正整数 μ_i を根 β_i の**重複度**と呼ぶ。

平方根 (square root)　立方根 (cube root)　n 乗根 (n-th root)　1 の n 乗根 (n-th root of unity)　1 の原始 n 乗根 (primitive n-th root of unity)　代数学の基本定理 (fundamental theorem of algebra)　重複度 (multiplicity)

キーワード 複素数，実部，虚部，虚数，純虚数，虚数単位，複素数の絶対値（大きさ），複素数の共役，複素平面，複素数の偏角，偏角の主値，極形式，直交形式，多項式，不定元，多項式の次数，多項式関数，多項式の商，多項式の剰余，多項式の因数，多項式の因数分解，多項式の根，根の重複度

確認 7A 複素数 $z = 1 - i$, $w = 4 + 3i$ に対して，次の値を計算せよ．

(1) $|z|$ (2) $\arg z$ (3) $\bar{z}$ (4) $z + w$ (5) $z - w$ (6) zw (7) z/w (8) w/z

確認 7B 次の複素数を極形式で表せ．

(1) 1 (2) i (3) $1 - i$ (4) $\sqrt{3} + i$ (5) $-1 - \sqrt{3}i$ (6) $-\sqrt{2} + i\sqrt{2}$

確認 7C 次の多項式 $P(x)$ の $D(x) = x^2 + 1 + i$ による商 $Q(x)$ と剰余 $R(x)$ を求めよ．ただし，i は虚数単位である．

(1) 0 (2) 1 (3) x (4) x^2 (5) x^3 (6) x^4 (7) x^5 (8) x^6

確認 7D 複素数 $\omega = \dfrac{-1 + \sqrt{3}i}{2}$ について，次の値を計算せよ．

(1) ω^2 (2) $\omega + \omega^2$ (3) ω^3 (4) ω^{100} (5) $\omega + \omega^2 + \cdots + \omega^{100}$

確認 7E 次の方程式の根をすべて求め，それぞれの根の重複度を答えよ．ただし，i は虚数単位である．

(1) $x^3 - x^2 - x + 1 = 0$ (2) $x^4 + 2x^2 + 1 = 0$ (3) $x^3 - 3ix^2 - 4i = 0$

確認 7F 次の多項式を複素数の範囲と実数の範囲のそれぞれで因数分解せよ．

(1) $x^2 - 1$ (2) $x^2 + 1$ (3) $x^3 + 1$ (4) $x^4 - 1$ (5) $x^4 - 4x^3 + 6x^2 - 4x$

第8章 平面の一次変換

平面上の点を原点を中心として回転させる操作や，平面ベクトルの大きさを一定の比率で拡大または縮小する操作を考えよう．これらは平面の変換を定めるが，そのなかでも，特に一次変換と呼ばれる基本的で重要な変換になる．この章では，平面の一次変換に焦点を当て，その線型性と行列表示について述べる．より一般的な内容については，第12章および第13章で詳しく扱う．

§1 平面ベクトル

はじめに，平面の一次変換を扱うために必要となる平面ベクトルに関する内容をまとめておこう．

1.1 点と座標 中学校の数学で学んだ座標平面上の点は，二つの実数の組によって (a, b) と表すことができる．これをその点の座標と呼ぶ．そこで，平面上の点とその座標を同一視して，単に点 (a, b) のように言い表す．これによって，座標平面は集合 $\mathbf{R}^2$ と同一視される．これを座標平面 $\mathbf{R}^2$ あるいは単に平面と呼ぶ．

点 $(a, b) \in \mathbf{R}^2$ に対して，実数 a, b をそれぞれ点 (a, b) の x 座標，y 座標と呼ぶ．平面 $\mathbf{R}^2$ の点で，その y 座標が 0 であるようなもの全体は一つの直線をなす．これを x 軸と呼ぶ．同様に y 軸が考えられる．

1.2 平面ベクトル 平面 $\mathbf{R}^2$ 上の 2 点 P, Q に対して，P を始点とし，Q を終点とする有向線分（矢線）を，ここでは PQ と表すことにする．二つの有向線分について，一方を平行移動して他方に一致するようにできるとき，それらの有向線分は同じ**ベクトル**を与えるものと定める．ただし，有向線分が一致するとは，始点は始点に一致し，終点は終点に一致することを意味する．

有向線分 PQ の定めるベクトルを $\overrightarrow{\mathrm{PQ}}$ と表す．このようにして得られるベクトルの概念を**平面ベクトル**（または**平面幾何ベクトル**）と呼ぶ．

備考 平面ベクトルを表すのに，高等学校の数学では，アルファベットの上に矢印を書いて $\vec{a}, \vec{b}, \vec{c}, \ldots$ のように表したが，大学の数学では，単に $a, b, c, \ldots$ と表したり，太字のアルファベットを用いて $\boldsymbol{a}, \boldsymbol{b}, \boldsymbol{c}, \ldots$ あるいは $\mathbf{a}, \mathbf{b}, \mathbf{c}, \ldots$ と表すことが多い．

1.3 平面上の点の位置ベクトル 平面 $\mathbf{R}^2$ の点 P に対して，原点 O を始点とし，点 P を終点とする有向線分の定めるベクトル $\overrightarrow{\mathrm{OP}}$ を対応させることができる．このベクトルを点 P の**位置ベクトル**と呼ぶ．

逆に，任意の平面ベクトル $\mathbf{v}$ に対して，$\overrightarrow{\mathrm{OP}} = \mathbf{v}$ となるような平面上の点 P がただ一つ存在する．これは，与えられたベクトル $\mathbf{v}$ を位置ベクトルとするようなただ一つの点である．このようにして，平面ベクトルと平面上の点が一対一に対応する．

座標 (coordinate)　座標平面 (coordinate plane)　有向線分 (directed line segment)　矢線 (arrow)　ベクトル (vector)　平面ベクトル (plane vector)　位置ベクトル (position vector, point vector)

注意 平面上の点を位置ベクトルを通じて平面ベクトルとみなすことによって，さまざまな式が簡潔に表されることがあるので，両者を同一視することが多い。しかし，二つの平面ベクトルを加えることには意味があるが，平面上の二つの点を加えることには意味がないことから，平面ベクトルと平面上の点は，あくまで別のものであるとみなすこともある。どちらの立場を取るかは文脈による。

1.4 平面ベクトルの成分表示 平面ベクトル $\mathbf{v}$ に対して，これを位置ベクトルとする点 P の座標が (a, b) であるとき，

$$\mathbf{v} = (a, b)$$

と表す。このとき，実数 a をベクトル $\mathbf{v}$ の x 成分と言い，実数 b をベクトル $\mathbf{v}$ の y 成分と言う。それぞれ，第一成分，第二成分と言うこともある。

このようにして平面ベクトルを表示することを平面ベクトルの**成分表示**と呼ぶ。

備考 高等学校までの数学では，平面上の点 A の座標が (a_1, a_2) であることを $A(a_1, a_2)$ のように書いた。大学の数学では，対応する位置ベクトルを考えて $\mathbf{a} = (a_1, a_2)$ のように書くことが多い。

1.5 行ベクトルと列ベクトル 平面ベクトル $\mathbf{v}$ に対して，これを位置ベクトルとする点 P の座標が (a, b) であるとき，成分を縦に並べて

$$\mathbf{v} = \begin{bmatrix} a \\ b \end{bmatrix} \quad \text{または} \quad \mathbf{v} = \begin{pmatrix} a \\ b \end{pmatrix}$$

と成分表示することもある。このときも a を x 成分と言い，b を y 成分と言う。また，それぞれ第一成分，第二成分とも言う。

前項のように成分を横に並べたものを**行ベクトル**と呼び，上記のように成分を縦に並べたものを**列ベクトル**と呼ぶ。

この章のテーマである平面の一次変換を考えるときには，平面上の点をその位置ベクトルと同一視したうえで，これを列ベクトルで表示して計算を進める。以下では，もっぱら列ベクトルを利用して議論を進め，単にベクトルと言えば列ベクトルを意味するものとする。

備考 1° 列ベクトルの両側の括弧は，角括弧 [ ] でも丸括弧 ( ) でもどちらでも良いが，スペースの節約のため，この資料では角括弧を使用する。

2° 行ベクトルは (a, b) のように書いても良いし，第 12 章で述べるように，行列の特別な場合とみて $[a \ b]$ あるいは $(a \ b)$ のように書くこともある。また，$[a, b]$ と書くこともある。

注意 列ベクトルと行ベクトルを同一視することもあるし，あくまで別物であるとみなすこともある。その区別は文脈による。

成分 (entry) 成分表示 (coordinate expression) 列ベクトル (column vector) 行ベクトル (row vector)

1.6 平面ベクトルの一次結合 二つの平面ベクトルの和および平面ベクトルの実数倍は，その成分表示に関してそれぞれ

$$\begin{bmatrix} x_1 \\ y_1 \end{bmatrix} + \begin{bmatrix} x_2 \\ y_2 \end{bmatrix} = \begin{bmatrix} x_1 + x_2 \\ y_1 + y_2 \end{bmatrix}, \quad \lambda \begin{bmatrix} x \\ y \end{bmatrix} = \begin{bmatrix} \lambda x \\ \lambda y \end{bmatrix}$$

で与えられる。

一般に，有限個のベクトル $\mathbf{v}_1, \ldots, \mathbf{v}_k$ に対して，ある実数 $\lambda_1, \ldots, \lambda_k$ によって

$$\lambda_1 \mathbf{v}_1 + \cdots + \lambda_k \mathbf{v}_k$$

と表されるベクトルを，ベクトル $\mathbf{v}_1, \ldots, \mathbf{v}_k$ の**一次結合**（または**線型結合**）と呼ぶ。

ベクトルの和は，交換則および結合則を満たす。

$$\mathbf{v} + \mathbf{w} = \mathbf{w} + \mathbf{v}, \quad (\mathbf{u} + \mathbf{v}) + \mathbf{w} = \mathbf{u} + (\mathbf{v} + \mathbf{w})$$

また，ベクトルの実数倍は，二種類の分配則と結合則を満たす

$$\lambda(\mathbf{v} + \mathbf{w}) = \lambda \mathbf{v} + \lambda \mathbf{w}, \quad (\lambda + \mu)\mathbf{v} = \lambda \mathbf{v} + \mu \mathbf{v}, \quad (\lambda \mu)\mathbf{v} = \lambda(\mu \mathbf{v})$$

1.7 零ベクトルと逆ベクトル 成分がともに 0 であるようなベクトルを $\mathbf{0} = \begin{bmatrix} 0 \\ 0 \end{bmatrix}$ と表し，零ベクトルと呼ぶ。これは，原点 O の位置ベクトルである。

また，ベクトル $\mathbf{v}$ に対して $-\mathbf{v} = (-1)\mathbf{v}$ を $\mathbf{v}$ の逆ベクトルと呼ぶ。ベクトル $\mathbf{v}$ を位置ベクトルとする点が P であるとき，逆ベクトル $-\mathbf{v}$ は原点に関して点 P と点対称な点の位置ベクトルである。

ベクトル $\mathbf{v}, \mathbf{w}$ に対して，$\mathbf{v} + (-\mathbf{w})$ を $\mathbf{v} - \mathbf{w}$ と表す。容易に確かめられるように，任意のベクトル $\mathbf{v}$ に対して，

$$\mathbf{v} + \mathbf{0} = \mathbf{v} = \mathbf{0} + \mathbf{v}, \quad \mathbf{v} - \mathbf{v} = \mathbf{0} = -\mathbf{v} + \mathbf{v}, \quad 0\mathbf{v} = \mathbf{0}$$

が成立する。

注意 例えば，$\mathbf{u} + \mathbf{v} = \mathbf{w}$ が成立していたとすれば，両辺に $-\mathbf{v}$ を加えることにより $\mathbf{u} = \mathbf{w} - \mathbf{v}$ が得られる。このように，ここまでに述べた計算法則を繰り返すことによって，移項や同類項をまとめるなどの種々の計算ができる。

参考 零ベクトル $\mathbf{0}$ は 0 個のベクトルの一次結合であると解釈することがある。

一次結合＝線型結合 (linear combination)　交換則＝交換法則＝交換律＝可換則＝可換律 (commutative law)　結合則＝結合法則＝結合律 (associative law)　分配則＝分配法則＝分配律 (distributive law)　零ベクトル (zero vector)　逆ベクトル (opposite vector)

§2 平面の一次変換

2.1 平面の一次変換とは何か　平面の変換 $\mathbf{R}^2 \longrightarrow \mathbf{R}^2$ であって，ある実数 a, b, c, d を用いて

$$\begin{bmatrix} x \\ y \end{bmatrix} \mapsto \begin{bmatrix} ax + by \\ cx + dy \end{bmatrix}$$

と表されるようなものを平面の**一次変換**（または**線型変換**）という。

　平面の一次変換は，平面上の点を平面上の点に写す変換であると考えることもできるし，平面上の点に対応する位置ベクトルを考えることによって，平面ベクトルを平面ベクトルに写す変換であると考えることもできる。

注意　上記の定め方から直ちに分かるように，平面の一次変換は，原点 O を必ず原点 O に写している。

$$\begin{bmatrix} 0 \\ 0 \end{bmatrix} \mapsto \begin{bmatrix} a0 + b0 \\ c0 + d0 \end{bmatrix} = \begin{bmatrix} 0 \\ 0 \end{bmatrix}$$

ベクトルで言えば，零ベクトル $\mathbf{0}$ を必ず零ベクトル $\mathbf{0}$ に写している。

2.2 行列とベクトルの積　ベクトル $\begin{bmatrix} ax + by \\ cx + dy \end{bmatrix}$ の係数 a, b, c, d を抜き出して括弧で括ったものを考えよう。

$$\begin{bmatrix} a & b \\ c & d \end{bmatrix} \quad \text{または} \quad \begin{pmatrix} a & b \\ c & d \end{pmatrix}$$

一般に，実数を縦横に並べて括弧で括ったものを**行列**と呼ぶ。特に，上記の行列は縦横のサイズがそれぞれ 2 であるので，詳しくは 2×2 行列と言う。

　さて，行列 $\begin{bmatrix} a & b \\ c & d \end{bmatrix}$ とベクトル $\begin{bmatrix} x \\ y \end{bmatrix}$ に対して，次のように約束する。

$$\begin{bmatrix} a & b \\ c & d \end{bmatrix} \begin{bmatrix} x \\ y \end{bmatrix} = \begin{bmatrix} ax + by \\ cx + dy \end{bmatrix}$$

すなわち，行列とベクトルを左辺のように並べたものが右辺のベクトルを表すと約束するのである。これを**行列とベクトルの積**と言う。

　例えば

$$\begin{bmatrix} 1 & 2 \\ 2 & 3 \end{bmatrix} \begin{bmatrix} 2 \\ 1 \end{bmatrix} = \begin{bmatrix} 1 \cdot 2 + 2 \cdot 1 \\ 2 \cdot 2 + 3 \cdot 1 \end{bmatrix} = \begin{bmatrix} 4 \\ 7 \end{bmatrix}$$

などとなる。

備考　1°　行列の両側の括弧は，角括弧 [ ] でも丸括弧 ( ) でもどちらでも良いが，スペースの節約のため，この資料では角括弧を使用する。良く似ているが，記号 $\begin{vmatrix} a & b \\ c & d \end{vmatrix}$ は行列式と呼ばれる実数 $ad - bc$ を表すものであり，行列を表す記号ではない。
2°　行列 $\begin{bmatrix} a & b \\ c & d \end{bmatrix}$ は「行列 $a\ b\ c\ d$」と読む。

一次変換＝線型変換 (linear transformation)　行列 (matrix, *pl.* matrices)　2×2 行列 (2 by 2 matrix)
行列とベクトルの積 (product of matrix and vector)

3° 2×2 行列を 2 行 2 列の行列と呼ぶこともある。また，実数を並べる形状が正方形であり，縦横のサイズが 2 であることから，二次正方行列または略して二次行列と呼ぶこともある。一般のサイズの行列は第 12 章で扱う。

2.3 行列の定める一次変換 前項で定めた行列とベクトルの積を用いると，前々項で定めた平面の一次変換は

$$\begin{bmatrix} x \\ y \end{bmatrix} \mapsto \begin{bmatrix} a & b \\ c & d \end{bmatrix} \begin{bmatrix} x \\ y \end{bmatrix}$$

と表される。このような一次変換そのものを，行列の名称を流用して表す習慣である。例えば $A = \begin{bmatrix} a & b \\ c & d \end{bmatrix}$ とおいて，上記の一次変換を

$$A : \mathbf{R}^2 \longrightarrow \mathbf{R}^2, \begin{bmatrix} x \\ y \end{bmatrix} \mapsto A \begin{bmatrix} x \\ y \end{bmatrix}$$

のように表すのである。これを行列 A の定める一次変換と呼ぶ。

平面ベクトルを成分で表す代わりに，例えば $\mathbf{v}$ などとおいて

$$A : \mathbf{R}^2 \longrightarrow \mathbf{R}^2, \mathbf{v} \mapsto A\mathbf{v}$$

のように表しても良い。

2.4 一次変換の例 行列 $E = \begin{bmatrix} 1 & 0 \\ 0 & 1 \end{bmatrix}$ を特に**単位行列**と呼ぶ。単位行列について

$$\begin{bmatrix} 1 & 0 \\ 0 & 1 \end{bmatrix} \begin{bmatrix} x \\ y \end{bmatrix} = \begin{bmatrix} x \\ y \end{bmatrix}$$

が成立するから，単位行列 E の定める一次変換

$$E : \mathbf{R}^2 \longrightarrow \mathbf{R}^2, \mathbf{v} \mapsto E\mathbf{v} = \mathbf{v}$$

は平面の恒等変換である。

行列 $O = \begin{bmatrix} 0 & 0 \\ 0 & 0 \end{bmatrix}$ を特に**零行列**と呼ぶ。零行列は，任意のベクトル $\begin{bmatrix} x \\ y \end{bmatrix}$ に対して

$$\begin{bmatrix} 0 & 0 \\ 0 & 0 \end{bmatrix} \begin{bmatrix} x \\ y \end{bmatrix} = \begin{bmatrix} 0 \\ 0 \end{bmatrix}$$

を満たすから，零行列 O の定める一次変換

$$O : \mathbf{R}^2 \longrightarrow \mathbf{R}^2, \mathbf{v} \mapsto O\mathbf{v} = \mathbf{0}$$

は，平面のすべての点を原点 O に写すような変換である。

このほか，比較的容易に意味が分かるような一次変換の例を挙げておこう。

正方行列 (square matrix) 二次行列 (matrix of order 2) 単位行列 (identity matrix) 恒等変換 (identity transformation) 零行列 (zero matrix)

例1（拡大縮小） 正の実数 λ に対して，行列 $A = \begin{bmatrix} \lambda & 0 \\ 0 & \lambda \end{bmatrix}$ の定める一次変換はベクトルの向きを変えずに大きさを λ 倍する変換である。

$$A : \mathbf{R}^2 \longrightarrow \mathbf{R}^2, \begin{bmatrix} x \\ y \end{bmatrix} \mapsto \begin{bmatrix} \lambda & 0 \\ 0 & \lambda \end{bmatrix} \begin{bmatrix} x \\ y \end{bmatrix} = \begin{bmatrix} \lambda x \\ \lambda y \end{bmatrix} = \lambda \begin{bmatrix} x \\ y \end{bmatrix}$$

従って，$0 < \lambda < 1$ のときには縮小であり，$1 < \lambda$ のときは拡大であり，特に $\lambda = 1$ の場合は恒等変換にほかならない。

例2（鏡映） 原点を通る直線 L に関する対称移動を L に関する鏡映とも言う。容易に分かる鏡映の例を挙げる。

(1) 行列 $\begin{bmatrix} 1 & 0 \\ 0 & -1 \end{bmatrix}$ の定める一次変換は x 軸に関する鏡映である。

$$\mathbf{R}^2 \longrightarrow \mathbf{R}^2, \begin{bmatrix} x \\ y \end{bmatrix} \mapsto \begin{bmatrix} 1 & 0 \\ 0 & -1 \end{bmatrix} \begin{bmatrix} x \\ y \end{bmatrix} = \begin{bmatrix} x \\ -y \end{bmatrix}$$

(2) 行列 $\begin{bmatrix} -1 & 0 \\ 0 & 1 \end{bmatrix}$ の定める一次変換は y 軸に関する鏡映である。

$$\mathbf{R}^2 \longrightarrow \mathbf{R}^2, \begin{bmatrix} x \\ y \end{bmatrix} \mapsto \begin{bmatrix} -1 & 0 \\ 0 & 1 \end{bmatrix} \begin{bmatrix} x \\ y \end{bmatrix} = \begin{bmatrix} -x \\ y \end{bmatrix}$$

(3) 行列 $\begin{bmatrix} 0 & 1 \\ 1 & 0 \end{bmatrix}$ の定める一次変換は直線 $y = x$ に関する鏡映である。

$$\mathbf{R}^2 \longrightarrow \mathbf{R}^2, \begin{bmatrix} x \\ y \end{bmatrix} \mapsto \begin{bmatrix} 0 & 1 \\ 1 & 0 \end{bmatrix} \begin{bmatrix} x \\ y \end{bmatrix} = \begin{bmatrix} y \\ x \end{bmatrix}$$

備考 物理学等では，拡大と縮小を総称してスケール変換（またはスケーリング）と呼び，拡大率をスケール因子（またはスケールファクター）と呼ぶ。

§3 一次変換の線型性

前節では，平面の一次変換を行列の定める変換としてとらえた。実は，平面の一次変換は，線型性と呼ばれる性質を持つ変換として特徴付けることができる。すなわち，行列の定める平面の一次変換は線型性を持ち，逆に，線型性を持つような平面の変換は行列の定める平面の一次変換になるのである。この節では，これらについて順を追って説明したのち，一次変換の合成と行列の積の関係について述べる。

3.1 線型性とは何か 平面の変換 $F : \mathbf{R}^2 \longrightarrow \mathbf{R}^2$ に関する次の条件を考えよう。

(1) $F(\mathbf{v}_1 + \mathbf{v}_2) = F(\mathbf{v}_1) + F(\mathbf{v}_2)$ (2) $F(\lambda \mathbf{v}) = \lambda F(\mathbf{v})$

変換 F が条件 (1)(2) をともに満たすとき，F は線型性を持つという。

拡大 (dilation) 縮小 (contraction) 鏡映 (reflection) スケール変換＝スケーリング (scaling) スケール因子 (scale factor)

ただし，(1) では，任意のベクトル $\mathbf{v}_1, \mathbf{v}_2$ に対して $F(\mathbf{v}_1 + \mathbf{v}_2) = F(\mathbf{v}_1) + F(\mathbf{v}_2)$ が成立することを意味し，(2) では，任意の実数 λ および任意のベクトル $\mathbf{v}$ に対して $F(\lambda \mathbf{v}) = \lambda F(\mathbf{v})$ が成立することを意味する．

すなわち，変換 F が線型性を持つとは，任意のベクトル $\mathbf{v}_1, \mathbf{v}_2$ に対して，それらを変換してから加えたものと，それらを加えてから変換したものが一致し，任意の実数 λ と任意のベクトル $\mathbf{v}$ に対して，ベクトル $\mathbf{v}$ を変換してから λ 倍したものと，λ 倍してから変換したものが一致することである．

変換 F が線型性を持てば，それを繰り返し用いることにより，ベクトルの一次結合に関して $F(\lambda_1 \mathbf{v}_1 + \cdots + \lambda_k \mathbf{v}_k) = \lambda_1 F(\mathbf{v}_1) + \cdots + \lambda_k F(\mathbf{v}_k)$ が成立することが分かる．ただし，$\lambda_1, \ldots, \lambda_k \in \mathbf{R}$, $\mathbf{v}_1, \ldots, \mathbf{v}_k \in \mathbf{R}^2$ である．

注意 $1°$ 変換 F が線型性を持つためには，任意の実数 λ_1, λ_2 および任意のベクトル $\mathbf{v}_1, \mathbf{v}_2$ に対して $F(\lambda_1 \mathbf{v}_1 + \lambda_2 \mathbf{v}_2) = \lambda_1 F(\mathbf{v}_1) + \lambda_2 F(\mathbf{v}_2)$ が成立することが必要十分である．

$2°$ 変換 F が線型性を持てば $F(\mathbf{0}) = \mathbf{0}$ が成立する．実際 $\mathbf{0} + \mathbf{0} = \mathbf{0}$ であり，線型性 (1) により $F(\mathbf{0}) = F(\mathbf{0} + \mathbf{0}) = F(\mathbf{0}) + F(\mathbf{0})$ となるから $F(\mathbf{0}) = \mathbf{0}$ である．また，線型性 (2) を用いて $F(\mathbf{0}) = F(0\mathbf{0}) = 0F(\mathbf{0}) = \mathbf{0}$ としてもよい．

参考 零ベクトル $\mathbf{0}$ は 0 個のベクトルの一次結合であるという解釈では，$F(\mathbf{0}) = \mathbf{0}$ は $F(\lambda_1 \mathbf{v}_1 + \cdots + \lambda_k \mathbf{v}_k) = \lambda_1 F(\mathbf{v}_1) + \cdots + \lambda_k F(\mathbf{v}_k)$ で $k = 0$ の場合に相当する．

3.2 行列の定める一次変換の線型性 次の命題が成立する．

> **命題 1** 行列の定める平面の一次変換は線型性を持つ．

すなわち $A(\mathbf{v}_1 + \mathbf{v}_2) = A\mathbf{v}_1 + A\mathbf{v}_2$ および $A(\lambda \mathbf{v}) = \lambda(A\mathbf{v})$ が成立する．

[証明] 行列 $A = \begin{bmatrix} a & b \\ c & d \end{bmatrix}$ の定める一次変換を考える．このとき，$\mathbf{v}_1 = \begin{bmatrix} x_1 \\ y_1 \end{bmatrix}$, $\mathbf{v}_2 = \begin{bmatrix} x_2 \\ y_2 \end{bmatrix}$ とすれば

$$A(\mathbf{v}_1 + \mathbf{v}_2) = \begin{bmatrix} a & b \\ c & d \end{bmatrix} \left(\begin{bmatrix} x_1 \\ y_1 \end{bmatrix} + \begin{bmatrix} x_2 \\ y_2 \end{bmatrix} \right) = \begin{bmatrix} a & b \\ c & d \end{bmatrix} \begin{bmatrix} x_1 + x_2 \\ y_1 + y_2 \end{bmatrix}$$

$$= \begin{bmatrix} a(x_1 + x_2) + b(y_1 + y_2) \\ c(x_1 + x_2) + d(y_1 + y_2) \end{bmatrix} = \begin{bmatrix} (ax_1 + by_1) + (ax_2 + by_2) \\ (cx_1 + dy_1) + (cx_2 + dy_2) \end{bmatrix}$$

$$= \begin{bmatrix} ax_1 + by_1 \\ cx_1 + dy_1 \end{bmatrix} + \begin{bmatrix} ax_2 + by_2 \\ cx_2 + dy_2 \end{bmatrix} = \begin{bmatrix} a & b \\ c & d \end{bmatrix} \begin{bmatrix} x_1 \\ y_1 \end{bmatrix} + \begin{bmatrix} a & b \\ c & d \end{bmatrix} \begin{bmatrix} x_2 \\ y_2 \end{bmatrix} = A\mathbf{v}_1 + A\mathbf{v}_2$$

また，$\lambda \in \mathbf{R}$, $\mathbf{v} = \begin{bmatrix} x \\ y \end{bmatrix}$ とすれば

$$A(\lambda \mathbf{v}) = \begin{bmatrix} a & b \\ c & d \end{bmatrix} \left(\lambda \begin{bmatrix} x \\ y \end{bmatrix} \right) = \begin{bmatrix} a & b \\ c & d \end{bmatrix} \begin{bmatrix} \lambda x \\ \lambda y \end{bmatrix} = \begin{bmatrix} a(\lambda x) + b(\lambda y) \\ c(\lambda x) + d(\lambda y) \end{bmatrix}$$

$$= \begin{bmatrix} \lambda(ax + by) \\ \lambda(cx + dy) \end{bmatrix} = \lambda \begin{bmatrix} ax + by \\ cx + dy \end{bmatrix} = \lambda \begin{bmatrix} a & b \\ c & d \end{bmatrix} \begin{bmatrix} x \\ y \end{bmatrix} = \lambda(A\mathbf{v})$$

となる． □

3.3 一次変換の特徴付け
前項で見たように,行列の定める平面の一次変換は線型性を持つ.実は,線型性を持つ平面の変換は,行列の定める一次変換になる.

これを見るため,平面の変換 $F : \mathbf{R}^2 \longrightarrow \mathbf{R}^2$ が線型性を持つとする.

$$F(\mathbf{v}_1 + \mathbf{v}_2) = F(\mathbf{v}_1) + F(\mathbf{v}_2), \quad F(\lambda \mathbf{v}) = \lambda F(\mathbf{v})$$

ベクトル $\mathbf{e}_1 = \begin{bmatrix} 1 \\ 0 \end{bmatrix}, \mathbf{e}_2 = \begin{bmatrix} 0 \\ 1 \end{bmatrix}$ の変換 F による像 $F(\mathbf{e}_1), F(\mathbf{e}_2)$ の成分表示が次のようになっていたとする.

$$F(\mathbf{e}_1) = \begin{bmatrix} a \\ c \end{bmatrix}, \quad F(\mathbf{e}_2) = \begin{bmatrix} b \\ d \end{bmatrix}$$

このとき,このような a, b, c, d を用いて $A = \begin{bmatrix} a & b \\ c & d \end{bmatrix}$ と定めれば,任意の平面ベクトル $\mathbf{v} = \begin{bmatrix} x \\ y \end{bmatrix}$ に対して $F(\mathbf{v}) = A\mathbf{v}$ が成立する.実際,

$$\mathbf{v} = \begin{bmatrix} x \\ y \end{bmatrix} = x\begin{bmatrix} 1 \\ 0 \end{bmatrix} + y\begin{bmatrix} 0 \\ 1 \end{bmatrix} = x\mathbf{e}_1 + y\mathbf{e}_2$$

となるので,線型性により

$$F(\mathbf{v}) = F(x\mathbf{e}_1 + y\mathbf{e}_2) = xF(\mathbf{e}_1) + yF(\mathbf{e}_2) = x\begin{bmatrix} a \\ c \end{bmatrix} + y\begin{bmatrix} b \\ d \end{bmatrix} = \begin{bmatrix} ax + by \\ cx + dy \end{bmatrix} = A\mathbf{v}$$

が成立する.

かくして,次の命題が示された.

> **命題 2** 平面の変換 F が線型性を持つならば,変換 F はある行列の定める一次変換に一致する.

この命題に言う行列 A を変換 F の **行列表示** または **表現行列** と言う.また,変換 F を表す行列とも言う.

上記の考察により,線型性を持つ平面の変換 F の行列表示 A を求めるには,ベクトル $\mathbf{e}_1, \mathbf{e}_2$ の像 $F(\mathbf{e}_1) = \begin{bmatrix} a \\ c \end{bmatrix}, F(\mathbf{e}_2) = \begin{bmatrix} b \\ d \end{bmatrix}$ を求め,それらを

$$A = \begin{bmatrix} F(\mathbf{e}_1) & F(\mathbf{e}_2) \end{bmatrix}$$

のように並べて行列を作れば良い.

注意 上記の考察から,線型性を持つ平面の変換 F を表す行列 A は,変換 F からただ一つに定まることも分かる.

行列表示 (matrix representation)　表現行列 (representation matrix)

3.4 一次変換の合成　行列 A, B の定める平面の一次変換が与えられたとしよう。

$$A : \mathbf{R}^2 \longrightarrow \mathbf{R}^2, \ \ B : \mathbf{R}^2 \longrightarrow \mathbf{R}^2$$

このとき，まず行列 B の定める一次変換を行い，引き続き行列 A の定める一次変換を行ってみよう。

$$\mathbf{v} \mapsto B\mathbf{v} \mapsto A(B\mathbf{v})$$

行列 A, B の定める一次変換がそれぞれ線型性を持つことから，次の補題によって，合成変換 $\mathbf{v} \mapsto A(B\mathbf{v})$ も線型性を持つ。

> **補題**　線型性を持つ平面の変換の合成変換は線型性を持つ。

すなわち，平面の変換 F, G が線型性を持てば，合成変換 $F \circ G$ も線型性を持つ。

[証明] 平面の変換 F, G が線型性を持つとし，合成変換 $F \circ G$ を考える。このとき，$\mathbf{v}_1, \mathbf{v}_2 \in \mathbf{R}^2$ とすると，まず G の線型性より $G(\mathbf{v}_1 + \mathbf{v}_2) = G(\mathbf{v}_1) + G(\mathbf{v}_2)$ であり，さらに F の線型性より $F(G(\mathbf{v}_1) + G(\mathbf{v}_2)) = F(G(\mathbf{v}_1)) + F(G(\mathbf{v}_2))$ であるから

$$\begin{aligned}(F \circ G)(\mathbf{v}_1 + \mathbf{v}_2) &= F(G(\mathbf{v}_1 + \mathbf{v}_2)) = F(G(\mathbf{v}_1) + G(\mathbf{v}_2)) \\ &= F(G(\mathbf{v}_1)) + F(G(\mathbf{v}_2)) = (F \circ G)(\mathbf{v}_1) + (F \circ G)(\mathbf{v}_2)\end{aligned}$$

となる。また，$\lambda \in \mathbf{R}, \mathbf{v} \in \mathbf{R}^2$ とすると，同様に

$$(F \circ G)(\lambda \mathbf{v}) = F(G(\lambda \mathbf{v})) = F(\lambda G(\mathbf{v})) = \lambda F(G(\mathbf{v})) = \lambda (F \circ G)(\mathbf{v})$$

となる。以上により，合成変換 $F \circ G$ は線型性を持つ。　□

3.5 行列の積　前項で見たように，行列 A, B に対して，変換 $\mathbf{v} \mapsto A(B\mathbf{v})$ は線型変換となるので，§3.3 命題 2 により，ある行列の定める一次変換に一致する。

そのような行列を具体的に求めてみよう。それには，ベクトル $\mathbf{e}_1, \mathbf{e}_2$ の像を求めれば良いが，それは $A(B\mathbf{e}_1) = A\mathbf{b}_1, A(B\mathbf{e}_2) = A\mathbf{b}_2$ で与えられる。ただし，$\mathbf{b}_1, \mathbf{b}_2$ はそれぞれ行列 B の第 1 列，第 2 列である。このようにして得られる行列を AB と表し，行列 A, B の積と呼ぶ。

具体的には，$A = \begin{bmatrix} a & b \\ c & d \end{bmatrix}, B = \begin{bmatrix} p & q \\ r & s \end{bmatrix}$ のとき，積 AB の列は，それぞれ

$$\begin{bmatrix} a & b \\ c & d \end{bmatrix} \left(\begin{bmatrix} p & q \\ r & s \end{bmatrix} \begin{bmatrix} 1 \\ 0 \end{bmatrix} \right) = \begin{bmatrix} a & b \\ c & d \end{bmatrix} \begin{bmatrix} p \\ r \end{bmatrix} = \begin{bmatrix} ap + br \\ cp + dr \end{bmatrix}$$

$$\begin{bmatrix} a & b \\ c & d \end{bmatrix} \left(\begin{bmatrix} p & q \\ r & s \end{bmatrix} \begin{bmatrix} 0 \\ 1 \end{bmatrix} \right) = \begin{bmatrix} a & b \\ c & d \end{bmatrix} \begin{bmatrix} q \\ s \end{bmatrix} = \begin{bmatrix} aq + bs \\ cq + ds \end{bmatrix}$$

となり，よって

$$AB = \begin{bmatrix} a & b \\ c & d \end{bmatrix} \begin{bmatrix} p & q \\ r & s \end{bmatrix} = \begin{bmatrix} ap + br & aq + bs \\ cp + dr & cq + ds \end{bmatrix}$$

となる。

行列の積 (product of matrices)

§4 平面の回転

平面の回転は複素数を用いて扱うこともできるが，ここでは行列を用いて平面の回転を記述しよう．

4.1 角 θ の回転 座標平面 $\mathbf{R}^2$ 上の原点を中心として，平面全体を正の向き（反時計回り）に角 θ 回転させる操作を考えよう．この操作は，平面上の点 (x, y) に対して，原点を中心として正の向きに角 θ だけ点 (x, y) を回転させて得られる点を対応させる変換を定める．この変換を，以下では，単に角 θ の回転と呼ぶ．

角 θ の回転 F は線型性を持つ．すなわち，ベクトル $\mathbf{v}_1, \mathbf{v}_2$ に対して，それらを角 θ 回転させてから加えたものと，それらを加えてから角 θ 回転させたものは一致し（図1），実数 λ とベクトル $\mathbf{v}$ に対して，ベクトル $\mathbf{v}$ を角 θ 回転させてから λ 倍したものと，λ 倍してから角 θ 回転させたものは一致する．

このことから，角 θ の回転は一次変換であり，その行列表示は，ベクトル $\mathbf{e}_1, \mathbf{e}_2$ の像を並べて得られる行列に一致する．実際に像を求めてみると（図2），

$$\mathbf{e}_1 = \begin{bmatrix} 1 \\ 0 \end{bmatrix} \mapsto \begin{bmatrix} \cos\theta \\ \sin\theta \end{bmatrix}, \quad \mathbf{e}_2 = \begin{bmatrix} 0 \\ 1 \end{bmatrix} \mapsto \begin{bmatrix} -\sin\theta \\ \cos\theta \end{bmatrix}$$

となる．従って，角 θ の回転は，行列

$$R_\theta = \begin{bmatrix} \cos\theta & -\sin\theta \\ \sin\theta & \cos\theta \end{bmatrix}$$

の定める一次変換である．この行列を**回転行列**と呼ぶ．

以上により，角 θ の回転は

$$\begin{bmatrix} x \\ y \end{bmatrix} \mapsto \begin{bmatrix} \cos\theta & -\sin\theta \\ \sin\theta & \cos\theta \end{bmatrix} \begin{bmatrix} x \\ y \end{bmatrix} = \begin{bmatrix} x\cos\theta - y\sin\theta \\ x\sin\theta + y\cos\theta \end{bmatrix}$$

と表されることが分かった．特に $\theta = 0, \pi$ の場合は，それぞれ次のようになる．

$$R_0 = \begin{bmatrix} 1 & 0 \\ 0 & 1 \end{bmatrix} = E, \quad R_\pi = \begin{bmatrix} -1 & 0 \\ 0 & -1 \end{bmatrix} = -E$$

角 0 の回転は恒等変換であり，角 π の回転は原点に関する点対称移動である．

展望 平面の回転の複素数による記述については，第7章 §2.4 を参照せよ．

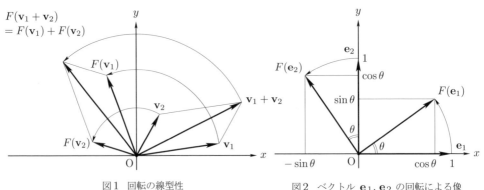

図1 回転の線型性　　図2 ベクトル $\mathbf{e}_1, \mathbf{e}_2$ の回転による像

回転 (rotation)　回転行列 (rotation matrix)

4.2 回転の合成 角 θ の回転 R_θ と角 φ の回転 R_φ を考えよう．これらの合成は，まず角 φ だけ回転して，引き続き角 θ だけ回転するのであるから，最終的には各 $\theta+\varphi$ だけ回転するはずである．実際，行列の積 $R_\theta R_\varphi$ を計算してみると，三角関数の加法定理によって

$$R_\theta R_\varphi = \begin{bmatrix} \cos\theta & -\sin\theta \\ \sin\theta & \cos\theta \end{bmatrix} \begin{bmatrix} \cos\varphi & -\sin\varphi \\ \sin\varphi & \cos\varphi \end{bmatrix}$$
$$= \begin{bmatrix} \cos\theta\cos\varphi - \sin\theta\sin\varphi & -(\sin\theta\cos\varphi + \cos\theta\sin\varphi) \\ \sin\theta\cos\varphi + \cos\theta\sin\varphi & -\sin\theta\sin\varphi + \cos\theta\cos\varphi \end{bmatrix}$$
$$= \begin{bmatrix} \cos(\theta+\varphi) & -\sin(\theta+\varphi) \\ \sin(\theta+\varphi) & \cos(\theta+\varphi) \end{bmatrix} = R_{\theta+\varphi}$$

となる．

4.3 逆回転 角 $-\theta$ の回転は角 θ の回転の逆回転であるから，回転行列 $R_\theta, R_{-\theta}$ の定める平面の変換は，互いに他の逆変換になる．実際，前項の公式により $R_\theta R_{-\theta} = R_0, R_{-\theta} R_\theta = R_0$ となるが，$R_0 = E$ の定める平面の変換は恒等変換であり，

$$R_\theta R_{-\theta} = E = R_{-\theta} R_\theta$$

が成立している．

参考 1° 一般に，行列 A に対して，行列 X であって $AX = E = XA$ を満たすものを行列 A の逆行列と言い，これを A^{-1} と表す．この用語を用いれば，行列 $R_{-\theta}$ は行列 R_θ の逆行列であり，$R_{-\theta} = (R_\theta)^{-1}$ である．

2° 2×2 行列 $A = \begin{bmatrix} a & b \\ c & d \end{bmatrix}$ に対して，$\det A = \begin{vmatrix} a & b \\ c & d \end{vmatrix} = ad - bc$ を A の行列式と言う．行列 A が逆行列を持つためには $\det A \neq 0$ となることが必要十分であり，この条件が満たされるとき，逆行列は $A^{-1} = \dfrac{1}{\det A} \begin{bmatrix} d & -b \\ -c & a \end{bmatrix}$ で与えられる．回転行列 R_θ の場合は $\det R_\theta = \cos^2\theta + \sin^2\theta = 1 \neq 0$ となるから，行列 R_θ は逆行列を持ち

$$R_\theta^{-1} = \frac{1}{\cos^2\theta + \sin^2\theta} \begin{bmatrix} \cos\theta & -(-\sin\theta) \\ -\sin\theta & \cos\theta \end{bmatrix} = \begin{bmatrix} \cos(-\theta) & -\sin(-\theta) \\ \sin(-\theta) & \cos(-\theta) \end{bmatrix} = R_{-\theta}$$

となるので，上の考察と確かに合致している．2×2 行列の逆行列については，第 13 章で扱い，一般の逆行列については，第 14 章で扱う．

3° 平面 $\mathbf{R}^2$ の原点を通る直線 L に関する鏡映は線型性を持つ．直線 L の方向ベクトルで大きさ 1 のものを一つ選び，それを $[\cos\theta, \sin\theta]^\mathrm{T}$ とすると，§4.1 と同様にして，L に関する鏡映は，行列 $A = \begin{bmatrix} \cos 2\theta & \sin 2\theta \\ \sin 2\theta & -\cos 2\theta \end{bmatrix}$ の定める一次変換であることが分かる．同じ直線に関する鏡映を二度繰り返すと点は元に戻ることから，鏡映は自分自身の逆変換となる．すなわち，鏡映を表す上記の行列 A について，$A^2 = E$ が成立している．

逆行列 (inverse matrix) 行列式 (determinant)

§A 平面の種々の変換(参考)

必ずしも一次変換ではないが,有用な変換について述べておく。

A1 平面の平行移動 平面ベクトル $\mathbf{v}_0 = \begin{bmatrix} x_0 \\ y_0 \end{bmatrix}$ を固定する。このとき,平面上のすべての点を一斉に $\mathbf{v}_0$ だけ平行移動する変換 T を考える。

$$T : \mathbf{R}^2 \longrightarrow \mathbf{R}^2 : \begin{bmatrix} x \\ y \end{bmatrix} \mapsto \begin{bmatrix} x + x_0 \\ y + y_0 \end{bmatrix}$$

このような変換を**並進**とも言う。

なお,$\mathbf{v}_0 \neq \mathbf{0}$ の場合には,原点に原点が対応しないことから,この変換は一次変換ではないことが分かる。

A2 平面の回転 平面上の原点とは限らない点 $A(x_0, y_0)$ を中心として,平面上のすべての点を角 θ 回転させる変換を考えよう。回転の中心 A が原点でない場合には,恒等変換となる場合を除き,この変換は一次変換ではないが,平行移動と原点を中心とする回転を応用して変換を計算することができる。

それには,回転の中心となる点 A の位置ベクトル $\mathbf{v}_0 = \begin{bmatrix} x_0 \\ y_0 \end{bmatrix}$ を考え,平面上の点 (x, y) を $-\mathbf{v}_0$ だけ平行移動してから原点を中心として角 θ 回転させ,その結果を $\mathbf{v}_0$ だけ平行移動すればよい。実際にやってみると

$$\begin{bmatrix} x \\ y \end{bmatrix} \mapsto \begin{bmatrix} \cos\theta & -\sin\theta \\ \sin\theta & \cos\theta \end{bmatrix} \begin{bmatrix} x - x_0 \\ y - y_0 \end{bmatrix} + \begin{bmatrix} x_0 \\ y_0 \end{bmatrix}$$

となる。

平行移動=並進 (translation)

第 8 章 平面の一次変換

キーワード　行ベクトルと列ベクトル，平面の一次変換，行列とベクトルの積，一次変換の線型性，一次変換の行列表示，一次変換の合成，行列の積，回転行列

確認 8A　次の行列とベクトルの積を計算せよ。ただし x, y は実数の定数である。

(1) $\begin{bmatrix} 1 & 1 \\ 0 & 1 \end{bmatrix} \begin{bmatrix} x \\ y \end{bmatrix}$　(2) $\begin{bmatrix} 0 & 1 \\ 1 & 0 \end{bmatrix} \begin{bmatrix} x \\ y \end{bmatrix}$　(3) $\begin{bmatrix} 2 & 0 \\ 0 & -1 \end{bmatrix} \begin{bmatrix} x \\ y \end{bmatrix}$　(4) $\begin{bmatrix} 1 & 1 \\ 1 & 1 \end{bmatrix} \begin{bmatrix} x \\ y \end{bmatrix}$

確認 8B　次の行列 A の定める一次変換 $A : \mathbf{R}^2 \longrightarrow \mathbf{R}^2$ の図形的な意味を答えよ。

(1) $\begin{bmatrix} 1 & 0 \\ 0 & 0 \end{bmatrix}$　(2) $\begin{bmatrix} -1 & 0 \\ 0 & 1 \end{bmatrix}$　(3) $\begin{bmatrix} 2 & 0 \\ 0 & 2 \end{bmatrix}$　(4) $\begin{bmatrix} -1 & 0 \\ 0 & -1 \end{bmatrix}$　(5) $\begin{bmatrix} 1/2 & 1/2 \\ 1/2 & 1/2 \end{bmatrix}$

確認 8C　次のような写像 $F : \mathbf{R}^2 \longrightarrow \mathbf{R}^2$ は線型性を持つか？

(1) $\begin{bmatrix} x \\ y \end{bmatrix} \mapsto \begin{bmatrix} 0 \\ 0 \end{bmatrix}$　(2) $\begin{bmatrix} x \\ y \end{bmatrix} \mapsto \begin{bmatrix} 1 \\ 0 \end{bmatrix}$　(3) $\begin{bmatrix} x \\ y \end{bmatrix} \mapsto \begin{bmatrix} y \\ 0 \end{bmatrix}$　(4) $\begin{bmatrix} x \\ y \end{bmatrix} \mapsto \begin{bmatrix} x^2 \\ 0 \end{bmatrix}$

(5) $\begin{bmatrix} x \\ y \end{bmatrix} \mapsto \begin{bmatrix} y \\ x \end{bmatrix}$　(6) $\begin{bmatrix} x \\ y \end{bmatrix} \mapsto \begin{bmatrix} xy \\ 1 \end{bmatrix}$　(7) $\begin{bmatrix} x \\ y \end{bmatrix} \mapsto \begin{bmatrix} xy \\ 0 \end{bmatrix}$　(8) $\begin{bmatrix} x \\ y \end{bmatrix} \mapsto \begin{bmatrix} x+y \\ 0 \end{bmatrix}$

確認 8D　平面 $\mathbf{R}^2$ の各点 P に対して，次のような点 Q を対応させる変換 F は一次変換である。一次変換 F を表す行列を求めよ。

(1) y 軸に関して P と対称な点　　　　(2) P から y 軸に下した垂線の足
(3) 直線 $x = y$ に関して P と対称な点　(4) P から直線 $x = y$ に下した垂線の足
(5) 原点に関して P と対称な点

確認 8E　次の計算をせよ。

(1) $\begin{bmatrix} 1 & 1 \\ 1 & 2 \end{bmatrix} \begin{bmatrix} 1 \\ 2 \end{bmatrix}$　(2) $\begin{bmatrix} 1 & 1 \\ 1 & 2 \end{bmatrix} \begin{bmatrix} 3 \\ 1 \end{bmatrix}$　(3) $\begin{bmatrix} 1 & 1 \\ 1 & 2 \end{bmatrix} \begin{bmatrix} 1 & 3 \\ 2 & 1 \end{bmatrix}$　(4) $\begin{bmatrix} 1 & 3 \\ 2 & 1 \end{bmatrix} \begin{bmatrix} 1 & 1 \\ 1 & 2 \end{bmatrix}$

確認 8F　次の計算をせよ。ただし a, b, c, d は実数の定数である。

(1) $\begin{bmatrix} a & 0 \\ 0 & a \end{bmatrix} \begin{bmatrix} b & 0 \\ 0 & b \end{bmatrix}$　(2) $\begin{bmatrix} 1 & a \\ 0 & 1 \end{bmatrix} \begin{bmatrix} 1 & b \\ 0 & 1 \end{bmatrix}$　(3) $\begin{bmatrix} a & 0 \\ 0 & b \end{bmatrix} \begin{bmatrix} 1 & 1 \\ 1 & 1 \end{bmatrix}$　(4) $\begin{bmatrix} 1 & 1 \\ 1 & 1 \end{bmatrix} \begin{bmatrix} a & 0 \\ 0 & b \end{bmatrix}$

(5) $\begin{bmatrix} b & b \\ a & a \end{bmatrix} \begin{bmatrix} a & -b \\ a & -b \end{bmatrix}$　(6) $\begin{bmatrix} a & -b \\ a & -b \end{bmatrix} \begin{bmatrix} b & b \\ a & a \end{bmatrix}$

確認 8G　原点を中心とする次の角の回転を表す行列を求めよ。

(1) 0　(2) $\dfrac{\pi}{6}$　(3) $\dfrac{\pi}{4}$　(4) $\dfrac{\pi}{3}$　(5) $\dfrac{\pi}{2}$　(6) $\dfrac{5\pi}{6}$　(7) $\dfrac{4\pi}{3}$　(8) $\dfrac{5\pi}{2}$　(9) $-\dfrac{5\pi}{4}$

確認 8H　次の計算をせよ。ただし θ, φ は実数の定数である。

(1) $\begin{bmatrix} \cos\theta & -\sin\theta \\ \sin\theta & \cos\theta \end{bmatrix} \begin{bmatrix} \cos\varphi & -\sin\varphi \\ \sin\varphi & \cos\varphi \end{bmatrix}$　(2) $\begin{bmatrix} \cos\theta & \sin\theta \\ \sin\theta & -\cos\theta \end{bmatrix} \begin{bmatrix} \cos\varphi & \sin\varphi \\ \sin\varphi & -\cos\varphi \end{bmatrix}$

第 9 章 座標空間と数ベクトル

座標平面や座標空間については，高等学校までの数学ですでに学んだところだが，今後は，より次元の高い座標空間も積極的に取り扱っていくことになる。そのための準備として，この章では，n 次元座標空間について考察し，ベクトルに関する基本事項についてまとめる。また，ベクトルを利用して空間内の直線と平面を扱い，パラメータ表示と方程式の関係を考察する。ここで現れる考え方は，後に「線型代数学」で重要となる。また，空間ベクトルの外積についても学ぶ。

§1 座標空間と幾何ベクトル

1.1 点と座標 高等学校の数学で学んだ座標空間の点は 3 個の実数の組によって (x, y, z) と表すことができる。これをその点の座標と呼ぶ。そこで，空間内の点とその座標を同一視して，単に点 (x, y, z) のように言い表す。これによって，座標空間は集合 $\mathbf{R}^3$ と同一視される。これを空間 $\mathbf{R}^3$（詳しくは 3 次元座標空間 $\mathbf{R}^3$）と呼ぶ。

点 $(x, y, z) \in \mathbf{R}^3$ に対して，実数 x, y, z をそれぞれ点 (x, y, z) の x 座標，y 座標，z 座標と呼ぶ。空間 $\mathbf{R}^3$ の点で，その z 座標が 0 であるようなもの全体は一つの平面をなす。これを xy 平面と呼ぶ。同様に xz 平面と yz 平面が考えられる。

1.2 空間ベクトル 空間 $\mathbf{R}^3$ の 2 点 A, B に対して，A を始点とし，B を終点とする有向線分（矢線）を，ここでは AB と表すことにする。二つの有向線分について，一方を平行移動して他方に一致するようにできるとき，それらの有向線分は同じ**ベクトル**を与えるものと定める。ただし，有向線分が一致するとは，始点は始点に一致し，終点は終点に一致することを意味する。

有向線分 AB の定めるベクトルを $\overrightarrow{\mathrm{AB}}$ と表す。このようにして得られるベクトルの概念を空間ベクトル（詳しくは 3 次元空間幾何ベクトル）と呼ぶ。

1.3 位置ベクトル 空間 $\mathbf{R}^3$ の点 P に対して，原点 O を始点とし，点 P を終点とする有向線分の定めるベクトル $\overrightarrow{\mathrm{OP}}$ を対応させることができる。このベクトルを点 P の**位置ベクトル**と呼ぶ。

逆に，任意の空間ベクトル $\overrightarrow{\mathrm{AB}}$ に対して，$\overrightarrow{\mathrm{OP}} = \overrightarrow{\mathrm{AB}}$ となるような点 P がただ一つ存在する。これは，与えられたベクトル $\overrightarrow{\mathrm{AB}}$ を位置ベクトルとするようなただ一つの点である。このようにして，空間ベクトルと空間の点が一対一に対応する。

座標 (coordinate)　座標空間 (coordinate space)　有向線分 (directed line segment)　矢線 (arrow)　ベクトル (vector)　空間ベクトル (spatial vector)　位置ベクトル (position vector, point vector)

1.4 ベクトルの成分表示　空間ベクトル $\overrightarrow{\mathrm{AB}}$ に対して，これを位置ベクトルとする点 P を取り，その座標が (a,b,c) であったとする．このとき，実数 a,b,c を縦に並べた**列ベクトル**として，このベクトルを表示する．

$$\overrightarrow{\mathrm{AB}} = \begin{bmatrix} a \\ b \\ c \end{bmatrix} \quad \text{または} \quad \overrightarrow{\mathrm{AB}} = \begin{pmatrix} a \\ b \\ c \end{pmatrix}$$

このような表示をベクトルの**成分表示**と呼ぶ．

1.5 n 次元座標空間 $\mathbf{R}^n$　座標空間 $\mathbf{R}^3$ の点が 3 個の実数 x,y,z の組 (x,y,z) によって表されたのと同様に，n 個の実数の組 $(x_1, x_2, \ldots, x_n)$ 全体のなす集合を $\mathbf{R}^n$ と表し，これを n 次元座標空間あるいは空間 $\mathbf{R}^n$ と呼ぶ．ただし n は正の整数である．空間 $\mathbf{R}^n$ は直線 $\mathbf{R}$ の n 個の直積である．空間 $\mathbf{R}^n$ についても，空間 $\mathbf{R}^3$ のときと同様にして，幾何ベクトルや位置ベクトルの概念が定義される．

一般に，n 個の成分からなるデータを扱う際に，そのデータを n 次元空間 $\mathbf{R}^n$ の点と同一視し，幾何学的な考察を行うことによって，その取り扱いが明瞭になることがあるので，空間 $\mathbf{R}^n$ を利用することは，きわめて有用である．通常の 3 次元空間 $\mathbf{R}^3$ を考察する場合であっても，空間内の n 個の点の配置を記述するには $3n$ 個の成分が必要であるので，空間 $\mathbf{R}^{3n}$ を考えるのが自然である．

このように，平面 $\mathbf{R}^2$ や空間 $\mathbf{R}^3$ のみならず，一般の n について空間 $\mathbf{R}^n$ を扱うことの利点は多いので，積極的に視野に入れて学んでいくのが良い．一般の n については，空間 $\mathbf{R}^n$ を図形的に想像することは困難だが，ある程度は $\mathbf{R}^2$ や $\mathbf{R}^3$ の場合からの類推によって理解することができる．同時に，論理的な考察能力を涵養し，図形的な想像が困難な状況においても，正確に数学を運用できるようにするのが望ましい．

展望　1°　複数の成分からなるデータの基本的な扱い方として，行列を利用するものがある．これについては，第 8 章，第 12 章，第 13 章，第 14 章で基礎的な部分を扱い，さらに本格的な内容については「線型代数学」で扱う．

2°　複素数の組として表されるようなベクトルも考えることができ，量子力学などでは重要な役割を担う．これについては「線型代数学」で扱う．

備考　分野によっては，空間 $\mathbf{R}^n$ の点やベクトルを表すのに，上付きの添字を用いて $(x^1, x^2, \ldots, x^n)$ のように表記することがある．

§2　数ベクトル空間

前節で述べたように，空間ベクトルは，成分表示によって 3 個の実数の組として表され，同様に n 個の実数の組の全体として表されるようなベクトルも考えることができる．この節では，ベクトルをそのようなものととらえ，その性質を調べ，関連する用語をまとめる．

列ベクトル (column vector)　行ベクトル (row vector)　成分表示 (coordinate expression)　上付き添字 (superscript)　下付き添字 (subscript)

2.1 ベクトルとスカラー

n 個の実数を縦に並べ，角括弧 [ ] または丸括弧 ( ) で括ったものを考え，これを **n 次元数ベクトル**と呼ぶ．誤解の恐れのない場合には，これを単に**ベクトル**と呼ぶ．

実数を縦に並べる列ベクトルの記法は紙面を浪費しやすいため，成分を横に並べた**行ベクトル**に装飾記号をつけて $(a_1, a_2, \ldots, a_n)^{\mathrm{T}}$ または $^{\mathrm{t}}(a_1, a_2, \ldots, a_n)$ と書いて，対応する列ベクトルを表すと約束する．これを，行ベクトルの**転置**と言う．

$$(a_1, a_2, \ldots, a_n)^{\mathrm{T}} = {}^{\mathrm{t}}(a_1, a_2, \ldots, a_n) = \begin{bmatrix} a_1 \\ a_2 \\ \vdots \\ a_n \end{bmatrix}$$

このように，ベクトルは実数の組として表されるが，これと対比して，単独の実数を**スカラー**と呼ぶ．

備考 1° 記号 ^{T} および ^{t} は「トランスポーズ」と読む．

2° ベクトルを表すのに，高等学校の数学では $\vec{v}$ のように表記したが，大学の数学では矢印を書かずに単に v と書くことが多い．理工系諸分野では，ベクトルのような，いくつかの数の組として表される量を表すのに，太字で表記することが多い．

3° 1次元ベクトルは一つのスカラーだけからなるので，これをスカラーそのものと同一視し，例えば (a) あるいは $[a]$ と書く代わりに単に a と書くことがある．

2.2 加法とスカラー乗法

正整数 n を固定し，n 次元数ベクトルの全体を $\mathbf{V}$ とおくことにする．n 次元数ベクトルは n 個の実数の組には違いないので，集合としては $\mathbf{V} = \mathbf{R}^n$ である．

ベクトル $\mathbf{a} = (a_1, a_2, \ldots, a_n)^{\mathrm{T}}$, $\mathbf{b} = (b_1, b_2, \ldots, b_n)^{\mathrm{T}}$ に対して，

$$(a_1, a_2, \ldots, a_n)^{\mathrm{T}} + (b_1, b_2, \ldots, b_n)^{\mathrm{T}} = (a_1 + b_1, a_2 + b_2, \ldots, a_n + b_n)^{\mathrm{T}}$$

と定める．このようにして，二項演算

$$+ : \mathbf{V} \times \mathbf{V} \longrightarrow \mathbf{V}, \quad (\mathbf{a}, \mathbf{b}) \mapsto \mathbf{a} + \mathbf{b}$$

が得られる．これをベクトルの**加法**と呼ぶ．

また，ベクトル $\mathbf{a} = (a_1, a_2, \ldots, a_n)^{\mathrm{T}}$ およびスカラー $\lambda \in \mathbf{R}$ に対して，

$$\lambda \cdot (a_1, a_2, \ldots, a_n)^{\mathrm{T}} = (\lambda a_1, \lambda a_2, \ldots, \lambda a_n)^{\mathrm{T}}$$

と定める．このようにして，写像

$$\cdot : \mathbf{R} \times \mathbf{V} \longrightarrow \mathbf{V}, \quad (\lambda, \mathbf{a}) \mapsto \lambda \cdot \mathbf{a}$$

が得られる．これをベクトルの**スカラー乗法**と呼ぶ．

数^(すう)ベクトル (coordinate vector) 行ベクトル (row vector) 転置 (transpose) 転置ベクトル (transposed vector) スカラー (scalar) 加法 (addition) スカラー乗法 (scalar multiplication)

ベクトル $\mathbf{a}+\mathbf{b}$ をベクトル $\mathbf{a},\mathbf{b}$ の**和**と呼ぶ．また，ベクトル $\lambda\cdot\mathbf{a}$ をベクトル $\mathbf{a}$ の λ 倍と言い，あるスカラー λ によって $\lambda\cdot\mathbf{a}$ と表されるベクトルを一般に $\mathbf{a}$ の**スカラー倍**と言う．スカラー乗法を表す記号・はしばしば省略する．

参考 点の集合としての $\mathbf{R}^n$ と数ベクトルの集合としての $\mathbf{R}^n$ は，集合としては同じものであり，両者を同一視することも多いが，後者についてはベクトルの加法とスカラー乗法が定められているという違いがあり，概念的には区別しておくのが良い．後者のように集合 $\mathbf{R}^n$ に加法とスカラー乗法を定めたものを数ベクトル空間と呼ぶ．

備考 1° 上記の意味の数ベクトル空間 $\mathbf{R}^n$ をベクトル空間 $\mathbf{R}^n$ と呼ぶこともある．
2° 和やスカラー倍に意味がない状況においても，言葉を流用して，複数のスカラーの組として表される量をベクトル量と呼ぶことがある．

展望 先に進むと，ベクトル空間という言葉は，ここで述べた数ベクトル空間 $\mathbf{R}^n$ に限らず，より一般的な意味で用いられ，ベクトルという言葉も，より一般的な状況で用いられるようになる．なお，一般のベクトル空間は，線型空間とも呼ばれる．これらの内容については「線型代数学」で扱う．

2.3 演算法則 成分がすべて 0 であるような $\mathbf{R}^n$ のベクトルを**零ベクトル**と呼んで $\mathbf{0}=(0,0,\ldots,0)^\mathrm{T}$ と表す．また，ベクトル $\mathbf{a}=(a_1,a_2,\ldots,a_n)^\mathrm{T}$ に対して $-\mathbf{a}=(-1)\mathbf{a}$ と定め，これを $\mathbf{a}$ の**逆ベクトル**と呼ぶ．ベクトルの和は次の演算法則を満たす．

(1) $(\mathbf{a}+\mathbf{b})+\mathbf{c}=\mathbf{a}+(\mathbf{b}+\mathbf{c})$ (2) $\mathbf{b}+\mathbf{a}=\mathbf{a}+\mathbf{b}$
(3) $\mathbf{a}+\mathbf{0}=\mathbf{a}=\mathbf{0}+\mathbf{a}$ (4) $\mathbf{a}+(-\mathbf{a})=\mathbf{0}=(-\mathbf{a})+\mathbf{a}$

ベクトルの和とスカラー倍は次の演算法則を満たす．

(1) $(\lambda\mu)\mathbf{a}=\lambda(\mu\mathbf{a})$ (2) $(\lambda+\mu)\mathbf{a}=\lambda\mathbf{a}+\mu\mathbf{a}$ (3) $\lambda(\mathbf{a}+\mathbf{b})=\lambda\mathbf{a}+\lambda\mathbf{b}$

注意 零ベクトル $\mathbf{0}$ は，すべてのベクトル $\mathbf{a}$ に対して $\mathbf{a}+\mathbf{0}=\mathbf{a}=\mathbf{0}+\mathbf{a}$ となるようなただ一つのベクトルである．また，任意のベクトル $\mathbf{a}$ に対して，その逆ベクトル $-\mathbf{a}$ は，$\mathbf{a}+(-\mathbf{a})=\mathbf{0}=(-\mathbf{a})+\mathbf{a}$ となるようなただ一つのベクトルである．

2.4 ベクトルの一次結合 いくつかのベクトル $\mathbf{v}_1,\ldots,\mathbf{v}_k$ が与えられたとき，あるスカラー $\lambda_1,\ldots,\lambda_k$ を用いて

$$\lambda_1\mathbf{v}_1+\cdots+\lambda_k\mathbf{v}_k$$

と表されるベクトルを，$\mathbf{v}_1,\ldots,\mathbf{v}_k$ の**一次結合**（または**線型結合**）と呼ぶ．

参考 零ベクトル $\mathbf{0}$ は 0 個のベクトルの一次結合と解釈することがある．

和 (sum) スカラー倍 (scalar multiple) 数ベクトル空間 (coordinate vector space) ベクトル空間 (vector space) 線型空間 (linear space) 零ベクトル (zero vector) 逆ベクトル (opposite vector) 一次結合＝線型結合 (linear combination)

2.5 基本単位ベクトル 次のような $\mathbf{R}^n$ のベクトルを考える。

$$\mathbf{e}_1 = \begin{bmatrix} 1 \\ 0 \\ \vdots \\ 0 \end{bmatrix}, \quad \mathbf{e}_2 = \begin{bmatrix} 0 \\ 1 \\ \vdots \\ 0 \end{bmatrix}, \ldots, \mathbf{e}_n = \begin{bmatrix} 0 \\ 0 \\ \vdots \\ 1 \end{bmatrix}$$

これらのベクトルを**基本単位ベクトル**（または標準的単位ベクトル）と呼ぶ。

すると，任意のベクトル $\mathbf{a} = (a_1, a_2, \ldots, a_n)^\mathrm{T}$ は

$$\mathbf{a} = a_1 \mathbf{e}_1 + a_2 \mathbf{e}_2 + \cdots + a_n \mathbf{e}_n$$

を満たし，基本単位ベクトル $\mathbf{e}_1, \mathbf{e}_2, \ldots, \mathbf{e}_n$ の一次結合となる。

注意 ベクトル $\mathbf{a} \in \mathbf{R}^n$ を基本単位ベクトル $\mathbf{e}_1, \mathbf{e}_2, \ldots, \mathbf{e}_n$ の一次結合として表す仕方はただ一通りである。

展望 基本単位ベクトルの列 $\mathbf{e}_1, \mathbf{e}_2, \ldots, \mathbf{e}_n$ を $\mathbf{R}^n$ の標準的な基底と呼ぶ。一般に，ベクトルの列であって，任意のベクトルがそれらの一次結合としてただ一通りに表されるようなものを基底と呼ぶ。基底については「線型代数学」で扱う。

2.6 ベクトルの平行 ベクトル $\mathbf{a}, \mathbf{b}$ はともに零ベクトルでないとする。このとき，次の条件は互いに同値である。

(1) ある実数 λ で $\mathbf{b} = \lambda \mathbf{a}$ となるものが存在する。

(2) ある実数 λ で $\mathbf{a} = \lambda \mathbf{b}$ となるものが存在する。

この同値な条件が成立するとき，二つのベクトル $\mathbf{a}, \mathbf{b}$ は互いに**平行**であると言い，$\mathbf{a} \parallel \mathbf{b}$ と表す。ベクトル $\mathbf{a}$ はベクトル $\mathbf{b}$ に平行であると言うこともある。

ベクトル $\mathbf{a}, \mathbf{b}$ の少なくとも一方が零ベクトルであるときにも，ベクトル $\mathbf{a}, \mathbf{b}$ は平行であると言う。この場合を含め，ベクトル $\mathbf{a}, \mathbf{b}$ が平行であるためには，上記の条件 (1)(2) の少なくとも一方が成立することが必要十分であり，これは次の条件と同値である。ベクトル $\mathbf{a}, \mathbf{b}$ が原点を通る同一直線上にあるときと言ってもよい。

(3) ある実数 λ で $\mathbf{b} = \lambda \mathbf{a}$ または $\mathbf{a} = \lambda \mathbf{b}$ となるものが存在する。

展望 ベクトル $\mathbf{a}, \mathbf{b}$ が平行でないためには，$\lambda \mathbf{a} + \mu \mathbf{b} = \mathbf{0}$ を満たす実数 λ, μ が $\lambda = \mu = 0$ に限ることが必要十分である。この条件を n 個のベクトルの場合に一般化することによって，ベクトルの一次独立性の概念が得られる。これについては「線型代数学」で扱う。

§3 ノルムと内積

この節では，ベクトルのノルムと内積について述べる。ノルムを利用することによって，平行でないベクトルについても大きさを比較することができる。また，内積を利用することによって，二つのベクトルのなす角を調べることができる。

基本単位ベクトル (fundamental unit vectors)　標準的単位ベクトル (standard unit vectors)　標準的な基底 (standard basis)　基底 (basis)　平行 (parallel)

3.1 ベクトルのノルムと二点の距離 空間 $\mathbf{R}^n$ のベクトル $\mathbf{a} = (a_1, a_2, \ldots, a_n)^{\mathrm{T}}$ に対して，非負の実数 $a_1^2 + a_2^2 + \cdots + a_n^2$ の非負の平方根を $\|\mathbf{a}\|$ または $|\mathbf{a}|$ と表し，ベクトル $\mathbf{a}$ の**ノルム**または**大きさ**と呼ぶ。

$$\|\mathbf{a}\| = \sqrt{a_1^2 + a_2^2 + \cdots + a_n^2}$$

これを用いて，$\mathbf{R}^n$ の 2 点 $\mathbf{p} = (p_1, p_2, \ldots, p_n)$, $\mathbf{q} = (q_1, q_2, \ldots, q_n)$ の距離が

$$\|\mathbf{q} - \mathbf{p}\| = \sqrt{(q_1 - p_1)^2 + (q_2 - p_2)^2 + \cdots + (q_n - p_n)^2}$$

によって与えられる。ただし，$\mathbf{q} - \mathbf{p}$ は，点 $\mathbf{p}$ を始点とし点 $\mathbf{q}$ を終点とする有向線分の定める $\mathbf{R}^n$ のベクトルを表すものと解釈する。

注意 ベクトルのノルムの定め方から，任意のベクトル $\mathbf{a}$ およびスカラー λ に対して $\|\lambda \mathbf{a}\| = |\lambda| \cdot \|\mathbf{a}\|$ が成立する。また，任意のベクトル $\mathbf{a}$ に対して $\|\mathbf{a}\| \geq 0$ であり，等号成立には $\mathbf{a} = \mathbf{0}$ が必要十分である。

3.2 単位ベクトルとベクトルの正規化 ノルムが 1 のベクトルを**単位ベクトル**と呼ぶ。例えば，§2.5 で扱った基本単位ベクトル $\mathbf{e}_1, \mathbf{e}_2, \ldots, \mathbf{e}_n$ は単位ベクトルである。一般に，零でないベクトル $\mathbf{a}$ に対して，ベクトル $\dfrac{\mathbf{a}}{\|\mathbf{a}\|}$ および $-\dfrac{\mathbf{a}}{\|\mathbf{a}\|}$ は単位ベクトルであり，ベクトル $\mathbf{a}$ に平行な単位ベクトルはこれらに限る。

零でないベクトル $\mathbf{a}$ をノルム $\|\mathbf{a}\|$ で割って単位ベクトル $\dfrac{\mathbf{a}}{\|\mathbf{a}\|}$ を得る操作をベクトルの**正規化**と呼ぶ。

3.3 ベクトルの内積 二つのベクトル $\mathbf{a} = (a_1, a_2, \ldots, a_n)^{\mathrm{T}}$, $\mathbf{b} = (b_1, b_2, \ldots, b_n)^{\mathrm{T}}$ の**内積**とは

$$\mathbf{a} \cdot \mathbf{b} = a_1 b_1 + a_2 b_2 + \cdots + a_n b_n$$

で定義されるスカラーのことである。

ベクトルのノルムはベクトルの内積から $\|\mathbf{a}\|^2 = \mathbf{a} \cdot \mathbf{a}$ によって定まり，一方，内積はノルムによって

$$\mathbf{a} \cdot \mathbf{b} = \frac{\|\mathbf{a} + \mathbf{b}\|^2 - \|\mathbf{a}\|^2 - \|\mathbf{b}\|^2}{2}$$

と表される。

備考 1° ベクトル $\mathbf{a}, \mathbf{b}$ の内積 $\mathbf{a} \cdot \mathbf{b}$ は $(\mathbf{a}, \mathbf{b})$ とも $\langle \mathbf{a}, \mathbf{b} \rangle$ とも表される。記法 $(\mathbf{a}, \mathbf{b})$ はベクトルの組と紛らわしいので注意が必要がある。文献によっては $(\mathbf{a} | \mathbf{b})$ あるいは $\langle \mathbf{a} | \mathbf{b} \rangle$ と表すこともある。

2° 内積の値はスカラーであるので，これをスカラー積と呼ぶこともある。また，記法 $\mathbf{a} \cdot \mathbf{b}$ を用いた場合には，記号 $\cdot$ の読み方からドット積と呼ぶこともある。

ノルム (norm)　大きさ (magnitude, modulus)　単位ベクトル (unit vector)　正規化 (normalization)　内積 (inner product)　スカラー積 (scalar product)　ドット積 (dot product)

3.4 内積の性質 ベクトルの内積は次の演算法則を満たす。

(1) $(\mathbf{a}+\mathbf{b})\cdot\mathbf{c} = \mathbf{a}\cdot\mathbf{c}+\mathbf{b}\cdot\mathbf{c}, \quad \mathbf{a}\cdot(\mathbf{b}+\mathbf{c}) = \mathbf{a}\cdot\mathbf{b}+\mathbf{a}\cdot\mathbf{c}$

(2) $(\lambda\mathbf{a})\cdot\mathbf{b} = \lambda(\mathbf{a}\cdot\mathbf{b}) = \mathbf{a}\cdot(\lambda\mathbf{b})$ \qquad (3) $\mathbf{b}\cdot\mathbf{a} = \mathbf{a}\cdot\mathbf{b}$

また,次が成立する。

(4) $\mathbf{a}\cdot\mathbf{a} \geq 0$ であり,等号成立には $\mathbf{a}=\mathbf{0}$ が必要十分である。

参考 上記の性質 (1)(2) をあわせて内積の双線型性と呼び,性質 (3) を内積の対称性と呼ぶ。また,性質 (4) を正定値性と呼ぶ。

展望 1° 先に進むと,ノルムや内積の概念はより一般的に扱われるようになり,上記のように定められたノルムや内積は,一般的なノルムや内積の特別なものと位置づけられる。一般的なノルムや内積と区別する意味で,上記のように定められたノルムや内積を,詳しくは「標準的なノルム」「標準的な内積」などと呼ぶ。また「ユークリッドノルム」「ユークリッド内積」と呼ぶこともある。これらについては「線型代数学」で扱われる。

2° さらに先に進むと,スカラーとして複素数を考え,内積の性質を複素数にあわせて修正した「エルミート内積」と呼ばれるものを考える。これは量子力学で重要な役割を果たす。

3.5 ノルムと内積の満たす不等式 二つのベクトル $\mathbf{a},\mathbf{b}$ に対して,以下の不等式が成立する。

(5) $|\mathbf{a}\cdot\mathbf{b}| \leq \|\mathbf{a}\|\|\mathbf{b}\|$ (コーシー・シュワルツの不等式)

(6) $\|\mathbf{a}+\mathbf{b}\| \leq \|\mathbf{a}\|+\|\mathbf{b}\|$ (三角不等式)

コーシー・シュワルツの不等式 (5) で等号が成立するためには,ベクトル $\mathbf{a},\mathbf{b}$ が平行であることが必要十分である。

注意 1° コーシー・シュワルツの不等式 (5) は,$-\|\mathbf{a}\|\|\mathbf{b}\| \leq \mathbf{a}\cdot\mathbf{b} \leq \|\mathbf{a}\|\|\mathbf{b}\|$ と同値である。従って,$\mathbf{a},\mathbf{b}\neq\mathbf{0}$ のときには,$-1 \leq \dfrac{\mathbf{a}\cdot\mathbf{b}}{\|\mathbf{a}\|\|\mathbf{b}\|} \leq 1$ が成立する。

2° 不等式 $-\|\mathbf{a}\|\|\mathbf{b}\| \leq \mathbf{a}\cdot\mathbf{b} \leq \|\mathbf{a}\|\|\mathbf{b}\|$ において,右側の等号が成立するためには,ベクトル $\mathbf{a},\mathbf{b}$ が同じ向きであること,すなわち,ある正数 λ が存在して $\mathbf{b}=\lambda\mathbf{a}$ または $\mathbf{a}=\lambda\mathbf{b}$ となることが必要十分条件である。また,左側の等号が成立するためには,ベクトル $\mathbf{a},\mathbf{b}$ が反対向きであること,すなわち,ある負数 λ が存在して $\mathbf{b}=\lambda\mathbf{a}$ または $\mathbf{a}=\lambda\mathbf{b}$ となることが必要十分条件である。

3° 三角不等式 (6) において等号が成立するのは $\mathbf{a}\cdot\mathbf{b}=\|\mathbf{a}\|\|\mathbf{b}\|$ となる場合であり,それにはベクトル $\mathbf{a},\mathbf{b}$ が同じ向きであることが必要十分である。

4° 不等式 $\|\mathbf{a}\|-\|\mathbf{b}\| \leq \|\mathbf{a}+\mathbf{b}\|$ も成立するが,これは上記の三角不等式 (6) が任意の $\mathbf{a},\mathbf{b}$ について成り立つことから導かれる。

双線型 (bilinear) 対称性 (symmetry) 正定値 (positive-definite) コーシー・シュワルツの不等式 (Cauchy–Schwarz inequality) 三角不等式 (triangle inequality)

3.6 二つのベクトルのなす角 零でない二つのベクトル $\mathbf{a}, \mathbf{b} \in \mathbf{R}^n$ のなす角 θ は,

$$\theta = \arccos \frac{\mathbf{a} \cdot \mathbf{b}}{\|\mathbf{a}\|\|\mathbf{b}\|}$$

によって定める。すなわち,角 θ は,$0 \leq \theta \leq \pi$ を満たし,その余弦 $\cos\theta$ が $\frac{\mathbf{a} \cdot \mathbf{b}}{\|\mathbf{a}\|\|\mathbf{b}\|}$ に一致するような角である(第5章 §3.1 例2参照)。

注意 前項の注意により,零でないベクトル $\mathbf{a}, \mathbf{b}$ に対して $-1 \leq \frac{\mathbf{a} \cdot \mathbf{b}}{\|\mathbf{a}\|\|\mathbf{b}\|} \leq 1$ であるから,$\arccos \frac{\mathbf{a} \cdot \mathbf{b}}{\|\mathbf{a}\|\|\mathbf{b}\|}$ が意味を持つ。

3.7 ベクトルの直交 零でない二つのベクトル $\mathbf{a}, \mathbf{b}$ のなす角が $90°$ となるとき,ベクトル $\mathbf{a}, \mathbf{b}$ は互いに**直交する**と言い $\mathbf{a} \perp \mathbf{b}$ と表す。

ベクトル $\mathbf{a}, \mathbf{b}$ の少なくとも一方が零ベクトルであるときも,ベクトル $\mathbf{a}, \mathbf{b}$ は直交すると言う。この場合を含め,ベクトル $\mathbf{a}, \mathbf{b}$ が直交するためには,$\mathbf{a} \cdot \mathbf{b} = 0$ となることが必要十分である。ベクトル $\mathbf{a}$ はベクトル $\mathbf{b}$ に直交すると言うこともある。

§4 空間内の図形

これ以降は,おもに3次元空間 $\mathbf{R}^3$ の中の図形について考察する。空間 $\mathbf{R}^3$ の点と,その点の位置ベクトルを同一視する。

4.1 直線のパラメータ表示 空間 $\mathbf{R}^3$ 内の直線 L が与えられたとする。直線 L 上の点 (x_0, y_0, z_0) および直線 L に平行な零でないベクトル $\mathbf{v} = (a, b, c)^\mathrm{T}$ を一つ選ぶ。このようなベクトル $\mathbf{v}$ を直線 L の**方向ベクトル**と呼ぶ。

点 (x, y, z) が直線 L 上にあるためには,次の式を満たす実数 t が存在することが必要十分である。

$$\begin{bmatrix} x \\ y \\ z \end{bmatrix} = \begin{bmatrix} x_0 \\ y_0 \\ z_0 \end{bmatrix} + t \begin{bmatrix} a \\ b \\ c \end{bmatrix}$$

両辺の成分を比較すれば,次のようになる。

$$\begin{cases} x = x_0 + at \\ y = y_0 + bt \\ z = z_0 + ct \end{cases}$$

ここで,実数 t の値をいろいろ変化させると,直線上のさまざまな点が表される。この式あるいは一つ上のベクトルの式を,直線 L の**パラメータ表示**と呼び,変数 t をその**パラメータ**と呼ぶ。

注意 上記のパラメータ表示は,写像

$$F: \mathbf{R} \longrightarrow \mathbf{R}^3, \quad t \mapsto (x_0 + at, y_0 + bt, z_0 + ct)^\mathrm{T}$$

の像として直線 L が表されることを意味する。

直交する (perpendicular, orthogonal)　方向ベクトル (direction vector)　パラメータ表示 (parametric representation)

備考 1° パラメータは媒介変数とも径数とも呼ばれる。

2° パラメータ表示で与えられた直線を**パラメータ直線**と呼ぶ。

参考 点 $(p_1, p_2, \ldots, p_n)$ および零でないベクトル $\mathbf{v} = (a_1, a_2, \ldots, a_n)^T$ に対して，

$$(x_1, x_2, \ldots, x_n)^T = (p_1, p_2, \ldots, p_n)^T + t(a_1, a_2, \ldots, a_n)^T$$

なるパラメータ表示で与えられる空間 $\mathbf{R}^n$ 内の図形が考えられる。これを空間 $\mathbf{R}^n$ 内の直線と呼ぶ。

4.2 平面の方程式 空間 $\mathbf{R}^3$ 内の平面 H が与えられたとする。平面 H 上の点 (x_0, y_0, z_0) および平面 H に直交する零でないベクトル $\mathbf{n} = (a, b, c)^T$ をそれぞれ選ぶ。このようなベクトル $\mathbf{n}$ を平面 H の**法線ベクトル**（または**法ベクトル**）と呼ぶ。ここで，点 (x, y, z) が平面 H 上にあるための条件は，内積を用いて

$$\begin{bmatrix} a \\ b \\ c \end{bmatrix} \cdot \begin{bmatrix} x - x_0 \\ y - y_0 \\ z - z_0 \end{bmatrix} = 0$$

と表され，左辺を計算して書き下すと

$$a(x - x_0) + b(y - y_0) + c(z - z_0) = 0$$

となる。これを平面 H の方程式と呼ぶ。

注意 この方程式を展開すると，次のようになる。

$$ax + by + cz + d = 0$$

ただし $d = -ax_0 - by_0 - cz_0$ である。逆に，方程式 $ax + by + cz + d = 0$ を満たす点 (x, y, z) 全体は一つの平面をなす。ただし $(a, b, c) \neq (0, 0, 0)$ とする。

参考 一般に，点 $(p_1, p_2, \ldots, p_n)$ および零でないベクトル $\mathbf{n} = (a_1, a_2, \ldots, a_n)^T$ に対して，方程式

$$a_1(x_1 - p_1) + a_2(x_2 - p_2) + \cdots + a_n(x_n - p_n) = 0$$

で与えられるような $\mathbf{R}^n$ 内の図形を空間 $\mathbf{R}^n$ 内の超平面と呼ぶ。これは，$n = 1$ のときは点であり，$n = 2$ のときは直線であり，$n = 3$ のときは平面である。

4.3 球面の方程式 点 (x_0, y_0, z_0) を中心とする半径 r の球面を S とする。ただし，r は正の実数である。このとき，点 (x, y, z) が球面 S 上にあるための条件は，ノルムを用いて，$\|(x, y, z) - (x_0, y_0, z_0)\| = r$ によって与えられる。この条件は，両辺を二乗して得られる関係式

$$(x - x_0)^2 + (y - y_0)^2 + (z - z_0)^2 = r^2$$

パラメータ＝媒介変数＝径数 (parameter) パラメータ直線 (parametric line) 法線ベクトル＝法ベクトル (normal vector) 平面の方程式 (equation of a plane) 超平面 (hyperplane) 球面 (sphere)

と同値となる。これを**球面の方程式**と呼ぶ。

なお，次の集合 B は，点 (x_0, y_0, z_0) を中心とする半径 r の**開球体**と呼ばれる。ただし，r は正の実数である。

$$B = \left\{ (x, y, z) \in \mathbf{R}^3 \mid \|(x, y, z) - (x_0, y_0, z_0)\| < r \right\}$$

集合を定める不等式を等号付きの不等式 $\|(x, y, z) - (x_0, y_0, z_0)\| \leq r$ に置き換えて得られる集合は，同じく**閉球体**と呼ばれる。目的によって，開球体または閉球体を単に**球体**と呼ぶことがある。

参考 1° この球面上の点は，角 θ, φ を用いて

$$\begin{cases} x = x_0 + r \sin\theta \cos\varphi \\ y = y_0 + r \sin\theta \sin\varphi \\ z = z_0 + r \cos\theta \end{cases}$$

と表される。これを球面のパラメータ表示と言う。これは，写像

$$F : \mathbf{R}^2 \longrightarrow \mathbf{R}^3, \begin{bmatrix} \theta \\ \varphi \end{bmatrix} \mapsto \begin{bmatrix} x_0 + r \sin\theta \cos\varphi \\ y_0 + r \sin\theta \sin\varphi \\ z_0 + r \cos\theta \end{bmatrix}$$

の像として球面 S が表されることを意味する。

2° 一般に，空間 $\mathbf{R}^{n+1}$ の点 $(p_1, p_2, \ldots, p_{n+1})$ および正数 r に対して，

$$(x_1 - p_1)^2 + (x_2 - p_2)^2 + \cdots + (x_{n+1} - p_{n+1})^2 = r^2$$

なる方程式で与えられるような空間 $\mathbf{R}^{n+1}$ 内の図形を球面（詳しくは n 次元球面）と呼ぶ。特に，原点を中心とする半径 1 の球面を単位球面と呼ぶ。これを S^n と表すことがある。球面は，$n = 0$ のときは二点であり，$n = 1$ のときは円周であり，$n = 2$ のときは通常の球面である。

§5　直線の方程式

この節では，3 次元空間 $\mathbf{R}^3$ 内の直線について少し詳しく考察する。

5.1　直線の方程式　平行でない二つの平面の交叉は一つの直線である。従って，平行でない二つの平面の方程式を連立したものの解 (x, y, z) 全体の集合は，一つの直線を定める。このような連立方程式を**直線の方程式**と言う。

注意　二つの平面が平行でないためには，法線ベクトルが平行でないことが必要十分である。

備考　連立方程式を方程式系とも言う。空間内の直線の方程式は，一つの方程式ではないので，直線を定める方程式系と呼ぶのが，より正確である。

球面の方程式 (equation of a sphere) 　開球体 (open ball) 　閉球体 (closed ball) 　球体 (ball) 　単位球面 (unit sphere) 　直線の方程式 (equation of a line) 　方程式系 (system of equations) 　連立一次方程式 (simultaneous linear equations)

5.2 パラメータ表示から方程式へ　直線のパラメータ表示が与えられたとする.

$$x = x_0 + at,\ y = y_0 + bt,\ z = z_0 + ct$$

これからパラメータ t を消去することにより，直線の方程式が得られる．

　方向ベクトルの成分 a, b, c がいずれも 0 でない場合には，パラメータ表示をパラメータ t について解くことにより，関係式

(1) $$\frac{x - x_0}{a} = \frac{y - y_0}{b} = \frac{z - z_0}{c}$$

を得る．逆に，点 (x, y, z) が式 (1) を満たすとき，その値を t とおけば，パラメータ表示 $x = x_0 + at,\ y = y_0 + bt,\ z = z_0 + ct$ が得られる．

注意　式 (1) は，ひとつながりの式として書かれているが，等号が二つあるので，例えば

$$\begin{cases} \dfrac{x - x_0}{a} = \dfrac{y - y_0}{b} \\ \dfrac{y - y_0}{b} = \dfrac{z - z_0}{c} \end{cases}$$

なる連立方程式と解釈される．二つの方程式はそれぞれ平面の方程式であり，与えられた直線を平行でない二つの平面の交叉として表したことになる．

参考　直線のパラメータ表示が与えられると，方向ベクトルが読み取れる．方向ベクトルに直交し，互いに平行でない二つのベクトルをそれぞれ法線ベクトルとする二つの平面を考えることによって，同じ直線を表すさまざまな方程式が得られる．

5.3 方程式からパラメータ表示へ　平行でない二つの平面の交叉として直線 L が次のように与えられたとする．

(2) $$\begin{cases} a_1 x + b_1 y + c_1 z + d_1 = 0 \\ a_2 x + b_2 y + c_2 z + d_2 = 0 \end{cases}$$

これは，二つの一次方程式を連立したものであるから，連立方程式を消去法で解くことによって，直線のパラメータ表示が得られる．具体的には，x, y, z のうちの二つを未知数と考え，残りの一つを定数と考えて連立方程式が解ければ，その定数の値を t とすることによって，x, y, z がパラメータ t で表示される．

注意　ここでは，連立方程式 (2) が直線の方程式であると仮定したが，一般には，(2) の形の連立方程式が直線の方程式になるとは限らない．実際，(2) の形の連立方程式の解全体の集合について，$\mathbf{R}^3$ 全体となる場合，平面となる場合，直線となる場合，空集合となる場合の四通りがあり得る．

参考　直線の方程式が与えられると，二つの平面の法線ベクトルが読み取れる．それらの法線ベクトルに直交するベクトルが直線の方向ベクトルとなるので，これを利用して直線のパラメータ表示を求めることもできる．

展望　連立方程式の解全体として得られる集合がどのような図形であるかについては第 14 章および「線型代数学」で扱う．

§6 平面のパラメータ表示

この節では，3次元空間 $\mathbf{R}^3$ 内の平面について少し詳しく考察する。

6.1 平面のパラメータ表示 空間 $\mathbf{R}^3$ 内の平面 H が与えられたとする。この平面を平行移動して原点を通るようにしたものを H_0 とおく。平面 H_0 上にある零でないベクトル $\mathbf{v}_1 = (a_1, b_2, c_1)^{\mathrm{T}}$, $\mathbf{v}_2 = (a_2, b_2, c_2)^{\mathrm{T}}$ であって，互いに平行でないものを選ぶ。このとき，点 (x, y, z) が平面 H_0 上にあるためには，次の式を満たす実数 t_1, t_2 が存在することが必要十分である。

$$\begin{bmatrix} x \\ y \\ z \end{bmatrix} = t_1 \begin{bmatrix} a_1 \\ b_1 \\ c_1 \end{bmatrix} + t_2 \begin{bmatrix} a_2 \\ b_2 \\ c_2 \end{bmatrix}$$

このようなベクトル $\mathbf{v}_1, \mathbf{v}_2$ は，平面 H_0 を**張る**と言う。(言葉を濫用して「平面 H を張る」と言うこともある。)

そこで，平面 H 上の点 (x_0, y_0, z_0) を一つ選ぶと，点 (x, y, z) が平面 H 上にあるためには，次の式を満たす実数 t_1, t_2 が存在することが必要十分である。

$$\begin{bmatrix} x \\ y \\ z \end{bmatrix} = \begin{bmatrix} x_0 \\ y_0 \\ z_0 \end{bmatrix} + t_1 \begin{bmatrix} a_1 \\ b_1 \\ c_1 \end{bmatrix} + t_2 \begin{bmatrix} a_2 \\ b_2 \\ c_2 \end{bmatrix}$$

両辺の成分を比較すれば，次のようになる。

$$\begin{cases} x = x_0 + a_1 t_1 + a_2 t_2 \\ y = y_0 + b_1 t_1 + b_2 t_2 \\ z = z_0 + c_1 t_1 + c_2 t_2 \end{cases}$$

この式あるいは一つ上の式を**平面のパラメータ表示**と呼び，変数 t_1, t_2 をそのパラメータと呼ぶ。

注意 上記のパラメータ表示は，写像

$$F : \mathbf{R}^2 \longrightarrow \mathbf{R}^3, \quad \begin{bmatrix} t_1 \\ t_2 \end{bmatrix} \mapsto \begin{bmatrix} x_0 + a_1 t_1 + a_2 t_2 \\ y_0 + b_1 t_1 + b_2 t_2 \\ z_0 + c_1 t_1 + c_2 t_2 \end{bmatrix}$$

の像として平面 H が表されることを意味する。

備考 パラメータ表示で与えられた平面を**パラメータ平面**と呼ぶ。

張る (span)　パラメータ平面 (parametric plane)

6.2 方程式からパラメータ表示へ 平面 H の方程式が次のように与えられたとする。このとき，平面 H のパラメータ表示を求める方法を考えよう。

$$ax + by + cz + d = 0$$

ただし $(a,b,c) \neq (0,0,0)$ である。すると a,b,c の少なくとも一つは 0 でないので，例えば $c \neq 0$ の場合を考えよう。このとき，上記の方程式は

$$z = -\frac{a}{c}x - \frac{b}{c}y - \frac{d}{c}$$

と変形される。すると，点 (x,y,z) が平面 H 上にあることと，

$$\begin{bmatrix} x \\ y \\ z \end{bmatrix} = x\begin{bmatrix} 1 \\ 0 \\ 0 \end{bmatrix} + y\begin{bmatrix} 0 \\ 1 \\ 0 \end{bmatrix} - \left(\frac{a}{c}x + \frac{b}{c}y + \frac{d}{c}\right)\begin{bmatrix} 0 \\ 0 \\ 1 \end{bmatrix}$$

が成立することが互いに同値となる。そこで，右辺に $x = t_1, y = t_2$ を代入した式を考えれば，平面のパラメータ表示が得られる。実際に計算すると，

$$\begin{bmatrix} x \\ y \\ z \end{bmatrix} = \begin{bmatrix} 0 \\ 0 \\ -d/c \end{bmatrix} + t_1 \begin{bmatrix} 1 \\ 0 \\ -a/c \end{bmatrix} + t_2 \begin{bmatrix} 0 \\ 1 \\ -b/c \end{bmatrix}$$

となる。

参考 平面の方程式が与えられると，それから法線ベクトルが読み取れる。法線ベクトルに直交し，互いに平行でない二つのベクトルは平面を張るベクトルになるので，これを利用して，同じ平面を表すさまざまなパラメータ表示を求めることができる。

6.3 パラメータ表示から方程式へ 平面 H のパラメータ表示が与えられたとする。

$$\begin{cases} x = x_0 + a_1 t_1 + a_2 t_2 \\ y = y_0 + b_1 t_1 + b_2 t_2 \\ z = z_0 + c_1 t_1 + c_2 t_2 \end{cases}$$

このとき，H の方程式を求めよう。それには，この三つの式を，未知数 t_1, t_2 に関する連立方程式と見て，これが解 t_1, t_2 を持つために x, y, z が満たすべき条件を求めればよい。具体的には，三つの方程式のうちの二つから t_1, t_2 が求まれば，それを残りの方程式に代入することによって，x, y, z の満たすべき関係式が得られる。

参考 平面のパラメータ表示が与えられると，平面を張る二つのベクトルが読み取れる。それらのベクトルに直交するベクトルが平面の法線ベクトルとなるので，これを利用して平面の方程式を求めることもできる。

展望 連立方程式の消去法による解法の手続きを，行基本変形と呼ばれる操作に基づくアルゴリズムとして行列に適用することによって，行列の基本的な性質をシステマティックに調べることができる。連立方程式と行列の関係については第 12 章で扱い，行基本変形については第 14 章および「線型代数学」で扱う。

§7 空間ベクトルの外積

7.1 平面ベクトルの外積 平面ベクトル $\mathbf{a} = (a_1, a_2)^\mathrm{T}$, $\mathbf{b} = (b_1, b_2)^\mathrm{T}$ に対して，次のように定める。
$$\mathbf{a} \times \mathbf{b} = \begin{bmatrix} a_1 \\ a_2 \end{bmatrix} \times \begin{bmatrix} b_1 \\ b_2 \end{bmatrix} = a_1 b_2 - a_2 b_1$$

これを平面ベクトル $\mathbf{a}$ と $\mathbf{b}$ の**外積**と呼ぶ。

平面ベクトルの外積は次の性質を持つ。

(1) $(\mathbf{a} + \mathbf{b}) \times \mathbf{c} = \mathbf{a} \times \mathbf{c} + \mathbf{b} \times \mathbf{c}$, $\mathbf{a} \times (\mathbf{b} + \mathbf{c}) = \mathbf{a} \times \mathbf{b} + \mathbf{a} \times \mathbf{c}$

(2) $(\lambda \mathbf{a}) \times \mathbf{b} = \lambda (\mathbf{a} \times \mathbf{b}) = \mathbf{a} \times (\lambda \mathbf{b})$

(3) $\mathbf{b} \times \mathbf{a} = -\mathbf{a} \times \mathbf{b}$

(4) $\mathbf{a} \parallel \mathbf{b} \iff \mathbf{a} \times \mathbf{b} = 0$

零でない二つの平面ベクトル $\mathbf{a}, \mathbf{b}$ のなす角を θ とすると，外積 $\mathbf{a} \times \mathbf{b}$ の絶対値について $|\mathbf{a} \times \mathbf{b}| = \|\mathbf{a}\| \|\mathbf{b}\| \sin \theta$ が成立する。ベクトル $\mathbf{a}, \mathbf{b}$ が平行でないときには，その値はベクトル $\mathbf{a}, \mathbf{b}$ の作る平行四辺形の面積に一致する。また，$\mathbf{a}, \mathbf{b}$ が平行ならば $\mathbf{a} \times \mathbf{b} = 0$ だから $|\mathbf{a} \times \mathbf{b}| = 0$ である。

参考 $1°$ 上記の関係式 $|\mathbf{a} \times \mathbf{b}| = \|\mathbf{a}\| \|\mathbf{b}\| \sin \theta$ は，関係式 $\mathbf{a} \cdot \mathbf{b} = \|\mathbf{a}\| \|\mathbf{b}\| \cos \theta$ を用いた計算により確かめることができる。

$2°$ 平面ベクトルの外積 $\mathbf{a} \times \mathbf{b}$ はベクトル $\mathbf{a}, \mathbf{b}$ を並べて得られる 2×2 行列の行列式に等しい。
$$\begin{bmatrix} a_1 \\ a_2 \end{bmatrix} \times \begin{bmatrix} b_1 \\ b_2 \end{bmatrix} = \det \begin{bmatrix} a_1 & b_1 \\ a_2 & b_2 \end{bmatrix}$$

第 8 章で 2×2 行列について扱った。2×2 行列の行列式については第 13 章で扱う。

7.2 空間ベクトルの外積 空間ベクトル $\mathbf{a} = (a_1, a_2, a_3)^\mathrm{T}$, $\mathbf{b} = (b_1, b_2, b_3)^\mathrm{T}$ に対して，次のように定める。
$$\mathbf{a} \times \mathbf{b} = \begin{bmatrix} a_1 \\ a_2 \\ a_3 \end{bmatrix} \times \begin{bmatrix} b_1 \\ b_2 \\ b_3 \end{bmatrix} = \begin{bmatrix} a_2 b_3 - b_2 a_3 \\ a_3 b_1 - b_3 a_1 \\ a_1 b_2 - b_1 a_2 \end{bmatrix} = \begin{bmatrix} a_2 b_3 - a_3 b_2 \\ a_3 b_1 - a_1 b_3 \\ a_1 b_2 - a_2 b_1 \end{bmatrix}$$

これを空間ベクトル $\mathbf{a}$ と $\mathbf{b}$ の**外積**または**クロス積**または**ベクトル積**と呼ぶ。

空間ベクトルの外積は次の性質を持つ。

(1) $(\mathbf{a} + \mathbf{b}) \times \mathbf{c} = \mathbf{a} \times \mathbf{c} + \mathbf{b} \times \mathbf{c}$, $\mathbf{a} \times (\mathbf{b} + \mathbf{c}) = \mathbf{a} \times \mathbf{b} + \mathbf{a} \times \mathbf{c}$

(2) $(\lambda \mathbf{a}) \times \mathbf{b} = \lambda (\mathbf{a} \times \mathbf{b}) = \mathbf{a} \times (\lambda \mathbf{b})$

(3) $\mathbf{b} \times \mathbf{a} = -\mathbf{a} \times \mathbf{b}$

(4) $\mathbf{a} \cdot (\mathbf{a} \times \mathbf{b}) = 0$, $\mathbf{b} \cdot (\mathbf{a} \times \mathbf{b}) = 0$

(5) $\mathbf{a} \parallel \mathbf{b} \iff \mathbf{a} \times \mathbf{b} = 0$

平行四辺形 (parallelogram) 面積 (area) 行列式 (determinant) クロス積 (cross product) ベクトル積 (vector product)

性質 (4)(5) により，$\mathbf{a},\mathbf{b}$ が平行でないとき，外積 $\mathbf{a} \times \mathbf{b}$ はベクトル $\mathbf{a},\mathbf{b}$ の張る平面の法線ベクトルとなる。

零でない二つの空間ベクトル $\mathbf{a},\mathbf{b}$ のなす角を θ とすると，外積 $\mathbf{a} \times \mathbf{b}$ のノルムについて $\|\mathbf{a} \times \mathbf{b}\| = \|\mathbf{a}\|\|\mathbf{b}\|\sin\theta$ が成立する。ベクトル $\mathbf{a},\mathbf{b}$ が平行でないときには，その値はベクトル $\mathbf{a},\mathbf{b}$ の作る平行四辺形の面積に一致する。また，$\mathbf{a},\mathbf{b}$ が平行ならば $\mathbf{a} \times \mathbf{b} = \mathbf{0}$ だから $\|\mathbf{a} \times \mathbf{b}\| = 0$ である。

参考 上記の関係式 $\|\mathbf{a} \times \mathbf{b}\| = \|\mathbf{a}\|\|\mathbf{b}\|\sin\theta$ は，関係式 $\mathbf{a} \cdot \mathbf{b} = \|\mathbf{a}\|\|\mathbf{b}\|\cos\theta$ を用いた計算により確かめることができる。

7.3 スカラー三重積 三つの空間ベクトル $\mathbf{a},\mathbf{b},\mathbf{c}$ に対して $\mathbf{a} \cdot (\mathbf{b} \times \mathbf{c})$ はスカラー三重積と呼ばれるスカラーである。具体的に計算してみると，

$$\begin{bmatrix} a_1 \\ a_2 \\ a_3 \end{bmatrix} \cdot \begin{bmatrix} b_2c_3 - c_2b_3 \\ b_3c_1 - c_3b_1 \\ b_1c_2 - c_1b_2 \end{bmatrix} = a_1(b_2c_3 - b_3c_2) + a_2(b_3c_1 - b_1c_3) + a_3(b_1c_2 - b_2c_1)$$

となるが，右辺は次のように整理される。

$$a_1b_2c_3 + a_2b_3c_1 + a_3b_1c_2 - a_1b_3c_2 - a_2b_1c_3 - a_3b_2c_1$$

ベクトル $\mathbf{a},\mathbf{b},\mathbf{c}$ が原点を通る同一平面上にないとき，その絶対値 $|\mathbf{a} \cdot (\mathbf{b} \times \mathbf{c})|$ はベクトル $\mathbf{a},\mathbf{b},\mathbf{c}$ の作る平行六面体の体積に一致する。ベクトル $\mathbf{a},\mathbf{b},\mathbf{c}$ が原点を通る同一平面上にあるときには，$\mathbf{a} \cdot (\mathbf{b} \times \mathbf{c}) = 0$ である。

参考 1° ベクトル $\mathbf{a},\mathbf{b},\mathbf{c}$ が原点を通る同一平面上にないときに $|\mathbf{a} \cdot (\mathbf{b} \times \mathbf{c})|$ がベクトル $\mathbf{a},\mathbf{b},\mathbf{c}$ の作る平行六面体の体積に一致することは，例えば次のようにして分かる。ベクトル $\mathbf{b},\mathbf{c}$ の作る平行四辺形を平行六面体の底面と見るとき，外積 $\mathbf{b} \times \mathbf{c}$ が底面と直交していることから $\|\mathbf{a}\||\cos\phi|$ は高さとなり，$\|\mathbf{b} \times \mathbf{c}\|$ は底面積となるので，$|\mathbf{a} \cdot (\mathbf{b} \times \mathbf{c})| = \|\mathbf{a}\|\|\mathbf{b} \times \mathbf{c}\||\cos\phi|$ は $\mathbf{a},\mathbf{b},\mathbf{c}$ の作る平行六面体の体積となる。ただし，ϕ は $\mathbf{a}$ と $\mathbf{b} \times \mathbf{c}$ のなす角である。

2° スカラー三重積 $\mathbf{a} \cdot (\mathbf{b} \times \mathbf{c})$ はベクトル $\mathbf{a},\mathbf{b},\mathbf{c}$ を並べて得られる 3×3 行列の行列式に一致する。

$$\begin{bmatrix} a_1 \\ a_2 \\ a_3 \end{bmatrix} \cdot \left(\begin{bmatrix} b_1 \\ b_2 \\ b_3 \end{bmatrix} \times \begin{bmatrix} c_1 \\ c_2 \\ c_3 \end{bmatrix} \right) = \det \begin{bmatrix} a_1 & b_1 & c_1 \\ a_2 & b_2 & c_2 \\ a_3 & b_3 & c_3 \end{bmatrix} = \begin{vmatrix} a_1 & b_1 & c_1 \\ a_2 & b_2 & c_2 \\ a_3 & b_3 & c_3 \end{vmatrix}$$

3×3 行列や一般の $n \times n$ 行列の行列式については「線型代数学」で扱う。

展望 空間ベクトル $\mathbf{a},\mathbf{b},\mathbf{c}$ が原点を通る同一平面上にないためには，$\lambda\mathbf{a} + \mu\mathbf{b} + \nu\mathbf{c} = \mathbf{0}$ を満たす実数 λ,μ,ν が $\lambda = \mu = \nu = 0$ に限ることが必要十分である。これはベクトル $\mathbf{a},\mathbf{b},\mathbf{c}$ が一次独立であることにほかならず，$\mathbf{a},\mathbf{b},\mathbf{c}$ を並べて得られる 3×3 行列の行列式が 0 でないことと同値となる。これについては「線型代数学」で扱う。

スカラー三重積 (scalar triple product)　行列式 (determinant)　平行六面体 (parallelepiped)　体積 (volume)

7.4 ijk 記法 空間の基本単位ベクトル $\mathbf{e}_1, \mathbf{e}_2, \mathbf{e}_3$ をそれぞれ

$$\mathbf{i} = \begin{bmatrix} 1 \\ 0 \\ 0 \end{bmatrix}, \quad \mathbf{j} = \begin{bmatrix} 0 \\ 1 \\ 0 \end{bmatrix}, \quad \mathbf{k} = \begin{bmatrix} 0 \\ 0 \\ 1 \end{bmatrix}$$

とおき,一般のベクトルを

$$\begin{bmatrix} x \\ y \\ z \end{bmatrix} = x\mathbf{i} + y\mathbf{j} + z\mathbf{k}$$

と表す表記法があり,特に外積の扱いにおいて便利である。

基本単位ベクトルに対する外積は,実際に計算することにより

$$\mathbf{i} \times \mathbf{j} = \mathbf{k}, \quad \mathbf{j} \times \mathbf{k} = \mathbf{i}, \quad \mathbf{k} \times \mathbf{i} = \mathbf{j}$$

となり,また,掛ける順序を逆にすると

$$\mathbf{j} \times \mathbf{i} = -\mathbf{k}, \quad \mathbf{k} \times \mathbf{j} = -\mathbf{i}, \quad \mathbf{i} \times \mathbf{k} = -\mathbf{j}$$

となることが容易に確認される。また,同じベクトルを掛けると

$$\mathbf{i} \times \mathbf{i} = \mathbf{j} \times \mathbf{j} = \mathbf{k} \times \mathbf{k} = \mathbf{0}$$

となることも容易に確認される。

従って,一般の空間ベクトルの外積は,分配則を用いて

$$(a_1\mathbf{i} + a_2\mathbf{j} + a_3\mathbf{k}) \times (b_1\mathbf{i} + b_2\mathbf{j} + b_3\mathbf{k})$$
$$= a_1b_1 \mathbf{i} \times \mathbf{i} + a_2b_2 \mathbf{j} \times \mathbf{j} + a_3b_3 \mathbf{k} \times \mathbf{k}$$
$$+ a_1b_2 \mathbf{i} \times \mathbf{j} + a_2b_3 \mathbf{j} \times \mathbf{k} + a_3b_1 \mathbf{k} \times \mathbf{i}$$
$$+ a_2b_1 \mathbf{j} \times \mathbf{i} + a_3b_2 \mathbf{k} \times \mathbf{j} + a_1b_3 \mathbf{i} \times \mathbf{k}$$

となるが,右辺の第一行の各項は 0 となり,第二行と第三行を計算すると

$$a_1b_2\mathbf{k} + a_2b_3\mathbf{i} + a_3b_1\mathbf{j} - a_2b_1\mathbf{k} - a_3b_2\mathbf{i} - a_1b_3\mathbf{j}$$
$$= (a_1b_2 - a_2b_1)\mathbf{k} + (a_2b_3 - a_3b_2)\mathbf{i} + (a_3b_1 - a_1b_3)\mathbf{j}$$
$$= (a_2b_3 - a_3b_2)\mathbf{i} + (a_3b_1 - a_1b_3)\mathbf{j} + (a_1b_2 - a_2b_1)\mathbf{k}$$

となる。この計算によって,外積の定義

$$\begin{bmatrix} a_1 \\ a_2 \\ a_3 \end{bmatrix} \times \begin{bmatrix} b_1 \\ b_2 \\ b_3 \end{bmatrix} = \begin{bmatrix} a_2b_3 - a_3b_2 \\ a_3b_1 - a_1b_3 \\ a_1b_2 - a_2b_1 \end{bmatrix}$$

が再現される。

展望 空間ベクトルの ijk 記法は,四元数(クォータニオン)と呼ばれる概念と密接に関係している。四元数は空間 $\mathbf{R}^3$ の回転を記述するのに便利である。

ijk 記法 (ijk notation)　四元数=クォータニオン (quaternion)

キーワード 座標空間, 位置ベクトル, 行ベクトル, 列ベクトル, ベクトルの成分, 数ベクトル, 数ベクトル空間, 零ベクトル, ベクトルの平行, ベクトルのノルム, 基本単位ベクトル, ベクトルの正規化, ベクトルの内積, コーシー・シュワルツの不等式, 三角不等式, ベクトルのなす角, ベクトルの直交, 直線のパラメータ表示, 直線の方向ベクトル, 平面の方程式, 平面の法線ベクトル, 球面の方程式, 直線の方程式, 平面のパラメータ表示, 空間ベクトルの外積, スカラー三重積

確認 9A 次のベクトルを $\mathbf{a} = (1,1,1)^T$, $\mathbf{b} = (1,2,3)^T$ の一次結合として表せ。ただし, 一次結合として表されない場合は, その旨を答えよ。

(1) $(2,3,4)^T$ (2) $(0,0,0)^T$ (3) $(1,0,-1)^T$ (4) $(1,-1,0)^T$ (5) $(-1,0,1)^T$

確認 9B 次のような二つのベクトルのなす角を求めよ。

(1) $(1,2)^T, (3,1)^T$ (2) $(1,1,0)^T, (1,0,1)^T$ (3) $(1,1,1,1)^T, (1,1,3,4)^T$

確認 9C 方程式 $\dfrac{x-1}{2} = \dfrac{y+1}{3} = \dfrac{z-2}{4}$ によって定まる空間 $\mathbf{R}^3$ 内の直線を L とする。直線のパラメータ表示を利用して, 次の直線が L と平行かどうか調べ, 平行でない場合には, L と一点で交わるかどうか判定せよ。

(1) $\dfrac{x+2}{3} = \dfrac{y+3}{4} = \dfrac{z+2}{2}$ (2) $\dfrac{x+1}{2} = \dfrac{y-1}{3} = \dfrac{z}{4}$ (3) $\dfrac{x+1}{3} = \dfrac{y+3}{4} = \dfrac{z}{2}$

確認 9D 方程式 $x+y+z=1$ の定める空間 $\mathbf{R}^3$ 内の平面を H とする。変数 x, y, z のいずれかを t とおくことによって, 次の平面と H との交叉として得られる直線をパラメータ表示し, その単位方向ベクトルを求めよ。

(1) $x+2y+3z=2$ (2) $x-y+2z=3$ (3) $x+y+2z=1$ (4) $x-y+z=-1$

確認 9E 次のパラメータ表示で与えられた空間 $\mathbf{R}^3$ 内の平面の方程式を求めよ。

(1) $\begin{cases} x=t_1 \\ y=t_2 \\ z=1 \end{cases}$ (2) $\begin{cases} x=t_1+1 \\ y=t_1+t_2 \\ z=t_2+1 \end{cases}$ (3) $\begin{cases} x=t_1+t_2 \\ y=t_1-t_2 \\ z=t_1+t_2 \end{cases}$ (4) $\begin{cases} x=2t_1+t_2+1 \\ y=2t_1+3t_2+1 \\ z=t_1+2t_2+1 \end{cases}$

確認 9F 次の方程式の定める空間 $\mathbf{R}^3$ 内の平面のパラメータ表示を一つ求めよ。

(1) $z=0$ (2) $x=y$ (3) $x+y+z=0$ (4) $x+y+z=1$ (5) $x+2y+3z=1$

確認 9G 次のベクトル $\mathbf{v}, \mathbf{w}$ の外積 $\mathbf{v} \times \mathbf{w}$ を計算せよ。

(1) $(1,2,2)^T, (1,3,4)^T$ (2) $(2,3,4)^T, (3,3,4)^T$ (3) $(2,2,3)^T, (4,2,5)^T$

確認 9H 次のベクトル $\mathbf{a}, \mathbf{b}, \mathbf{c}$ のスカラー三重積を計算せよ。

(1) $(1,1,2)^T, (1,2,2)^T, (1,2,3)^T$ (2) $(1,1,1)^T, (1,-2,1)^T, (2,-2,3)^T$

第10章 二変数関数のグラフ

一変数関数で扱える対象は限られており，より広範な対象に数学を応用するには，多変数関数を扱うことが欠かせない。この章では，多変数関数を本格的に扱うための準備として，具体的な二変数関数を考察する。二変数関数のグラフは3次元座標空間の中の図形と見られるので，その形状を把握することによって，二変数関数の理解を深めるとともに，空間図形を関数によってとらえる手がかりとしよう。

§1 二変数関数

二変数関数とそのグラフに関する基本的な用語をまとめる。

1.1 二変数関数とは何か 例えば $z = x + y$ のように，二つの独立変数 x, y があり，x の値と y の値が決まると，それに応じて従属変数 z の値が定まるような規則を**二変数関数**と言う。

二変数関数は，独立変数 x, y の値の組 (x, y) に対して，従属変数 z の値が定まるわけであるから，平面 $\mathbf{R}^2$ の部分集合上の実数値関数であり，従って，平面 $\mathbf{R}^2$ の部分集合 D を定義域とし，実数に値を取るような写像

$$f : D \longrightarrow \mathbf{R}$$

と解釈される。

二変数関数は一般に $z = f(x, y)$ のように表される。簡潔に，関数 $f(x, y)$ あるいは関数 f と書くこともある。以下では，特に断らない限り，単に関数と言えば二変数関数を意味するものとする。

備考 関数を表す式が具体的に与えられると，その式が意味を持つ範囲として，自然に定義域が定まることがある。これを，その関数の**自然な定義域**と呼ぶことがある。例えば，関数 $f(x, y) = \dfrac{1}{x^2 + y^2}$ の自然な定義域は $D = \mathbf{R}^2 \setminus \{(0, 0)\}$ である。

参考 1° 有限個の独立変数 $x_1, \ldots, x_n$ があり，それらの値が決まると，それに応じて従属変数 y の値が定まるような規則を一般に**多変数関数**と言う。独立変数の個数が n であるときには，詳しく **n 変数関数**と言う。

2° 多変数関数は，空間 $\mathbf{R}^n$ の部分集合 D を定義域とし，実数に値を取るような写像と解釈され，一般に $y = f(x_1, \ldots, x_n)$ のように表される。

展望 多変数関数に関する詳しい内容は「微分積分学」および総合科目「微分積分学続論」で扱う。

独立変数 (independent variable)　従属変数 (dependent variable)　二変数関数 (function of two variables)　定義域 (domain)　自然な定義域 (natural domain of definition)　多変数関数 (function of several variables)　n 変数関数 (function of n variables)

1.2 二変数関数に関する用語　集合 $D \subset \mathbf{R}^2$ を定義域とする関数 $z = f(x,y)$ が与えられたとする。
$$f : D \longrightarrow \mathbf{R}$$

このとき，関数 f の値域が一変数関数の場合と同様に定義され，これは直線 $\mathbf{R}$ の部分集合である。従って，二変数関数の最大値，最大点，最小値，最小点，上界，下界，上に有界，下に有界，有界，上限，下限が一変数関数の場合と同様に定義される。

また，関数 $z = f(x,y)$ が点 (x_0, y_0) で局所的に最大となるとは，ある正数 δ が存在して，$\|(x,y) - (x_0, y_0)\| < \delta$ ならば $f(x,y) \leq f(x_0, y_0)$ となることである。また，極大となるとは，ある正数 δ が存在して，$0 < \|(x,y) - (x_0, y_0)\| < \delta$ ならば $f(x,y) < f(x_0, y_0)$ となることである。同様に，局所的な最小や極小が定義される。

1.3 二変数関数のグラフ　集合 $D \subset \mathbf{R}^2$ を定義域とする関数 $z = f(x,y)$ が与えられたとき，そのグラフとは，空間 $\mathbf{R}^3$ の次のような部分集合のことである。
$$\Gamma = \{(x,y,z) \in D \times \mathbf{R} \mid z = f(x,y)\}$$

すると，定義域に属する任意の点 $(x,y) \in D$ に対して，グラフ Γ 上の点であって，xy 平面への射影が (x,y) に一致するものがただ一つ存在し，その z 座標は関数の値 $f(x,y)$ に一致する。

グラフが比較的単純な図形である場合には，それを鳥瞰透視図で図示して形状を把握することができる。

例（半球面） 関数 $f(x,y) = \sqrt{1-x^2-y^2}$ のグラフを調べてみよう。方程式 $z = \sqrt{1-x^2-y^2}$ の解は，両辺を二乗して得られる方程式 $x^2 + y^2 + z^2 = 1$ の解のうち $z \geq 0$ を満たすものにほかならない。従って，関数 $z = \sqrt{1-x^2-y^2}$ のグラフは上半球面 $x^2 + y^2 + z^2 = 1, z \geq 0$ である（図1）。ただし，定義域は閉円板 $D = \{(x,y) \in \mathbf{R}^2 \mid x^2 + y^2 \leq 1\}$ である。

図1　上半球面 $z = \sqrt{1-x^2-y^2}$

また，関数 $f(x,y) = -\sqrt{1-x^2-y^2}$ の場合には下半球面となる。なお，方程式 $x^2 + y^2 + z^2 = 1$ の定める球面は上記の上半球面と下半球面の合併である。

球面 (sphere)　半球面 (hemisphere)

1.4 一次関数 あらゆる関数のなかで，もっとも基本的なものは，言うまでもなく一次式で表される関数である．次の形で与えられる関数を二変数の**一次関数**と呼ぶ．

$$f(x,y) = ax + by + c$$

ただし，a, b, c は定数である．この関数のグラフは，方程式 $z = ax + by + c$ で表される平面である．移項すると $ax + by - (z - c) = 0$ となるので，これはベクトル $(a, b, -1)^T$ を法線ベクトルとし，点 $(0, 0, c)$ を通るような平面である．

定数項のない一次関数を**一次形式**（または**線型形式**）と呼ぶ．二変数の一次形式は，一般に $f(x, y) = ax + by$ と表される．ただし a, b は定数である．

展望 二変数の一次形式は $\mathbf{R}^2$ から $\mathbf{R}$ への線型写像にほかならず，行列の積を用いて

$$f : \mathbf{R} \longrightarrow \mathbf{R}, \quad \begin{bmatrix} x \\ y \end{bmatrix} \mapsto [a, b] \begin{bmatrix} x \\ y \end{bmatrix} = ax + by$$

と表される．行列の積および線型写像については第 12 章および第 13 章で扱う．

備考 $a = b = 0$ のとき，$ax + by + c$ は定数 c となるので，これを一次関数から除外することもある．どちらの立場を取るかは文脈による．ただし，一次形式 $ax + by$ と言った場合には，$a = b = 0$ の場合も含めるのが普通である．

1.5 二次関数 一次関数の次に基本的な関数は，二次式で表される関数である．次の形で与えられる関数を二変数の**二次関数**と呼ぶ．

$$f(x, y) = px^2 + qxy + ry^2 + ax + by + c$$

ただし p, q, r, a, b, c は定数である．

定数項も一次の項もない二次関数を**二次形式**と呼ぶ．二変数の二次形式は，一般に

$$f(x, y) = px^2 + qxy + ry^2$$

と表される．ただし p, q, r は定数である．二次形式のグラフの形状は，係数 p, q, r の値によって大きく変わる．これについては，§3 で詳しく考察する．

展望 二変数の二次形式 $px^2 + qxy + ry^2$ は，行列を用いて

$$px^2 + qxy + ry^2 = [x, y] \begin{bmatrix} p & q/2 \\ q/2 & r \end{bmatrix} \begin{bmatrix} x \\ y \end{bmatrix}$$

と表すことができる．行列の積については第 12 章で扱う．

備考 $p = q = r = 0$ のとき，$px^2 + qxy + ry^2 + ax + by + c$ は一次関数または定数となるので，これを二次関数から除外することもある．どちらの立場を取るかは文脈による．ただし，二次形式 $px^2 + qxy + ry^2$ と言った場合には，$p = q = r = 0$ の場合も含めるのが普通である．

一次関数 (linear function)　一次形式＝線型形式 (linear form)　二次関数 (quadratic function)　二次形式 (quadratic form)

§2 二変数関数のグラフの形状

特別な形をした二変数関数のグラフについて考察する。また，直線に沿った断面を考察することによってグラフの形状を把握する方法について述べる。

2.1 回転面 関数 $f(x,y)$ が一変数関数 $g(r)$ を用いて $f(x,y) = g(\sqrt{x^2+y^2})$ と表されたとする。関数 $f(x,y)$ の値は原点 $(0,0)$ から点 (x,y) までの距離のみに依存するから，点 (x,y) を原点を中心として回転させても $f(x,y)$ の値は変わらないので，関数 $f(x,y)$ のグラフは，xz 平面による断面のなす曲線を z 軸を回転軸として回転させて得られる曲面である。この種の曲面を**回転面**と呼ぶ。

例（円錐） 関数 $f(x,y) = \sqrt{x^2+y^2}$ のグラフは，原点を頂点とし，上方に無限に広がる円錐である（図2）。ただし，定義域は平面 $\mathbf{R}^2$ 全体である。

関数 $f(x,y) = -\sqrt{x^2+y^2}$ の場合には，原点を頂点とし，下方に無限に広がる円錐となる。なお，方程式 $x^2+y^2=z^2$ の定める曲面は，上方の円錐と下方の円錐を合併したものになっている。このように合併したものを単に円錐と呼ぶことがある。

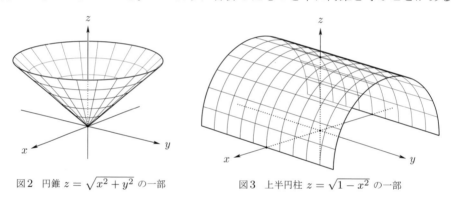

図2 円錐 $z = \sqrt{x^2+y^2}$ の一部　　　図3 上半円柱 $z = \sqrt{1-x^2}$ の一部

2.2 柱面 関数 $f(x,y)$ が x に依存するが y には依存しない関数であったとする。このとき，点 (x,y) を y 軸方向に平行移動しても $f(x,y)$ の値は変わらないので，関数 $f(x,y)$ のグラフは，xz 平面による断面のなす曲線を y 軸方向に平行移動して得られる曲面である。同様に y に依存するが x には依存しない関数のグラフは，yz 平面による断面のなす曲線を x 軸方向に平行移動して得られる曲面である。この種の曲面を一般に**柱面**と呼ぶ。

例（半円柱） 関数 $f(x,y) = \sqrt{1-x^2}$ のグラフは xz 平面上の半円 $x^2+z^2=1$, $z \geq 0$ を y 軸方向に平行移動して得られる上半円柱である（図3）。ただし，定義域は帯状領域 $D = \{(x,y) \in \mathbf{R}^2 \mid -1 \leq x \leq 1\}$ である。

関数 $f(x,y) = -\sqrt{1-x^2}$ の場合には下半円柱となり，スノーボードなどの競技の会場として用いられるハーフパイプに似た形状になる。なお，方程式 $x^2+z^2=1$ は円柱を定め，それは上記の上半円柱と下半円柱の合併である。

回転面 (surface of revolution)　円錐 (circular cone)　柱面 (cylinder)　円 (circle)　半円 (half circle, semicircle)　円柱 (circular cylinder)　半円柱 (half circular cylinder)　帯状領域 (strip region)

2.3 平行移動によって得られる曲面 前項の考察を少し一般化して，関数 $f(x,y)$ が x の関数 $g(x)$ と y の関数 $g(y)$ および定数 c によって

$$f(x,y) = g(x) + h(y) + c$$

と表されている場合を考えよう。ただし，$g(0) = h(0) = 0$ とする。

このとき，関数 $z = f(x,y)$ のグラフは，xz 平面上の曲線 $z = g(x) + c$ を $h(y)$ の値だけ z 軸方向にずらしながら y 軸方向に平行移動して得られる曲面となる。また，yz 平面上の曲線 $z = h(y) + c$ を $g(x)$ の値だけ z 軸方向にずらしながら x 軸方向に平行移動して得られる曲面とも言える。

例 (一次関数のグラフ) 一次関数 $f(x,y) = ax + by + c$ のグラフは，xz 平面上の直線 $z = ax + c$ を by だけ z 軸方向にずらしながら y 軸方向に平行移動して得られる平面であり，yz 平面上の直線 $z = by + c$ を ax だけ z 軸方向にずらしながら x 軸方向に平行移動して得られる平面である。

2.4 直線に沿った断面 以上では，xz 平面や yz 平面による断面からグラフの形状が把握できるような例を考えた。より一般の関数のグラフの形状を把握するため，xy 平面に垂直な平面による断面を考察しよう。

そのため，xy 平面上の直線 L を考え，それを含み xy 平面に垂直な平面を考える。直線 L が点 (x_0, y_0) を通るとき，L はパラメータ t を用いて，次のようにパラメータ表示される。ただし θ_0 は定数である。

$$x = x_0 + t\cos\theta_0, \quad y = y_0 + t\sin\theta_0$$

直線 L を含み xy 平面に垂直な平面 H を考え，平面 H による関数 $z = f(x,y)$ のグラフの断面を考えると，これは，パラメータ表示

$$x = x_0 + t\cos\theta_0, \quad y = y_0 + t\sin\theta_0, \quad z = f(x_0 + t\cos\theta_0, y_0 + t\sin\theta_0)$$

で与えられる空間内の曲線となる。

ここで，パラメータ t を直線 **R** 上の点と見て速度 1 で動かすと，点 $(x_0 + t\cos\theta_0, y_0 + t\sin\theta_0)$ は直線 L 上を同じ速さで動き，変数 t の関数 $z = f(x_0 + t\cos\theta_0, y_0 + t\sin\theta_0)$ のグラフは断面と合同になる。このようにして，直線に沿った断面を調べることによって，関数 $f(x,y)$ のグラフの形状を把握できることがある。

注意 $1°$ 同様に，xy 平面上のパラメータ曲線に沿った断面を考えることもできる。
$2°$ 上記のパラメータ表示は，点 (x_0, y_0) を中心とする極座標 $x = x_0 + r\cos\theta$, $y = y_0 + r\sin\theta$ において，偏角 θ を定数 θ_0 に固定し，半径 r をパラメータ t で置き換えた形をしている。

速度 (velocity)

§3 二変数の二次形式

この節では，二変数の二次形式のグラフの形状を考察し，原点で最大となるか，最小となるか，いずれでもないか判定する方法について述べる。

3.1 二次形式の例　二次形式 $f(x,y) = x^2 + y^2$ のグラフは，xz 平面上の放物線 $z = x^2$ を z 軸を回転軸として回転させて得られる回転面である（図4）。また，二次形式 $f(x,y) = -x^2 - y^2$ のグラフは，xz 平面上の放物線 $z = -x^2$ を z 軸を回転軸として回転させて得られる曲面である。この種の曲面を**回転放物面**と呼ぶ。

二次形式 $x^2 + y^2$ の値は常に $x^2 + y^2 \geq 0$ を満たし，等号成立は $x = y = 0$ のときなので，原点で最小かつ極小となる。また，二次形式 $-x^2 - y^2$ の値は常に $-x^2 - y^2 \leq 0$ を満たし，原点で最大かつ極大となる。

二次形式 $f(x,y) = \dfrac{x^2}{a^2} + \dfrac{y^2}{b^2}$ および $f(x,y) = -\dfrac{x^2}{a^2} - \dfrac{y^2}{b^2}$ についても同様に考察することができる。ただし，$a, b > 0$ である。これらの二次形式のグラフと合同な曲面を**楕円放物面**と呼ぶ。回転放物面は楕円放物面の一種である。

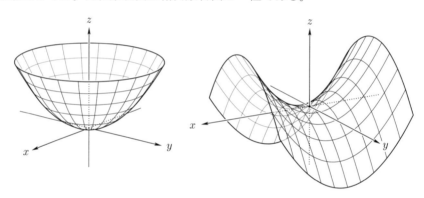

図4　回転放物面 $z = x^2 + y^2$ の一部　　図5　双曲放物面 $z = x^2 - y^2$ の一部

3.2 二次形式の例（続）　二次形式 $f(x,y) = x^2 - y^2$ のグラフは，xz 平面上の下に凸な放物線 $z = x^2$ を $-y^2$ だけ z 軸方向にずらしながら y 軸方向に平行移動して得られる曲面である（図5）。同時に，yz 平面上の上に凸な放物線 $z = -y^2$ を x^2 だけ z 軸方向にずらしながら x 軸方向に平行移動して得られる曲面でもある。

二次形式 $f(x,y) = x^2 - y^2$ は x 軸上では原点で最小かつ極小となり，y 軸上では原点で最大かつ極大となるので，原点で局所的に最大とも最小ともならない。

二次形式 $f(x,y) = \dfrac{x^2}{a^2} - \dfrac{y^2}{b^2}$ および $f(x,y) = -\dfrac{x^2}{a^2} + \dfrac{y^2}{b^2}$ についても同様に考察することができる。ただし，$a, b > 0$ である。これらの二次形式のグラフと合同な曲面を**双曲放物面**と呼ぶ。

参考　二次形式 $f(x,y) = x^2 - y^2$ における原点のような点を関数 $f(x,y)$ の鞍点（または峠点）と呼ぶ。正確な定義は第11章§3.4参考で述べる。

回転放物面 (paraboloid of revolution)　楕円放物面 (elliptic paraboloid)　双曲放物面 (hyperbolic paraboloid)　鞍点（あんてん）＝ 峠点（とうげてん）(saddle point)

3.3 二次形式の例（続々） 二次形式 $f(x,y)=x^2$ のグラフは，xz 平面上の下に凸な放物線 $z=x^2$ を y 軸方向に平行移動して得られる曲面である（図6）。同様に，二次形式 $f(x,y)=-x^2$ のグラフは，xz 平面上の上に凸な放物線 $z=-x^2$ を y 軸方向に平行移動して得られる曲面である。

一般に，放物線を平行移動して得られる曲面を**放物柱面**と呼ぶ。

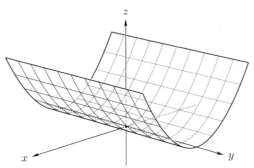

図6 放物柱面 $z=x^2$ の一部

二次形式 x^2 の値は常に $x^2 \geq 0$ を満たし，等号成立は (x,y) が直線 $x=0$ 上にあるときなので，原点で最小となるが，極小とはならない。また，二次形式 $-x^2$ の値は常に $-x^2 \leq 0$ を満たし，原点で最大となるが，極大とはならない。これらの二次形式のスカラー倍についても同様に考察することができる。

3.4 二次形式の平方完成 平方完成を利用して二次形式の挙動を調べる方法について説明する。結論は次項でまとめる。

次のような二次形式を考える。
$$f(x,y) = px^2 + qxy + ry^2$$
ただし，p,q,r は定数である。特に $p=q=r=0$ の場合は，二次形式 $f(x,y)$ は恒等的に 0 となり，そのグラフは xy 平面となって，これ以上調べることはない。そこで，以下では $(p,q,r) \neq (0,0,0)$ の場合を考える。

まず，$p \neq 0$ の場合を考えよう。このとき，二次形式 $f(x,y)$ は，平方完成によって
$$px^2 + qxy + ry^2 = p\left(x + \frac{qy}{2p}\right)^2 + \frac{4pr-q^2}{4p}y^2$$
と変形される。ここで，$x' = x + \dfrac{qy}{2p}$, $y' = y$ とおけば，右辺は $px'^2 + \dfrac{4pr-q^2}{4p}y'^2$ となり，係数 $p, p' = \dfrac{4pr-q^2}{4p}$ の符号に注目することによって，二次形式 $f(x,y)$ の挙動が分かる。また，$r \neq 0$ の場合には，
$$px^2 + qxy + ry^2 = r\left(y + \frac{qx}{2r}\right)^2 + \frac{4pr-q^2}{4r}x^2$$
と平方完成され，係数 $r, r' = \dfrac{4pr-q^2}{4r}$ の符号に注目することによって，二次形式 $f(x,y)$ の挙動が分かる。最後に，$p=r=0$ の場合には $f(x,y)=qxy$ となるが，そのまま考察しても良いし，$qxy = q\left(\dfrac{x+y}{2}\right)^2 - q\left(\dfrac{x-y}{2}\right)^2$ と変形しても良い。

放物柱面 (parabolic cylinder)

3.5 二次形式の分類 前項の方法によって二変数の二次形式の挙動を調べ，結果を整理すると，次のようになる。

> **命題** 二次形式 $px^2 + qxy + ry^2$ について，次が成立する。ただし，p, q, r は $(p, q, r) \neq (0, 0, 0)$ を満たす定数である。
>
> (1) $4pr - q^2 > 0$ のとき
>
>   (a) $p + r > 0$ ならば，原点で最小かつ極小となる。
>
>   (b) $p + r < 0$ ならば，原点で最大かつ極大となる。
>
> (2) $4pr - q^2 < 0$ のとき
>
>   原点で局所的に最小とも局所的に最大ともならない。
>
> (3) $4pr - q^2 = 0$ のとき
>
>   (a) $p + r > 0$ ならば，原点で最小となるが極小とはならない。
>
>   (b) $p + r < 0$ ならば，原点で最大となるが極大とはならない。

注意 1° $p \neq 0$ のとき，二次方程式 $px^2 + qx + r = 0$ の判別式は $D = -(4pr - q^2)$ となるので，(1) は多項式 $px^2 + qx + r$ が実根を持たない場合，(2) は二つの異なる実根を持つ場合，(3) は重根を持つ場合に該当する。$r \neq 0$ のときは y に関する二次方程式 $p + qy + ry^2 = 0$ について同様のことが成り立つ。

2° $4pr - q^2 > 0$ のとき，$pr > q^2/4 \geq 0$ であるから，p と r は両方とも正であるか，両方とも負であるかのいずれかであり，その符号は $p + r$ の符号と一致する。

3° $4pr - q^2 = 0$ とする。$q \neq 0$ のときは，$pr = q^2/4 > 0$ であるから，p と r は両方とも正であるか，両方とも負であるかのいずれかであり，その符号は $p + r$ の符号と一致する。また，$q = 0$ のときは，$p = 0$ または $r = 0$ となるので，二次形式は px^2 または ry^2 となり，その係数の符号は $p + r$ の符号と一致する。

参考 1° 方程式 $px^2 + qxy + ry^2 = 0$ の定める xy 平面上の図形は，(1) のときは原点のみであり，(2) のときは二つの異なる直線の合併であり，(3) のときは一つの直線となる。これを利用して命題を示すこともできる。この方法については，次節で，より一般的な状況で説明する。

2° 命題に現れた $4pr - q^2$ および $p + r$ は次のようにも表される（第 12 章 §4.2 参照）。

$$4pr - q^2 = 4 \det \begin{bmatrix} p & q/2 \\ q/2 & r \end{bmatrix}, \quad p + r = \operatorname{tr} \begin{bmatrix} p & q/2 \\ q/2 & r \end{bmatrix}$$

展望 多変数の二次形式については，正方行列の固有値と固有ベクトルの応用として「線型代数学」で扱う。

§4　グラフの等高線

二変数関数のグラフの等高線を考察することで二変数関数のグラフの形状を把握することができる場合がある。また，等高線を利用して，二変数関数が与えられた点で極値を取るかどうか判定できる場合がある。

4.1 等高線とは何か　関数 $f(x,y)$ のグラフの平面 $z=h$ による断面を xy 平面上に投影したものを関数 $f(x,y)$ の**等高線**と呼ぶ。ただし，h は**高さ**を表す定数である。

関数 $f(x,y)$ のグラフの平面 $z=h$ による断面は，連立方程式 $z=f(x,y)$, $z=h$ の解全体の集合であるから，それを xy 平面に垂直に投影したものは，変数 z を消去して得られる x,y に関する方程式 $f(x,y)=h$ の定める図形，すなわち，集合 $\{(x,y)\in D \mid f(x,y)=h\}$ である。ただし D は関数 $f(x,y)$ の定義域である。

例1（回転放物面）　関数 $f(x,y)=x^2+y^2$ の高さ h の等高線は，方程式 $x^2+y^2=h$ で定まる図形であるから，$h>0$ のときは半径 $\sqrt{h}$ の円であり，$h=0$ のときは原点のみからなる集合であり，$h<0$ のときは空集合である。関数 $f(x,y)$ のグラフは原点から遠ざかるほど高くなる。

例2（双曲放物面）　関数 $f(x,y)=x^2-y^2$ の高さ h の等高線は，方程式 $x^2-y^2=h$ の定める図形である。これは $h\neq 0$ のときは双曲線となり，$h=0$ のときは二つの直線の合併である。関数 $f(x,y)$ のグラフは点 (x,y) が原点 $(0,0)$ から左右に遠ざかると高くなり，上下に遠ざかると低くなる。また，原点から斜め 45° に移動しても高さは変わらない。

注意　一般に，方程式 $f(x,y,z)=0$ で定義された空間図形の平面 $z=h$ による断面を xy 平面上に投影したものは集合 $\{(x,y)\in \mathbf{R}^2 \mid f(x,y,h)=0\}$ である。

展望　ここでは，二変数関数 $z=f(x,y)$ を把握する手段として等高線をとらえたが，一般には，等高線の形状を把握するのは難しい問題である。逆に，二変数関数 $z=f(x,y)$ の性質を利用することによって方程式 $f(x,y)=h$ で表される曲線の性質が把握できることがある。具体的には，陰関数定理と呼ばれる定理によって，曲線 $f(x,y)=h$ の変化の様子を調べ，条件付き最大最小問題などに応用することができる。二変数の場合の陰関数定理は「微分積分学」で扱う。また，多変数の場合の陰関数定理は総合科目「微分積分学続論」で扱う。

4.2 二変数関数の極値問題　等高線の応用として，関数 $f(x,y)$ が点 (x_0,y_0) で極値を取るかどうかを考えよう。そのため，高さ $f(x_0,y_0)$ の等高線によって xy 平面を分割してできる各領域における $f(x,y)-f(x_0,y_0)$ の符号を調べる。点 (x_0,y_0) の近くでの符号の分布が分かれば，二変数関数 $f(x,y)$ が点 (x_0,y_0) で局所的に最大あるいは最小となるかどうか，また，極大あるいは極小となるかどうか判定できる。

等高線 (level set)　高さ (height)

例1 関数 $f(x,y) = (x^2+y^2)^2 - (x^2+y^2)$ のグラフは，一変数関数 $z = x^4 - x^2$ のグラフを z 軸を回転軸として回転させて得られる回転面である．一変数関数 $x^4 - x^2$ のグラフの形状から関数 $f(x,y)$ が原点で極大値 0 を取ることが見て取れるが，ここでは上記の方針に従って等高線を調べてみよう．

関数 $f(x,y)$ の高さ 0 の等高線は方程式 $(x^2+y^2)(x^2+y^2-1) = 0$ によって定まる図形であり，これは原点と円周 $x^2+y^2=1$ の合併である．これによって xy 平面を分割してできる各領域における $f(x,y)$ の符号は図7のようになり，関数 $f(x,y)$ は原点で極大となる．

例2 関数 $f(x,y) = 2x^2 - 5xy + 2y^2$ は二次形式であり，前節の方法が適用可能だが，上記の方針に従って等高線を調べてみよう．

関数 $f(x,y)$ の高さ 0 の等高線は，方程式 $(x-2y)(2x-y) = 0$ によって定まる図形であり，これは直線 $y = 2x$ と直線 $y = x/2$ の合併である．これによって xy 平面を分割してできる各領域における $f(x,y)$ の符号は図8のようになる．従って，x 軸上でも y 軸上でも関数 $f(x,y)$ は原点で極小になるのに対して，直線 $y = x$ 上では関数 $f(x,y)$ は原点で極大となり，二変数関数としては原点で局所的に最大とも最小ともならない．

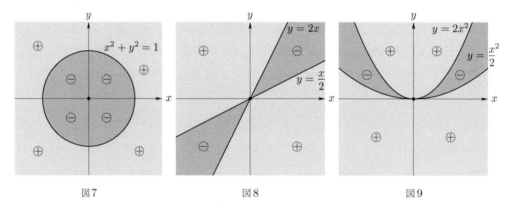

図7　　　　　　　図8　　　　　　　図9

参考 二変数関数は，原点を通る任意の直線に沿って原点で極小となったからと言って，二変数関数として原点で極小となるとは限らない．極大についても同様である．例えば，関数 $f(x,y) = 2x^4 - 5x^2y + 2y^2$ の高さ 0 の等高線は，方程式 $(x^2-2y)(2x^2-y) = 0$ の定める図形であり，それは二つの放物線 $y = 2x^2, y = x^2/2$ の合併である．これによって xy 平面を分割してできる各領域における $f(x,y)$ の符号は図9のようになり，原点を通る任意の直線上で関数 $f(x,y)$ は原点で極小になる．しかし，放物線 $y = x^2$ 上では関数 $f(x,y)$ は原点で極大となり，二変数関数として原点で局所的に最大とも最小ともならない．

展望 二変数関数の極値問題について，詳しくは，偏微分法の応用として「微分積分学」で扱う．多変数関数の極値問題については総合科目「微分積分学続論」で扱う．

第 10 章 二変数関数のグラフ

キーワード 二変数関数，二変数関数のグラフ，定義域，値域，一次関数，二次関数，二次形式，回転面，柱面，回転放物面，楕円放物面，双曲放物面，放物柱面，直線に沿った断面，平方完成，二次形式の分類，等高線

確認 10A 次の式の表す空間 $\mathbf{R}^3$ 内の図形の概形を図示せよ．

(1) $z = 1$ (2) $x + y + z = 1$ (3) $x^2 + y^2 = 1$ (4) $y^2 + z^2 = 1$
(5) $x = y^2 + z^2$ (6) $x^2 = y^2 + z^2$ (7) $x^2 + y^2 + z^2 = 2x$

確認 10B 次の式で与えられる関数 $f(x, y)$ のグラフの概形を図示せよ．

(1) $x^2 - 2x$ (2) $x^2 + y^2 - 2x$ (3) $\sqrt{x^2 + y^2 - 2x + 1}$ (4) $\sqrt{2x - x^2 - y^2}$

確認 10C 次の関数 $f(x, y)$ のグラフの直線 $x = t\cos\theta_0,\ y = t\sin\theta_0$ に沿った断面を表す関数 $z = g(t)$ を計算せよ．ただし θ_0 は実数の定数である．

(1) $x^2 + y^2$ (2) xy (3) $x^2 + 3xy + y^2$ (4) $\dfrac{x^2 - y^2}{x^2 + y^2}$ (5) $\dfrac{x^3 - 3xy^2}{x^2 + y^2}$

確認 10D 平方完成を利用して，次の二次形式 $f(x, y)$ が原点で最小となるかどうか，また極小となるかどうか答えよ．

(1) $2x^2 + xy - y^2$ (2) $2x^2 + 3xy + y^2$ (3) $2x^2 - 3xy + 2y^2$ (4) $4x^2 - 4xy + y^2$

確認 10E 次の関数 $f(x, y)$ のグラフの等高線の概形を，高さ h が条件 $-2 \leq n \leq 2$ を満たす整数 n に等しい場合に xy 平面上に描け．

(1) $x + y$ (2) $\sqrt{2x - x^2 - y^2}$ (3) $x^3 - y$ (4) $x^3 - y^2$

確認 10F 次の関数 $f(x, y)$ が原点で最小となるかどうか答えよ．また，極小となるかどうか答えよ．

(1) $x + y$ (2) $(x + y)^2$ (3) $x^3 + y^2$ (4) $x^4 + 2y^2$ (5) $x^4 - 3x^2 y + 2y^2$

第11章 偏微分係数と接平面

偏微分係数および偏導関数は，微分法を利用して多変数関数を調べるための基本的なデータである．偏微分係数は，それぞれの変数に関する微分係数であり，二変数関数であれば，変数 x に関する偏微分係数と変数 y に関する偏微分係数が考えられる．この章では，偏微分係数と偏導関数に関する基本的な用語や記号についてまとめ，これを利用して，二変数関数のグラフの接平面の方程式と勾配ベクトルについて述べる．

§1 偏微分係数と偏導関数

二変数関数 $z = f(x, y)$ およびその定義域に属する点 (x_0, y_0) を考える．簡単のため，定義域の形状については述べないが，以下で述べる操作が可能なものとする．

1.1 偏微分係数とは何か 二変数関数 $f(x, y)$ において y の値を実数 y_0 に固定すると，変数 x の関数 $f(x, y_0)$ が得られる．一方，x の値を実数 x_0 に固定すると，変数 y のみの関数 $f(x_0, y)$ が得られる．これらは，いずれも一変数関数である．

　二変数関数 $f(x, y)$ について，一変数関数 $f(x, y_0)$ が $x = x_0$ において微分可能であるとき，$f(x, y)$ は点 (x_0, y_0) において **x に関して偏微分可能**であると言い，$x = x_0$ における微分係数を，点 (x_0, y_0) における $f(x, y)$ の **x に関する偏微分係数**と呼ぶ．

　同様に，一変数関数 $f(x_0, y)$ が $y = y_0$ において微分可能であるとき，$f(x, y)$ は点 (x_0, y_0) において **y に関して偏微分可能**であると言い，$y = y_0$ における微分係数を，点 (x_0, y_0) における $f(x, y)$ の **y に関する偏微分係数**と呼ぶ．

1.2 偏微分係数の定義 二変数関数 $f(x, y)$ に対して，その定義域に属する点 (x_0, y_0) における x および y に関する偏微分係数を，それぞれ $f_x(x_0, y_0), f_y(x_0, y_0)$ と表す．これらを $\dfrac{\partial f}{\partial x}(x_0, y_0), \dfrac{\partial f}{\partial y}(x_0, y_0)$ とも表す．

　これらの偏微分係数の定義は上に述べたとおりだが，一変数関数の微分係数の定義に戻れば，次の極限値で与えられる．

$$f_x(x_0, y_0) = \frac{\partial f}{\partial x}(x_0, y_0) = \lim_{x \to x_0} \frac{f(x, y_0) - f(x_0, y_0)}{x - x_0}$$

$$f_y(x_0, y_0) = \frac{\partial f}{\partial y}(x_0, y_0) = \lim_{y \to y_0} \frac{f(x_0, y) - f(x_0, y_0)}{y - y_0}$$

注意 記号 $\dfrac{\partial f}{\partial x}(x_0, y_0), \dfrac{\partial f}{\partial y}(x_0, y_0)$ を $\dfrac{df}{dx}(x_0, y_0), \dfrac{df}{dy}(x_0, y_0)$ と書いてはならない．

備考 記号 ∂ は文字 d の字体を丸くしたもので「ディー」と読む．これを「デル」と読むこともある．例えば $\dfrac{\partial f}{\partial x}$ は「ディー・エフ・ディー・エックス」「デル・エフ・デル・エックス」などと読む．英語では dee ef dee ex のように読まれる．

偏微分係数 (partial derivative)

1.3 偏導関数とは何か

関数 $z = f(x,y)$ が定義域 D の各点で偏微分可能であるとき，各 $(x,y) \in D$ に対して偏微分係数 $f_x(x,y)$ を対応させる関数が定義される。この関数を $f(x,y)$ の **x に関する偏導関数** と言う。同様に **y に関する偏導関数** も定義される。偏導関数は，次のような記号で表される。

$$f_x(x,y),\ \frac{\partial}{\partial x}f(x,y),\ \frac{\partial f}{\partial x}(x,y),\ \frac{\partial z}{\partial x}$$

$$f_y(x,y),\ \frac{\partial}{\partial y}f(x,y),\ \frac{\partial f}{\partial y}(x,y),\ \frac{\partial z}{\partial y}$$

関数の偏導関数を求めることを，その関数を **偏微分する** と言う。

二変数関数が与えられたとき，これを x に関して偏微分するには，y を固定して x だけの関数とみなし，x について微分すればよい。同様に，y に関して偏微分するには，x を固定して y だけの関数とみなし，y について微分すればよい。

参考 二変数関数 $z = f(x,y)$ および関数 $y = g(x)$ が与えられているとき，合成関数 $z = f(x, g(x))$ の導関数を $\dfrac{dz}{dx}$ と表すことがある。これは偏導関数 $\dfrac{\partial z}{\partial x}$ とは異なる。

備考 記号 $\dfrac{\partial}{\partial x}$ は「ディー・ディー・エックス」「デル・デル・エックス」などと読む。英語では dee dee ex または dee by dee ex のように読まれる。

1.4 偏導関数に関する公式

次に掲げる公式は，一変数関数と同様である。ただし，式 (1) では λ, μ は実数の定数である。また (3) では $g(x,y) \neq 0$ とする。

(1) $\dfrac{\partial}{\partial x}\bigl(\lambda f(x,y) + \mu g(x,y)\bigr) = \lambda f_x(x,y) + \mu g_x(x,y)$

(2) $\dfrac{\partial}{\partial x}(f(x,y)g(x,y)) = f(x,y)g_x(x,y) + f_x(x,y)g(x,y)$

(3) $\dfrac{\partial}{\partial x}\dfrac{f(x,y)}{g(x,y)} = \dfrac{f_x(x,y)g(x,y) - f(x,y)g_x(x,y)}{g(x,y)^2}$

(4) $\dfrac{\partial}{\partial x}f(g(x), y) = g'(x)f_x(g(x), y)$ (5) $\dfrac{\partial}{\partial x}g(f(x,y)) = f_x(x,y)g'(f(x,y))$

これらの公式は，右辺の偏導関数が存在するときに，左辺の偏導関数も存在して，右辺に等しくなると理解する。また y に関する偏導関数についても同様である。

(1)′ $\dfrac{\partial}{\partial y}\bigl(\lambda f(x,y) + \mu g(x,y)\bigr) = \lambda f_y(x,y) + \mu g_y(x,y)$

(2)′ $\dfrac{\partial}{\partial y}(f(x,y)g(x,y)) = f(x,y)g_y(x,y) + f_y(x,y)g(x,y)$

(3)′ $\dfrac{\partial}{\partial y}\dfrac{f(x,y)}{g(x,y)} = \dfrac{f_y(x,y)g(x,y) - f(x,y)g_y(x,y)}{g(x,y)^2}$

(4)′ $\dfrac{\partial}{\partial y}f(x, h(y)) = h'(y)f_y(x, h(y))$ (5)′ $\dfrac{\partial}{\partial y}g(f(x,y)) = f_y(x,y)g'(f(x,y))$

展望 上記の公式 (4)(5)(4)′(5)′ よりも一般的な関数の合成に関する偏導関数の公式もあり，一般に連鎖律と呼ばれるが，それには，全微分可能性や多変数の C^1 関数の性質を学ぶ必要がある。これについては「微分積分学」で扱う。

偏導関数 (partial derivative) 連鎖律 (chain rule)

1.5 高階偏導関数 偏導関数がさらに偏微分可能であるとき，**二階偏導関数**（または第 2 次偏導関数）が考えられる．

$$\frac{\partial}{\partial x}\left(\frac{\partial}{\partial x}f(x,y)\right),\quad \frac{\partial}{\partial y}\left(\frac{\partial}{\partial x}f(x,y)\right),\quad \frac{\partial}{\partial x}\left(\frac{\partial}{\partial y}f(x,y)\right),\quad \frac{\partial}{\partial y}\left(\frac{\partial}{\partial y}f(x,y)\right)$$

これらの二階偏導関数を次のように表す．

$$\frac{\partial^2}{\partial x^2}f(x,y),\quad \frac{\partial^2}{\partial y\,\partial x}f(x,y),\quad \frac{\partial^2}{\partial x\,\partial y}f(x,y),\quad \frac{\partial^2}{\partial y^2}f(x,y)$$

例えば $\frac{\partial^2 f}{\partial x^2}(x,y), \frac{\partial^2 z}{\partial x^2}$ のように表してもよい．また，次のようにも表す．

$$f_{xx}(x,y),\quad f_{xy}(x,y),\quad f_{yx}(x,y),\quad f_{yy}(x,y)$$

同様にして，n 回偏微分可能な関数に対して，**n 階偏導関数**（または第 n 次偏導関数）が考えられ，同様の記法が用いられる．

1.6 偏微分作用素の記法 記号 $\frac{\partial}{\partial x}, \frac{\partial}{\partial y}$ を考える．これらの記号は，関数 $f(x,y)$ を偏微分する操作を表している．

$$\frac{\partial}{\partial x}:f(x,y)\mapsto \frac{\partial f}{\partial x}(x,y),\quad \frac{\partial}{\partial y}:f(x,y)\mapsto \frac{\partial f}{\partial y}(x,y)$$

これを用いて，例えば

$$\left(x\frac{\partial}{\partial x}+y\frac{\partial}{\partial y}\right)f(x,y)=x\frac{\partial f}{\partial x}(x,y)+y\frac{\partial f}{\partial y}(x,y)$$

などと表す．同様に，例えば

$$\left(\frac{\partial^2}{\partial x^2}+\frac{\partial^2}{\partial y^2}\right)f(x,y)=\frac{\partial^2 f}{\partial x^2}(x,y)+\frac{\partial^2 f}{\partial y^2}(x,y)$$

などと表す．

　一般に，関数を偏微分し，その結果に特定の関数を掛けたものを加え合わせる操作を表す式を**偏微分作用素**あるいは単に微分作用素と呼び，偏微分する回数をその階数と呼ぶ．

　例えば $x\frac{\partial}{\partial x}+y\frac{\partial}{\partial y}$ は一階の偏微分作用素であり，$\frac{\partial^2}{\partial x^2}+\frac{\partial^2}{\partial y^2}$ は二階の偏微分作用素である．

備考 一般に，作用素を演算子と呼ぶこともある．

参考 偏微分作用素 $\Delta = \frac{\partial^2}{\partial x^2}+\frac{\partial^2}{\partial y^2}$ はラプラシアン（またはラプラス作用素）と呼ばれ，物理学等で重要である．これを ∇^2 と表すこともある．

二階偏導関数 (second order partial derivative)　n 階偏導関数 (n-th order partial derivative)　偏微分作用素 (partial differential operator)　階数 (order)　ラプラシアン (Laplacian)　ラプラス作用素 (Laplace operator)

§2 偏微分係数と接平面

関数 $f(x,y)$ のグラフは方程式 $z = f(x,y)$ によって定まる空間 $\mathbf{R}^3$ 内の図形であり，第 10 章で述べた典型的な例では曲面になっている．一般には，方程式 $z = f(x,y)$ によって定まる図形が曲面であるとは言えないが，以下では，簡単のため，これを曲面 $z = f(x,y)$ と呼ぶことがある．

2.1 偏微分係数とグラフの断面 点 (x_0, y_0) は関数 $f(x,y)$ の定義域に属する点であるとし，$z_0 = f(x_0, y_0)$ とおく．このとき，空間 $\mathbf{R}^3$ 内の平面 $y = y_0$ および平面 $x = x_0$ による曲面 $z = f(x,y)$ の断面を考える．

平面 $y = y_0$ による断面は，xy 平面上の直線 $y = y_0$ に沿った曲面 $z = f(x,y)$ の断面にほかならない．これは連立方程式

$$y = y_0, \quad z = f(x,y)$$

の解全体のなす集合となり，一変数関数 $z = f(x, y_0)$ のグラフと合同である．その $x = x_0$ における接線の傾きは，偏微分係数 $f_x(x_0, y_0)$ に等しい．

$$f_x(x_0, y_0) = \lim_{x \to x_0} \frac{f(x, y_0) - f(x_0, y_0)}{x - x_0}$$

すなわち，偏微分係数 $f_x(x_0, y_0)$ は，曲面 $z = f(x,y)$ の平面 $y = y_0$ による断面のなす曲線の点 (x_0, y_0, z_0) における接線の傾きを与えている．

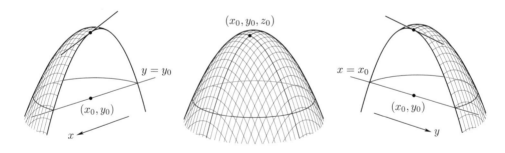

図 1　グラフの断面とその接線

同様に，偏微分係数 $f_y(x_0, y_0)$ は，曲面 $z = f(x,y)$ の平面 $x = x_0$ による断面のなす曲線の点 (x_0, y_0, z_0) における接線の傾きを与えている．

例（平面の場合） 一次関数 $f(x,y) = ax + by + c$ のグラフは空間 $\mathbf{R}^3$ 内の平面 $z = ax + by + c$ である．その断面の傾きを見てみよう．ただし，a, b, c は実数である．一次関数 $f(x,y) = ax + by + c$ を偏微分すると

$$\frac{\partial}{\partial x}(ax + by + c) = a, \quad \frac{\partial}{\partial y}(ax + by + c) = b$$

であるから，平面 $y = y_0$ による断面のなす直線の傾きは a であり，平面 $x = x_0$ による断面のなす直線の傾きは b である．

2.2 関数のグラフの接平面 引き続き点 (x_0, y_0) は関数 $f(x, y)$ の定義域に属する点であるとし，$z_0 = f(x_0, y_0)$ とおく．空間内の平面 $z = ax + by + c$ であって，点 (x_0, y_0, z_0) で曲面 $z = f(x, y)$ に接するようなものを関数 $f(x, y)$ のグラフの点 (x_0, y_0, z_0) における**接平面**と呼ぶ．ただし，a, b, c は定数である．

点 (x_0, y_0, z_0) における接平面は，点 (x_0, y_0, z_0) を通っていることから，次の形の方程式の定める平面である．

$$z = a(x - x_0) + b(y - y_0) + z_0$$

係数 a, b を決定することにより，接平面の方程式を求めよう．

そのため，xy 平面上の直線 $y = y_0$ および直線 $x = x_0$ に沿った断面をそれぞれ考える．平面 $z = ax + by + c$ が曲面 $z = f(x, y)$ に接しているとき，それらの断面のなす直線と曲線もまた接しているはずである．このことから，

$$a = f_x(x_0, y_0), \quad b = f_y(x_0, y_0)$$

が成立しなければならない．

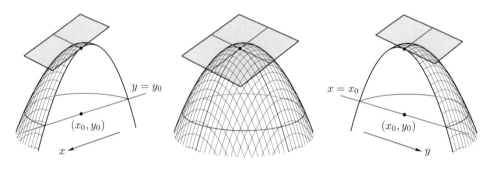

図2 接平面とその断面

従って，接平面の方程式は

$$z = f_x(x_0, y_0)(x - x_0) + f_y(x_0, y_0)(y - y_0) + f(x_0, y_0)$$

で与えられる．

注意 方程式 $z = f_x(x_0, y_0)(x - x_0) + f_y(x_0, y_0)(y - y_0) + f(x_0, y_0)$ が意味を持っていても，この方程式の定める平面が実際にグラフに接するとは限らない．章末の §A にそのような例を挙げておいた．

展望 二変数関数の全微分可能性とグラフの接平面について「微分積分学」で扱うが，両者は表裏一体の関係にあって，全微分可能性の定義のなかに接平面の方程式が現れるので，あらかじめ接平面の方程式に慣れ親しんでおくのが良い．

接平面 (tangent plane)

2.3 計算例（球面の接平面） 上半球面 $z = \sqrt{1-x^2-y^2}$ の接平面を求めてみよう。ただし，$x^2+y^2 < 1$ とする。この上半球面は関数 $f(x,y) = \sqrt{1-x^2-y^2}$ のグラフであり，この関数の定義域内の点 (x_0, y_0) における偏微分係数は

$$f_x(x_0, y_0) = -\frac{x_0}{\sqrt{1-x_0^2-y_0^2}}, \quad f_y(x_0, y_0) = -\frac{y_0}{\sqrt{1-x_0^2-y_0^2}}$$

となる。従って，点 $\left(x_0, y_0, \sqrt{1-x_0^2-y_0^2}\right)$ における接平面の方程式は

$$z = -\frac{x_0}{\sqrt{1-x_0^2-y_0^2}}(x-x_0) - \frac{y_0}{\sqrt{1-x_0^2-y_0^2}}(y-y_0) + \sqrt{1-x_0^2-y_0^2}$$

となる。

ここで $z_0 = \sqrt{1-x_0^2-y_0^2}$ とおくと，接平面の方程式は

$$z = -\frac{x_0}{z_0}(x-x_0) - \frac{y_0}{z_0}(y-y_0) + z_0$$

となるが，両辺に z_0 を掛けて移項した式は

$$(x_0, y_0, z_0)^\mathrm{T} \cdot (x-x_0, y-y_0, z-z_0)^\mathrm{T} = 0$$

となって，これはベクトル $(x_0, y_0, z_0)^\mathrm{T}$ を法線ベクトルとし，点 (x_0, y_0, z_0) を通る平面の方程式であるから，確かに点 (x_0, y_0, z_0) で球面と接している。

§3 勾配ベクトル

二変数関数に対して，勾配ベクトルと呼ばれる平面ベクトルを導入し，接平面との関係について調べる。接平面に言及するときは，暗黙のうちに接平面が存在するものとして話を進める。

3.1 勾配ベクトルとは何か 点 (x_0, y_0) における関数 $f(x, y)$ の偏微分係数を並べてベクトルにしたものを考える。これを $\nabla f(x_0, y_0)$ または $\operatorname{grad} f(x_0, y_0)$ と表し，点 (x_0, y_0) における関数 $f(x, y)$ の**勾配ベクトル**と呼ぶ。

$$\nabla f(x_0, y_0) = \operatorname{grad} f(x_0, y_0) = \begin{bmatrix} f_x(x_0, y_0) \\ f_y(x_0, y_0) \end{bmatrix}$$

備考 記号 ∇ は「ナブラ」と読み，記号 grad は「グラジエント」と読む。

展望 関数 $f(x, y)$ の定義域の各点に対して，その点における勾配ベクトルを対応させる写像を ∇f または $\operatorname{grad} f$ と表し，関数 $f(x, y)$ の勾配ベクトル場と呼ぶ。

$$\nabla f : \mathbf{R}^2 \longrightarrow \mathbf{R}^2, \quad (x_0, y_0) \mapsto \nabla f(x_0, y_0)$$

これについては，総合科目「ベクトル解析」で詳しく扱う。

勾配ベクトル (gradient vector)　勾配ベクトル場 (gradient vector field)

3.2 接平面と勾配ベクトル 関数 $f(x,y)$ のグラフの点 $(x_0, y_0, f(x_0, y_0))$ における接平面の方程式を思い出そう.

$$z = f_x(x_0, y_0)(x - x_0) + f_y(x_0, y_0)(y - y_0) + f(x_0, y_0)$$

この方程式は, $f_x(x_0, y_0)(x - x_0) + f_y(x_0, y_0)(y - y_0) + (-1)(z - f(x_0, y_0)) = 0$ と変形されるから, ベクトル

$$\begin{bmatrix} f_x(x_0, y_0) \\ f_y(x_0, y_0) \\ -1 \end{bmatrix}$$

は接平面の法線ベクトルとなる. これは勾配ベクトルに z 成分として -1 を添加して得られる空間ベクトルである.

注意 二変数関数の勾配ベクトルは, 空間ベクトルではなく, 平面ベクトルである.

3.3 接平面の傾き 勾配ベクトルが零ベクトルでないとき, これはグラフの接平面をもっとも急勾配で登る方向を指し示す xy 平面上のベクトルであり, そのノルムは, 接平面をもっとも急勾配で登る方向の傾きに等しい.

これを計算によって確かめてみよう. そのため, 接平面の方程式を $z = ax + by + c$ とおく. このとき, 勾配ベクトルは $(a, b)^{\mathrm{T}}$ である. 点 (x_0, y_0) を通る xy 平面上のパラメータ直線 $x = x_0 + t\cos\theta_0$, $y = y_0 + t\sin\theta_0$ に沿った接平面 $z = ax + by + c$ の断面の z 座標は,

$$z = (a\cos\theta_0 + b\sin\theta_0)t + ax_0 + by_0 + c$$

と表される. ただし, θ_0 は実数の定数である. 断面をなす直線の傾きは

$$a\cos\theta_0 + b\sin\theta_0$$

であり, これが最大となるのは, ベクトル $(\cos\theta_0, \sin\theta_0)^{\mathrm{T}}$ が勾配ベクトル $(a, b)^{\mathrm{T}}$ と同じ向きのとき, すなわち

$$\begin{bmatrix} \cos\theta_0 \\ \sin\theta_0 \end{bmatrix} = \frac{1}{\sqrt{a^2 + b^2}} \begin{bmatrix} a \\ b \end{bmatrix}$$

が成立するときである. 従って, 勾配ベクトルは, 接平面をもっとも急勾配で登る方向を指し示している. このとき,

$$a\cos\theta_0 + b\sin\theta_0 = a \cdot \frac{a}{\sqrt{a^2 + b^2}} + b \cdot \frac{b}{\sqrt{a^2 + b^2}} = \sqrt{a^2 + b^2}$$

であるから, 接平面をもっとも急勾配で登る方向の接平面の傾きは, 勾配ベクトルのノルム $\|(a, b)^{\mathrm{T}}\|$ に等しい.

傾き (slope)

3.4 停留点 関数 $f(x,y)$ について，勾配ベクトルが零ベクトルとなる点，すなわち $f_x(x_0,y_0) = f_y(x_0,y_0) = 0$ となる点 (x_0,y_0) を関数 $f(x,y)$ の**停留点**（または**臨界点**）と呼ぶ．

関数 $f(x,y)$ のグラフが接平面を持つ場合には，点 (x_0,y_0) が停留点となるのは，点 $(x_0,y_0,f(x_0,y_0))$ におけるグラフの接平面が xy 平面と平行になるときである．

一変数関数の場合の停留点の性質（第 4 章§1.4 命題 2）から，x の関数 $z = f(x,y_0)$ が $x = x_0$ で局所的に最大または最小となり，また y の関数 $z = f(x_0,y)$ が $y = y_0$ で局所的に最大または最小となれば，点 (x_0,y_0) は $f(x,y)$ の停留点となる．

例 1（回転放物面）関数 $f(x,y) = x^2 + y^2$ の停留点は原点 $(0,0)$ のみであり，第 10 章§3.1 で述べたように，関数 $x^2 + y^2$ は原点で最小となっている．

また，関数 $f(x,y) = -x^2 - y^2$ の停留点も原点のみであり，関数 $-x^2 - y^2$ は原点で最大となっている．

例 2（双曲放物面）関数 $f(x,y) = x^2 - y^2$ の停留点は原点 $(0,0)$ のみであり，第 10 章§3.2 で述べたように，関数 $f(x,y) = x^2 - y^2$ は x 軸上では原点で最小かつ極小となり，y 軸上では原点で最大かつ極大となるので，原点で局所的に最大とも最小ともならない．

参考 1° 一般に，停留点であって，その点で局所的に最大でも，局所的に最小でもないような点を鞍点（または峠点）と呼ぶ．例えば，原点 $(0,0)$ は関数 $f(x,y) = x^2 - y^2$ の鞍点である．

2° 停留点 (x_0,y_0) における関数値 $f(x_0,y_0)$ を停留値（または臨界値）と呼ぶ．

展望 1° 停留点は，全微分可能な関数に対して定義されるものと考えるのが，理論的には自然である．ただし，全微分可能ならば偏微分可能であり，停留点の定義そのものは上記のものと同じである．これについては「微分積分学」で扱う．

2° 二変数関数の極値問題を扱うに際しては，停留点を求め，その点で極値を取るかどうか，二階偏導関数を用いて調べるという手順で取り組むことになる．ただし，関数 $f(x,y) = x^2 - y^2$ の鞍点 $(0,0)$ のように，ある方向には極小となり，別の方向には極大になるような点は一変数関数では生じないので，一変数関数と二変数関数では大きく異なる面がある．

3° 二変数関数の極値問題は「微分積分学」で扱い，より一般の多変数関数の極値問題については，「微分積分学」と「線型代数学」で学んだ知識に基づいて，総合科目「微分積分学続論」で扱う．

停留点 (stationary point) 臨界点 (critical point) 鞍点＝峠点 (saddle point) 停留値 (stationary value) 臨界値 (critical value)

§A 多変数関数に関する注意点（参考）

多変数関数に関して，一変数関数にはない状況が多々あるので，その扱いには十分に注意する必要がある．ここでは，二変数関数の接平面および極限値に関する注意点について，例を挙げて説明する．なお，第10章§4.2 参考では，極大極小に関する注意点に触れたので，あわせて参照していただきたい．

A1 次の関数は，原点で偏微分可能であり，直線に沿って原点に近づくときに極限値を持つが，その値は直線によってさまざまである．

$$f(x,y) = \begin{cases} \dfrac{xy}{x^2+y^2} & (x,y) \neq (0,0) \\ 0 & (x,y) = (0,0) \end{cases}$$

実際，次の計算により，関数 $f(x,y)$ が原点で偏微分可能であることが分かる．

$$\frac{\partial f}{\partial x}(0,0) = \lim_{x \to 0} \frac{f(x,0)-f(0,0)}{x-0} = \lim_{x \to 0} \frac{1}{x} \frac{x \cdot 0}{x^2+0^2} = 0$$

$$\frac{\partial f}{\partial y}(0,0) = \lim_{y \to 0} \frac{f(0,y)-f(0,0)}{y-0} = \lim_{y \to 0} \frac{1}{y} \frac{0 \cdot y}{0^2+y^2} = 0$$

一方，角 θ_0 を固定して $(x,y) = (t\cos\theta_0, t\sin\theta_0)$ とすると，$t \to 0$ とした極限は

$$\lim_{t \to 0} f(t\cos\theta_0, t\sin\theta_0) = \lim_{t \to 0} \frac{(t\cos\theta_0)(t\sin\theta_0)}{t^2\cos^2\theta_0 + t^2\sin^2\theta_0}$$
$$= \lim_{t \to 0} \frac{t^2 \cos\theta_0 \sin\theta_0}{t^2} = \lim_{t \to 0} \cos\theta_0 \sin\theta_0 = \cos\theta_0 \sin\theta_0$$

となり，θ_0 によってさまざまな値を取る．

参考 関数 $f(x,y)$ のグラフの原点における接平面の方程式は $z=0$ となり，この方程式の定める平面は xy 平面だが，関数 $f(x,y)$ は x 軸と y 軸以外の原点を通る直線に沿って原点で連続でないため，そのグラフは原点で xy 平面に接していない．

A2 次の関数は，直線に沿って原点に近づくときの極限値は直線によらず 0 になるが，ある曲線に沿って原点に近づけると 0 以外の極限値を取る．

$$f(x,y) = \begin{cases} \dfrac{xy^2}{x^2+y^4} & (x,y) \neq (0,0) \\ 0 & (x,y) = (0,0) \end{cases}$$

実際，角 θ_0 を固定して $(x,y) = (t\cos\theta_0, t\sin\theta_0)$ とすると，$\cos\theta_0 \neq 0$ のとき

$$\lim_{t \to 0} f(t\cos\theta_0, t\sin\theta_0) = \lim_{t \to 0} \frac{t\cos\theta_0 \sin^2\theta_0}{\cos^2\theta_0 + t^2\sin^4\theta_0} = \frac{0 \cdot \cos\theta_0 \sin^2\theta_0}{\cos^2\theta_0 + 0^2 \sin^4\theta_0} = 0$$

となり，$\cos\theta_0 = 0$ のとき

$$\lim_{t \to 0} f(t\cos\theta_0, t\sin\theta_0) = \lim_{t \to 0} \frac{t\cos\theta_0 \sin^2\theta_0}{\cos^2\theta_0 + t^2\sin^4\theta_0} = \lim_{t \to 0} \frac{t \cdot 0 \cdot \sin^2\theta_0}{0^2 + t^2\sin^4\theta_0} = 0$$

となるので，原点を通る直線に沿った極限値は直線によらず 0 である．しかし，パラメータ表示 $(x,y)=(t^2,t)$ を用いて曲線 $x=y^2$ に沿った極限を考えると，

$$\lim_{t\to 0} f(t^2,t) = \lim_{t\to 0} \frac{t^2 t^2}{t^4+t^4} = \frac{1}{2}$$

となって，極限値は 0 でない．

A3 次の関数は，原点を通る任意の直線に沿って原点で微分可能だが，その接線全体が一つの平面に収まらないために，グラフが原点で接平面を持たない．

$$f(x,y) = \begin{cases} \dfrac{xy^2}{x^2+y^2} & (x,y) \neq (0,0) \\ 0 & (x,y) = (0,0) \end{cases}$$

実際，角 θ_0 を固定して $(x,y)=(t\cos\theta_0, t\sin\theta_0)$ とすると，$f(0,0)=0$ により，$t=0$ における微分係数は次のようになる．

$$\frac{d}{dt} f(t\cos\theta_0, t\sin\theta_0)\Big|_{t=0} = \lim_{t\to 0} \frac{1}{t} f(t\cos\theta_0, t\sin\theta_0) = \lim_{t\to 0} \frac{1}{t} \frac{t^3 \cos\theta_0 \sin^2\theta_0}{t^2(\cos^2\theta_0 + \sin^2\theta_0)}$$
$$= \lim_{t\to 0} \cos\theta_0 \sin^2\theta_0 = \cos\theta_0 \sin^2\theta_0$$

特に $\theta_0 = 0, \pi/2$ のとき $\cos\theta_0 \sin^2\theta_0 = 0$ であり，$\theta_0 = \pi/4$ のとき $\cos\theta_0 \sin^2\theta_0 = 1/(2\sqrt{2}) \neq 0$ であるから，関数 $f(x,y)$ のグラフは x 軸と y 軸に沿って原点で xy 平面に接しているが，直線 $x=y$ に沿っては原点で xy 平面に接していない．

参考 x 軸および y 軸に沿って原点で微分可能だが，他の直線に沿っては原点で微分可能でないような連続関数の例としては，例えば $f(x,y) = 2\sqrt{|xy|}$ が挙げられる．

A4 次の関数のグラフは，任意の直線に沿って原点で xy 平面に接しているが，ある曲線に沿っては原点で xy 平面に接していない．

$$f(x,y) = \begin{cases} \dfrac{xy^3}{x^2+y^4} & (x,y) \neq (0,0) \\ 0 & (x,y) = (0,0) \end{cases}$$

実際，角 θ_0 を固定して $(x,y)=(t\cos\theta_0, t\sin\theta_0)$ とすると，$t=0$ における微分係数は §A2 および §A3 と同様にして

$$\frac{d}{dt} f(t\cos\theta_0, t\sin\theta_0)\Big|_{t=0} = \lim_{t\to 0} \frac{1}{t} \frac{t^4 \cos\theta_0 \sin^3\theta_0}{t^2(\cos^2\theta_0 + t^2\sin^4\theta_0)} = 0$$

となるので，関数 $f(x,y)$ のグラフは原点を通る任意の直線に沿って xy 平面に接しているが，

$$\frac{d}{dt} f(t^2, t)\Big|_{t=0} = \lim_{t\to 0} \frac{1}{t} \frac{t^5}{2t^4} = \lim_{t\to 0} \frac{1}{2} = \frac{1}{2}$$

であるから，曲線 $x=y^2$ に沿っては原点で xy 平面に接していない．

キーワード 偏微分係数，偏導関数，接平面，接平面の方程式，接平面の法線ベクトル，勾配ベクトル，接平面の傾き，停留点

確認 11A 次の関数 $f(x,y)$ の偏導関数 $f_x(x,y)$, $f_y(x,y)$ を求めよ。また，偏微分係数 $f_x(1,0)$ および $f_y(1,0)$ を求めよ

(1) $f(x,y) = x - y$ (2) $f(x,y) = x^2 + 1$ (3) $f(x,y) = x^2 + y^2$
(4) $f(x,y) = \exp(xy)$ (5) $f(x,y) = \sin(\pi x + 2\pi y)$ (6) $f(x,y) = \log(x^2 + y^2)$
(7) $f(x,y) = \sqrt{x^2 + y^2}$ (8) $f(x,y) = \dfrac{x}{x^2 + y^2}$

確認 11B 次の計算をせよ。

(1) $\left(x\dfrac{\partial}{\partial x} + y\dfrac{\partial}{\partial y}\right)(x^2 + y^2)$
(2) $\left(\dfrac{\partial^2}{\partial x^2} + \dfrac{\partial^2}{\partial y^2}\right)(x^2 + y^2)$
(3) $\left(x\dfrac{\partial}{\partial x} + y\dfrac{\partial}{\partial y}\right)\log(x^2 + y^2)$
(4) $\left(\dfrac{\partial^2}{\partial x^2} + \dfrac{\partial^2}{\partial y^2}\right)\log(x^2 + y^2)$
(5) $\dfrac{\partial}{\partial x}\dfrac{y}{x^2 + y^2} + \dfrac{\partial}{\partial y}\dfrac{x}{x^2 + y^2}$
(6) $\left(\dfrac{\partial^2}{\partial x^2} + \dfrac{\partial^2}{\partial y^2}\right)\sin x \cos y$

確認 11C 次の関数 $f(x,y)$ の点 $(2,1)$ における勾配ベクトル $\nabla f(2,1)$ および点 $(2,1,f(2,1))$ における接平面の方程式を求めよ。

(1) $x + y$ (2) xy (3) $x^2 + y^2$ (4) $x^2 - y^2$ (5) x/y (6) $\sin(\pi xy)$

確認 11D 次の関数 $f(x,y)$ の与えられた高さ h における等高線を xy 平面上に描き，等高線の上にあって，位置ベクトルが x 軸の正の部分となす角が $\pi/4$ の整数倍であるような点における勾配ベクトルを図示せよ。

(1) $f(x,y) = \dfrac{x+y}{4}$, $h = -\dfrac{1}{4}, \dfrac{1}{4}$
(2) $f(x,y) = \dfrac{x^2+y^2}{4}$, $h = \dfrac{1}{16}, \dfrac{1}{4}$
(3) $f(x,y) = \dfrac{4x^2 - y^2}{4}$, $h = -\dfrac{1}{4}, 0, \dfrac{1}{4}$

確認 11E 次の関数 $f(x,y)$ の停留点をすべて求めよ。

(1) $x^2 + y^2 - 2x + 2y$ (2) $(x^2 - 1)(y^2 + 1)$ (3) $xy\, e^{-(x^2+y^2)/2}$ (4) $(x+y)\, e^{-x^2-y^2}$
(5) $x^2 y^2$ (6) $(x^2 + y^2 - 1)^2$

第12章 行列とその演算

行列とは，平たく言えば，数を縦横に並べた表である．行列を利用して，システマティックにデータを計算する手法が確立されており，理工系のあらゆる分野で欠かせないものとなっている．現代では，計算そのものは計算機に任せることができることも多いが，何をどのように計算しているのかを理解することが大切である．この章では，行列に関する基本的な用語や記法をまとめ，行列に対する和・スカラー倍・積の演算を定義する．また，これらの演算の満たす演算法則をまとめ，行列の定める写像や連立方程式への応用を述べる．

§1 行列

1.1 行列とは何か　ベクトルを成分で表示したものは，実数の組である．これと対比して，単独の実数を**スカラー**と呼ぶのであった．

スカラーを縦横に長方形状に並べたものを**行列**と呼び，並べられた各スカラーを，その行列の**成分**（または要素）と呼ぶ．

どこからどこまでが一つの行列であるかを明示するため，角括弧 [ ] または丸括弧 ( ) で括る．まれに ‖ ‖ で括ることもあるが，| | で括ってはならない．

$$\begin{bmatrix} 1 & 1 & 3 \\ 2 & 1 & -1 \end{bmatrix} \quad \begin{pmatrix} 1 & 1 & 3 \\ 2 & 1 & -1 \end{pmatrix} \quad \left\| \begin{matrix} 1 & 1 & 3 \\ 2 & 1 & -1 \end{matrix} \right\|$$

いちいち行列を全部書き下すのは大変なので，行列を文字で代用する．例えば

$$A = \begin{bmatrix} 1 & 1 & 3 \\ 2 & 1 & -1 \end{bmatrix}$$

とおいて，それ以後は A と書いたら，右辺の行列を意味するものと約束する．

展望　複素数をスカラーとして，複素数を縦横に並べた行列を考えることもできるが，ここでは実数をスカラーとする場合に話を限ることとする．複素数をスカラーとする行列については「線型代数学」で扱われる．

1.2 行列のサイズ　行列の成分の形作る長方形の縦の長さが m で横の長さが n であるとき，その行列を $m \times n$ 行列と言う．ここで，記号 × は形式的なもので，掛け算した結果を表しているわけではない．また $m \times n$ をその行列の**サイズ**と呼ぶ．

行列 A に対して，横方向の数字の並びを A の**行**と言い，縦方向の数字の並びを A の**列**と言う．$m \times n$ 行列は m 個の行を持ち，n 個の列を持つ．

備考　1°　$m \times n$ 行列を m 行 n 列の行列と呼ぶこともある．

2°　$m \times n$ 行列 A に対して，組 (m, n) を行列 A の型と呼び，行列 A を (m, n) 型の行列と呼ぶこともある．

スカラー (scalar)　行列 (matrix, *pl.* matrices)　成分 (entry)　要素 (element)　サイズ (size)　$m \times n$ 行列 (m by n matrix)　行 (row)　列 (column)

一般に，行列 A に対して，上から i 番目の行を A の第 i 行と呼び，左から j 番目の列を A の第 j 列と呼ぶ。

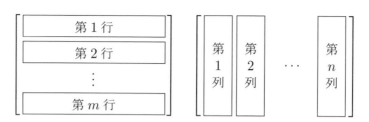

例1（零行列） 特にスカラー 0 のみを並べた行列を**零行列**と呼ぶ。サイズが $m \times n$ の零行列を $O_{m,n}$ と表す。誤解の恐れがなければ，単に O と表す。

例2（行ベクトルと列ベクトル） 縦のサイズが 1 であるような行列は**行ベクトル**にほかならない。より詳しく $1 \times n$ 行列を n 次元行ベクトルと呼ぶ。横のサイズが 1 であるような行列は**列ベクトル**にほかならない。より詳しく $m \times 1$ 行列を m 次元列ベクトルと呼ぶ。

備考 1° 列ベクトルや行ベクトルは，形式的には行列の特別な場合だが，用語の上で行列とベクトルを区別しておくのが便利である。例えば，座標空間の点の位置ベクトルに由来する列ベクトルは，行列とは呼ばずにベクトルと呼ぶのが良い。

2° 行ベクトルを表す際は，座標の記法と同様に，コンマで区切って $(a_1, a_2, \ldots, a_n)$ と書いてもよい。また，$[a_1, a_2, \ldots, a_n]$ と書いてもよい。

1.3 行列の成分 行列の成分を指定する際に，左上の成分を第 $(1,1)$ 成分と呼び，下方向に i 番目，右方向に j 番目の位置にある成分を第 (i,j) 成分と呼ぶ。

$$\begin{bmatrix} 第(1,1)成分 & 第(1,2)成分 & \cdots & 第(1,n)成分 \\ 第(2,1)成分 & 第(2,2)成分 & \cdots & 第(2,n)成分 \\ \vdots & \vdots & & \vdots \\ 第(m,1)成分 & 第(m,2)成分 & \cdots & 第(m,n)成分 \end{bmatrix}$$

行列を一般に表すのに，表したい行列を A とおき，その行列 A の第 (i,j) 成分を $a_{i,j}$ と表すことがある。

$$A = \begin{bmatrix} a_{1,1} & a_{1,2} & \cdots & a_{1,n} \\ a_{2,1} & a_{2,2} & \cdots & a_{2,n} \\ \vdots & \vdots & & \vdots \\ a_{m,1} & a_{m,2} & \cdots & a_{m,n} \end{bmatrix}$$

行列 A がこのような行列であることを，簡潔に $A = (a_{i,j})_{1 \le i \le m, 1 \le j \le n}$ と書く。行列のサイズが文脈から読み取れる場合などには，i, j の範囲を省略して，単に $A = (a_{i,j})$ と書くこともある。同様に $B = (b_{i,j})$，$C = (c_{i,j})$ などとする。

零行列 (zero matrix)　行ベクトル (row vector)　列ベクトル (column vector)

1.4 正方行列 特に縦横の長さが一致し，正方形状に成分が並んだ行列を**正方行列**と呼ぶ。行列 A のサイズが $n \times n$ であるとき，n を正方行列 A の**次数**または**サイズ**と言い，そのような行列 A を **n 次正方行列**と呼ぶ。

正方行列 A について，左上から右下にいたる部分の成分を**対角成分**と呼ぶ。また，それ以外の成分を**非対角成分**と呼ぶ。なお，非対角成分がすべて 0 であるような正方行列を**対角行列**と呼ぶ。

注意 正方行列を [ ] や ( ) などの代わりに | | で括ったものは行列式と呼ばれるスカラーを表すことになる。行列式と行列は密接に関連するが異なる概念である。2×2 行列の行列式については第 13 章で扱う。

1.5 単位行列 対角成分がすべて 1 であり，それ以外の成分がすべて 0 であるような正方行列を**単位行列**と呼ぶ。サイズが $n \times n$ の単位行列を E_n または I_n と表す。誤解の恐れがない場合には，単に E または I と表す。

$$E = \begin{bmatrix} 1 & 0 & \cdots & 0 \\ 0 & 1 & \cdots & 0 \\ \vdots & \vdots & & \vdots \\ 0 & 0 & \cdots & 1 \end{bmatrix}$$

単位行列は基本単位ベクトルを並べたものである。

なお，次の性質を持つ記号 $\delta_{i,j}$ を**クロネッカーのデルタ**と呼ぶ。

$$\delta_{i,j} = \begin{cases} 1 & (i = j) \\ 0 & (i \neq j) \end{cases}$$

単位行列の第 (i, j) 成分はクロネッカーのデルタ $\delta_{i,j}$ に等しい。

対角成分がすべて同じスカラーであるような対角行列をスカラー行列と言う。単位行列はスカラー行列である。

1.6 行列の転置 行列 A に対して，その列と行を入れ替えて得られる行列を A の**転置**（または**転置行列**）と言い，A^{T} または ${}^{\mathrm{t}}A$ と表す。例えば，次のようになる。

$$A = \begin{bmatrix} 1 & 1 & 1 \\ 1 & 2 & 3 \end{bmatrix} \text{ のとき } A^{\mathrm{T}} = \begin{bmatrix} 1 & 1 \\ 1 & 2 \\ 1 & 3 \end{bmatrix}$$

正確には，$m \times n$ 行列 A の転置とは，$n \times m$ 行列 A^{T} であって，その第 (i, j) 成分が行列 A の第 (j, i) 成分で与えられるようなもののことである。従って $A = (a_{i,j})$, $B = (b_{i,j})$ のとき

$$B = A^{\mathrm{T}} \iff b_{i,j} = a_{j,i} \ (1 \leq i \leq n, \ 1 \leq j \leq m)$$

なる関係がある。

正方行列 (square matrix) 次数 (degree, order) 対角成分 (diagonal entry) 非対角成分 (off-diagonal entry) 対角行列 (diagonal matrix) 単位行列 (identity matrix) クロネッカーのデルタ (Kronecker's delta) 転置 (transpose) 転置行列 (transposed matrix)

参考 1° 転置しても変わらない行列を対称行列と言う。すなわち，対称行列とは，正方行列 A であって，その成分について $a_{j,i} = a_{i,j}$ がすべての番号 (i,j) に対して成立するようなもののことである。例えば，単位行列は対称行列である。

2° 正方行列 A であって，その成分について $a_{j,i} = -a_{i,j}$ がすべての番号 (i,j) に対して成立するようなものを交代行列（または歪対称行列または反対称行列）と言う。

展望 対称行列は，二次形式の扱いにおいて重要な役割を果たす。二次形式については第 10 章および「微分積分学」で扱うほか「線型代数学」および総合科目「微分積分学続論」で詳しく論じる。一方，三次交代行列は空間 $\mathbf{R}^3$ における回転と密接な関係があり，ベクトル解析や電磁気学において有用である。

1.7 行列の略記法 行列の成分に 0 がある場合には，0 を書かずに省略することで，その位置の成分が 0 であることを意味する場合がある。また，ある一帯の成分がすべて 0 である場合には，その部分に大きく O（または 0）を書いて略記することがある。

$$\begin{bmatrix} 1 & & & \\ & 1 & & \\ & & 1 & \\ & & & 1 \end{bmatrix} = \begin{bmatrix} 1 & & & \\ & 1 & O & \\ & & 1 & \\ O & & & 1 \end{bmatrix} = \begin{bmatrix} 1 & & & \\ & 1 & 0 & \\ & & 1 & \\ 0 & & & 1 \end{bmatrix} = \begin{bmatrix} 1 & 0 & 0 & 0 \\ 0 & 1 & 0 & 0 \\ 0 & 0 & 1 & 0 \\ 0 & 0 & 0 & 1 \end{bmatrix}$$

大きな行列が小さな行列を組み合わせてできている場合には，小さな行列を表す記号を並べて括弧で括ることにより，大きな行列を表すことがある。例えば，$A = \begin{bmatrix} a & b \\ c & d \end{bmatrix}, B = \begin{bmatrix} x \\ y \end{bmatrix}, C = [z], O = [0\ 0]$ のとき

$$\begin{bmatrix} A & B \\ O & C \end{bmatrix} = \begin{bmatrix} a & b & x \\ c & d & y \\ 0 & 0 & z \end{bmatrix}$$

である。

§2 行列の和とスカラー倍

2.1 行列の和 同じサイズの二つの行列については，同じ位置にある成分同士を加えることによって，行列の和が定義される。すなわち，

$$A = \begin{bmatrix} a_{1,1} & a_{1,2} & \cdots & a_{1,n} \\ a_{2,1} & a_{2,2} & \cdots & a_{2,n} \\ \vdots & \vdots & & \vdots \\ a_{m,1} & a_{m,2} & \cdots & a_{m,n} \end{bmatrix}, \quad B = \begin{bmatrix} b_{1,1} & b_{1,2} & \cdots & b_{1,n} \\ b_{2,1} & b_{2,2} & \cdots & b_{2,n} \\ \vdots & \vdots & & \vdots \\ b_{m,1} & b_{m,2} & \cdots & b_{m,n} \end{bmatrix}$$

に対して，和 $A + B$ を次のように定める

$$A + B = \begin{bmatrix} a_{1,1} + b_{1,1} & a_{1,2} + b_{1,2} & \cdots & a_{1,n} + b_{1,n} \\ a_{2,1} + b_{2,1} & a_{2,2} + b_{2,2} & \cdots & a_{2,n} + b_{2,n} \\ \vdots & \vdots & & \vdots \\ a_{m,1} + b_{m,1} & a_{m,2} + b_{m,2} & \cdots & a_{m,n} + b_{m,n} \end{bmatrix}$$

交代行列 (alternating matrix)　歪対称行列 (skew-symmetric matrix)　反対称行列 (anti-symmetric matrix)　和 (sum)

2.2 行列のスカラー倍 行列のすべての成分に同じスカラーを掛けることによって，行列のスカラー倍が定義される．すなわち，スカラー λ および $m \times n$ 行列 $A = (a_{i,j})$ に対して，A の λ 倍を次のように定める．

$$\lambda A = \begin{bmatrix} \lambda a_{1,1} & \lambda a_{1,2} & \cdots & \lambda a_{1,n} \\ \lambda a_{2,1} & \lambda a_{2,2} & \cdots & \lambda a_{2,n} \\ \vdots & \vdots & & \vdots \\ \lambda a_{m,1} & \lambda a_{m,2} & \cdots & \lambda a_{m,n} \end{bmatrix}$$

特に $(-1)A$ を $-A$ と表し，$A + (-B)$ を $A - B$ と表す．

2.3 演算法則 行列の和は次の演算法則を満たす．

(1) $(A + B) + C = A + (B + C)$ (2) $A + B = B + A$

(3) $A + O = A = O + A$ (4) $A + (-A) = O = (-A) + A$

行列のスカラー倍は次の演算法則を満たす．

(5) $(\lambda \mu)A = \lambda(\mu A)$

行列の和とスカラー倍は次の演算法則を満たす．

(6) $\lambda(A + B) = \lambda A + \lambda B$ (7) $(\lambda + \mu)A = \lambda A + \mu A$

ただし，各行列のサイズは，公式に現れる形で加えることのできるものとする．これらの法則は，ベクトルの場合と本質的に同じである．

§3 行列とベクトルの積

この節では，行列とベクトルの積を定義する．これを用いると，例えば，連立一次方程式が簡潔に表され，その解を写像の観点からとらえることができるようになる．

3.1 行ベクトルと列ベクトルの積 同じ次元の行ベクトルと列ベクトルを次の規則で掛けることができる．

$$\begin{bmatrix} a_1, & a_2, & \cdots & a_n \end{bmatrix} \begin{bmatrix} x_1 \\ x_2 \\ \vdots \\ x_n \end{bmatrix} = a_1 x_1 + a_2 x_2 + \cdots + a_n x_n$$

得られた結果は一つのスカラーである．これを行ベクトルと列ベクトルの積と呼ぶ．

注意 行ベクトルと列ベクトルを同一視すれば，上で定めた積は n 次元空間 $\mathbf{R}^n$ の標準的な内積に一致するが，行ベクトルと列ベクトルはあくまで別のものであると考えるのが自然な場合もあり，特に断らない限り，上で定めた積は内積とはみなさない．

スカラー倍 (scalar multiple)

3.2 行列とベクトルの積　$m \times n$ 行列 A と n 次元ベクトル $\mathbf{x}$ が与えられたとする．

$$A = \begin{bmatrix} a_{1,1} & a_{1,2} & \cdots & a_{1,n} \\ a_{2,1} & a_{2,2} & \cdots & a_{2,n} \\ \vdots & \vdots & & \vdots \\ a_{m,1} & a_{m,2} & \cdots & a_{m,n} \end{bmatrix}, \quad \mathbf{x} = \begin{bmatrix} x_1 \\ x_2 \\ \vdots \\ x_n \end{bmatrix}$$

行列 A を m 個の行ベクトルが縦に並んだものとみなし，第 i 行に現れる行ベクトルを仮に A_i とおく．

$$A = \begin{bmatrix} \boxed{A_1} \\ \boxed{A_2} \\ \vdots \\ \boxed{A_m} \end{bmatrix}$$

行ベクトル A_i と列ベクトル $\mathbf{x}$ の積 $A_i \mathbf{x}$ を考え，これを第 i 成分とするベクトルを $A\mathbf{x}$ と定める．

$$A\mathbf{x} = \begin{bmatrix} A_1 \mathbf{x} \\ A_2 \mathbf{x} \\ \vdots \\ A_m \mathbf{x} \end{bmatrix} = \begin{bmatrix} a_{1,1} x_1 + a_{1,2} x_2 + \cdots + a_{1,n} x_n \\ a_{2,1} x_1 + a_{2,2} x_2 + \cdots + a_{2,n} x_n \\ \vdots \\ a_{m,1} x_1 + a_{m,2} x_2 + \cdots + a_{m,n} x_n \end{bmatrix}$$

こうして得られた m 次元ベクトル $A\mathbf{x}$ を行列 A とベクトル $\mathbf{x}$ の積と呼ぶ．

注意　行列 $A = (a_{i,j})$ とベクトル $\mathbf{x} = [x_1, \ldots, x_n]^\mathrm{T}$ の積を $\mathbf{y} = A\mathbf{x}$ とおくと，その第 i 成分 y_i は，積の定義から，次で与えられる．

$$y_i = a_{i,1} x_1 + \cdots + a_{i,n} x_n = \sum_{j=1}^n a_{i,j} x_j$$

なお，右辺の和を $\sum_{1 \leq j \leq n} a_{i,j} x_j$ とも表す．

備考　行列 A とベクトル $\mathbf{x}$ からベクトル $A\mathbf{x}$ を得ることを「行列 A をベクトル $\mathbf{x}$ に掛ける」「行列 A をベクトル $\mathbf{x}$ に作用させる」と言うことがある．

3.3 演算法則　行列とベクトルの積については，次の演算法則が成立する．ただし，行列のサイズとベクトルの次元は，公式に現れる形で加えたり掛けることのできるようなものであるとする．

(1) $A(\mathbf{x} + \mathbf{y}) = A\mathbf{x} + A\mathbf{y}$　　(2) $A(\lambda \mathbf{x}) = \lambda (A\mathbf{x})$

(3) $(A + B)\mathbf{x} = A\mathbf{x} + B\mathbf{x}$　　(4) $(\lambda A)\mathbf{x} = \lambda (A\mathbf{x})$

行列とベクトルの積 (product of matrix and vector)

§4 行列の応用

4.1 行列の定める写像 $m \times n$ 行列 A が与えられたとする。このとき，各ベクトル $\mathbf{x} \in \mathbf{R}^n$ にベクトル $A\mathbf{x} \in \mathbf{R}^m$ を対応させることによって，$\mathbf{R}^n$ から $\mathbf{R}^m$ への写像が得られる。こうして得られる写像を，行列の記号を流用して $A : \mathbf{R}^n \longrightarrow \mathbf{R}^m$ と表す習慣であるが，当面は，行列と写像を記号上でも明確に区別するため

$$F_A : \mathbf{R}^n \longrightarrow \mathbf{R}^m, \quad \mathbf{x} \mapsto A\mathbf{x}$$

と表すことにする。

参考 1° §3.3 演算法則 (1)(2) を写像 F_A を用いて言い換えると次のようになる。

$$F_A(\mathbf{x} + \mathbf{y}) = F_A(\mathbf{x}) + F_A(\mathbf{y}), \quad F_A(\lambda \mathbf{x}) = \lambda F_A(\mathbf{x})$$

2° 写像 $F : \mathbf{R}^n \longrightarrow \mathbf{R}^m$ が性質 $F(\mathbf{x} + \mathbf{y}) = F(\mathbf{x}) + F(\mathbf{y}), F(\lambda \mathbf{x}) = \lambda F(\mathbf{x})$ を満たすとき F は線型であると言う。そこで，行列 A の定める写像 $F_A : \mathbf{R}^n \longrightarrow \mathbf{R}^m$ を行列 A の定める線型写像と呼ぶ。この点については，第 13 章で詳しく述べる。

4.2 連立方程式の係数行列 以下では，連立一次方程式を単に連立方程式と呼ぶ。

一般に，連立方程式が次のように与えられたとする。

$$\begin{cases} a_{1,1}x_1 + a_{1,2}x_2 + \cdots + a_{1,n}x_n = b_1 \\ a_{2,1}x_1 + a_{2,2}x_2 + \cdots + a_{2,n}x_n = b_2 \\ \cdots \quad \cdots \\ a_{m,1}x_1 + a_{m,2}x_2 + \cdots + a_{m,n}x_n = b_m \end{cases}$$

ただし，たとえ同じ方程式が重複しているなどの無駄があっても整理して省いたりはせず，方程式を並べる順序は与えられた順に固定して動かさないものとする。

このとき，未知数 $x_1, \ldots, x_n$ の係数を抜き出して行列を作ることができる。

$$A = \begin{bmatrix} a_{1,1} & a_{1,2} & \cdots & a_{1,n} \\ a_{2,1} & a_{2,2} & \cdots & a_{2,n} \\ \vdots & \vdots & & \vdots \\ a_{m,1} & a_{m,2} & \cdots & a_{m,n} \end{bmatrix}$$

こうして得られた行列を，この連立方程式の**係数行列**と呼ぶ。

また，係数行列の右側に連立方程式の右辺のスカラーを並べて得られる行列を**拡大係数行列**と呼ぶ。

$$\widetilde{A} = \left[\begin{array}{cccc|c} a_{1,1} & a_{1,2} & \cdots & a_{1,n} & b_1 \\ a_{2,1} & a_{2,2} & \cdots & a_{2,n} & b_2 \\ \vdots & \vdots & & \vdots & \vdots \\ a_{m,1} & a_{m,2} & \cdots & a_{m,n} & b_m \end{array}\right]$$

拡大係数行列は，上記のように，係数行列の部分と方程式の右辺から来る列ベクトルの部分を縦の補助線で区分して記すことがある。

線型 (linear)　線型写像 (linear map)　係数行列 (coefficient matrix)　拡大係数行列 (augmented coefficient matrix, augmented matrix)

4.3 行列による連立方程式の表示 次のような連立方程式が与えられたとする。

$$\begin{cases} a_{1,1}x_1 + a_{1,2}x_2 + \cdots + a_{1,n}x_n = b_1 \\ a_{2,1}x_1 + a_{2,2}x_2 + \cdots + a_{2,n}x_n = b_2 \\ \quad \cdots \qquad\qquad\qquad \cdots \\ a_{m,1}x_1 + a_{m,2}x_2 + \cdots + a_{m,n}x_n = b_m \end{cases}$$

上記のように,連立方程式から係数行列 A を構成し,未知数 $x_1, \ldots, x_n$ を成分とするベクトル $\mathbf{x} = (x_1, \ldots, x_n)^{\mathrm{T}}$ および連立方程式の右辺から得られるベクトル $\mathbf{b} = (b_1, \ldots, b_m)^{\mathrm{T}}$ を考えると,連立方程式は

$$A\mathbf{x} = \mathbf{b}$$

と表される。ただし,左辺は上で定めた行列とベクトルの積である。

参考 1° 特に $\mathbf{b} = \mathbf{0}$ のとき,上記の連立方程式を**斉次方程式**(または同次方程式)と呼び,そうではないとき,**非斉次方程式**(または非同次方程式)と呼ぶ。

2° ベクトル $\mathbf{x} = \mathbf{x}_1, \mathbf{x}_2$ がともに斉次方程式 $A\mathbf{x} = \mathbf{0}$ の解ならば,一次結合 $\mathbf{x} = \lambda_1 \mathbf{x}_1 + \lambda_2 \mathbf{x}_2$ も方程式 $A\mathbf{x} = \mathbf{0}$ の解である。

3° ベクトル $\mathbf{x} = \mathbf{x}_0$ が非斉次方程式 $A\mathbf{x} = \mathbf{b}$ の解の一つならば,方程式 $A\mathbf{x} = \mathbf{b}$ の解全体はベクトル $\mathbf{x}_0$ と斉次方程式 $A\mathbf{x} = \mathbf{0}$ の解の和として表されるベクトル全体である。なお,同様のことが線型微分方程式について成立する(第 6 章 §3.3 参考)。

4.4 連立方程式と行列の定める写像 前項で見たように,n 個の未知数に関する m 個の方程式からなる連立方程式は,ある $m \times n$ 行列 A と m 次元ベクトル $\mathbf{b}$ および未知の n 次元ベクトル $\mathbf{x}$ を用いて $A\mathbf{x} = \mathbf{b}$ と表されるのであった。従って,連立方程式を解くとは $A\mathbf{x} = \mathbf{b}$ を満たすベクトル $\mathbf{x}$ を求めることである。

ここで,行列 A の定める写像

$$F_A : \mathbf{R}^n \longrightarrow \mathbf{R}^m, \quad \mathbf{x} \mapsto A\mathbf{x}$$

を思い出そう。その定め方から,連立方程式を解くとは,写像 F_A について $F_A(\mathbf{x}) = \mathbf{b}$ となるベクトル $\mathbf{x}$ を求めることであり,写像 F_A によってベクトル $\mathbf{b}$ に写されるようなベクトル $\mathbf{x}$ を求めることにほかならない。

特に,連立方程式 $A\mathbf{x} = \mathbf{b}$ が解を持つためには,ベクトル $\mathbf{b}$ が写像 F_A の像に属することが必要十分である。

展望 方程式 $A\mathbf{x} = \mathbf{0}$ の解は $F_A(\mathbf{x}) = \mathbf{0}$ を満たすベクトル $\mathbf{x}$ にほかならず,そのような $\mathbf{x}$ 全体の集合は,線型写像 F_A の核(または零空間)と呼ばれる。これは,写像 F_A の像と並んで重要な役割を果たす。これについては「線型代数学」で扱う。

斉次=同次 (homogeneous) 非斉次=非同次 (inhomogeneous) 核 (kernel) 零空間 (null space)

§5 行列の積

前々節で述べた行列とベクトルの積を利用して，二つの行列の積を定める．以下に述べる行列の積の定義は，行列の定める写像の観点から，合理的なものである．

5.1 行列の積の定義 行列の積 AB は，A の列の個数と B の行の個数が一致するときに定義される．そこで，$l \times m$ 行列 A と $m \times n$ 行列 B が与えられたとする．

$$A = \begin{bmatrix} a_{1,1} & a_{1,2} & \cdots & a_{1,m} \\ a_{2,1} & a_{2,2} & \cdots & a_{2,m} \\ \vdots & \vdots & & \vdots \\ a_{l,1} & a_{l,2} & \cdots & a_{l,m} \end{bmatrix}, \quad B = \begin{bmatrix} b_{1,1} & b_{1,2} & \cdots & b_{1,n} \\ b_{2,1} & b_{2,2} & \cdots & b_{2,n} \\ \vdots & \vdots & & \vdots \\ b_{m,1} & b_{m,2} & \cdots & b_{m,n} \end{bmatrix}$$

行列 B を n 個の列ベクトルが横に並んだものとみなし，第 j 列に現れる列ベクトルを $\mathbf{b}_j$ とおく．前節で定めた行列とベクトルの積 $A\mathbf{b}_j$ を各 $j = 1, 2, \ldots, n$ について作り，これらを横に並べて得られる $l \times n$ 行列を行列の積 AB と定める．

$$B = \begin{bmatrix} \mathbf{b}_1 & \mathbf{b}_2 & \cdots & \mathbf{b}_n \end{bmatrix} \text{ のとき } AB = \begin{bmatrix} A\mathbf{b}_1 & A\mathbf{b}_2 & \cdots & A\mathbf{b}_n \end{bmatrix}$$

このようにして行列の積を得る操作を行列の乗法と言う．

注意 1° 行列の積 AB の第 i 行は，A の第 i 行 A_i と行列 B の積 $A_i B$ に一致する．

$$A = \begin{bmatrix} A_1 \\ A_2 \\ \vdots \\ A_l \end{bmatrix} \text{ のとき } AB = \begin{bmatrix} A_1 B \\ A_2 B \\ \vdots \\ A_l B \end{bmatrix}$$

2° 行列の積 AB の第 (i,j) 成分は，行ベクトルと列ベクトルの積 $A_i \mathbf{b}_j$ に一致する．

$$AB = \begin{bmatrix} A_1 \mathbf{b}_1 & A_1 \mathbf{b}_2 & \cdots & A_1 \mathbf{b}_n \\ A_2 \mathbf{b}_1 & A_2 \mathbf{b}_2 & \cdots & A_2 \mathbf{b}_n \\ \vdots & \vdots & & \vdots \\ A_l \mathbf{b}_1 & A_l \mathbf{b}_2 & \cdots & A_l \mathbf{b}_n \end{bmatrix}$$

よって，積 $C = AB$ の第 (i,j) 成分 $c_{i,j}$ は，A, B の成分によって次で与えられる．

$$c_{i,j} = A_i \mathbf{b}_j = a_{i,1} b_{1,j} + \cdots + a_{i,m} b_{m,j} = \sum_{k=1}^{m} a_{i,k} b_{k,j}$$

なお，右辺の和を $\sum_{1 \leq k \leq m} a_{i,k} b_{k,j}$ とも表す．

備考 行列 A と行列 B から行列の積 AB を作る操作を「行列 A を行列 B に左から掛ける」「行列 B を行列 A に右から掛ける」と言うことがある．

5.2 行列の積と写像の合成　$l \times m$ 行列 A および $m \times n$ 行列 B が与えられたとする。これらの行列は，それぞれ次のような写像 F_A および F_B を定める。

$$F_A : \mathbf{R}^m \longrightarrow \mathbf{R}^l, \quad F_B : \mathbf{R}^n \longrightarrow \mathbf{R}^m$$

そこで，まず行列 B を n 次元ベクトル $\mathbf{x}$ に掛け，得られた m 次元ベクトル $B\mathbf{x}$ に行列 A を掛けることができる。こうして得られる写像は，写像 F_A と F_B の合成

$$F_A \circ F_B : \mathbf{R}^n \longrightarrow \mathbf{R}^l, \quad \mathbf{x} \mapsto A(B\mathbf{x})$$

にほかならない。このとき，次の命題が成立する。

> **命題**　行列 A, B に対して $F_A \circ F_B = F_{AB}$ が成立する。

ただし，行列 A と行列 B のサイズは積 AB が意味を持つようなものであるとする。

［証明］実際，$\mathbf{y} = B\mathbf{x}, C = AB$ とおくと

$$A(B\mathbf{x}) \text{ の第 } i \text{ 成分} = \sum_{j=1}^m a_{i,j} y_j = \sum_{j=1}^m a_{i,j} \sum_{k=1}^n b_{j,k} x_k$$
$$= \sum_{j=1}^m \sum_{k=1}^n a_{i,j} b_{j,k} x_k = \sum_{k=1}^n \sum_{j=1}^m a_{i,j} b_{j,k} x_k = \sum_{k=1}^n c_{i,k} x_k = (AB)\mathbf{x} \text{ の第 } i \text{ 成分}$$

となり，$A(B\mathbf{x}) = (AB)\mathbf{x}$ が成立する。　□

5.3 演算法則　行列の積に関して，次の演算法則が成立する。

(1) $(AB)C = A(BC)$ 　　　(2) $AE = A = EA$

行列の和と積に関して，次の演算法則が成立する。

(3) $(A+B)C = AC + BC, \quad A(B+C) = AB + AC$

ただし，各行列のサイズは，公式に現れる行列の積が意味を持つようなものとする。

　公式 (1) は行列の積の結合則と呼ばれる。これが成立するので，三つ以上の行列の積について，括弧を省略して ABC などと書いてよい。正方行列 A に対して，

$$A^k = \underbrace{AA \cdots A}_{k}, \quad A^0 = E$$

と表す。ただし k は正整数である。これを行列の巾と呼ぶ。

注意　行列の積については，以下の点に注意せよ。

(1) 積 AB が意味を持っても，積 BA が意味を持つとは限らない。
(2) 積 AB と積 BA が意味を持っても，それらのサイズが一致するとは限らない。
(3) 積 AB と積 BA が意味を持ち，AB と BA のサイズが一致しても，$AB = BA$ となるとは限らない。
(4) 行列 A, B が零行列でなくても，積 AB が零行列になることがある。従って，$AB = O$ だからと言って $A = O$ または $B = O$ であるとは言えない。

巾(べき) (power)

第12章 行列とその演算

キーワード 行列, 成分, 行列のサイズ, 行列の行と列, 零行列, 行ベクトル, 列ベクトル, 正方行列, 正方行列の次数, 対角成分, 対角行列, 単位行列, 行列の和, 行列のスカラー倍, 行列とベクトルの積, 行列の定める線型写像, 連立方程式の係数行列, 連立方程式の表示, 行列の積, 行列の巾

確認 12A 行列 $A = \begin{bmatrix} 1 & 2 & -1 \\ 3 & -2 & 0 \end{bmatrix}$ について以下の問に答えよ。

(1) 行列 A のサイズを答えよ。 (2) 行列 A の第 $(2,1)$ 成分を答えよ。

(3) 行列 A の転置 A^{T} を答えよ。

確認 12B 次の行列とベクトルの積を計算せよ。ただし x, y, z は実数の定数である。

(1) $\begin{bmatrix} 1 & 1 \end{bmatrix} \begin{bmatrix} x \\ y \end{bmatrix}$ (2) $\begin{bmatrix} 1 & 1 \\ 1 & 2 \end{bmatrix} \begin{bmatrix} x \\ y \end{bmatrix}$ (3) $\begin{bmatrix} 1 & 1 \\ 1 & 2 \\ 2 & 3 \end{bmatrix} \begin{bmatrix} x \\ y \end{bmatrix}$ (4) $\begin{bmatrix} 1 & 1 & 2 \\ 1 & 2 & 3 \end{bmatrix} \begin{bmatrix} x \\ y \\ z \end{bmatrix}$

確認 12C 次の行列とベクトルの積を計算せよ。ただし x, y, z は実数の定数である。

(1) $\begin{bmatrix} 1 & 0 & 0 \\ 0 & 1 & 0 \\ 0 & 0 & 1 \end{bmatrix} \begin{bmatrix} x \\ y \\ z \end{bmatrix}$ (2) $\begin{bmatrix} -1 & 0 & 0 \\ 0 & -1 & 0 \\ 0 & 0 & -1 \end{bmatrix} \begin{bmatrix} x \\ y \\ z \end{bmatrix}$ (3) $\begin{bmatrix} 0 & 1 & 0 \\ 1 & 0 & 0 \\ 0 & 0 & 1 \end{bmatrix} \begin{bmatrix} x \\ y \\ z \end{bmatrix}$

確認 12D 次の連立方程式の係数行列および拡大係数行列を答え, 行列とベクトルの積を用いて連立方程式を表せ。

(1) $\begin{cases} x + y = 2 \\ x - y = 0 \end{cases}$ (2) $\begin{cases} x + y + z = 1 \\ x - y + z = 3 \end{cases}$ (3) $\begin{cases} x + y = 2 \\ x - y = 0 \\ 2x + y = 3 \end{cases}$ (4) $\begin{cases} x + z = 1 \\ x + y = 1 \\ y + z = 1 \end{cases}$

確認 12E 次の計算をせよ。

(1) $\begin{bmatrix} 1 & 1 \\ 1 & 2 \\ 2 & 3 \end{bmatrix} \begin{bmatrix} 0 \\ 0 \end{bmatrix}$ (2) $\begin{bmatrix} 1 & 1 \\ 1 & 2 \\ 2 & 3 \end{bmatrix} \begin{bmatrix} 1 \\ 1 \end{bmatrix}$ (3) $\begin{bmatrix} 1 & 1 \\ 1 & 2 \\ 2 & 3 \end{bmatrix} \begin{bmatrix} 2 \\ 1 \end{bmatrix}$ (4) $\begin{bmatrix} 1 & 1 \\ 1 & 2 \\ 2 & 3 \end{bmatrix} \begin{bmatrix} 1 & 2 \\ 1 & 1 \end{bmatrix}$

(5) $\begin{bmatrix} 1 & 1 \end{bmatrix} \begin{bmatrix} 1 & 2 \\ 1 & 1 \end{bmatrix}$ (6) $\begin{bmatrix} 1 & 1 \\ 1 & 2 \end{bmatrix} \begin{bmatrix} 1 & 2 \\ 1 & 1 \end{bmatrix}$ (7) $\begin{bmatrix} 1 & 1 \\ 1 & 2 \\ 2 & 3 \end{bmatrix} \begin{bmatrix} 1 & 2 \\ 1 & 1 \end{bmatrix}$ (8) $\begin{bmatrix} 1 & 1 \\ 2 & 1 \end{bmatrix} \begin{bmatrix} 1 & 1 & 2 \\ 1 & 2 & 3 \end{bmatrix}$

確認 12F 次の行列 A に対して A^n を計算せよ。ただし, n は正整数である。

(1) $\begin{bmatrix} 0 & -1 \\ 1 & 0 \end{bmatrix}$ (2) $\begin{bmatrix} 0 & 1 & 0 \\ 0 & 0 & 1 \\ 1 & 0 & 0 \end{bmatrix}$ (3) $\begin{bmatrix} 2 & -1 & -1 \\ -1 & 2 & -1 \\ -1 & -1 & 2 \end{bmatrix}$ (4) $\begin{bmatrix} 1 & 1 & 1 & 1 \\ 1 & 1 & -1 & -1 \\ 1 & -1 & 1 & -1 \\ 1 & -1 & -1 & 1 \end{bmatrix}$

確認 12G 正方行列 $A \neq O$ および実数 λ について関係式 $A^2 = \lambda A$ が成立するとき, $A\mathbf{v} = \lambda \mathbf{v}$ かつ $\mathbf{v} \neq \mathbf{0}$ となるベクトル $\mathbf{v}$ が存在することを示せ。

第13章 線型写像と行列

線型写像は，定数項のない一次式で表されるような写像に相当するようなものであり，数学全般で基本的かつ重要な役割を果たす．第8章で述べたように，平面の一次変換は $\mathbf{R}^2$ から $\mathbf{R}^2$ への線型写像ととらえることができる．この章では，より一般に $\mathbf{R}^n$ から $\mathbf{R}^m$ への線型写像と $m \times n$ 行列の関係について考察する．さらに，線型変換の逆変換と正方行列の逆行列の関係について考察し，逆行列の応用を学ぶ．特に，平面の線型変換の場合に，逆変換を持つための条件と逆変換の公式を行列を用いて記述する．

§1 線型写像

空間 $\mathbf{R}^n$ から空間 $\mathbf{R}^m$ への線型写像は，結果的には行列の定める写像となるのだが，これを定義とするのではなく，線型性と呼ばれる性質を満たすものとして定義する．そうすることで取り扱いが簡明になり，理解しやすくなる．また，将来的には，より一般的な枠組みで議論が展開できるようになるという利点もある．

以下では，空間 $\mathbf{R}^n$ の点 $(x_1, \ldots, x_n)$ とその点の位置ベクトル $(x_1, \ldots, x_n)^{\mathrm{T}}$ を同一視する．

1.1 線型写像とは何か 空間 $\mathbf{R}^n$ から空間 $\mathbf{R}^m$ への写像が**線型写像**であることを次のように定義する．

> **定義** 写像 $F : \mathbf{R}^n \longrightarrow \mathbf{R}^m$ が線型写像であるとは，条件
> (1) $F(\mathbf{x}_1 + \mathbf{x}_2) = F(\mathbf{x}_1) + F(\mathbf{x}_2)$ (2) $F(\lambda \mathbf{x}) = \lambda F(\mathbf{x})$
> がともに成立することである．

ここで，(1) では，任意の $\mathbf{x}_1, \mathbf{x}_2 \in \mathbf{R}^n$ に対して $F(\mathbf{x}_1 + \mathbf{x}_2) = F(\mathbf{x}_1) + F(\mathbf{x}_2)$ が成立することを意味し，(2) では，任意の $\mathbf{x} \in \mathbf{R}^n$ と任意の $\lambda \in \mathbf{R}$ に対して $F(\lambda \mathbf{x}) = \lambda F(\mathbf{x})$ が成立することを意味する．

条件 (1)(2) の表す性質を「線型性」と言い，写像 $F : \mathbf{R}^n \longrightarrow \mathbf{R}^m$ が線型写像であるとき，F は線型であると言う．特に $m = n$ のとき，線型写像 $F : \mathbf{R}^n \longrightarrow \mathbf{R}^n$ を空間 $\mathbf{R}^n$ の**線型変換**（または**一次変換**または**線型作用素**）と呼ぶ．

注意 1° 条件 (1)(2) を繰り返し用いることにより，線型写像 $F : \mathbf{R}^n \longrightarrow \mathbf{R}^m$ は

$$F(\lambda_1 \mathbf{x}_1 + \cdots + \lambda_k \mathbf{x}_k) = \lambda_1 F(\mathbf{x}_1) + \cdots + \lambda_k F(\mathbf{x}_k)$$

を満たすことが分かる．ただし $\lambda_1, \ldots, \lambda_k \in \mathbf{R}$, $\mathbf{x}_1, \ldots, \mathbf{x}_k \in \mathbf{R}^n$ である．

せんけい
線型写像 (linear map)　線型変換＝一次変換 (linear transformation)　線型作用素 (linear operator)

2° 条件 (1)(2) がともに成立することは，任意の $\lambda_1, \lambda_2 \in \mathbf{R}$ および任意の $\mathbf{x}_1, \mathbf{x}_2 \in \mathbf{R}^n$ に対して $F(\lambda_1 \mathbf{x}_1 + \lambda_2 \mathbf{x}_2) = \lambda_1 F(\mathbf{x}_1) + \lambda_2 F(\mathbf{x}_2)$ となることと同値である。こちらを線型写像の定義として採用する場合もある。

3° 線型写像 $F : \mathbf{R}^n \longrightarrow \mathbf{R}^m$ は $F(\mathbf{0}) = \mathbf{0}$ を満たす。ただし，左辺の $\mathbf{0}$ は $\mathbf{R}^n$ の零ベクトルであり，右辺の $\mathbf{0}$ は $\mathbf{R}^m$ の零ベクトルである。実際 $\mathbf{0} + \mathbf{0} = \mathbf{0}$ であり，条件 (1) により $F(\mathbf{0}) = F(\mathbf{0}+\mathbf{0}) = F(\mathbf{0}) + F(\mathbf{0})$ となるから $F(\mathbf{0}) = \mathbf{0}$ である。また，条件 (2) を用いて $F(\mathbf{0}) = F(0\mathbf{0}) = 0F(\mathbf{0}) = \mathbf{0}$ としてもよい。

参考 零ベクトル $\mathbf{0}$ は 0 個のベクトルの一次結合であるという解釈では，$F(\mathbf{0}) = \mathbf{0}$ は $F(\lambda_1 \mathbf{v}_1 + \cdots + \lambda_k \mathbf{v}_k) = \lambda_1 F(\mathbf{v}_1) + \cdots + \lambda_k F(\mathbf{v}_k)$ で $k = 0$ の場合に相当する。

1.2 行列の定める線型写像 $m \times n$ 行列 A が与えられたとする。

$$A = \begin{bmatrix} a_{1,1} & a_{1,2} & \cdots & a_{1,n} \\ a_{2,1} & a_{2,2} & \cdots & a_{2,n} \\ \vdots & \vdots & & \vdots \\ a_{m,1} & a_{m,2} & \cdots & a_{m,n} \end{bmatrix}$$

第 12 章で述べたように，n 次元ベクトル $\mathbf{v} \in \mathbf{R}^n$ にベクトル $A\mathbf{v} \in \mathbf{R}^m$ を対応させる写像 F_A を行列 A の定める写像と呼ぶのであった。

$$F_A : \mathbf{R}^n \longrightarrow \mathbf{R}^m, \quad \mathbf{x} \mapsto A\mathbf{x}$$

第 12 章 §3.3 の演算法則 (1) (2) より，次の命題が直ちに得られる。

> **命題 1** $m \times n$ 行列 A の定める写像 $F_A : \mathbf{R}^n \longrightarrow \mathbf{R}^m$ は線型写像である。

以下では，写像 $F_A : \mathbf{R}^n \longrightarrow \mathbf{R}^m$ を行列 A の定める線型写像と呼び，誤解の恐れのない限り，行列の記号 A を流用して次のように表す。

$$A : \mathbf{R}^n \longrightarrow \mathbf{R}^m, \quad \mathbf{x} \mapsto A\mathbf{x}$$

注意 1° 行列 A の定める写像 F_A の線型性は，第 12 章 §3.3 で扱った演算法則 $A(\mathbf{x} + \mathbf{y}) = A\mathbf{x} + A\mathbf{y}$ および $A(\lambda \mathbf{x}) = \lambda A\mathbf{x}$ にほかならない。

2° 第 12 章 §5.3 で扱った行列の積の結合則 $(AB)C = A(BC)$ は，線型写像の結合則 $(F_A \circ F_B) \circ F_C = F_A \circ (F_B \circ F_C)$ に対応している。

1.3 平面の一次変換 平面 $\mathbf{R}^2$ の線型変換を平面の一次変換とも言う。これについては，第 8 章で詳しく紹介したが，若干の例を追加しておこう。

例 1（直交射影） 行列 $A = \begin{bmatrix} 1 & 0 \\ 0 & 0 \end{bmatrix}$ の定める線型変換は x 軸への直交射影（正射影）である。同様に $A = \begin{bmatrix} 0 & 0 \\ 0 & 1 \end{bmatrix}$ の定める線型変換は y 軸への直交射影となる。

結合則＝結合法則＝結合律 (associative law)　　直交射影＝正射影 (orthogonal projection)

例2（ずらし変換） 実数 λ に対して，行列 $A = \begin{bmatrix} 1 & \lambda \\ 0 & 1 \end{bmatrix}$ の定める線型変換について，次が成立する。

$$A \begin{bmatrix} x \\ y \end{bmatrix} = \begin{bmatrix} x + \lambda y \\ y \end{bmatrix} = \begin{bmatrix} x \\ y \end{bmatrix} + \lambda \begin{bmatrix} y \\ 0 \end{bmatrix}$$

これはベクトルをその y 成分の λ 倍だけ横にずらして傾ける変換である。

1.4 空間の一次変換 空間 $\mathbf{R}^3$ の線型変換を空間の一次変換とも言う。

例1（空間の拡大縮小） 正の実数 λ に対して，次の行列の定める空間 $\mathbf{R}^3$ の一次変換はベクトルの向きを変えずに大きさを λ 倍する変換である。

$$A = \lambda E = \begin{bmatrix} \lambda & 0 & 0 \\ 0 & \lambda & 0 \\ 0 & 0 & \lambda \end{bmatrix}$$

従って，$0 < \lambda < 1$ のときには縮小であり，$1 < \lambda$ のときは拡大であり，特に $\lambda = 1$ の場合は恒等変換にほかならない。なお，$\lambda = 0$ のときは，すべてのベクトルを零ベクトルに写す変換であり，$\lambda = -1$ のときは，原点に関する対称移動である。

例2（空間の鏡映） 原点を通る平面 H に関する対称移動を H に関する鏡映とも言い，平面 H をその鏡映面と言う。次の行列の定める空間 $\mathbf{R}^3$ の一次変換は，それぞれ xy 平面, xz 平面, yz 平面に関する鏡映を表す。

$$\begin{bmatrix} 1 & 0 & 0 \\ 0 & 1 & 0 \\ 0 & 0 & -1 \end{bmatrix}, \begin{bmatrix} 1 & 0 & 0 \\ 0 & -1 & 0 \\ 0 & 0 & 1 \end{bmatrix}, \begin{bmatrix} -1 & 0 & 0 \\ 0 & 1 & 0 \\ 0 & 0 & 1 \end{bmatrix}$$

例3（空間の回転） 第8章で見たように，原点を中心とする平面の回転は回転行列 R_θ で表された。次の行列の定める空間 $\mathbf{R}^3$ の一次変換は，それぞれ x 軸, y 軸, z 軸を回転軸とする空間の回転を表す。

$$\begin{bmatrix} 1 & 0 & 0 \\ 0 & \cos\theta & -\sin\theta \\ 0 & \sin\theta & \cos\theta \end{bmatrix}, \begin{bmatrix} \cos\theta & 0 & \sin\theta \\ 0 & 1 & 0 \\ -\sin\theta & 0 & \cos\theta \end{bmatrix}, \begin{bmatrix} \cos\theta & -\sin\theta & 0 \\ \sin\theta & \cos\theta & 0 \\ 0 & 0 & 1 \end{bmatrix}$$

ただし，回転の正の向きは，x 軸を回転軸とする場合は y 軸の正の方向から z 軸の正の方向に向かうもの，y 軸を回転軸とする場合は z 軸の正の方向から x 軸の正の方向に向かうもの，z 軸を回転軸とする場合は x 軸の正の方向から y 軸の正の方向に向かうものとする。

備考 物理学等では，拡大と縮小を総称してスケール変換（またはスケーリング）と呼び，拡大率をスケール因子（またはスケールファクター）と呼ぶ。

ずらし (shear)　拡大 (dilation)　縮小 (contraction)　鏡映 (reflection)　スケール変換＝スケーリング (scaling)　スケール因子 (scale factor)

§2 　線型写像の行列表示

前節では，行列が与えられたとして，行列の定める線型写像を考察した．ここでは，逆に線型写像 $F: \mathbf{R}^n \longrightarrow \mathbf{R}^m$ が与えられたとして，それが行列の定める線型写像に一致することを見ていこう．

2.1 行列表示とは何か　与えられた線型写像 $F: \mathbf{R}^n \longrightarrow \mathbf{R}^m$ に対して，$m \times n$ 行列 A であって $F = F_A$ となるものを線型写像 F の**行列表示**（または**表現行列**）と呼ぶ．すなわち，線型写像 F の表現行列とは，任意の $\mathbf{x} \in \mathbf{R}^n$ に対して $F(\mathbf{x}) = A\mathbf{x}$ となるような行列 A のことである．与えられた線型写像 F に対して，その表現行列を求めることを「線型写像 F を行列表示する」と言う．

2.2 行列表示の求め方　線型写像 $F: \mathbf{R}^n \longrightarrow \mathbf{R}^m$ が行列表示を持ったとすると，それは基本単位ベクトル $\mathbf{e}_1, \ldots, \mathbf{e}_n$ における F の値からただ一つに定まる．

実際，行列 A が線型写像 F の行列表示であれば，特に $F(\mathbf{e}_1) = A\mathbf{e}_1, \ldots, F(\mathbf{e}_n) = A\mathbf{e}_n$ が成立しており，各 $j = 1, \ldots, n$ について $A\mathbf{e}_j$ は行列 A の第 j 列 $\mathbf{a}_j$ に等しい．従って，行列 A の第 j 列は $F(\mathbf{e}_j)$ に一致するので，基本単位ベクトル $\mathbf{e}_1, \ldots, \mathbf{e}_n$ の像 $F(\mathbf{e}_1), \ldots, F(\mathbf{e}_n)$ を並べたものが表現行列 A に一致する．

$$A = \begin{bmatrix} F(\mathbf{e}_1) & F(\mathbf{e}_2) & \cdots & F(\mathbf{e}_n) \end{bmatrix}$$

2.3 行列表示の存在　前項では，線型写像 $F: \mathbf{R}^n \longrightarrow \mathbf{R}^m$ が行列表示を持ったとして考察したが，そこで得られた結果を用いることにより，次の命題が得られる．

> **命題 2**　空間 $\mathbf{R}^n$ から空間 $\mathbf{R}^m$ への線型写像は，ある $m \times n$ 行列 A の定める写像に等しい．

［証明］写像 $F: \mathbf{R}^n \longrightarrow \mathbf{R}^m$ は線型写像であるとする．行列 A を前項のように $A = [F(\mathbf{e}_1), \ldots, F(\mathbf{e}_n)]$ と定めると，任意のベクトル $\mathbf{x} = (x_1, \ldots, x_n)^{\mathrm{T}}$ は

$$\mathbf{x} = x_1 \mathbf{e}_1 + \cdots + x_n \mathbf{e}_n$$

と表されるので，写像 F が線型写像であることから

$$\begin{aligned} F(\mathbf{x}) &= F(x_1 \mathbf{e}_1 + \cdots + x_n \mathbf{e}_n) \\ &= x_1 F(\mathbf{e}_1) + \cdots + x_n F(\mathbf{e}_n) = x_1 A\mathbf{e}_1 + \cdots + x_n A\mathbf{e}_n = A\mathbf{x} \end{aligned}$$

となって，行列 A は線型写像 F の行列表示である．　□

行列表示 (matrix representation) 　表現行列 (representation matrix)

§3 逆変換と逆行列

写像 $f: X \longrightarrow Y$ に対して，写像 $g: Y \longrightarrow X$ であって，$g \circ f = 1_X$ かつ $f \circ g = 1_Y$ を満たすものを f の逆写像と言い，f^{-1} と表すのであった．また，特に $X = Y$ のときには，変換 $f: X \longrightarrow X$ の逆写像を f の逆変換と呼ぶのであった．

3.1 線型写像の逆写像 線型変換 $F: \mathbf{R}^n \longrightarrow \mathbf{R}^n$ が全単射であるとき，逆変換 F^{-1} がただ一つ存在する．これについて，次の命題が成立する．

> **命題 3** 線型変換の逆変換は線型変換である．

［証明］変換 $F: \mathbf{R}^n \longrightarrow \mathbf{R}^n, G: \mathbf{R}^n \longrightarrow \mathbf{R}^n$ が互いに他の逆写像であり，F は線型変換であるとする．このとき，$\mathbf{y}_1, \mathbf{y}_2 \in \mathbf{R}^n$ とし，$\mathbf{x}_1 = G(\mathbf{y}_1), \mathbf{x}_2 = G(\mathbf{y}_2)$ とおくと，G は F の逆変換だから $\mathbf{y}_1 = F(\mathbf{x}_1), \mathbf{y}_2 = F(\mathbf{x}_2)$ および $G(F(\mathbf{x}_1 + \mathbf{x}_2)) = \mathbf{x}_1 + \mathbf{x}_2$ が成立するが，F の線型性より $F(\mathbf{x}_1) + F(\mathbf{x}_2) = F(\mathbf{x}_1 + \mathbf{x}_2)$ が成立し，$G(\mathbf{y}_1 + \mathbf{y}_2) = G(F(\mathbf{x}_1) + F(\mathbf{x}_2)) = G(F(\mathbf{x}_1 + \mathbf{x}_2)) = \mathbf{x}_1 + \mathbf{x}_2 = G(\mathbf{y}_1) + G(\mathbf{y}_2)$ を得る．同様にして $G(\lambda \mathbf{y}) = \lambda G(\mathbf{y})$ も示されるので，G は線型変換である． □

参考 可逆な線型写像 $F: \mathbf{R}^n \longrightarrow \mathbf{R}^m$ の行列表示を考えると，次項の参考により，実は $m = n$ であることが分かる．従って，線型写像 $F: \mathbf{R}^n \longrightarrow \mathbf{R}^m$ の逆写像を考える際には $m = n$ の場合すなわち線型変換の場合のみ考えれば十分である．

3.2 可逆行列 線型変換の逆変換を行列の言葉に翻訳して得られるのが逆行列の概念である．一般に，正方行列 A に対して，$AB = E = BA$ を満たす行列 B を A の**逆行列**と呼ぶ．ただし，E は単位行列である．

逆行列を持つような行列を**可逆行列**（または**正則行列**）と言う．

参考 1° 正方行列とは限らない行列 A, B に対しても，条件 $AB = E$ および $BA = E$ を考えることができるが，これらがともに成り立つとき，実は A も B も同じサイズの正方行列である．これを示すため，正方行列 X の対角成分すべての和 $\operatorname{tr} X$ を考えると，一般に $m \times n$ 行列 A および $n \times m$ 行列 B に対して，$\operatorname{tr}(AB) = \operatorname{tr}(BA)$ が成立するので $m = \operatorname{tr} E_m = \operatorname{tr}(AB) = \operatorname{tr}(BA) = \operatorname{tr} E_n = n$ となり，行列 A, B はともに同じサイズの正方行列である．

2° 上で用いた正方行列 X の対角成分すべての和 $\operatorname{tr} X$ を行列 X の跡と呼ぶ．

備考 可逆な行列を**非特異行列**とも言い，可逆でない正方行列を**特異行列**とも言う．

逆行列 (inverse matrix)　可逆行列 (invertible matrix)　正則行列 (regular matrix)　跡^{トレース} (trace)　非特異行列 (nonsingular matrix)　特異行列 (singular matrix)

3.3 逆行列の性質　逆行列は存在するとは限らないが，存在すればただ一つである。実際 B, C がともに A の逆行列であれば，$B = BE = B(AC) = (BA)C = EC = C$ となるからである。

可逆行列 A に対して，その逆行列を A^{-1} と表す。逆行列 A^{-1} の定める線型変換は，もとの行列 A の定める線型変換の逆変換である。

行列 A が可逆ならば，転置 A^{T} も可逆であって，$(A^{\mathrm{T}})^{-1} = (A^{-1})^{\mathrm{T}}$ が成立する。また，同じサイズの正方行列 A, B がともに可逆ならば，積 AB も可逆であって，$(AB)^{-1} = B^{-1}A^{-1}$ が成立する。

備考　1°　記号 A^{-1} は「エイ・インバース」と読む。
2°　正則行列 A の逆行列を繰り返し掛け合わせたものを $A^{-k} = (A^{-1})^k$ と表す。ただし，k は正整数である。これも行列の巾と呼ばれる。

3.4 逆変換と逆行列の例　図形的に意味の分かりやすい例を挙げておこう。

例1（拡大・縮小）　零でないスカラー λ に対して，スカラー行列 λE は可逆であり，逆行列は $\lambda^{-1}E$ である。実際，$(\lambda E)(\lambda^{-1}E) = \lambda \lambda^{-1} E = E$ および $(\lambda^{-1}E)(\lambda E) = \lambda^{-1}\lambda E = E$ が成立している。

特に 3×3 行列の場合であれば，実数 $\lambda > 1$ に対して，スカラー行列 λE は空間ベクトルの倍率 λ の拡大を表し，その逆変換は倍率 λ^{-1} の縮小である（§1.4 例1）。

例2（回転）　原点を中心とする平面の回転を考える。第8章で見たように，回転角 θ の回転は，回転行列 $R_\theta = \begin{bmatrix} \cos\theta & -\sin\theta \\ \sin\theta & \cos\theta \end{bmatrix}$ によって表される。角 θ の回転と角 $-\theta$ の回転は互いに他の逆であり，$R_\theta R_{-\theta} = E = R_{-\theta} R_\theta$ が成立するので，行列 R_θ と $R_{-\theta}$ は互いに他の逆行列である。

空間の回転についても同様であり，原点を通る同じ直線を回転軸とする角 θ の回転と角 $-\theta$ の回転を表す行列は，互いに他の逆行列である。

例3（鏡映）　平面 $\mathbf{R}^2$ の原点を通る直線 L に関する鏡映は，同じ鏡映を二度行うと元に戻ることから，行列表示について $A^2 = E$ が成立し，よって A 自身が A の逆行列である。同様に，空間 $\mathbf{R}^3$ の原点を通る平面 H に関する鏡映も，同じ鏡映を二度行うと元に戻ることから，行列表示について $A^2 = E$ が成立し，よって A 自身が A の逆行列である。

3.5 可逆でない変換の例　例えば，平面上のすべての点に対して，その点を x 軸に直交射影して得られる点を対応させる変換は，全射でも単射でもなく，可逆でない。従って，その行列表示 $A = \begin{bmatrix} 1 & 0 \\ 0 & 0 \end{bmatrix}$ は可逆行列ではない。このことは，例えば，任意の二次行列 X に対して AX の第 2 行が 0 となり，単位行列にはなり得ないことからも分かる。y 軸への直交射影についても同様のことが言える。

巾 (power)

§4 二次行列の逆行列と行列式

4.1 二次行列の逆行列 二次行列 $A = \begin{bmatrix} a & b \\ c & d \end{bmatrix}$ に対して，次のように定める

$$\widetilde{A} = \begin{bmatrix} d & -b \\ -c & a \end{bmatrix}, \quad \det A = ad - bc$$

このとき，関係式 $A\widetilde{A} = (\det A)E = \widetilde{A}A$ が成立することが簡単に確かめられる。

> **命題 4** 二次行列 A が $\det A \neq 0$ を満たすとき，A は可逆であり，逆行列は
> $$A^{-1} = \frac{1}{\det A}\widetilde{A}$$
> で与えられる。また，$\det A = 0$ のとき，二次行列 A は可逆でない。

[証明] 二次行列 A が $\det A \neq 0$ を満たすとき，$A\widetilde{A} = (\det A)E = \widetilde{A}A$ により

$$A\left(\frac{1}{\det A}\widetilde{A}\right) = E = \left(\frac{1}{\det A}\widetilde{A}\right)A$$

となるので，行列 $\frac{1}{\det A}\widetilde{A}$ は行列 A の逆行列である。また，$\det A = 0$ のときは $A\widetilde{A} = O$ となるので，もし A が可逆だったとすると $\widetilde{A} = (A^{-1}A)\widetilde{A} = A^{-1}(A\widetilde{A}) = O$ となり，よって $A = O$ となるが，零行列は可逆でないので矛盾である。 □

展望 3次以上の正方行列に対しても，上記の公式と同様の公式があるが，その具体的な形は行列のサイズが大きくなるにつれて急速に複雑になり，計算するのに実用的ではない。サイズの大きな正方行列の逆行列については第14章で扱う。

4.2 二次行列の行列式と跡 二次行列 $A = \begin{bmatrix} a & b \\ c & d \end{bmatrix}$ に対して，スカラー $\det A = ad - bc$ を A の**行列式**と呼ぶ。これを $\begin{vmatrix} a & b \\ c & d \end{vmatrix}$ とも表す。また $\operatorname{tr} A = a + d$ と定め A の**跡**と呼ぶ。

$$\det A = \begin{vmatrix} a & b \\ c & d \end{vmatrix} = ad - bc, \quad \operatorname{tr} A = a + d$$

二次行列の行列式について $\det(AB) = (\det A)(\det B)$ となることが容易に確認される。従って，特に $\det(AB) = \det(BA)$ が成立する。また，跡については $\operatorname{tr}(AB) = \operatorname{tr}(BA)$ が成立する。

展望 1° 行列式は，一般のサイズの正方行列に対しても定義される。特に二次行列および三次行列の場合には，外積との関連で第9章で触れた。一般のサイズの行列式およびその詳しい性質については「線型代数学」で扱う。

2° §3.2 参考で述べたように，正方行列 A の対角成分の和を A の跡と呼び，$\operatorname{tr} A$ と表す。ここまでに扱った知識だけで正方行列の跡の意義を説明するのは難しいが，例えば群論と呼ばれる数学の分野に現れ，これは物理学や化学でも重要である。

行列式 (determinant)　跡（トレース）(trace)

§5 逆行列の応用

5.1 連立方程式と逆行列 可逆行列 A を係数行列とする連立方程式 $A\mathbf{x} = \mathbf{c}$ を考えよう。このとき，方程式 $A\mathbf{x} = \mathbf{c}$ の両辺に左から A^{-1} を掛けることによって，$\mathbf{x} = E\mathbf{x} = A^{-1}A\mathbf{x} = A^{-1}\mathbf{c}$ を得る。逆に $\mathbf{x} = A^{-1}\mathbf{c}$ のとき，$A\mathbf{x} = A(A^{-1}\mathbf{c}) = (AA^{-1})\mathbf{c} = E\mathbf{c} = \mathbf{c}$ であるから，$\mathbf{x} = A^{-1}\mathbf{c}$ は方程式 $A\mathbf{x} = \mathbf{c}$ の解である。従って，可逆行列 A を係数行列とする連立方程式 $A\mathbf{x} = \mathbf{c}$ は，任意のベクトル $\mathbf{c}$ に対して，ただ一つの解 $\mathbf{x} = A^{-1}\mathbf{c}$ を持つ。

方程式 $A\mathbf{x} = \mathbf{c}$ を解くことは，線型変換 $A : \mathbf{R}^n \longrightarrow \mathbf{R}^m$, $\mathbf{x} \mapsto A\mathbf{x}$ によってベクトル $\mathbf{c} \in \mathbf{R}^m$ に写されるようなベクトル $\mathbf{x} \in \mathbf{R}^n$ を求めることと同じであり，A が可逆である場合には，方程式 $A\mathbf{x} = \mathbf{c}$ の解が逆変換によって $\mathbf{x} = A^{-1}\mathbf{c}$ と求まることを意味する。

注意 $n \times n$ 正方行列 A が与えられたとし，$\mathbf{e}_1, \ldots, \mathbf{e}_n$ を $\mathbf{R}^n$ の基本単位ベクトルとする。方程式 $A\mathbf{x} = \mathbf{e}_j$ がすべての $j = 1, \ldots, n$ に対して解 $\mathbf{x} = \mathbf{x}_j$ を持つとき，これらのベクトル $\mathbf{x}_1, \ldots, \mathbf{x}_n$ を並べて得られる行列を X とおく。行列の積の定め方から $AX = E$ が成立する。もし A が可逆であれば $E = AX$ に左から A^{-1} を掛けて $A^{-1} = X$ を得るので X が A の逆行列になる。

参考 正方行列 A, X が $AX = E$ を満たせば，実は $XA = E$ も成立し，$X = A^{-1}$ となる。これについては第 14 章 §2.2 注意で述べる。

5.2 表現行列の決定 空間 $\mathbf{R}^n$ から空間 $\mathbf{R}^m$ への線型写像 F が与えられたとし，n 個のベクトル $\mathbf{b}_1, \ldots, \mathbf{b}_n$ の F による像が次のように求まったとする。

$$F : \mathbf{R}^n \longrightarrow \mathbf{R}^m, \quad \mathbf{b}_1 \mapsto \mathbf{c}_1, \ldots, \mathbf{b}_n \mapsto \mathbf{c}_n$$

ただし $\mathbf{c}_1, \ldots, \mathbf{c}_n \in \mathbf{R}^m$ である。このとき F の行列表示を求める問題を考えよう。

そこで，列ベクトル $\mathbf{b}_1, \ldots, \mathbf{b}_n$ を並べて得られる $n \times n$ 行列を B とし，列ベクトル $\mathbf{c}_1, \ldots, \mathbf{c}_n$ を並べて得られる $m \times n$ 行列を C とおけば，各 $j = 1, \ldots, n$ に対して $A\mathbf{b}_j = F(\mathbf{b}_j) = \mathbf{c}_j$ であるので，関係式 $AB = C$ が得られる。従って，行列 B が可逆であれば，右から B^{-1} を掛けて，F の表現行列が $A = CB^{-1}$ と求まる。

例（平面の鏡映） 平面 $\mathbf{R}^2$ の原点を通る直線 L に関する鏡映は線型変換であった。その行列表示を上記の方法で求めてみよう。直線 L の単位方向ベクトルを $\mathbf{u} = (\cos\theta, \sin\theta)^\mathrm{T}$ とし，これを $90°$ 回転させたベクトルを $\mathbf{v} = (-\sin\theta, \cos\theta)^\mathrm{T}$ とする。直線 L に関する鏡映の表現行列 A は，$A\mathbf{u} = \mathbf{u}$，$A\mathbf{v} = -\mathbf{v}$ により

$$A \begin{bmatrix} \cos\theta & -\sin\theta \\ \sin\theta & \cos\theta \end{bmatrix} = \begin{bmatrix} \cos\theta & \sin\theta \\ \sin\theta & -\cos\theta \end{bmatrix}$$

を満たすので $A = \begin{bmatrix} \cos\theta & \sin\theta \\ \sin\theta & -\cos\theta \end{bmatrix} \begin{bmatrix} \cos\theta & -\sin\theta \\ \sin\theta & \cos\theta \end{bmatrix}^{-1} = \begin{bmatrix} \cos 2\theta & \sin 2\theta \\ \sin 2\theta & -\cos 2\theta \end{bmatrix}$ を得る。

キーワード 線型写像，線型変換，恒等変換，拡大・縮小，直交射影，空間の一次変換，行列表示，逆変換，逆行列，可逆行列（正則行列），二次行列の逆行列の公式，二次行列の行列式

確認 13A 次の行列の行列式を求め，正則かどうか調べよ．また，正則である場合には逆行列を求めよ．

(1) $\begin{bmatrix} 1 & 2 \\ 1 & 3 \end{bmatrix}$ (2) $\begin{bmatrix} 1 & 2 \\ 2 & 4 \end{bmatrix}$ (3) $\begin{bmatrix} 1 & 1 \\ 1 & 0 \end{bmatrix}$ (4) $\begin{bmatrix} \sqrt{2} & \sqrt{3} \\ 2 & \sqrt{6} \end{bmatrix}$ (5) $\begin{bmatrix} \sqrt{3} & \sqrt{2} \\ 2 & \sqrt{6} \end{bmatrix}$

確認 13B 逆行列を利用して，次の連立方程式を解け．

(1) $\begin{cases} x - y = 2 \\ x + y = 4 \end{cases}$ (2) $\begin{cases} 2x + 3y = 1 \\ x + 2y = 1 \end{cases}$ (3) $\begin{cases} x + 2y = 2 \\ 3x + 4y = 1 \end{cases}$ (4) $\begin{cases} 3x - 5y = 1 \\ 5x - 8y = 2 \end{cases}$

確認 13C 次の行列 A の定める線型変換 $A : \mathbf{R}^2 \longrightarrow \mathbf{R}^2$ の図形的な意味を考えることによって，一次変換 A が逆変換を持つかどうか調べ，逆変換を持つ場合には，その表現行列を答えよ．

(1) $\begin{bmatrix} -1 & 0 \\ 0 & -1 \end{bmatrix}$ (2) $\begin{bmatrix} 0 & 1 \\ 1 & 0 \end{bmatrix}$ (3) $\begin{bmatrix} 1 & -1 \\ 0 & 1 \end{bmatrix}$ (4) $\begin{bmatrix} 1 & 1 \\ 1 & 1 \end{bmatrix}$ (5) $\begin{bmatrix} 1 & -1 \\ 1 & 1 \end{bmatrix}$

確認 13D 逆行列を利用して，次の条件を満たす線型変換 F を表す行列を求めよ．

(1) $F : \begin{bmatrix} 1 \\ 0 \end{bmatrix} \mapsto \begin{bmatrix} 2 \\ 1 \end{bmatrix}, \begin{bmatrix} 1 \\ 1 \end{bmatrix} \mapsto \begin{bmatrix} 3 \\ 2 \end{bmatrix}$ (2) $F : \begin{bmatrix} 1 \\ 1 \end{bmatrix} \mapsto \begin{bmatrix} 1 \\ 0 \end{bmatrix}, \begin{bmatrix} 1 \\ 2 \end{bmatrix} \mapsto \begin{bmatrix} 0 \\ 1 \end{bmatrix}$

(3) $F : \begin{bmatrix} 2 \\ 1 \end{bmatrix} \mapsto \begin{bmatrix} 1 \\ 2 \end{bmatrix}, \begin{bmatrix} 3 \\ 2 \end{bmatrix} \mapsto \begin{bmatrix} 1 \\ 2 \end{bmatrix}$ (4) $F : \begin{bmatrix} 3 \\ 5 \end{bmatrix} \mapsto \begin{bmatrix} 1 \\ 1 \end{bmatrix}, \begin{bmatrix} 4 \\ 6 \end{bmatrix} \mapsto \begin{bmatrix} 2 \\ 0 \end{bmatrix}$

確認 13E 次の行列 A の定める空間の一次変換の図形的な意味を答えよ．また，逆行列 A^{-1} を求めよ．

(1) $\begin{bmatrix} -1 & 0 & 0 \\ 0 & -1 & 0 \\ 0 & 0 & 1 \end{bmatrix}$ (2) $\begin{bmatrix} 0 & -1 & 0 \\ 1 & 0 & 0 \\ 0 & 0 & 1 \end{bmatrix}$ (3) $\begin{bmatrix} 0 & 1 & 0 \\ 1 & 0 & 0 \\ 0 & 0 & 1 \end{bmatrix}$ (4) $\begin{bmatrix} 0 & 0 & 1 \\ 1 & 0 & 0 \\ 0 & 1 & 0 \end{bmatrix}$

確認 13F 空間 $\mathbf{R}^3$ の各点 P に対して，次のような点 Q を対応させる変換 F は一次変換である．一次変換 F を表す行列を求めよ．

(1) yz 平面に関して P と対称な点 (2) P から yz 平面に下した垂線の足

(3) 平面 $y = z$ に関して P と対称な点 (4) P から平面 $y = z$ に下した垂線の足

(5) 原点に関して P と対称な点

第14章 行列の基本変形

連立一次方程式の解法は中学校ですでに学んだが，ここでは，未知数や方程式の個数が多い場合を念頭において，その解法を行列に対する操作に翻訳し，システマティックに実行する手法について学ぶ．その手法は，連立一次方程式の解法もさることながら，それ以外にもさまざまな応用があり，線型代数において基本的かつ重要である．

§1 行基本変形

1.1 連立方程式の同値変形 一般に，n 個の未知数 $x_1,\dots,x_n$ に関する m 個の一次方程式からなる連立方程式は，次のような方程式系である．

$$(\text{A}) \begin{cases} a_{1,1}x_1 + \cdots + a_{1,n}x_n = c_1 \cdots\cdots\cdots\text{①} \\ a_{2,1}x_1 + \cdots + a_{2,n}x_n = c_2 \cdots\cdots\cdots\text{②} \\ \qquad\cdots\cdots\cdots \\ a_{m,1}x_1 + \cdots + a_{m,n}x_n = c_m \cdots\cdots\text{ⓜ} \end{cases}$$

連立方程式の解法のポイントは，文字の消去により，より少ない未知数に関する方程式系を導くことにあるが，それを実行するに際して，もとの方程式系と同値な方程式系がつねに手元にあるように計算を進めていこう．

そこで，与えられた方程式系 (A) に以下の操作のいずれかを行うことを考えよう．

1) 二つの方程式を入れ替える操作
2) ある方程式に 0 でないスカラーを掛ける操作
3) ある方程式に他の方程式のスカラー倍を加える操作

容易に分かるように，これらの操作によって得られた方程式系は，もとの方程式系と同値である．そこで，これらの操作を繰り返して，与えられた方程式系を簡単な形の方程式系に同値変形することを考える．

さて，方程式系 (A) の左辺の係数のなす行列を A とし，右辺のスカラーのなすベクトルを $\mathbf{c}$ とするとき，行列 $[A|\mathbf{c}]$ を拡大係数行列と呼ぶのであった．次項以降で，行基本変形および行階段行列の概念を導入し，次の図の要領で連立方程式を解く．

行基本変形は上記の操作 1) 2) 3) を行列に対する操作に翻訳したものであり，行階段行列は簡単な形の方程式系に対応する行列を定式化したものである．

連立一次方程式 (simultaneous linear equations)　方程式系 (system of equations)

1.2 行基本変形　次のようにして行列 X に行列 Y を対応させる操作を行基本変形と言う。ただし，X_i, Y_i は，それぞれ行列 X, Y の第 i 行を表す。各操作の右には，手計算を行う場合の表の書き方を例示した（§1.6 および §2.1 の計算例参照）。

1) 第 k 行と第 l 行を入れ替える $(k \neq l)$

$$X = \begin{bmatrix} \vdots \\ X_k \\ \vdots \\ X_l \\ \vdots \end{bmatrix} \xrightarrow{R_k \leftrightarrow R_l} Y = \begin{bmatrix} \vdots \\ X_l \\ \vdots \\ X_k \\ \vdots \end{bmatrix}$$

①	X_1
⋮	⋮
ⓛ	X_l
⋮	⋮
ⓚ	X_k
⋮	⋮
ⓜ	X_m

すなわち，行列 Y は次で定まる行列である。

$$Y_k = X_l, \quad Y_l = X_k, \quad i \neq k, l \text{ のとき } Y_i = X_i$$

この操作を $R_k \leftrightarrow R_l$ と表すことがある。

2) 第 k 行に λ を掛ける $(\lambda \neq 0)$

$$X = \begin{bmatrix} \vdots \\ X_k \\ \vdots \end{bmatrix} \xrightarrow{\lambda R_k \to R_k} Y = \begin{bmatrix} \vdots \\ \lambda X_k \\ \vdots \end{bmatrix}$$

①	X_1
⋮	⋮
ⓚ $\times \lambda$	λX_k
⋮	⋮
ⓜ	X_m

すなわち，行列 Y は次で定まる行列である。

$$Y_k = \lambda X_k, \quad i \neq k \text{ のとき } Y_i = X_i$$

この操作を $\lambda R_k \to R_k$ と表すことがある。

3) 第 l 行に第 k 行の λ 倍を加える $(k \neq l)$

$$X = \begin{bmatrix} \vdots \\ X_k \\ \vdots \\ X_l \\ \vdots \end{bmatrix} \xrightarrow{R_l + \lambda R_k \to R_l} Y = \begin{bmatrix} \vdots \\ X_k \\ \vdots \\ X_l + \lambda X_k \\ \vdots \end{bmatrix}$$

①	X_1
⋮	⋮
ⓛ $+$ ⓚ $\times \lambda$	$X_l + \lambda X_k$
⋮	⋮
ⓜ	X_m

すなわち，行列 Y は次で定まる行列である。

$$Y_l = X_l + \lambda X_k, \quad i \neq l \text{ のとき } Y_i = X_i$$

この操作を $R_l + \lambda R_k \to R_l$ と表すことがある。

備考　表記 $\lambda R_k \to R_k$ は，前の行列の第 k 行 R_k に対して λR_k を考え，それを次の行列の第 k 行 R_k にするという意味である。表記 $R_l + \lambda R_k \to R_l$ も同様である。

行基本変形 (elementary row operations)

1.3 行列の行同値 行基本変形の定め方から容易に分かるように，行基本変形は可逆な操作である．行列 X に行基本変形を繰り返して行列 Y が得られるとき，行列 X は行列 Y に**行同値**であると言い，$X \sim Y$ と表す．

$$X \xrightarrow{\text{行基本変形}} X^{(1)} \xrightarrow{\text{行基本変形}} \cdots \xrightarrow{\text{行基本変形}} X^{(l)} = Y$$

行基本変形は可逆だから，$X \sim Y$ ならば $Y \sim X$ となるので「行列 X と行列 Y は互いに行同値である」とも言う．

備考 記号 $\sim$ は広汎に用いられ，行列に対して $X \sim Y$ と書かれていても，必ずしも上記の意味であるとは限らないが，以下では一貫して上記の意味で用いる．

注意 複数の行基本変形を同時に行ったものは，行基本変形の繰り返しとは限らない．例えば $A = \begin{bmatrix} A_1 \\ A_2 \end{bmatrix} \longrightarrow \begin{bmatrix} A_1 + A_2 \\ A_2 + A_1 \end{bmatrix} = B$ は行基本変形の繰り返しではない．実際 $A = \begin{bmatrix} 1 \\ -1 \end{bmatrix}$ のとき $B = \begin{bmatrix} 0 \\ 0 \end{bmatrix}$ にいくら行基本変形を施しても A は復元されない．

1.4 行階段行列 $m \times n$ 行列の第 i 行の 0 でない最初の成分の番号を j_i とおく．ただし，第 i 行の成分がすべて 0 のときには $j_i = n+1$ とする．ある番号 r に対して

$$j_1 < \cdots < j_r \leq n, \quad n+1 = j_{r+1} = \cdots = j_m$$

となるような行列を**行階段行列**と呼ぶ．このとき，各 $i = 1, \ldots, r$ について，第 i 行の 0 でない最初の成分を第 i 番目の**ピボット**と言う．

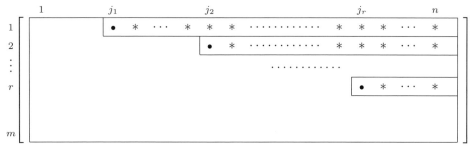

空欄は 0 であり，記号 $*$ は任意のスカラーを表す．記号 $\bullet$ は 0 でないスカラーを表す．

図1 行階段行列

特に，ピボットを含む列が基本単位ベクトル $\mathbf{e}_1, \ldots, \mathbf{e}_r$ に一致しているものを**行簡約行列**（または被約行階段行列）と呼ぶ．これを単に行階段行列と呼ぶこともある．

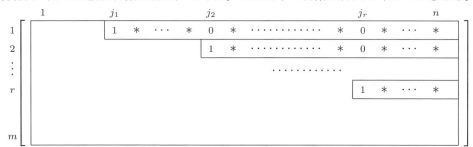

図2 行簡約行列

行同値 (row equivalent)　行階段行列 (row echelon matrix)　ピボット＝要＝枢軸 (pivot)　被約＝簡約 (reduced)　被約行階段行列 (reduced row echelon matrix)　行簡約行列 (row reduced matrix)

1.5 ガウス・ジョルダン法 下に掲げる手続 $(A)_k, (B)_k$ を次の順序で実行することにより，任意の行列は行基本変形を繰り返して行簡約行列に変形される．

$$[(A)_1 \to (B)_1] \to [(A)_2 \to (B)_2] \to \cdots \to [(A)_m \to (B)_m]$$

ただし，第 $k-1$ 段 $[(A)_{k-1} \to (B)_{k-1}]$ の後に第 k 行以降の行の成分がすべて 0 となっていれば，行列はすでに行簡約行列になっているので，そこで計算を終える．従って，第 k 段においては，第 k 行以降の行に 0 でない成分があるものとする．

$(A)_k$ 第 k 成分以降に 0 でない成分を持つ最初の列の番号を j_k とおく．

第 j_k 列の第 k 成分以降の成分で 0 でない最初のものの番号 i_k について，

第 i_k 行と第 k 行を入れ替えて，第 (k, j_k) 成分が 0 でないようにする．

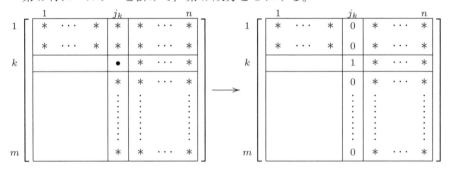

すなわち，変形 $R_{i_k} \leftrightarrow R_k$ を施す．ただし $i_k = k$ のときは何もしない．

$(B)_k$ 第 k 行のスカラー倍を第 k 行以外の行に次々と加えることにより，

第 j_k 列の第 k 成分以外の成分がすべて 0 であるようにし，さらに

第 k 行にスカラーを掛けて，第 k 成分を 1 にする．

すなわち，変形 $R_i - (x_i/x_k) R_k \to R_i$ をすべての $i \neq k$ について施し，さらに変形 $(1/x_k) R_k \to R_k$ を施す．ただし $x_1, \ldots, x_m$ は第 j_k 列の成分である．

このアルゴリズムを**ガウス・ジョルダン法**（詳しくはガウス・ジョルダンの消去法）と言う．

備考 手続 $(B)_k$ では，第 (k, j_k) 成分が 0 でないことを用いて，その列にある他の成分が 0 になるように行基本変形を行った．日本語では，これを「第 (k, j_k) 成分を要として第 j_k 列を掃き出す」と言い，これを用いる計算法を**掃き出し法**と呼ぶ．また，手続 $(B)_k$ で用いるスカラー x_i/x_k を乗数と呼ぶことがある．

ガウス・ジョルダン法 (Gauss–Jordan method)　ガウス・ジョルダンの消去法 (Gauss–Jordan elimination)
乗数 (multiplier)

1.6 行列の行簡約化

任意の行列はガウス・ジョルダン法によって行簡約行列に変形されるので，次の定理が成立する。

定理1 任意の行列は行簡約行列に行同値である。

行列 A に行基本変形を繰り返して行簡約行列に変形することを「行列 A を行簡約化する」と言い，得られた行簡約行列を A の**行簡約形**（または**被約行階段形**）と呼ぶ。これを A の**行簡約化**と呼ぶこともある。

行列 A の行簡約化は，行基本変形を施す手順によらずに A からただ一つに定まる（章末 §A 参照）。そこで，これを A の**行標準形**とも言う。

計算例 次の行列を行簡約化しよう。

$$\begin{bmatrix} 1 & 2 & 3 & 1 & 2 \\ 1 & 2 & 3 & 4 & 8 \\ 0 & 2 & 2 & 4 & 4 \\ 1 & 1 & 2 & -1 & 0 \end{bmatrix}$$

この行列にガウス・ジョルダン法を適用すると，右の計算により，行簡約行列

$$\begin{bmatrix} 1 & 0 & 1 & 0 & 4 \\ 0 & 1 & 1 & 0 & -2 \\ 0 & 0 & 0 & 1 & 2 \\ 0 & 0 & 0 & 0 & 0 \end{bmatrix}$$

を得る。

ただし，番号①,②,③,④は，直前のステップの行番号を表す。

	1	2	3	1	2
	1	2	3	4	8
	0	2	2	4	4
	1	1	2	-1	0
①	1	2	3	1	2
② − ①	0	0	0	3	6
③	0	2	2	4	4
④ − ①	0	-1	-1	-2	-2
①	1	2	3	1	2
③	0	2	2	4	4
②	0	0	0	3	6
④	0	-1	-1	-2	-2
① − ②	1	0	1	-3	-2
② × (1/2)	0	1	1	2	2
③	0	0	0	3	6
④ + ② × (1/2)	0	0	0	0	0
① + ③	1	0	1	0	4
② − ③ × (2/3)	0	1	1	0	-2
③ × (1/3)	0	0	0	1	2
④	0	0	0	0	0

注意 1° 複数の行基本変形を同時に行うと行基本変形の繰り返しにならない可能性があるので注意を要する（§1.3 注意）。

2° 手続 $(B)_k$ では，複数の行基本変形を行うが，第 k 行のスカラー倍を第 k 行以外の行に次々と加える部分は，第 k 行以外の互いに異なる行しか操作しないので，互いに他の変形に影響せず，第 k 行にスカラーを掛ける最後の操作にも影響しない。従って，手計算の際に，手続 $(B)_k$ の複数の変形をまとめて書いても差し支えない。

3° 先に変形 $(1/x_k)R_k \to R_k$ を施し，そののち変形 $R_i - (x_i/x_k)R_k \to R_i$ を施すなど，さまざまな計算上の工夫があり得るが，ここでは深入りしないこととする。

参考 手続 $(A)_k$ で $R_{i_k} \leftrightarrow R_k$ の代わりに $R_k + R_{i_k} \to R_k$ とし，手続 $(B)_k$ で変形 $(1/x_k)R_k \to R_k$ は行わないとすることにより，任意の行列は行基本変形 3) のみによって行階段行列に変形される。その際，手続 $(B)_k$ の変形 $R_i - (x_i/x_k)R_k \to R_i$ は $k < i$ となる i についてのみ施せば十分である。

行簡約形 (row reduced form)　被約行階段形 (reduced row echelon form)　行簡約化 (row reduction)
行標準形 (row canonical form)

1.7 連立方程式の解法　§1.1 の連立方程式 (A) の拡大係数行列 $[A\,|\,\mathbf{c}]$ に行基本変形を繰り返して行階段行列 $[B\,|\,\mathbf{d}]$ に変形すると，連立方程式 (A) は次の形の方程式系と同値である．

$$(\text{B})\begin{cases} b_{1,j_1}x_{j_1} + \cdots\cdots\cdots\cdots\cdots\cdots\cdots + b_{1,n}x_n = d_1 \\ \qquad\qquad b_{2,j_2}x_{j_2} + \cdots\cdots\cdots\cdots\cdots\cdots + b_{2,n}x_n = d_2 \\ \qquad\qquad\qquad\qquad \cdots\cdots\cdots \\ \qquad\qquad\qquad\qquad b_{l,j_l}x_{j_l} + \cdots + b_{l,n}x_n = d_l \\ \qquad\qquad\qquad\qquad\qquad\qquad\qquad\qquad\quad 0 = d_{l+1} \\ \qquad\qquad\qquad\qquad\qquad\qquad\qquad\qquad\quad 0 = 0 \\ \qquad\qquad\qquad\qquad\qquad\qquad\qquad\qquad\quad \cdots \\ \qquad\qquad\qquad\qquad\qquad\qquad\qquad\qquad\quad 0 = 0 \end{cases}$$

ただし $l \leq n$, $1 \leq j_1 < j_2 < \ldots < j_l \leq n$, $b_{1,j_1}, \ldots, b_{l,j_l} \neq 0$ であり，$l = n$ のときには，形式的に $d_{l+1} = 0$ とおく．

このとき，$d_{l+1} \neq 0$ ならば方程式系は解を持たない．一方 $d_{l+1} = 0$ のときには，$n - l$ 個のパラメータ $t_1, \ldots, t_{n-l}$ を用意し，それらを $x_{j_1}, \ldots, x_{j_l}$ 以外の未知数に一つずつあてはめ，方程式系 (B) に代入すると，残りの未知数 $x_{j_1}, x_{j_2}, \ldots, x_{j_l}$ の値が決定する．このようにして，与えられた方程式系のすべての解は $t_1, \ldots, t_{n-l}$ でパラメータ表示される．

計算例　次の連立方程式を解こう．

$$\begin{cases} x + 2y + 3z + w = 2 \\ x + 2y + 3z + 4w = 8 \\ \quad\ \ 2y + 2z + 4w = 4 \\ x + y + 2z - w = 0 \end{cases}$$

拡大係数行列は次のようになる．

$$\begin{bmatrix} 1 & 2 & 3 & 1 & | & 2 \\ 1 & 2 & 3 & 4 & | & 8 \\ 0 & 2 & 2 & 4 & | & 4 \\ 1 & 1 & 2 & -1 & | & 0 \end{bmatrix}$$

前項の計算により，行簡約化は

$$\begin{bmatrix} 1 & 0 & 1 & 0 & | & 4 \\ 0 & 1 & 1 & 0 & | & -2 \\ 0 & 0 & 0 & 1 & | & 2 \\ 0 & 0 & 0 & 0 & | & 0 \end{bmatrix}$$

となるので，与えられた方程式は

$$\begin{cases} x \quad\ \ + z \quad\ \ = 4 \\ \quad\ \ y + z \quad\ \ = -2 \\ \qquad\qquad\ \ w = 2 \\ \qquad\qquad\ \ 0 = 0 \end{cases}$$

と同値である．ここで，パラメータ t を用意して $z = t$ とおくと，次を得る．

$$\begin{cases} x = 4 - t \\ y = -2 - t \\ z = t \\ w = 2 \end{cases}$$

よって，与えられた連立方程式の解全体の集合は $\{(4-t, -2-t, t, 2) \mid t \in \mathbf{R}\}$ となる．

注意　計算によって解を得たら，もとの連立方程式に代入して検算することができる．

参考　手続 $(\text{B})_k$ の代わりに，$k < i$ なる i のみに変形 $R_i - (x_i/x_k)R_k \to R_i$ を施し，変形 $(1/x_k)R_k \to R_k$ は行わないとしたアルゴリズムを**ガウスの消去法**と言う．ガウスの消去法により，行階段行列が得られるが，行簡約行列になるとは限らない．

ガウスの消去法 (Gaussian elimination)

§2 逆行列と行基本変形

2.1 逆行列の計算 与えられた行列 A が $n \times n$ 正方行列である場合を考えよう。このとき，A の右に $n \times n$ 単位行列 E を並べて得られる $n \times 2n$ 行列 $[A|E]$ を考える。

$$[A|E] = \begin{bmatrix} a_{1,1} & a_{1,2} & \cdots & a_{1,n} & 1 & & & \\ a_{2,1} & a_{2,2} & \cdots & a_{2,n} & & 1 & & \\ \vdots & \vdots & \ddots & \vdots & & & \ddots & \\ a_{n,1} & a_{n,2} & \cdots & a_{n,n} & & & & 1 \end{bmatrix}$$

行列 $[A|E]$ を行簡約化して $[E|B]$ となったとしよう。このとき，右側に現れる行列 B が行列 A の逆行列になる。すなわち，次の命題が成立する。

> **命題 1** 正方行列 A, B が $[A|E] \sim [E|B]$ を満たせば $AB = E = BA$ である。

[証明] 正方行列 A, B が $[A|E] \sim [E|B]$ を満たしたとする。B の第 j 列を $\mathbf{b}_j$ とおくと $[A|\mathbf{e}_j] \sim [E|\mathbf{b}_j]$ より方程式 $A\mathbf{x} = \mathbf{e}_j$ は方程式 $E\mathbf{x} = \mathbf{b}_j$ と同値である。これより $A\mathbf{b}_j = \mathbf{e}_j$ が得られ，これがすべての $j = 1, \ldots, n$ に対して成立するので $AB = E$ である。また $[A|E] \sim [E|B]$ より $[E|B] \sim [A|E]$ となるから，列の並べ替えにより $[B|E] \sim [E|A]$ も成立し，よって $BA = E$ である。 □

計算例 次の行列の逆行列を求めよう。

$$A = \begin{bmatrix} 1 & 2 & 2 \\ 1 & 2 & 3 \\ 2 & 3 & 4 \end{bmatrix}$$

行列 $[A|E]$ にガウス・ジョルダン法を適用すると，右の計算により $[E|B]$ の形に行簡約化され，行列 B を取り出すことにより，逆行列が

$$A^{-1} = \begin{bmatrix} -1 & -2 & 2 \\ 2 & 0 & -1 \\ -1 & 1 & 0 \end{bmatrix}$$

	1	2	2	1	0	0
	1	2	3	0	1	0
	2	3	4	0	0	1
①	1	2	2	1	0	0
② − ①	0	0	1	−1	1	0
③ − ① × 2	0	−1	0	−2	0	1
①	1	2	2	1	0	0
③	0	−1	0	−2	0	1
②	0	0	1	−1	1	0
① + ② × 2	1	0	2	−3	0	2
② × (−1)	0	1	0	2	0	−1
③	0	0	1	−1	1	0
① − ③ × 2	1	0	0	−1	−2	2
②	0	1	0	2	0	−1
③	0	0	1	−1	1	0

と求まる。

注意 計算によって逆行列を得たら，もとの行列に掛けて検算することができる。

参考 正方行列 U で条件「$1 \le j < i \le n$ ならば $u_{i,j} = 0$」を満たすものを上三角行列と呼ぶ。正方行列が行階段行列ならば特に上三角行列であるから，任意の正方行列は行基本変形を繰り返して上三角行列に変形される。これを正方行列の上三角化と言うことがある。

上三角化 (upper triangularization) 上三角行列 (upper triangular matrix)

2.2 可逆性の判定 前項で述べたように，行列 $[A|E]$ を行簡約化して $[E|B]$ の形になれば $B = A^{-1}$ となるが，そうでない形になった場合には A は可逆でない．

> **命題 2** 単位行列以外の行簡約行列に行同値な正方行列は可逆でない．

[証明] $n \times n$ 行列 A が単位行列でない行簡約行列 B に行同値であるとする．行列 B は行簡約行列だが単位行列でない正方行列なので，最後の行は $\mathbf{0}$ である．さて，行同値 $B \sim A$ を与える行基本変形の繰り返しを行列 $[B|\mathbf{e}_n]$ に施して得られた行列の右端の列を $\mathbf{c}$ とおく．行同値 $[B|\mathbf{e}_n] \sim [A|\mathbf{c}]$ により，方程式 $A\mathbf{x} = \mathbf{c}$ は方程式 $B\mathbf{x} = \mathbf{e}_n$ と同値であり，後者の最後の成分は $0 = 1$ となって成立しないので，方程式 $A\mathbf{x} = \mathbf{c}$ は解を持たず，よって A は可逆でない． □

この命題から，以下のような可逆性の判定法が得られる．

> **定理 2** 行列 A に対する以下の条件は互いに同値である．
> (a) 行列 A は単位行列に行同値である． (b) 行列 A は可逆である．

[証明] 行列 A が単位行列 E に行同値であるとき，行同値 $A \sim E$ を与える行基本変形の繰り返しを $[A|E]$ に施して得られる行列の右半分を B とおけば $[A|E] \sim [E|B]$ となるから，命題 1 により B は A の逆行列となり，A は可逆である．逆に，行列 A が可逆のとき，A の行簡約化が単位行列でなかったとすると，命題 2 により A は可逆でないこととなって矛盾であるから，行列 A は単位行列と行同値である． □

> **命題 3** 正方行列 A, B の積 AB が可逆ならば A も B も可逆である．

[略証] 積 AB に行基本変形を施すには，その変形を A に施して B に掛ければよい．さて，A, B を同じサイズの正方行列とする．A が可逆でないなら，A の行簡約化の最後の行が $\mathbf{0}$ となるので，AB は単位行列でない行簡約行列と行同値になり可逆でない．ゆえに AB が可逆ならば A は可逆であり，$B = A^{-1}(AB)$ も可逆である． □

注意 特に単位行列は可逆なので，正方行列 A, B が $AB = E$ を満たせば，命題 3 により A も B も可逆であり，これより $BA = E$ も成立することが分かる．

§3 行基本変形と線型写像

3.1 行基本変形の定める線型写像 行基本変形を特に m 次元ベクトルに施すことによって，$\mathbf{R}^m$ から $\mathbf{R}^m$ への写像が得られる．

1) 第 k 成分と第 l 成分を入れ替える $(k \neq l)$:
$$(\ldots, x_k, \ldots, x_l, \ldots)^{\mathrm{T}} \mapsto (\ldots, x_l, \ldots, x_k, \ldots)^{\mathrm{T}}$$

2) 第 k 成分に λ を掛ける $(\lambda \neq 0)$
$$(\ldots, x_k, \ldots)^{\mathrm{T}} \mapsto (\ldots, \lambda x_k, \ldots)^{\mathrm{T}}$$

3) 第 l 成分に第 k 成分の λ 倍を加える $(k \neq l)$

$$(\ldots, x_k, \ldots, x_l, \ldots)^{\mathrm{T}} \mapsto (\ldots, x_k, \ldots, x_l + \lambda x_k, \ldots)^{\mathrm{T}}$$

定め方から直ちに分かるように，これらの写像はいずれも可逆な線型写像である．

3.2 基本行列 線型写像 $F : \mathbf{R}^m \longrightarrow \mathbf{R}^m$ に対して，その表現行列は，基本単位ベクトル $\mathbf{e}_1, \ldots, \mathbf{e}_m$ の像を並べた行列 $[F(\mathbf{e}_1), \ldots, F(\mathbf{e}_m)]$ で与えられるのであった．特に F が行基本変形の定める線型写像である場合には，表現行列 $[F(\mathbf{e}_1), \ldots, F(\mathbf{e}_m)]$ は $m \times m$ 単位行列 E に行基本変形を施して得られる行列にほかならない．そのような行列を基本行列と呼ぶ．行基本変形は可逆であるから，基本行列は可逆である．

基本行列および行列の積の定義により，$m \times n$ 行列 X に行基本変形を施すことは，X に $m \times m$ 基本行列を左から掛けることで実現される．

1) 第 k 行と第 l 行を入れ替える $(k \neq l)$

$$X \xrightarrow{R_k \leftrightarrow R_l} T_{k,l} X, \qquad T_{k,l} = \begin{bmatrix} 1 & & & & & & \\ & \ddots & & & & & \\ & & 0 & \cdots & 1 & & \\ & & \vdots & \ddots & \vdots & & \\ & & 1 & \cdots & 0 & & \\ & & & & & \ddots & \\ & & & & & & 1 \end{bmatrix}$$

2) 第 k 行に λ を掛ける $(\lambda \neq 0)$

$$X \xrightarrow{\lambda R_k \to R_k} D_k(\lambda) X, \quad D_k(\lambda) = \begin{bmatrix} 1 & & & & \\ & \ddots & & & \\ & & \lambda & & \\ & & & \ddots & \\ & & & & 1 \end{bmatrix}$$

3) 第 l 行に第 k 行の λ 倍を加える $(k \neq l)$

$$X \xrightarrow{R_l + \lambda R_k \to R_l} L_{k,l}(\lambda) X, \quad L_{k,l}(\lambda) = \begin{bmatrix} 1 & & & & & & \\ & \ddots & & & & & \\ & & 1 & & & & \\ & & \vdots & \ddots & & & \\ & & \lambda & \cdots & 1 & & \\ & & & & & \ddots & \\ & & & & & & 1 \end{bmatrix}$$

3.3 行同値性の特徴付け 行列 A, B が互いに行同値ならば，ある基本行列の積 P によって $B = PA$ となるが，基本行列は可逆であるから，その積である P も可逆である．逆に，ある可逆行列 P が存在して $B = PA$ となるとき，P は可逆だから，定理 2 により $P \sim E$ となり，よって $B = PA \sim EA = A$ となる．以上により，行列 A, B が互いに行同値となるための必要十分条件は，ある可逆行列 P が存在して $B = PA$ となることである．

なお，正方行列 P が可逆ならば，$P \sim E$ によって，逆に E に行基本変形を繰り返して P が得られるので，ある基本行列 $P_1, \ldots, P_k$ が存在して $P = P_k \cdots P_2 P_1 E = P_k \cdots P_2 P_1$ となる．すなわち，任意の可逆行列は基本行列の積で表される．

§A 行簡約化の一意性（参考）

与えられた行列に対し，その行簡約化は，行基本変形を施す手順によらず同じ行列になる。このことは，次の定理から分かる。

> **定理 3** 互いに行同値な行簡約行列は等しい。

すなわち，行簡約行列 B, C が互いに行同値ならば $B = C$ である。

[証明] 行基本変形の定め方から，行列 B, C が互いに行同値ならば，任意の列番号 $j_1, \ldots, j_k, j$ およびスカラー $\lambda_1, \ldots, \lambda_k$ に対して

$$\lambda_1 \mathbf{b}_{j_1} + \cdots + \lambda_k \mathbf{b}_{j_k} = \mathbf{b}_j \iff \lambda_1 \mathbf{c}_{j_1} + \cdots + \lambda_k \mathbf{c}_{j_k} = \mathbf{c}_j$$

が成立する。以下では 0 個のベクトルの一次結合は $\mathbf{0}$ であると解釈する。

行簡約行列 B, C が互いに行同値であったとする。行列 B のピボットの位置を $j_1, \ldots, j_l$ とし，行列 C のピボットの位置を $k_1, \ldots, k_r$ とする。その際，$l \leq r$ と仮定しても一般性を失わない。

ここで，$1 \leq i \leq l$ かつ $k_i < j_i$ を満たす番号 i が存在したと仮定し，そのような最小の i を取る。列 $\mathbf{b}_{k_i}$ は列 $\mathbf{b}_{j_i}$ の左にあり，B は行簡約行列なので $\mathbf{b}_{k_i}$ は $\mathbf{b}_{j_1}, \ldots, \mathbf{b}_{j_{i-1}}$ の一次結合となるが，$B \sim C$ により $\mathbf{c}_{k_i}$ は $\mathbf{c}_{j_1}, \ldots, \mathbf{c}_{j_{i-1}}$ の一次結合となる。番号 i の最小性より $j_{i-1} \leq k_{i-1}$ なので列 $\mathbf{c}_{j_1}, \ldots, \mathbf{c}_{j_{i-1}}$ は列 $\mathbf{c}_{k_i}$ の左にあり，C は行簡約行列だから $\mathbf{c}_{j_1}, \ldots, \mathbf{c}_{j_{i-1}}$ の第 i 成分はすべて 0 である。よって，それらの一次結合である $\mathbf{c}_{k_i}$ の第 i 成分も 0 となるが，これは $\mathbf{c}_{k_i} = \mathbf{e}_i$ に矛盾する。同様に $1 \leq i \leq l$ かつ $j_i < k_i$ を満たす番号 i が存在したとしても矛盾を生ずるので，$j_1 = k_1, \ldots, j_l = k_l$ でなければならない。よって $\mathbf{b}_{j_1} = \mathbf{c}_{j_1}, \ldots, \mathbf{b}_{j_l} = \mathbf{c}_{j_l}$ である。

行列 B は行簡約行列なので，その任意の列は $\mathbf{b}_{j_1}, \ldots, \mathbf{b}_{j_l}$ の一次結合として $\lambda_1 \mathbf{b}_{j_1} + \cdots + \lambda_l \mathbf{b}_{j_l}$ と表され，$B \sim C$ により，対応する C の列は $\lambda_1 \mathbf{c}_{j_1} + \cdots + \lambda_l \mathbf{c}_{j_l}$ となるが，$\mathbf{c}_{j_1} = \mathbf{b}_{j_1}, \ldots, \mathbf{c}_{j_l} = \mathbf{b}_{j_l}$ により両者は一致するので，$B = C$ である。（特に $l = r$ であることも分かる。） □

参考 行階段行列は，行基本変形を繰り返してピボットの個数を変えずに行簡約行列に変形できるので，互いに行同値な行階段行列のピボットの個数は等しい。

展望 行列 A の行標準形のピボットの個数は，線型写像 $A : \mathbf{R}^n \longrightarrow \mathbf{R}^m$ の像の次元に一致し，これを行列 A の階数と呼ぶ。より一般に，線型写像の階数が像の次元として定義されるが，これは，線型写像の核の次元と並び，線型代数学において重要である。線型空間の次元や線型写像の階数については「線型代数学」で扱われる。なお，行列 A の定める線型写像の核の次元を行列 A の退化次数とも言う。

階数（かいすう）＝ランク (rank)　退化次数 (nullity)

§B 列基本変形（参考）

B1 列基本変形　行基本変形と同様の操作を行ではなく列に適用したものを列基本変形と呼ぶ。連立方程式の係数行列に列基本変形を行うことは，連立方程式の未知数の変換を行うことに相当する。

行列 X に列基本変形を施すには，転置 X^{T} に行基本変形を施して転置すればよい。

$$X \xrightarrow{\text{転置}} X^{\mathrm{T}} \xrightarrow{\text{行基本変形}} PX^{\mathrm{T}} \xrightarrow{\text{転置}} (PX^{\mathrm{T}})^{\mathrm{T}} = XP^{\mathrm{T}}$$

従って，列基本変形は基本行列の転置行列を X に右から掛けることで実現される。

1) 第 k 列と第 l 列を入れ替える $(k \neq l)$

$$X = [\,\mathbf{x}_1, \ldots, \mathbf{x}_k, \ldots, \mathbf{x}_l, \ldots, \mathbf{x}_n\,] \xrightarrow{C_k \leftrightarrow C_l} XT_{k,l} = [\,\mathbf{x}_1, \ldots, \mathbf{x}_l, \ldots, \mathbf{x}_k, \ldots, \mathbf{x}_n\,]$$

2) 第 k 列に λ を掛ける $(\lambda \neq 0)$

$$X = [\,\mathbf{x}_1, \ldots, \mathbf{x}_k, \ldots, \mathbf{x}_n\,] \xrightarrow{\lambda C_k \to C_k} XD_k(\lambda) = [\,\mathbf{x}_1, \ldots, \lambda\mathbf{x}_k, \ldots, \mathbf{x}_n\,]$$

3) 第 l 列に第 k 列の λ 倍を加える $(k \neq l)$

$$X = [\,\mathbf{x}_1, \ldots, \mathbf{x}_l, \ldots, \mathbf{x}_n\,] \xrightarrow{C_l + \lambda C_k \to C_l} XR_{k,l}(\lambda) = [\,\mathbf{x}_1, \ldots, \mathbf{x}_k + \lambda\mathbf{x}_l, \ldots, \mathbf{x}_n\,]$$

ここで，3) においては $R_{k,l}(\lambda) = L_{k,l}(\lambda)^{\mathrm{T}} = L_{l,k}(\lambda)$ である。

備考　行基本変形は基本行列を左から掛けることで実現され，列基本変形は基本行列を右からかけることで実現されるので，行基本変形を左基本変形と呼び，列基本変形を右基本変形と呼ぶことがある。

B2 行列の列簡約化　行階段行列および行簡約行列の定義において，行を列に置き換えることによって列階段行列および列簡約行列（被約列階段行列）が定義され，列簡約化が定義される。行列 A の列簡約化は転置 A^{T} の行簡約化の転置に等しい。

なお，行簡約化と列簡約化を併用することによって，任意の行列は

$$\begin{bmatrix} 1 & & & & \\ & 1 & & & \\ & & \ddots & & \\ & & & 1 & \\ & & & & \end{bmatrix}$$

なる形に変形される。

参考　行列 A の行簡約化のピボットの個数と，転置 A^{T} の行簡約化のピボットの個数は一致する。すなわち A の階数と A^{T} の階数は一致する。（行列の階数については §A 展望を参照せよ。）

列基本変形 (elementary column operations)

キーワード 行基本変形，行基本変形の可逆性，行列の行同値，行階段行列，行簡約行列，ピボット，掃き出し法，ガウス・ジョルダンの消去法，行簡約化，連立方程式の解法，逆行列の計算，可逆性の判定，基本行列

確認 14A 次の行列が行階段行列かどうか，行階段行列である場合には行簡約行列かどうか答えよ．

(1) $\begin{bmatrix} 1 & 0 & 2 \\ 0 & 0 & 0 \end{bmatrix}$ (2) $\begin{bmatrix} 1 & 2 & 0 \\ 0 & 1 & 1 \end{bmatrix}$ (3) $\begin{bmatrix} 1 & 0 & 2 \\ 0 & 1 & 1 \end{bmatrix}$ (4) $\begin{bmatrix} 1 & 2 & 0 \\ 0 & 0 & 1 \end{bmatrix}$ (5) $\begin{bmatrix} 1 & 0 & 2 \\ 0 & 0 & 1 \end{bmatrix}$

(6) $\begin{bmatrix} 1 & 0 & 1 \\ 0 & 1 & 2 \\ 0 & 1 & 3 \end{bmatrix}$ (7) $\begin{bmatrix} 1 & 0 & 1 \\ 0 & 3 & 2 \\ 0 & 0 & 0 \end{bmatrix}$ (8) $\begin{bmatrix} 0 & 1 & 2 \\ 0 & 0 & 1 \\ 0 & 0 & 0 \end{bmatrix}$ (9) $\begin{bmatrix} 0 & 0 & 1 \\ 0 & 1 & 0 \\ 1 & 0 & 0 \end{bmatrix}$ (10) $\begin{bmatrix} 1 & 0 \\ 0 & 0 \\ 0 & 0 \end{bmatrix}$

確認 14B 次の行列を行簡約化せよ．

(1) $\begin{bmatrix} 1 & 1 & 1 \\ 1 & 2 & 3 \end{bmatrix}$ (2) $\begin{bmatrix} 1 & 2 & 2 \\ 1 & 2 & 3 \end{bmatrix}$ (3) $\begin{bmatrix} 1 & 2 & 3 \\ 1 & 2 & 3 \end{bmatrix}$ (4) $\begin{bmatrix} 0 & 1 & 1 \\ 0 & 2 & 3 \end{bmatrix}$ (5) $\begin{bmatrix} 0 & 1 & 1 \\ 0 & 2 & 2 \end{bmatrix}$

(6) $\begin{bmatrix} 1 & 1 \\ 1 & 2 \\ 1 & 3 \end{bmatrix}$ (7) $\begin{bmatrix} 1 & 1 \\ 2 & 2 \\ 2 & 3 \end{bmatrix}$ (8) $\begin{bmatrix} 1 & 1 \\ 2 & 2 \\ 3 & 3 \end{bmatrix}$ (9) $\begin{bmatrix} 1 & 1 & 1 \\ 1 & 1 & 2 \\ 1 & 2 & 2 \end{bmatrix}$ (10) $\begin{bmatrix} 1 & 1 & 0 & 1 \\ 0 & 1 & 1 & 2 \\ 1 & 2 & 1 & 3 \end{bmatrix}$

確認 14C 次の行列を拡大係数行列とする連立方程式を拡大係数行列の行簡約化によって解け．ただし，解が複数ある場合はパラメータ表示で答えよ．

(1) $\left[\begin{array}{cc|c} 1 & 1 & 1 \\ 1 & 2 & 3 \end{array}\right]$ (2) $\left[\begin{array}{cc|c} 1 & 2 & 2 \\ 1 & 2 & 3 \end{array}\right]$ (3) $\left[\begin{array}{cc|c} 1 & 2 & 3 \\ 1 & 2 & 3 \end{array}\right]$ (4) $\left[\begin{array}{ccc|c} 1 & 1 & 1 & 3 \\ 1 & 1 & 2 & 4 \\ 1 & 2 & 2 & 5 \end{array}\right]$

確認 14D 次の行列を拡大係数行列とする連立方程式を拡大係数行列の行簡約化によって解け．ただし，解が複数ある場合はパラメータ表示で答えよ．

(1) $\left[\begin{array}{cc|c} 1 & 1 & 2 \\ 1 & 1 & 1 \\ 2 & 2 & 3 \end{array}\right]$ (2) $\left[\begin{array}{cc|c} 1 & 1 & 2 \\ 1 & 2 & 1 \\ 2 & 3 & 3 \end{array}\right]$ (3) $\left[\begin{array}{ccc|c} 1 & 1 & 1 & 2 \\ 1 & 1 & 2 & 1 \\ 2 & 2 & 3 & 3 \end{array}\right]$ (4) $\left[\begin{array}{cccc|c} 1 & 1 & 1 & 1 & 2 \\ 1 & 1 & 2 & 3 & 1 \\ 2 & 2 & 3 & 4 & 3 \end{array}\right]$

確認 14E 次の行列 A に対して，行列 $[A|E]$ を行簡約化することによって，逆行列 A^{-1} を求めよ．

(1) $\begin{bmatrix} 1 & 1 \\ 2 & 3 \end{bmatrix}$ (2) $\begin{bmatrix} 0 & 1 \\ 1 & 2 \end{bmatrix}$ (3) $\begin{bmatrix} 1 & 1 & 1 \\ 1 & 2 & 1 \\ 0 & 0 & 1 \end{bmatrix}$ (4) $\begin{bmatrix} 1 & 1 & 1 \\ 2 & 1 & 2 \\ 2 & 3 & 1 \end{bmatrix}$ (5) $\begin{bmatrix} 1 & 1 & 1 & 2 \\ 1 & 2 & 1 & 1 \\ 0 & 0 & 2 & 1 \\ 0 & 0 & 3 & 2 \end{bmatrix}$

確認 14F 3 行からなる行列 A の行を順に A_1, A_2, A_3 とするとき，行列 A に次の行列を対応させる操作が行基本変形の繰り返しで得られるかどうか答えよ．

(1) $\begin{bmatrix} 2A_1 \\ A_2 + A_1 \\ A_3 - A_1 \end{bmatrix}$ (2) $\begin{bmatrix} 2A_1 \\ A_2 + A_1 \\ A_3 + A_2 \end{bmatrix}$ (3) $\begin{bmatrix} A_1 \\ A_2 - A_3 \\ A_3 + A_2 \end{bmatrix}$ (4) $\begin{bmatrix} A_1 - A_2 \\ A_2 - A_3 \\ A_1 - A_3 \end{bmatrix}$

数学で用いられる種々の記号

ギリシャ文字

大文字	小文字	英語	日本語	対応するローマ文字
A	α	alpha	アルファ	A a
B	β	beta	ベータ	B b
Γ	γ	gamma	ガンマ	C c (G g)
Δ	δ	delta	デルタ	D d
E	$\epsilon\ \varepsilon$	epsilon	イプシロン	E e
Z	ζ	zeta	ゼータ（ジータ）	Z z
H	η	eta	エータ（イータ）	Y y
Θ	θ	theta	テータ（シータ）	(Th th)
I	ι	iota	イオタ	I i (J j)
K	κ	kappa	カッパ	K k
Λ	λ	lambda	ラムダ	L l
M	μ	mu	ミュー	M m
N	ν	nu	ニュー	N n
Ξ	ξ	xi	クシー（グザイ，クサイ）	X x
O	o	omicron	オミクロン	O o
Π	$\pi\ \varpi$	pi	パイ	P p
P	$\rho\ \varrho$	rho	ロー	R r
Σ	$\sigma\ \varsigma$	sigma	シグマ	S s
T	τ	tau	タウ（タオ，トー）	T t
Υ	υ	upsilon	ウプシロン	U u
Φ	$\phi\ \varphi$	phi	ファイ（フィー）	F f
X	χ	chi	カイ	(Ch ch)
Ψ	ψ	psi	プサイ（プシー）	(Ps ps)
Ω	ω	omega	オメガ	(O o)

装飾記号

記号	英語	日本語
$\hat{\Box}$	hat, roof	ハット
$\bar{\Box}$	bar	バー
$\tilde{\Box}$	tilde	チルダ
$\dot{\Box}$	dot	ドット

記号	英語	日本語
$\Box'$	dash, prime	ダッシュ，プライム
$\Box^*$	star	スター
$\Box^\dagger$	dagger	ダガー
$\Box^\vee$	v (vee), check	チェック

例えば $\tilde{a}$ は「エイ・チルダ」と読む．記号 $'$ はアポストロフィー ' とは異なる．同じ記号が重ねて記された場合には，例えば $''$ は double prime などと読む．

論理に関する記号

記号	英語	日本語
$\neg \sim$	negation, not	否定，〜でない
$\wedge$	wedge, and	ウェッジ，かつ
$\vee$	v (vee), or	ヴィー，または
$\forall$	for all, for any	すべての，任意の
$\exists$	there exists, for some	存在する，ある
$\to \Rightarrow$	implies	ならば
$\leftrightarrow \Leftrightarrow$	if and only if	必要十分である，同値である

集合に関する記号

記号	英語	日本語
$\in$	in, belongs to	イン，属する
$\subset$	subset, contained in	サブセット，含まれる
$\cap$	cap, intersection	キャップ，インターセクション，交叉，交わり
$\cup$	cup, union	カップ，ユニオン，合併
$\setminus$	backslash, minus	バックスラッシュ，マイナス
$\times$	cross, times	クロス，掛ける
$\emptyset \; \varnothing \; \emptyset$	empty, empty set	エンプティ，空，空集合

大小関係等

記号	英語	日本語
$=$	equals, equal to	イコール
$<$	less than	小なり
$>$	greater than	大なり
$\leq \; \leqq \; \leqslant$	less than or equal to	小なりイコール
$\geq \; \geqq \; \geqslant$	greater than or equal to	大なりイコール

微分積分に現れる記号

記号	英語	日本語
∞	infinity	インフィニティ，無限大
$-\infty$	minus infinity	マイナス・インフィニティ，マイナス無限大
$\sum$	sigma, sum, summation	シグマ，サンメーション
$\prod$	pi, product	パイ，プロダクト
$\int$	integral	インテグラル
∂	round d, curly d, partial, der	ラウンド・ディー，ディー，デル
∇	nabla, del	ナブラ，デル

その他の記号

記号	英語	日本語
( )	parenthesis, round bracket	丸括弧（小括弧）
[ ]	bracket, square bracket	角括弧（大括弧）
{ }	brace, curly bracket	波括弧（中括弧）
⟨ ⟩	angle bracket	山括弧
.	dot	ドット，点
:	colon	コロン
;	semicolon	セミコロン
|	vertical bar	縦棒
/	slash	スラッシュ
\	backslash	バックスラッシュ
∥ //	parallel	パラレル，平行
⊥	perpendicular, perp	パープ，直交
!	factorial	ファクトリアル，階乗
!!	double factorial	ダブル・ファクトリアル，二重階乗

括弧が入れ子になるときは，日本では [{ ( ) }] の順に括る習慣だが，諸外国では { [( )] } の順に括るのが一般的である．ただし，集合の記法など，特定の括弧を用いた記法については，意味に応じて正確に括弧を使い分ける必要があり，上記の習慣にかかわらず，演算の順序を示す通常の括弧には，丸括弧のみを使用することが多い．

数学で用いられる種々の記法

ガウス括弧 [ ] 床関数 ⌊ ⌋ 天井関数 ⌈ ⌉ 実数 x を超えない最大の整数を $[x]$ と表すことがある。この記号をガウス括弧（またはガウス記号）と呼ぶ。これを $\lfloor x \rfloor$ と表すこともある。また，実数 x 以上の最小の整数を $\lceil x \rceil$ と表す。

$$\lfloor x \rfloor = [x] = \max\{n \in \mathbf{Z} \mid n \leq x\}, \quad \lceil x \rceil = \min\{n \in \mathbf{Z} \mid n \geq x\}$$

記号 $\lfloor x \rfloor, \lceil x \rceil$ の表す関数は，それぞれ床関数，天井関数と呼ばれる。

総和記号 $\sum$ の使い方 高等学校の数学で学んだように，整数で番号付けられた有限個の数 $a_m, a_{m+1}, \ldots, a_n$ をすべて足し合わせて得られる数を次のように表す。

$$(1) \quad \sum_{i=m}^{n} a_i = a_m + a_{m+1} + \cdots + a_n$$

記号 $\sum$ を総和記号またはシグマ記号と呼ぶ。

また，整数に関する条件が与えられたとき，総和記号の下に条件を記すことによって，その条件を満たす整数すべてにわたる和を表す。例えば，非負整数 n に対して，次が成立する。

$$\sum_{-n \leq i \leq n} i^2 = \sum_{i=1}^{n} (-i)^2 + 0^2 + \sum_{i=1}^{n} i^2 = 2\sum_{i=1}^{n} i^2 = \frac{n(n+1)(2n+1)}{3}$$

足し合わせるものの個数が 0 であるときの和は 0 と解釈することがある。例えば，式 (1) において $n = m - 1$ のときの値は 0 であるとする。

総積記号 $\prod$ の使い方 整数で番号付けられた有限個の数 $a_m, a_{m+1}, \ldots, a_n$ をすべて掛け合わせて得られる数を次のように表す。

$$(2) \quad \prod_{i=m}^{n} a_i = a_m a_{m+1} \cdots a_n$$

記号 $\prod$ を総積記号またはパイ記号と呼ぶ。整数に関する条件を総積記号の下に記すことで，その条件を満たす整数すべてにわたる積を表すのは，総和記号の場合と同様である。例えば

$$x^n = \prod_{i=1}^{n} x = \prod_{1 \leq i \leq n} x$$

などとなる。

掛け合わせるものの個数が 0 であるときの積は 1 と解釈することがある。例えば，式 (2) において $n = m - 1$ のときの値は 1 であるとする。

この規則によれば，実数 x に対して $x^0 = 1$ であり，特に $0^0 = 1$ である。ただし，文献あるいは文脈によって 0^0 は定義されないとすることもある。なお，負の整数 n に対しては，0^n は定義されないものとする。

ガウス括弧 (Gauss bracket)　床関数 (floor function)　天井関数 (ceiling function)　総和記号＝シグマ記号 (summation symbol, Sigma)　総積記号＝パイ記号 (product symbol, Pi)

階乗記号 ! および !! の使い方　非負整数 n の階乗は総積記号を用いて次のように表すことができる。

$$n! = \prod_{i=1}^{n} i = \prod_{1 \leq i \leq n} i = \prod_{1 \leq i \leq n}(n-i+1) = \prod_{i=1}^{n}(n-i+1)$$

また，非負整数 n の二重階乗 $n!!$ が次のように定義される。

$$n!! = \prod_{i=1}^{[n/2]}(n-2i+2) = \begin{cases} n(n-2)\cdots 4\cdot 2 & (n \text{ が偶数のとき}) \\ n(n-2)\cdots 5\cdot 3 & (n \text{ が奇数のとき}) \end{cases}$$

ただし $[n/2]$ は $n/2$ を超えない最大の整数を表す。

掛け合わせるものの個数が 0 であるときの積は 1 と解釈するので，$0! = 1$, $0!! = 1$, $1!! = 1$ である。負の整数 n に対しては，$n!$ および $n!!$ は定義されないものとする。

二項係数の記法　複素数 c および非負整数 k に対して

$$\binom{c}{k} = \frac{c\cdot(c-1)\cdots(c-k+1)}{k!} = \frac{1}{k!}\prod_{i=1}^{k}(c-i+1)$$

と定め，二項係数と呼ぶ。

特に $0 \leq k \leq n$ を満たす非負整数 n に対しては

$$\binom{n}{k} = \frac{n\cdot(n-1)\cdots(n-k+1)}{k!} = \frac{n!}{(n-k)!k!}$$

となって，相異なる n 個のものから k 個を選び出す組合せの個数に等しい。また，負の整数 $-n$ に対しては，

$$\binom{-n}{k} = (-1)^k \binom{n+k-1}{k}$$

が成立する。例えば $\binom{-1}{k} = (-1)^k$ である。一般の複素数 c に対する二項係数 $\binom{c}{k}$ は組合せの個数という解釈は持たないが，さまざまな場面で重要な役割を果たす。

二項係数を表す記号として，高等学校の数学では ${}_nC_k$ が用いられたが，これは主に組合せの数を意味するときに用いられ，その場合も含め，一般には記号 $\binom{n}{k}$ の方がよく用いられる。外国では $C(n,k)$, $C_{n,k}$, C_n^k などと書かれることもある。

掛け合わせるものの個数が 0 であるときの積は 1 と解釈するので，任意の複素数 c に対して $\binom{c}{0} = 1$ であり，特に $\binom{0}{0} = 1$ である。なお，負の整数 k に対しては，$\binom{n}{k}$ は定義されないものとする。

階乗 (factorial)　二重階乗 (double factorial)

第 II 部

確認問題の解答と解説

第 1 章 集合と写像

確認 1A 次のように X, Y を定めるとき，$X \in Y$ であるかどうか答えよ．また $X \subset Y$ であるかどうか答えよ．

(1) $X = 1, Y = \mathbf{R}$ (2) $X = \{1\}, Y = \mathbf{R}$ (3) $X = \mathbf{R}, Y = \mathbf{R}$

［解答］(1) $X \in Y$ だが $X \subset Y$ ではない． (2)(3) $X \subset Y$ だが $X \in Y$ ではない． □

確認 1B 次の集合の元の個数を答えよ．

(1) $\{1\}$ (2) $\{1,1\}$ (3) $\{1,2,1\}$ (4) $\{(1,2),(2,1)\}$ (5) $\{\{1,2\},\{2,1\}\}$

［解答］(1) 1 (2) 1 (3) 2 (4) 2 (5) 1 □

［解説］(4) では，$x = (1,2), y = (2,1)$ とおくと，組の記号の性質から $x \neq y$ であるので，与えられた集合 $\{x, y\}$ の元の個数は 2 となる．(5) では，$x = \{1,2\}, y = \{2,1\}$ とおくと，集合の性質から $x = y$ であるので，与えられた集合 $\{x, y\}$ の元の個数は 1 である． □

確認 1C 次の集合の元を重複なくすべて答えよ．元がない場合は，その旨を答えよ．

(1) $\{x \in \mathbf{Z} \mid 1 \leq x \leq 3, 2 \leq x \leq 4\}$ (2) $\{x \in \mathbf{Z} \mid 1 \leq x \leq 2, 3 \leq x \leq 4\}$

(3) $\{(x,y) \in \mathbf{Z}^2 \mid 1 \leq x \leq 2, 3 \leq y \leq 4\}$ (4) $\{(x,y) \in \mathbf{Z} \times \mathbf{Z}_{\geq 0} \mid x^2 + y^2 = 25\}$

(5) $\{x^2 \mid x \in \mathbf{Z}, 1 \leq |x| \leq 2\}$ (6) $\{1/x \mid x \in \mathbf{Z}, 1 \leq |x| \leq 2\}$

［解答］(1) $2, 3$ (2) 元はない (3) $(1,3),(1,4),(2,3),(2,4)$
(4) $(3,4),(-3,4),(4,3),(-4,3),(5,0),(-5,0),(0,5)$ (5) $1, 4$ (6) $1, -1, 1/2, -1/2$ □

［解説］(4) では，$0 \leq x^2 = 25 - y^2 \leq 25$ に注意すると x^2 は $0, 1, 4, 9, 16, 25$ のいずれかであり，y^2 についても同様である．これら平方数の和で 25 となるのは $9 + 16 = 0 + 25 = 25$ しかないので，答は上のようになる． □

確認 1D 集合 $X = \{1,2\}, Y = \{2,3\}$ に対して，次の集合の元を重複なくすべて答えよ．元がない場合は，その旨を答えよ．

(1) $X \cap Y$ (2) $X \cup Y$ (3) $X \setminus Y$ (4) $Y \setminus X$ (5) $X \times Y$ (6) $Y \times X$
(7) $(X \times Y) \cap (Y \times X)$ (8) $(X \times Y) \cup (Y \times X)$ (9) $(X \times Y) \setminus (Y \times X)$

［解答］(1) 2 (2) $1, 2, 3$ (3) 1 (4) 3 (5) $(1,2),(1,3),(2,2),(2,3)$
(6) $(2,1),(3,1),(2,2),(3,2)$ (7) $(2,2)$ (8) $(1,2),(1,3),(2,2),(2,3),(2,1),(3,1),(3,2)$
(9) $(1,2),(1,3),(2,3)$ □

確認 1E 次の集合がある写像 $f : \mathbf{R} \longrightarrow \mathbf{R}$ のグラフであるかどうか答えよ．

(1) $X = \{(x,y) \in \mathbf{R}^2 \mid xy = 1\}$ (2) $X = \{(x,y) \in \mathbf{R}^2 \mid x = y^3\}$
(3) $X = \{(x,y) \in \mathbf{R}^2 \mid x^2 = y^2\}$ (4) $X = \{(x,y) \in \mathbf{R}^2 \mid x^2 = y^3\}$

写像とその定義域および写像のグラフとは何であるかに基づいて考えること．

［解答］(1) グラフでない (2) グラフである (3) グラフでない (4) グラフである □

［解説］写像のグラフの定義により，集合 $X \subset \mathbf{R}^2$ がある写像 $f : \mathbf{R} \longrightarrow \mathbf{R}$ のグラフとなるためには，各 $x \in \mathbf{R}$ に対して $(x,y) \in X$ となる $y \in \mathbf{R}$ がただ一つ存在することが必要十分である．

(1) $x=0$ を満たす点 $(x,y) \in X$ は存在しないから，X は集合 $\mathbf{R}$ を定義域とする写像 $f: \mathbf{R} \longrightarrow \mathbf{R}$ のグラフではない．　(2) $f(x) = \sqrt[3]{x}$ の定める写像 $f: \mathbf{R} \longrightarrow \mathbf{R}$ のグラフである．(3) 例えば，点 $(x,y)=(1,1),(1,-1)$ はともに $x=1$ を満たす X の点であるから，X は写像 $f: \mathbf{R} \longrightarrow \mathbf{R}$ のグラフではない．　(4) $f(x) = \sqrt[3]{x^2}$ の定める写像 $f: \mathbf{R} \longrightarrow \mathbf{R}$ のグラフになる． □

確認 1F 集合 X, Y を次のように定めるとき，写像 $f: X \longrightarrow Y, x \mapsto \sin x$ が全射かどうか，また単射かどうか答えよ．

(1) $X = [0, 2\pi], Y = [-1, 1]$　　　　(2) $X = [0, \pi], Y = [-1, 1]$

(3) $X = [0, \pi/2], Y = [-1, 1]$　　　　(4) $X = [0, \pi/2], Y = [0, 1]$

(5) $X = [-\pi/2, \pi/2], Y = [-1, 1]$　　(6) $X = [\pi/2, 3\pi/2], Y = [-1, 1]$

[解答] (1) 全射だが単射でない　(2) 全射でも単射でもない　(3) 単射だが全射でない
(4) 全単射である　(5) 全単射である　(6) 全単射である □

[解説] ここでは単調増加および単調減少という用語を，それぞれ狭義単調増加および狭義単調減少の意味で用いる．詳しくは第 4 章 §4.3 の記述を参照せよ．
(1) $X = [0, 2\pi]$ より $f(X) = [-1, 1] = Y$ だから写像 f は全射である．例えば $0 \neq 2\pi$ だが $f(0) = \sin 0 = 0 = \sin 2\pi = f(2\pi)$ だから写像 f は単射ではない．　(2) $X = [0, \pi]$ より $f(X) = [0, 1] \neq [-1, 1] = Y$ だから写像 f は全射ではない．例えば $0 \neq \pi$ だが $f(0) = \sin 0 = 0 = \sin \pi = f(\pi)$ だから写像 f は単射ではない．　(3) $X = [0, \pi/2]$ より $f(X) = [0, 1] \neq [-1, 1] = Y$ だから写像 f は全射ではない．関数 $f(x) = \sin x$ は $X = [0, \pi/2]$ で単調増加であるから写像 f は単射である．　(4) $X = [0, \pi/2]$ より $f(X) = [0, 1] = Y$ だから写像 f は全射である．関数 $f(x) = \sin x$ は $X = [0, \pi/2]$ で単調増加であるから写像 f は単射である．　(5) $X = [-\pi/2, \pi/2]$ より $f(X) = [-1, 1] = Y$ だから写像 f は全射である．関数 $f(x) = \sin x$ は $X = [-\pi/2, \pi/2]$ で単調増加であるから，写像 f は単射である．　(6) $X = [\pi/2, 2\pi/2]$ より $f(X) = [-1, 1] = Y$ だから写像 f は全射である．関数 $f(x) = \sin x$ は $X = [\pi/2, 3\pi/3]$ で単調減少であるから写像 f は単射である． □

確認 1G 正整数全体のなす集合 $X = \{1, 2, \ldots\}$ の変換 $f, g: X \longrightarrow X$ を次のように定める．このとき，合成写像 $g \circ f$ と $f \circ g$ が等しいかどうか答えよ．

(1) $f(n) = n+1, g(n) = n+2$　　　　(2) $f(n) = n+1, g(n) = 2n$

(3) $f(n) = n+1, g(n) = |n-2|+1$

[解答] (1) 等しい　(2) 等しくない　(3) 等しくない □

[解説] (1) すべての正整数 $n \in X$ について $(g \circ f)(n) = n+3 = (f \circ g)(n)$ であるから $g \circ f = f \circ g$ である．　(2) すべての正整数 $n \in X$ について $(g \circ f)(n) = 2n+2 \neq 2n+1 = (f \circ g)(n)$ であり，例えば $(g \circ f)(1) = 4 \neq 3 = (f \circ g)(1)$ であるから $g \circ f \neq f \circ g$ である．
(3) $(g \circ f)(1) = 1 \neq 3 = (f \circ g)(1)$ であるから $g \circ f \neq f \circ g$ である．なお，すべての正整数 $n \in X$ について $(g \circ f)(n) = n$ となり，よって $g \circ f = \mathrm{id}_X$ は成立するが，$(f \circ g)(1) = 3$ より $f \circ g = \mathrm{id}_X$ は成立しない．ただし，$n \geq 2$ のときには，$|n-2| = n-2$ より $g(n) = n-1$ となり，よって $(g \circ f)(n) = n = (f \circ g)(n)$ となる． □

第 2 章 述語論理

確認 2A 次の条件を満たす実数 x の範囲を区間の記号で表せ。

(1) 任意の正数 ε に対して $|x| < 1 + \varepsilon$ となる。

(2) 任意の正数 ε に対して $|x| \leq 1 + \varepsilon$ となる。

(3) ある正数 δ が存在して $|x| < 1 - \delta$ となる。

(4) ある正数 δ が存在して $|x| \leq 1 - \delta$ となる。

[解答] (1) $[-1, 1]$ (2) $[-1, 1]$ (3) $(-1, 1)$ (4) $(-1, 1)$ □

[解説] 各自で数直線上に図を描いて考えること。

(1) $|x| \leq 1$ のとき, 任意の正数 ε に対して $|x| \leq 1 < 1 + \varepsilon$ となる。一方, $|x| > 1$ のとき, $|x| < 1 + \varepsilon$ とならないような正数 ε が存在する。実際 $|x| > 1$ のとき, 例えば $\varepsilon = |x| - 1$ は正数だが, $|x| = 1 + \varepsilon$ であるから, $|x| < 1 + \varepsilon$ とはならない。以上により, $|x| \leq 1$ となることは, 任意の正数 ε に対して $|x| < 1 + \varepsilon$ となることと同値である。 (2) $|x| \leq 1$ のとき, 任意の正数 ε に対して $|x| \leq 1 \leq 1 + \varepsilon$ となる。一方, $|x| > 1$ のとき, 例えば $\varepsilon = (|x| - 1)/2$ は正数だが, $|x| \leq 1 + \varepsilon$ とはならない。 (3) $|x| < 1$ のとき, $|x| < 1 - \delta$ となる正数 δ が存在する。実際, $|x| < 1$ のとき, 例えば $\delta = (1 - |x|)/2$ は正数であり, $|x| = 1 - 2\delta < 1 - \delta$ を満たす。一方, $|x| \geq 1$ のとき, 任意の正数 δ に対して $|x| \geq 1 > 1 - \delta$ となるから, $|x| < 1 - \delta$ となる正数 δ は存在しない。以上により, $|x| < 1$ となることは, ある正数 δ が存在して $|x| < 1 - \delta$ となることと同値である。 (4) $|x| < 1$ のとき, 例えば $\delta = 1 - |x|$ は正数であって $|x| \leq 1 - \delta$ を満たす。一方, $|x| \geq 1$ のとき, 任意の正数 δ に対して $|x| \geq 1 > 1 - \delta$ となるから, $|x| \leq 1 - \delta$ となる正数 δ は存在しない。 □

確認 2B 区間 $I = [-1, 1]$ に対して, 次の各条件を満たす実数 x の存在する範囲を区間の記号で表せ。また, 各条件の否定を「任意の $t \in I$ に対して○○○となる」または「ある $t \in I$ が存在して○○○となる」の形式で答え, それを満たす実数 x の存在する範囲を区間の記号で表せ。ただし, 文字 x, t は実数を表すとし, ○○○は t と x の間の不等式である。

(1) 任意の $t \in I$ に対して $x \geq t$ となる。 (2) 任意の $t \in I$ に対して $x > t$ となる。

(3) ある $t \in I$ が存在して $x \geq t$ となる。 (4) ある $t \in I$ が存在して $x > t$ となる。

[解答] (1) $[1, \infty)$,「ある $t \in I$ が存在して $x < t$ となる。」, $(-\infty, 1)$

(2) $(1, \infty)$,「ある $t \in I$ が存在して $x \leq t$ となる。」, $(-\infty, 1]$

(3) $[-1, \infty)$,「任意の $t \in I$ に対して $x < t$ となる。」, $(-\infty, -1)$

(4) $(-1, \infty)$,「任意の $t \in I$ に対して $x \leq t$ となる。」, $(-\infty, -1]$ □

[解説] 各自で数直線上に図を描いて考えること。

(1) まず $x \geq 1$ とすると, 区間 I に属する任意の点 t に対して, $-1 \leq t \leq 1$ より特に $t \leq 1$ だから, $t \leq 1 \leq x$ より $x \geq t$ である。また $x < 1$ とすると, 例えば $t = 1 \in I$ は $x \geq t$ を満たさない。従って, 任意の $t \in I$ に対して $x \geq t$ となるための必要十分条件は $x \geq 1$ であり, 求める区間は $[1, \infty)$ である。つぎに「任意の $t \in I$ に対して $x \geq t$ となる」を否定すると,「ある $t \in I$ が存在して $x < t$ となる」となり, 求める区間は $\mathbf{R} \setminus [1, \infty) = (-\infty, 1)$ である。 (2) まず $x > 1$ とすると, 区間 I に属する任意の点 t に対して, $-1 \leq t \leq 1$ より特に $t \leq 1$ だから, $t \leq 1 < x$ より $x > t$ である。また $x \leq 1$ とすると, 例えば $t = 1 \in I$ は $x > t$ を満たさない。従って, 任意の $t \in I$ に対して $x \geq t$ となるための必要十分条件は $x > 1$ であり, 求める区間は $(1, \infty)$ である。つぎに「任意の $t \in I$ に対して $x > t$ となる」を否定すると,「ある $t \in I$ が存在して $x \leq t$ とな

る」となり，求める区間は $\mathbf{R} \setminus (1,\infty) = (-\infty, 1]$ である． (3) まず $x \geq -1$ とすると，例えば，$t = -1 \in I$ に対して，$t = -1 \leq x$ より $x \geq t$ である．また $x < -1$ とすると，任意の $t \in I$ に対して，$-1 \leq t$ であるから，$x < -1 \leq t$ より $x < t$ となって，$x \geq t$ を満たさない．従って，ある $t \in I$ が存在して $x \geq t$ となるための必要十分条件は $x > -1$ であり，求める区間は $[-1, \infty)$ である．つぎに「ある $t \in I$ が存在して $x \geq t$ となる」を否定すると，「任意の $t \in I$ に対して $x < t$ となる」となり，求める区間は $\mathbf{R} \setminus [-1, \infty) = (-\infty, -1)$ である． (4) まず $x > -1$ とすると，例えば，$t = -1 \in I$ に対して，$t = -1 < x$ より $x > t$ である．また $x \leq -1$ とすると，任意の $t \in I$ に対して，$-1 \leq t$ であるから，$x \leq -1 \leq t$ より $x \leq t$ となって，$x > t$ を満たさない．従って，ある $t \in I$ が存在して $x \geq t$ となるための必要十分条件は $x > -1$ であり，求める区間は $(-1, \infty)$ である．つぎに「ある $t \in I$ が存在して $x \geq t$ となる」を否定すると，「任意の $t \in I$ に対して $x < t$ となる」となり，求める区間は $\mathbf{R} \setminus (-1, \infty) = (-\infty, -1]$ である． □

確認 2C 次の二つの主張のそれぞれは正しいか誤りか？

(1) 任意の $x \in \mathbf{R}$ に対して，ある $y \in \mathbf{R}$ が存在して $x \leq y$ となる．

(2) ある $y \in \mathbf{R}$ が存在して，任意の $x \in \mathbf{R}$ に対して $x \leq y$ となる．

[解答] (1) 正しい．なぜなら，任意の $x \in \mathbf{R}$ に対して，例えば y として x を取れば，これは $\mathbf{R}$ の元であって，$x \leq y$ となるからである． (2) 誤りである．なぜなら，もし，そのような $y \in \mathbf{R}$ が存在したとすると，$x = y + 1$ とおけば，これも $\mathbf{R}$ の元だから $y + 1 = x \leq y$ となり，よって $1 \leq 0$ となってしまうからである． □

確認 2D 直線 $\mathbf{R}$ の部分集合を次のように与えるとき，その上限を求め，それが最大元かどうか答えよ．

(1) $[1, 2]$ (2) $[1, 2)$ (3) $[1, 2] \cup [3, 4)$ (4) $[1, 2) \cup [3, 4]$ (5) $[1, \sqrt{2}] \cap \mathbf{Q}$

[略解] (1) 2, 最大元である (2) 2, 最大元ではない (3) 4, 最大元ではない (4) 4, 最大元である (5) $\sqrt{2}$, 最大元ではない □

[解説] 各自で数直線上に図を描いて考えること．
(1) $2 \in [1, 2]$ であって，任意の $x \in [1, 2]$ に対して $x \leq 2$ だから，2 は最大元である．従って 2 は上限である． (2) $[1, 2)$ の上界全体のなす集合は $[2, \infty)$ であり，問 (1) と同様に考えて，$[2, \infty)$ の最小元は 2 であることが分かる．従って $[1, 2)$ の上限は 2 である．しかし，$2 \notin [1, 2)$ だから最大元ではない．なお，2 が上限であることを確かめるために，§3.2 の特徴付けを使うこともできる．実際，任意の $x \in [1, 2)$ に対して $x \leq 2$ であり，任意の正数 ε に対して $x = 2 - \min\{\varepsilon/2, 1\}$ とおくと $x \in [1, 2)$ より $2 - \varepsilon < x$ となって，§3.2 の二つの条件が成立するので，2 は上限である． (3)(4) いずれの集合も，上界全体のなす集合が $[4, \infty)$ である．このことに注意すれば，問 (3) は問 (2) と同様であり，問 (4) は問 (1) と同様である．詳細は省略する． (5) §3.2 の特徴付けを用いる．まず，任意の $x \in [1, \sqrt{2}] \cap \mathbf{Q}$ に対して $x \leq \sqrt{2}$ である．つぎに，二つ目の条件を確認するため，ε を任意の正数とし，これを小数展開して $\varepsilon > 10^{-n}$ となる正の整数 n を取る．$\sqrt{2}$ も小数展開し，小数第 $n + 1$ 位から下を切り捨てたものを x_n とする．このとき $x_n \in [1, \sqrt{2}] \cap \mathbf{Q}$ であって，$\sqrt{2} - x_n \leq 10^{-n} < \varepsilon$ ゆえ $\sqrt{2} - \varepsilon < x_n$ である．従って，$\sqrt{2}$ は上限である．さて，高等学校までの数学で学んだように $\sqrt{2}$ は有理数ではなく，特に $\sqrt{2} \notin [1, \sqrt{2}] \cap \mathbf{Q}$ であるから，$\sqrt{2}$ は最大元ではない． □

確認 2E 次の関数 $f : \mathbf{R} \longrightarrow \mathbf{R}$ が上に有界かどうか調べ，上に有界な場合には上限を求め，それが最大値かどうか答えよ．

(1) $f(x) = \dfrac{1}{1 + x^2}$ (2) $f(x) = \dfrac{x}{1 + x^2}$ (3) $f(x) = \dfrac{x^2}{1 + x^2}$ (4) $f(x) = \dfrac{x^3}{1 + x^2}$

[解答] (1) 上に有界で，上限は 1 であり，それは最大値である． (2) 上に有界で，上限は $1/2$ で

あり，それは最大値である．　(3) 上に有界で，上限は 1 であり，それは最大値ではない．　(4) 上に有界ではない．　□

[解説] 各自でグラフを描いて考えること．
(1) 任意の $x \in \mathbf{R}$ に対して $\frac{1}{1+x^2} \leq 1$ であって，$f(0) = 1$ だから，関数 $f(x)$ は $x = 0$ で最大値 1 を取る．特に，関数 $f(x)$ は上に有界で，上限は 1 である．　(2) $x \leq 0$ のとき $\frac{x}{1+x^2} \leq 0$ であり，$x > 0$ のとき相加相乗平均の不等式により $\frac{x}{1+x^2} = \left(\frac{1}{x} + x\right)^{-1} \leq \frac{1}{2} = f(1)$ であるから，関数 $f(x)$ は $x = 1$ のとき最大値 $\frac{1}{2}$ を取る．特に，関数 $f(x)$ は上に有界で，上限は $\frac{1}{2}$ である．　(3) 任意の $x \in \mathbf{R}$ に対して $f(x) = \frac{x^2}{1+x^2} = 1 - \frac{1}{1+x^2} < 1$ である．特に，任意の $x \in \mathbf{R}$ に対して $f(x) \leq 1$ であるから，1 は関数 $f(x)$ の上界である．特に，関数 $f(x)$ は上に有界である．さて，任意の正数 ε に対して，$x_\varepsilon = \sqrt{\left|\frac{1}{\varepsilon} - 1\right|}$ は $x_\varepsilon^2 = \left|\frac{1}{\varepsilon} - 1\right| \geq \frac{1}{\varepsilon} - 1$ により $\frac{1}{1+x_\varepsilon^2} \leq \varepsilon$ を満たすので，例えば $x = x_\varepsilon + 1$ について $1 - \varepsilon < 1 - \frac{1}{1+x^2} = f(x)$ となる．従って，§3.2 の二つの条件が満たされたので，1 は関数 $f(x)$ の上限である．もし，関数 $f(x)$ が最大値を持ったとすると，それは上限 1 に等しくなければならないが，任意の $x \in \mathbf{R}$ に対して $f(x) < 1$ であるから，$f(x) = 1$ となる x は存在しないので，関数 $f(x)$ は最大値を持たない．　(4) $x > 1$ のとき，$\frac{x^2}{1+x^2} = 1 - \frac{1}{1+x^2} > \frac{1}{2}$ であるから，$f(x) = x \cdot \frac{x^2}{1+x^2} > \frac{x}{2}$ である．従って，任意の $b \in \mathbf{R}$ に対して，$x = 2\max\{|b|, 1\}$ は $f(x) > b$ を満たすので，関数 $f(x)$ は上に有界ではない．　□

確認 2F 次の関数 $y = f(x)$ は原点 0 において，最大となるか，局所的な最大となるか，極大となるか答えよ．また，最小となるか，局所的な最小となるか，極小となるか答えよ．

(1) $f(x) = |x|$
(2) $f(x) = \begin{cases} |x| & (x \neq 0) \\ 1 & (x = 0) \end{cases}$

(3) $f(x) = \begin{cases} -x & (x < 0) \\ 1 - x & (x \geq 0) \end{cases}$
(4) $f(x) = \begin{cases} x^2 - 1 & (|x| > 1) \\ 0 & (|x| \leq 1) \end{cases}$

[解答] 最大，局所的な最大，極大，最小，局所的な最小，極小の順に○×を記す．
(1) ×××○○○　(2) ×○○×××　(3) ×○○×××　(4) ×○×○○×　□

[解説] 各自でグラフを描いて考えること．
(1) 任意の $x \in \mathbf{R}$ に対して $f(x) \geq 0 = f(0)$ だから，関数 $f(x)$ は点 0 で最小となり，よって，局所的な最小となる．さらに，$x \neq 0$ のとき $f(x) = |x| > 0 = f(0)$ だから，点 0 で極小となる．一方，任意の正数 δ に対して，$x = \delta/2$ は $|x| < \delta$ を満たすが，$f(x) = \delta/2 > 0 = f(0)$ により $f(x) < f(0)$ を満たさないので，関数 $f(x)$ は点 0 で局所的な最大とはならない．従って，最大とも極大ともならない．　(2) $f(2) = 2 > 1 = f(0)$ だから，点 0 で最大とはならないが，$0 < |x| < 1$ のとき $f(x) = |x| < 1 = f(0)$ だから，極大となり，特に局所的な最大となる．また，任意の正数 δ に対して，$x = \min\{\delta/2, 1/2\}$ は $|x| < \delta$ を満たすが，$f(x) = x < 1 = f(0)$ だから $f(x) \geq f(0)$ を満たさないので，点 0 で局所的な最小とはならない．従って，最小とも極小ともならない．　(3) $f(-2) = 2 > 1 = f(0)$ だから，点 0 で最大とはならない．しかし，$0 < x < 1$ のとき，$f(x) = 1 - x < 1 = f(0)$ となり，$-1 < x < 0$ のとき，$f(x) = -x < 1 = f(0)$ となるので，点 0 で極大となり，特に局所的な最大となる．また，任意の正数 δ に対して，$x = \min\{\delta/2, 1/2\}$ は $|x| < \delta$ を満たすが，$0 < |x| < 1$ だから上で見たように $f(x) < f(0)$ となり，$f(x) \geq f(0)$ を満たさないので，点 0 で局所的な最小とならず，よって最小にも極小にもならない．　(4) $|x| < 1$ のとき $f(x) = f(0)$ だから $f(x) \leq f(0)$ となり，よって，点 0 で局所的な最大となる．しかし，$f(2) = 3 > 0 = f(0)$ だから最大とはならない．また，

任意の正数 $\delta > 0$ に対して, $x = \min\{\delta/2, 1/2\}$ は $0 < |x| < \delta$ を満たすが, $f(x) = 0 = f(0)$ だから $f(x) > f(0)$ を満たさないので, 点 0 で極大とはならない. つぎに, 任意の $x \in \mathbf{R}$ に対して $f(x) \geq 0 = f(0)$ だから, 点 0 で最小となり, 特に局所的な最小となる. しかし, 任意の正数 $\delta > 0$ に対して, $x = \min\{\delta/2, 1/2\}$ は $0 < |x| < \delta$ を満たすが, $f(x) = 0 = f(0)$ だから $f(x) > f(0)$ を満たさないので, 点 0 で極小とはならない. □

第 3 章 関数の極限

確認 3A 正数 ε を次のように与えるとき, 条件「$0 < |x-1| < \delta$ ならば $|x^2 - 1| < \varepsilon$ である」を満たす実数 δ の最大値を答えよ.

(1) $\varepsilon = 1$ (2) $\varepsilon = 1/4$ (3) $\varepsilon = \dfrac{21}{100}$ (4) $\varepsilon = \dfrac{201}{10000}$

[解答] (1) $\sqrt{2} - 1$ (2) $(\sqrt{5} - 2)/2$ (3) $1/10$ (4) $1/100$ □

[解説] $0 < \varepsilon \leq 1$ であるとき, 実数 x に関する条件 $|x^2 - 1| < \varepsilon$ は条件 $1 - \varepsilon < x^2 < 1 + \varepsilon$ と同値であり, さらに条件 $\sqrt{1-\varepsilon} < x < \sqrt{1+\varepsilon}$ と同値である. 従って, 求める最大値は $\delta = \min\{\sqrt{1+\varepsilon} - 1, 1 - \sqrt{1-\varepsilon}\}$ となるが, $(\sqrt{1+\varepsilon} + \sqrt{1-\varepsilon})^2 = 2 + 2\sqrt{1-\varepsilon^2} < 4 = 2^2$ より $\sqrt{1+\varepsilon} - 1 < 1 - \sqrt{1-\varepsilon}$ となるので, $\delta = \sqrt{1+\varepsilon} - 1$ と求まる. □

確認 3B 関数 $f(x)$ および直線上の点 x_0 を次のように与えるとき, 各正数 ε に対して, 条件「$0 < |x - x_0| < \delta$ ならば $|f(x) - f(x_0)| < \varepsilon$ となる」を満たす正数 δ を一つ求め, ε を用いて具体的に答えよ. ただし ε の値による場合分けがあっても構わないが, できるだけ簡単な形で答えよ.

(1) $f(x) = x$, $x_0 = 2$ (2) $f(x) = x^2$, $x_0 = 0$ (3) $f(x) = x^2$, $x_0 = -1$

[解説] (1) 例えば $\delta = \varepsilon$ とすればよい. なぜなら $|f(x) - f(2)| = |x - 2|$ だからである. 実際 $\delta = \varepsilon$ は正数であり, 直線上の点 x が $0 < |x - 2| < \delta$ を満たしたとすると, $|f(x) - f(2)| = |x - 2| < \delta = \varepsilon$ となる. (2) 例えば $\delta = \sqrt{\varepsilon}$ とすればよい. なぜなら $|f(x) - f(0)| = |x|^2$ だからである. 実際, $\delta = \sqrt{\varepsilon}$ は正数であり, 直線上の点 x が $0 < |x| < \delta$ を満たしたとすると $|f(x) - f(0)| = |x|^2 < \delta^2 = \varepsilon$ となる. (3) 例えば $\delta = \min\{1, \varepsilon/3\}$ とすればよい. 実際, $\delta = \min\{1, \varepsilon/3\}$ は正数であり, 直線上の点 x が $0 < |x - (-1)| < \delta$ を満たしたとすると $|x - 1| < 3$ および $|x + 1| < \varepsilon/3$ が成立するので, $|f(x) - f(-1)| = |x^2 - 1| = |x - 1| \cdot |x + 1| < 3 \cdot \varepsilon/3 = \varepsilon$ となる. □

(注意) 問 (1) では, 例えば $\delta = \varepsilon/2$ でも正解である. 同様に $0 < \delta \leq \varepsilon$ を満たすような答はすべて正解である. 問 (2) では $0 < \delta \leq \sqrt{\varepsilon}$ を満たすような答はすべて正解である. 問 (3) では $0 < \delta \leq \min\{1, \varepsilon/3\}$ を満たすような答はすべて正解である. 問 (3) については, より精密な不等式を考えることにより, この範囲にない答であっても正解の可能性がある.

確認 3C 次の条件が $\lim_{x \to a} f(x) = b$ と同値かどうか答えよ.

(1) 任意の正数 ε に対して, ある正数 δ であって,
   $0 < |x - a| < \delta$ ならば $|f(x) - b| < \varepsilon/2$ となるものが存在する.

(2) 任意の正数 ε に対して, ある正数 δ であって,
   $0 < |x - a| < \delta/2$ ならば $|f(x) - b| < \varepsilon$ となるものが存在する.

[解答] (1) 同値である. (2) 同値である. □

[解説] (1) 条件 (1) が成り立つとし, ε を任意の正数とする. これに対して, 条件 (1) によって存在する正数 δ を一つ選ぶと, $0 < |x - a| < \delta$ ならば $|f(x) - b| < \varepsilon/2 < \varepsilon$ となる. 従って

$\lim_{x\to a} f(x) = b$ が成り立つ。逆に，$\lim_{x\to a} f(x) = b$ が成り立つとし，ε を任意の正数とする。このとき，$\varepsilon/2 > 0$ だから，$\lim_{x\to a} f(x) = b$ により，ある正数 δ であって $0 < |x-a| < \delta$ ならば $|f(x) - b| < \varepsilon/2$ となるものが存在する。従って，条件 (1) が成り立つ。 (2) 条件 (2) が成り立つとし，ε を任意の正数とする。これに対して，条件 (2) によって存在する正数 δ の値を一つ選び，それを δ_1 とおく。すると $\delta_1 > 0$ であって，$0 < |x-a| < \delta_1/2$ ならば $|f(x)-b| < \varepsilon$ が成立する。そこで，あらためて $\delta = \delta_1/2$ とおくと，$\delta > 0$ であって，$0 < |x-a| < \delta$ ならば $|f(x)-b| < \varepsilon$ となる。従って $\lim_{x\to a} f(x) = b$ が成立する。逆に $\lim_{x\to a} f(x) = b$ とし，ε を任意の正数とする。このとき，$\lim_{x\to a} f(x) = b$ により，ある正数 δ であって $0 < |x-a| < \delta$ ならば $|f(x)-b| < \varepsilon$ となるものが存在する。そのような δ については，$0 < |x-a| < \delta/2$ のとき $0 < |x-a| < \delta$ だから $|f(x)-b| < \varepsilon$ となる。従って条件 (2) が成り立つ。 □

確認 3D 極限値の性質を利用して，次の極限値を計算せよ。
(1) $\lim_{x\to 0} \dfrac{1-\cos x}{x^2}$ (2) $\lim_{x\to 1} \dfrac{x-1}{\log x}$ (3) $\lim_{x\to 0+0} \sqrt{x}\log x$ (4) $\lim_{x\to 0+0} x^x$
極限値 $\lim_{x\to 0} \dfrac{\sin x}{x} = 1$, $\lim_{x\to 0} \dfrac{e^x - 1}{x} = 1$, $\lim_{x\to 0+0} x\log x = 0$ は用いてよいが，微分法は用いないこと。

［解答］ (1) $\dfrac{1-\cos x}{x^2} = \dfrac{1-\cos^2 x}{x^2(1+\cos x)} = \left(\dfrac{\sin x}{x}\right)^2 \dfrac{1}{1+\cos x} \to \dfrac{1}{2}$ $(x\to 0)$
(2) $y = \log x$ とおくと，$x \neq 1$ のとき $y \neq 0$ であり，$\dfrac{x-1}{\log x} = \dfrac{e^y - 1}{y}$ が成立する。ここで，$x \to 1$ のとき $y = \log x \to 0$ であり，$y \to 0$ のとき $\dfrac{e^y - 1}{y} \to 1$ であるから，$x \to 1$ のとき $\dfrac{x-1}{\log x} = \dfrac{e^y - 1}{y} \to 1$ である。 (3) $y = \sqrt{x}$ とおくと，$x > 0$ のとき $y > 0$ であり，$\sqrt{x}\log x = 2y\log y$ が成立する。ここで $x \to 0+0$ のとき $y \to 0+0$ であり，$y \to 0+0$ のとき $y\log y \to 0$ であるから，$x \to 0+0$ のとき $\sqrt{x}\log x = 2y\log y \to 0$ である。 (4) $x > 0$ のとき $x^x = \exp(\log x^x) = \exp(x\log x)$ である。ここで，$x \to 0+0$ のとき $x\log x \to 0$ であり，$y = x\log x$ とおくと $y \to 0$ のとき $\exp y \to 1$ であるから，$x \to 0+0$ のとき $x^x = \exp(x\log x) = \exp y \to 1$ である。 □

確認 3E 次の方程式が実数解を持つかどうか調べよ。ただし，多項式関数および関数 e^x, $\cos x$ は微分可能であり，特に連続であることは既知として良い。

(1) $x^3 - 3x + 3 = 0$ (2) $x^4 - 4x + 4 = 0$ (3) $e^x = x$ (4) $\cos x = x$

［略解］ (1) 持つ (2) 持たない (3) 持たない (4) 持つ □
［解説］ (1) $f(x) = x^3 - 3x + 3$ とおく。$f(-1) = 5 > 0$, $f(-3) = -15 < 0$ であって，関数 $f(x)$ は区間 $[-3, -1]$ 上で連続だから，中間値の定理により，開区間 $(-3, -1)$ のある点で値 0 を取る。これは与えられた方程式の実数解である。 (2) $f(x) = x^4 - 4x + 4$ とおく。$f'(x) = 4(x^3 - 1)$ だから増減表を書いて $f(x)$ が $x = 1$ で最小値 1 を取ることが分かる。従って $f(x) = 0$ を満たす実数 x は存在しない。つまり与えられた方程式の実数解は存在しない。別解として $f(x) = (x-1)^2((x+1)^2 + 1) + 1$ と変形すれば（増減表を経由せずに）$f(x)$ が $x = 1$ で最小値 1 を取ることが分かる。 (3) $f(x) = e^x - x$ とおく。$f'(x) = e^x - 1$ は，$x < 0$ のとき負，$x = 0$ において 0, $x > 0$ のとき正である。そこで増減表を書いて $f(x)$ が $x = 0$ において最小値 1 を取ることが分かる。従って，与えられた方程式の実数解は存在しない。 (4) $f(x) = x - \cos x$ とおく。$f(0) = -1 < 0$, $f(\pi/2) = \pi/2 > 0$ であって f は区間 $[0, \pi/2]$ 上で連続だから，中間値の定理により $(0, \pi/2)$ のある点で値 0 を取る。これは与えられた方程式の実数解である。 □

確認 3F 次の区間 I に対して，関数 $f(x) = x\sin x$ の区間 I における最大値が存在するかどうか答えよ．ただし $\sin x$ の一般的な性質は既知として良い．

(1) $I = [0, \pi/2]$ (2) $I = (0, \pi/2)$ (3) $I = [0, \pi]$ (4) $I = (0, \pi)$

［解答］(1) 存在する (2) 存在しない (3) 存在する (4) 存在する □

［解説］(1) $f(x)$ は空でない有界閉区間 $[0, \pi/2]$ 上の連続関数だから，最大値の定理により最大値が存在する． (2) $f'(x) = \sin x + x\cos x$ は区間 $(0, \pi/2)$ においてつねに正である．従って $f(x)$ は区間 $(0, \pi/2)$ で狭義単調増加であるから，最大値は存在しない．実際，$x_0 \in (0, \pi/2)$ において $f(x)$ が最大値を取ると仮定する．このとき $x_1 = (x_0 + \pi/2)/2$ とおくと $x_1 \in (0, \pi/2)$ であって $f(x_0) < f(x_1)$ となる．これは $f(x_0)$ が最大値であることに矛盾する． (3) $f(x)$ は空でない有界閉区間 $[0, \pi]$ 上の連続関数だから，最大値の定理により最大値が存在する． (4) 問 (3) により $f(x)$ は区間 $[0, \pi]$ のある点で最大値を取る．その点を x_0 とする．$\pi/2 = f(\pi/2) \leq f(x_0)$ および $f(0) = f(\pi) = 0$ だから $x_0 \in (0, \pi)$ である．従って $f(x)$ は区間 $(0, \pi)$ 上で最大値 $f(x_0)$ を持つ． □

確認 3G 次の数列 (a_n) の極限 $\lim_{n\to\infty} a_n$ を求めよ．ただし $|r| < 1 < |R|$ とする．

(1) $a_n = \dfrac{1}{n^2}$ (2) $a_n = \dfrac{1}{\sqrt{n}}$ (3) $a_n = nr^n$ (4) $a_n = \dfrac{R^n}{n!}$ (5) $a_n = \dfrac{\log n}{n}$

［略解］(1) 0 (2) 0 (3) 0 (4) 0 (5) 0 □

［解説］(1) §6.2 で，数列の極限の定義によって $\lim_{n\to\infty} \dfrac{1}{n} = 0$ であることを確認している．このことと，任意の正の整数 n に対して $0 < \dfrac{1}{n^2} \leq \dfrac{1}{n}$ であることから，$\lim_{n\to\infty} \dfrac{1}{n^2} = 0$ が得られる．（数列の極限の定義を直接用いて，問 (2) の解答と同様の議論でも証明できる．）
(2) ε を任意の正数とする．$N > \dfrac{1}{\varepsilon^2}$ を満たす自然数 N が存在する（アルキメデスの原理）．このような自然数 N を一つ選ぶ．$n \geq N$ を満たす任意の自然数 n に対して，$\left|\dfrac{1}{\sqrt{n}} - 0\right| = \dfrac{1}{\sqrt{n}} \leq \dfrac{1}{\sqrt{N}} < \varepsilon$ が成り立つ．従って，$\lim_{n\to\infty} \dfrac{1}{\sqrt{n}} = 0$ である．
(3) $r = 0$ ならば，任意の自然数 n に対して $a_n = 0$ なので $\lim_{n\to\infty} a_n = 0$ である．$0 < |r| < 1$ の場合を考える．$|a_n - 0| = |a_n| = n|r|^n \to 0 \; (n \to \infty)$ であることを確かめよう．$a = \dfrac{1}{|r|} - 1$ とおく．$0 < |r| < 1$ なので $a > 0$ であり，$|r| = \dfrac{1}{1+a}$ が成り立つ．$n \geq 2$ を満たす任意の自然数 n に対して，
$$|a_n| = n|r|^n = n\dfrac{1}{(1+a)^n} = \dfrac{n}{\sum_{k=0}^{n} {}_nC_k 1^{n-k} a^k} \leq \dfrac{n}{{}_nC_2 1^{n-2} a^2} = \dfrac{2n}{n(n-1)a^2} = \dfrac{2}{(n-1)a^2}$$
が成り立つ．上の式の 3 番目の等号では，二項定理を用いた．$\dfrac{2}{(n-1)a^2} \to 0 \; (n \to \infty)$ なので，$\lim_{n\to\infty} a_n = 0$ が従う．
(4) $K > 2R$ を満たす自然数 K が存在する（実数のアルキメデス性）．そのような自然数 K を一つ選ぶ．$\dfrac{R}{K} \leq \dfrac{1}{2}$ であることに注意すると，$m \geq K+1$ を満たす任意の自然数 m に対して $\dfrac{R}{m} \leq \dfrac{1}{2}$ となる．このことから，$n > K+1$ を満たす任意の自然数 n に対して
$$0 < \dfrac{R^n}{n!} = \underbrace{\dfrac{R}{n} \cdot \dfrac{R}{n-1} \cdots \dfrac{R}{K+1}}_{(n-K)\text{個}} \cdot \dfrac{R^K}{K!} \leq \underbrace{\dfrac{1}{2} \cdot \dfrac{1}{2} \cdots \dfrac{1}{2}}_{(n-K)\text{個}} \cdot \dfrac{R^K}{K!} = \left(\dfrac{1}{2}\right)^{n-K} \dfrac{R^K}{K!}$$
が成り立つ．$\left(\dfrac{1}{2}\right)^{n-K} \dfrac{R^K}{K!} \to 0 \; (n \to \infty)$ なので，$\lim_{n\to\infty} a_n = \lim_{n\to\infty} \dfrac{R^n}{n!} = 0$ が得られる．
(5) $a_n = \dfrac{\log n}{n} = -\dfrac{1}{n}\log\dfrac{1}{n} \to 0 \; (n \to \infty)$ である．ここで，§3.4 で述べた $\lim_{x\to 0+0} x\log x = 0$ という事実を用いた． □

第 4 章　導関数と原始関数

確認 4A 関数 $f(x)$ を次のように定める。

$$f(x) = \begin{cases} x^2 \sin \dfrac{1}{x} & (x \neq 0 \text{ のとき}) \\ 0 & (x = 0 \text{ のとき}) \end{cases}$$

(1) $x \neq 0$ のとき $f'(x)$ を求めよ。　(2) $f'(0)$ を求めよ。

［略解］(1) $f'(x) = 2x \sin \dfrac{1}{x} - \cos \dfrac{1}{x}$　(2) $f'(0) = 0$ □

［解説］(1) $x \neq 0$ のとき $f'(x) = 2x \sin \dfrac{1}{x} - \cos \dfrac{1}{x}$ である。　(2) $x \neq 0$ のとき $\dfrac{f(x) - f(0)}{x - 0} = x \sin \dfrac{1}{x}$ である。第 3 章 §1.3 例 1 により $\lim_{x \to 0} x \sin \dfrac{1}{x} = 0$ である。従って $f'(0) = 0$ である。□
（注意）極限値 $\lim_{x \to 0} f'(x)$ は存在しないことに注意せよ。

確認 4B 次の関数 $f(x)$ の第 n 次導関数 $f^{(n)}(x)$ を求めよ。ただし，n は自然数である。

(1) $f(x) = \log x$　(2) $f(x) = \dfrac{1}{1-x}$　(3) $f(x) = \dfrac{x^2}{1-x}$　(4) $f(x) = xe^x$

［略解］(1) $\dfrac{(-1)^{n-1}(n-1)!}{x^n} = (-1)^{n-1}(n-1)! \, x^{-n}$　(2) $n!\,(1-x)^{-n-1}$
(3) $n = 1$ のとき $-1 + (1-x)^{-2}$, $n \geq 2$ のとき $n!\,(1-x)^{-n-1}$　(4) $xe^x + ne^x$ □

［解説］(1) 自然数 $n \geq 1$ に関する数学的帰納法で $f^{(n)}(x) = (-1)^{n-1}(n-1)!\,x^{-n}$ であることを示す。$\dfrac{d}{dx} \log x = 1/x = x^{-1} = (-1)^0 0!\, x^{-1}$ であるから，$n = 1$ のときは成立している。$n \geq 1$ まで示されたとする。このとき $f^{(n+1)}(x) = \dfrac{d}{dx}((-1)^{n-1}(n-1)!\,x^{-n}) = (-1)^{n-1}(n-1)!\,\dfrac{d}{dx}(x^{-n}) = (-1)^{n-1}(n-1)!\,(-n)x^{-n-1} = (-1)^n n!\,x^{-n-1}$ である。以上により，数学的帰納法が完成し，すべての自然数 $n \geq 1$ に対して $f^{(n)}(x) = (-1)^{n-1}(n-1)!\,x^{-n}$ が成立することが示された。　(2) 非負整数 $n \geq 0$ に関する数学的帰納法で $f^{(n)}(x) = n!\,(1-x)^{-n-1}$ であることを示す。$n = 0$ のとき主張は成立している。$n \geq 0$ まで示されたとする。このとき $f^{(n+1)}(x) = \dfrac{d}{dx}(n!\,(1-x)^{-n-1}) = (n+1)!\,(1-x)^{-n-2}$ である。以上により，数学的帰納法が完成した。　(3) $\dfrac{x^2}{1-x} = -x - 1 + \dfrac{1}{1-x}$ だから (2) を使うと $f^{(1)}(x) = -1 + (1-x)^{-2}$ であって，$n \geq 2$ については $f^{(n)}(x) = n!\,(1-x)^{-n-1}$ である。　(4) 非負整数 $n \geq 0$ に関する数学的帰納法で $f^{(n)}(x) = xe^x + ne^x$ であることを示す。$n = 0$ のとき主張は成立している。$n \geq 0$ まで示されたとする。このとき $f^{(n+1)}(x) = \dfrac{d}{dx}(xe^x + ne^x) = xe^x + (n+1)e^x$ となる。以上により，数学的帰納法が完成した。なお，§2.3 の一般ライプニッツ則を使ってもよい。□

確認 4C 次の関数 $y = f(x)$ が C^n 級となる最大の自然数 n を求めよ。ただし，$y = f(x)$ が C^∞ 級となる場合には，$n = \infty$ と答えよ。

(1) $f(x) = x^2$　(2) $f(x) = |x^3|$　(3) $f(x) = e^x$　(4) $f(x) = \dfrac{1}{1+x^2}$

［略解］(1) $n = \infty$　(2) $n = 2$　(3) $n = \infty$　(4) $n = \infty$ □
［解説］(1) $f'(x) = 2x$, $f^{(2)}(x) = 2$, $f^{(n)}(x) = 0$, $(n \geq 3)$ だから C^∞ 級である。

(2) 関数 $f(x)$ は
$$f(x) = |x^3| = \begin{cases} x^3 & (x \geq 0 \text{ のとき}) \\ -x^3 & (x < 0 \text{ のとき}) \end{cases}$$
と表されるので，$x > 0$ のとき $f'(x) = 3x^2$, $f''(x) = 6x$ が成立し，$x < 0$ のとき $f'(x) = -3x^2, f''(x) = -6x$ が成立する。また，$x = 0$ のときは，$\lim_{h \to 0\pm 0} \dfrac{f(0+h) - f(0)}{h} = \lim_{h \to 0\pm 0} \dfrac{\pm h^3}{h} = 0$ より $f'(0) = 0$ であり，$\lim_{h \to 0\pm 0} \dfrac{f'(0+h) - f'(0)}{h} = \lim_{h \to 0\pm 0} \dfrac{\pm 3h^2}{h} = 0$ より $f''(0) = 0$ である。従って，$f''(x) = 6|x|$ となり，この関数は連続であるから，$f(x)$ は C^2 級である。しかし，関数 $|x|$ は $x = 0$ で微分不可能であるから，$f(x)$ は C^3 級ではない。

(3) $f(x)$ は C^1 級であって $f'(x) = e^x = f(x)$ である。$f'(x)$ にこのことを適用すると $f(x)$ が C^2 級であって $f^{(2)}(x) = f(x)$ であることが分かる。これを続けて（正確には帰納法によって）$f(x) = e^x$ が任意の $n \geq 1$ について C^n 級であって $f^{(n)} = f(x)$ であることが分かる。

(4) $n \geq 0$ に関する帰納法によって，各 $n \geq 0$ に対して，ある多項式 $p_n(x)$ が存在して，$f^{(n)}(x) = p_n(x)(1+x^2)^{-n-1}$ となるので，関数 $f(x)$ は C^∞ 級である。 □

確認 4D 次の関数の原始関数を一つ見つけよ。
(1) $\tan x$ (2) $\dfrac{\log x}{x}$ (3) $\dfrac{1}{x \log x}$ (4) $\dfrac{\sin x \cos x}{1 + \sin^2 x}$

［解答］ (1) $-\log|\cos x|$ (2) $\dfrac{1}{2}(\log x)^2$ (3) $\log|\log x|$ (4) $\dfrac{1}{2}\log(1 + \sin^2 x)$ □

（注意） 上記の関数と定数の差しかない関数はすべて正解である。原始関数を求める際には，得られた関数を実際に微分してみることによって，正しく原始関数が求まったかどうか確認することができる。

［解説］ (1) $\tan x = \dfrac{\sin x}{\cos x} = -\dfrac{(\cos x)'}{\cos x}$ であるから，求める原始関数の一つは $-\log|\cos x|$ である。実際，微分すると $\dfrac{d}{dx}(-\log|\cos x|) = -\dfrac{(\cos x)'}{\cos x} = \dfrac{\sin x}{\cos x} = \tan x$ となる。

(2) $\dfrac{\log x}{x} = (\log x)' \log x$ であるから，求める原始関数の一つは $\dfrac{1}{2}(\log x)^2$ である。実際，微分すると $\dfrac{d}{dx}\left(\dfrac{1}{2}(\log x)^2\right) = (\log x)' \log x = \dfrac{\log x}{x}$ となる。

(3) $\dfrac{1}{x \log x} = \dfrac{(\log x)'}{\log x}$ であるから，求める原始関数の一つは $\log|\log x|$ である。実際，微分すると $\dfrac{d}{dx}\left(\log|\log x|\right) = \dfrac{(\log x)'}{\log x} = \dfrac{1}{x \log x}$ となる。

(4) $\dfrac{\sin x \cos x}{1 + \sin^2 x} = \dfrac{1}{2} \dfrac{(1 + \sin^2 x)'}{1 + \sin^2 x}$ であるから，求める原始関数の一つは $\dfrac{1}{2}\log(1 + \sin^2 x)$ である。実際，微分すると $\dfrac{d}{dx}\left(\dfrac{1}{2}\log(1 + \sin^2 x)\right) = \dfrac{1}{2}\dfrac{(1+\sin^2 x)'}{1 + \sin^2 x} = \dfrac{\sin x \cos x}{1 + \sin^2 x}$ となる。 □

確認 4E 次の不定積分を計算せよ。
(1) $\displaystyle\int \log x \, dx$ (2) $\displaystyle\int \dfrac{1}{1-x^2} \, dx$ (3) $\displaystyle\int \dfrac{x}{1-x^2} \, dx$ (4) $\displaystyle\int \dfrac{1}{\cos x} \, dx$

［略解］ (1) $x \log x - x + C$ (2) $\dfrac{1}{2}\log\left|\dfrac{1+x}{1-x}\right| + C$ (3) $-\dfrac{1}{2}\log|1-x^2| + C$
(4) $\dfrac{1}{2}\log\dfrac{1+\sin x}{1-\sin x} + C$ （ただし C は積分定数である。） □

［解説］ (1) $\log x = x' \log x$ を利用して部分積分する。
$$\int \log x \, dx = x \log x - \int x(\log x)' \, dx = x \log x - \int 1 \, dx = x \log x - x + C$$

(2) 部分分数展開 $\dfrac{1}{1-x^2} = \dfrac{1}{2}\left(\dfrac{1}{1-x} + \dfrac{1}{1+x}\right)$ を用いて計算すればよい。

$$\int \dfrac{dx}{1-x^2} = \dfrac{1}{2}\int\left(\dfrac{1}{1-x} + \dfrac{1}{1+x}\right)dx = \dfrac{1}{2}(-\log|1-x| + \log|1+x|) = \dfrac{1}{2}\log\left|\dfrac{1+x}{1-x}\right| + C$$

(3) $\dfrac{x}{1-x^2} = -\dfrac{1}{2}\dfrac{(1-x^2)'}{1-x^2}$ であるから，原始関数の一つとして $-\dfrac{1}{2}\log|1-x^2|$ が取れる。従って，求める不定積分は $\displaystyle\int \dfrac{x}{1-x^2}\,dx = -\dfrac{1}{2}\log|1-x^2| + C$ である。

(4) $y = \sin x$ と置換すると $\displaystyle\int \dfrac{1}{\cos x}\,dx = \int \dfrac{\cos x}{\cos^2 x}\,dx = \int \dfrac{dy}{1-y^2}$ となるので，問 (2) を用いて

$$\int \dfrac{dy}{1-y^2} = \dfrac{1}{2}\int\left(\dfrac{1}{1-y} + \dfrac{1}{1+y}\right)dy = \dfrac{1}{2}\log\left|\dfrac{1+y}{1-y}\right| + C = \dfrac{1}{2}\log\left|\dfrac{1+\sin x}{1-\sin x}\right| + C$$

となる。ところが，$1 \pm \sin x \geq 0$ および $\cos x \neq 0$ により $1 \pm \sin x > 0$ であるから，$\displaystyle\int \dfrac{1}{\cos x}\,dx = \dfrac{1}{2}\log\dfrac{1+\sin x}{1-\sin x} + C$ となる。 □

（注意）問 (2) では，$-1 < x < 1$ のときには，第 5 章 §3.3 例 2 の公式 $\dfrac{d}{dx}\operatorname{artanh} x = \dfrac{1}{1-x^2}$ を用いて，$\operatorname{artanh} x + C$ としてもよい。なお，$\operatorname{artanh} x = \dfrac{1}{2}\log\left|\dfrac{1+x}{1-x}\right|$ $(-1 < x < 1)$ が成立する。問 (4) では，置換 $y = \sin x$ を表に出さずに，$\dfrac{1}{\cos x} = \dfrac{\cos x}{\cos^2 x} = \dfrac{\cos x}{1-\sin^2 x} = \dfrac{1}{2}\left(\dfrac{\cos x}{1-\sin x} + \dfrac{\cos x}{1+\sin x}\right)$ を用いて

$$\int \dfrac{1}{\cos x}\,dx = \dfrac{1}{2}\left(-\int \dfrac{(1-\sin x)'}{1-\sin x}\,dx + \int \dfrac{(1+\sin x)'}{1+\sin x}\,dx\right)$$
$$= \dfrac{1}{2}(-\log|1-\sin x| + \log|1+\sin x|) + C = \dfrac{1}{2}\log\left|\dfrac{1+\sin x}{1-\sin x}\right| + C$$

と計算してもよい。また，$y = \sin x$ のとき，$\cos x \neq 0$ より $-1 < y < 1$ であることに注意して，$\displaystyle\int \dfrac{dy}{1-y^2} = \operatorname{artanh} y + C = \dfrac{1}{2}\log\dfrac{1+y}{1-y} + C$ としてもよい。

確認 4F 次の関数 $y = f(x)$ が原点で局所的に最小となるかどうか答えよ。また，極小となるかどうか答えよ。ただし，$f(0) = 0$ と定めるものとする。

(1) $f(x) = x^2 \sin \dfrac{1}{x}$ (2) $f(x) = x^2 \sin \dfrac{1}{x} + x^2$ (3) $f(x) = x^2 \sin \dfrac{1}{x} + 2x^2$

［解答］(1) 局所的に最小とならない。極小とならない。 (2) 局所的に最小となる。極小とならない。 (3) 極小となる。局所的に最小となる。 □

［解説］関数 $y = f(x)$ のグラフは下図を参照せよ。ただし，見やすくするため，縦の比率を大きくし，補助線を図示してある。まず，任意の $\delta > 0$ に対して，実数 x であって $0 < x < \delta$ かつ $\sin(1/x) = -1$ となるものが存在することに注意する。実際，$\delta > 0$ とすると（実数のアルキメデス性により）$\dfrac{1}{2\pi\delta} + \dfrac{1}{4} < n$ を満たす正の整数 n が存在し，そのような n は $\dfrac{1}{\delta} < 2\pi\left(n - \dfrac{1}{4}\right) = -\dfrac{\pi}{2} + 2n\pi$ を満たすので，$x = \left(-\dfrac{\pi}{2} + 2n\pi\right)^{-1}$ と定めると $0 < x < \delta$ かつ

$$\sin \dfrac{1}{x} = \sin\left(-\dfrac{\pi}{2} + 2n\pi\right) = \sin\left(-\dfrac{\pi}{2}\right) = -1$$

が成立する。

(1) 任意の $\delta > 0$ に対して，上記の x は $0 < x < \delta$ かつ $f(x) = -x^2 < 0 = f(0)$ を満たす。従って，関数 $f(x)$ は $x = 0$ で局所的に最小とならず，よって極小ともならない。

(2) $\sin \dfrac{1}{x} + 1 \geq 0$ により $f(x) = x^2\left(\sin \dfrac{1}{x} + 1\right) \geq 0$ となる。従って，関数 $f(x)$ は $x = 0$ で局所的に最小である。また，任意の $\delta > 0$ に対して，上記の x は $0 < x < \delta$ かつ $f(x) = 0 = f(0)$ を満たす。従って，関数 $f(x)$ は $x = 0$ で極小とはならない。

(3) $\sin\dfrac{1}{x}+2 \geq 1$ により $f(x)=x^2\left(\sin\dfrac{1}{x}+2\right) \geq x^2$ となる．これより，関数 $f(x)$ は $x=0$ で極小となり，よって局所的に最小となることが分かる． □

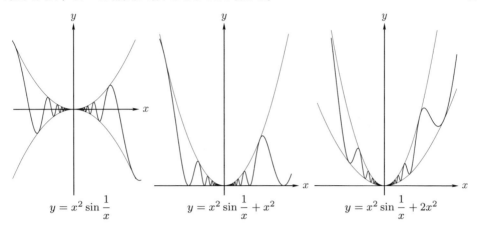

$y=x^2\sin\dfrac{1}{x}$　　　$y=x^2\sin\dfrac{1}{x}+x^2$　　　$y=x^2\sin\dfrac{1}{x}+2x^2$

第 5 章　種々の関数

確認 5A　次の値を求めよ．

(1) $\cot\dfrac{\pi}{2}$　(2) $\cot\dfrac{2\pi}{3}$　(3) $\sec 0$　(4) $\sec\left(-\dfrac{\pi}{3}\right)$　(5) $\csc\dfrac{\pi}{2}$　(6) $\csc\left(-\dfrac{\pi}{4}\right)$

(7) $\sinh(-\log 3)$　(8) $\cosh(\log 5)$　(9) $\tanh 0$　(10) $\tanh(\log(3/5))$

［略解］(1) 0　(2) $-\sqrt{3}/3$　(3) 1　(4) 2　(5) 1　(6) $-\sqrt{2}$　(7) $-4/3$　(8) $13/5$
(9) 0　(10) $-8/17$ □

確認 5B　次の条件を満たす実数 x の値をすべて求めよ．

(1) $\tan x=-1$　(2) $\cot x=\sqrt{3}$　(3) $\sec x=-\sqrt{2}$　(4) $\csc x=\dfrac{2\sqrt{3}}{3}$

［略解］(1) $(-\pi/4)+n\pi,\ n\in\mathbf{Z}$　(2) $(\pi/6)+n\pi,\ n\in\mathbf{Z}$
(3) $(3\pi/4)+2n\pi,\ (5\pi/4)+2n\pi,\ n\in\mathbf{Z}$　(4) $(\pi/3)+2n\pi,\ (2\pi/3)+2n\pi,\ n\in\mathbf{Z}$ □

確認 5C　次の値を求めよ．

(1) $\arcsin 0$　(2) $\arcsin\dfrac{1}{2}$　(3) $\arcsin\left(-\dfrac{\sqrt{2}}{2}\right)$　(4) $\arccos 1$　(5) $\arccos\dfrac{1}{2}$

(6) $\arccos 0$　(7) $\arctan 0$　(8) $\arctan\dfrac{\sqrt{3}}{3}$　(9) $\arctan 1$　(10) $\arctan(-\sqrt{3})$

ただし，arcsin, arccos, arctan は，それぞれ主値を表す．

［略解］(1) 0　(2) $\pi/6$　(3) $-\pi/4$　(4) 0　(5) $\pi/3$　(6) $\pi/2$　(7) 0　(8) $\pi/6$
(9) $\pi/4$　(10) $-\pi/3$ □

確認 5D　次の関係式を示せ．

(1) $\operatorname{arsinh} x=\log(x+\sqrt{x^2+1})$　(2) $\operatorname{artanh} x=\dfrac{1}{2}\log\dfrac{1+x}{1-x}$　$(-1<x<1)$

［解答］(1) $\sinh\log(x+\sqrt{x^2+1})=\dfrac{1}{2}\left(x+\sqrt{x^2+1}-\dfrac{1}{x+\sqrt{x^2+1}}\right)=\dfrac{1}{2}(x+\sqrt{x^2+1}-(\sqrt{x^2+1}-x))=x$ の両辺に関数 arsinh を施して $\log(x+\sqrt{x^2+1})=\operatorname{arsinh} x$ を得る．

(2) $\tanh\left(\dfrac{1}{2}\log\dfrac{1+x}{1-x}\right) = \dfrac{\sqrt{\dfrac{1+x}{1-x}} - \sqrt{\dfrac{1-x}{1+x}}}{\sqrt{\dfrac{1+x}{1-x}} + \sqrt{\dfrac{1-x}{1+x}}} = \dfrac{1+x-(1-x)}{1+x+1-x} = x$ であり，両辺に関数 artanh を施して，$\dfrac{1}{2}\log\dfrac{1+x}{1-x} = \operatorname{artanh} x$ を得る。 □

［解説］ (1) 関数 sinh は $\mathbf{R}$ から $\mathbf{R}$ への全単射を定めるから，$\sinh\log(x+\sqrt{x^2+1}) = x$ を示せばよいことに注意する。 (2) 同様に，関数 tanh は $\mathbf{R}$ から開区間 $(-1,1)$ への全単射を定めるから，$\tanh\left(\dfrac{1}{2}\log\dfrac{1+x}{1-x}\right) = x$ を示せばよい。 □

（参考）一般に，写像 $f : X \longrightarrow Y$ が単射のとき，$f(x_1) = f(x_2)$ ならば $x_1 = x_2$ が成り立つ。従って，そのような場合には，関係式 $f(x_1) = f(x_2)$ が示されれば，関係式 $x_1 = x_2$ が得られることになる（第1章 §5.1 および第2章 §1.6 例2）。

（注意）各問の右辺を見出すには次のようにすればよい。

(1) $y = \operatorname{arsinh} x$ とおくと，$x = \dfrac{e^y - e^{-y}}{2}$ であるから，両辺に e^y を掛けて移項すると $(e^y)^2 - 2xe^y - 1 = 0$ を得る。二次方程式の解の公式によって $e^y = x \pm \sqrt{x^2+1}$ となるが，$e^y > 0$ により $e^y = x + \sqrt{x^2+1}$ である。従って，両辺の対数を取ることにより $\operatorname{arsinh} x = y = \log(x+\sqrt{x^2+1})$ が得られる。 (2) $y = \operatorname{artanh} x$ とおくと，$x = \dfrac{e^y - e^{-y}}{e^y + e^{-y}} = \dfrac{e^{2y}-1}{e^{2y}+1}$ であるから，分母を払うと $x(e^{2y}+1) = e^{2y}-1$ となり，整理し直すと $(1-x)e^{2y} = 1+x$ を得る。従って，$e^{2y} = \dfrac{1+x}{1-x}$ となり，両辺の対数を取って 2 で割ることにより $\operatorname{artanh} x = y = \dfrac{1}{2}\log\dfrac{1+x}{1-x}$ が得られる。

確認 5E 三角関数の加法定理を利用することによって次の値を求めよ。

(1) $\arcsin\dfrac{4}{5} + \arcsin\dfrac{3}{5}$ 　　(2) $\arcsin\dfrac{1}{\sqrt{5}} + \arcsin\dfrac{1}{\sqrt{10}}$

(3) $\arctan\dfrac{1}{2} + \arctan\dfrac{1}{3}$ 　　(4) $\arctan(\sqrt{3}+2) + \arctan(\sqrt{3}-2)$

［略解］ (1) $\pi/2$ (2) $\pi/4$ (3) $\pi/4$ (4) $\pi/3$ □

［解説］ (1) $a = \arcsin(4/5)$, $b = \arcsin(3/5)$ とおく。$0 \le a \le \pi/2$ および $0 \le b \le \pi/2$ が成り立つ。特に $\cos a = 3/5$, $\cos b = 4/5$ となり，$\sin(a+b) = \sin a\cos b + \cos a\sin b = 1$ となる。従って $a+b = (\pi/2) + 2n\pi$, $n \in \mathbf{Z}$ となるが，$0 \le a+b \le \pi$ であるから $a+b = \pi/2$ である。
(2) $a = \arcsin(1/\sqrt{5})$, $b = \arcsin(1/\sqrt{10})$ とおく。$1/\sqrt{10} < 1/\sqrt{5} < 1/\sqrt{2}$ であるから $0 \le a < \pi/2$ および $0 \le b < \pi/2$ が成り立つ。特に $\cos a = 2/\sqrt{5}$, $\cos b = 3/\sqrt{10}$ となり，$\sin(a+b) = \sin a\cos b + \cos a\sin b = \sqrt{2}/2$ となる。従って $a+b = (\pi/4) + 2n\pi$, または $(3\pi/4) + 2n\pi$, $n \in \mathbf{Z}$ となるが，$0 \le a+b < \pi/2$ であるから $a+b = \pi/4$ である。
(3) $a = \arctan(1/2)$, $b = \arctan(1/3)$ とおく。$\tan(a+b) = \dfrac{\tan a + \tan b}{1 - \tan a\tan b} = 1$ だから $a+b = \pi/4 + n\pi$, $n \in \mathbf{Z}$ となる。いま，$0 \le a < \pi/2$ および $0 \le b < \pi/2$ であるから $0 \le a+b < \pi$ である。従って $a+b = \pi/4$ である。
(4) $a = \arctan(\sqrt{3}+2)$, $b = \arctan(\sqrt{3}-2)$ とおく。$\tan(a+b) = \dfrac{\tan a + \tan b}{1 - \tan a\tan b} = \sqrt{3}$ だから $a+b = \pi/3 + n\pi$, $n \in \mathbf{Z}$ となる。いま，$0 \le a < \pi/2$ および $-\pi/2 \le b < 0$ であるから $-\pi/2 \le a+b < \pi/2$ である。従って $a+b = \pi/3$ である。 □

確認 5F 次の関数を微分せよ。

(1) $\cot x$ (2) $\sec x$ (3) $\csc x$ (4) $\tanh x$ (5) $(\sinh x)^2$ (6) $(\arctan x)^2$

[解答] (1) $-\dfrac{1}{\sin^2 x}$ (または $-\csc^2 x$ または $-1-\cot^2 x$) (2) $\dfrac{\sin x}{\cos^2 x}$ (または $\sec x \tan x$)
(3) $-\dfrac{\cos x}{\sin^2 x}$ (または $-\cot x \csc x$) (4) $\dfrac{1}{\cosh^2 x}$ (または $\dfrac{4}{(e^x+e^{-x})^2}$ または $1-\tanh^2 x$)
(5) $2\cosh x \sinh x$ (または $\dfrac{e^{2x}-e^{-2x}}{2}$ または $\sinh(2x)$) (6) $\dfrac{2\arctan x}{1+x^2}$ □

確認 5G 次の関数の原始関数を一つ見つけよ.

(1) $\cot x$ (2) $\tanh x$ (3) $\dfrac{\cos x}{1+\sin^2 x}$ (4) $\dfrac{e^{-x}}{\sqrt{1-e^{-2x}}}$ (5) $\dfrac{e^x}{\sqrt{1+e^{2x}}}$
(6) $\arcsin x$ (7) $\arctan x$

[解答] (1) $\log|\sin x|$ (2) $\log(\cosh x)$ (3) $\arctan(\sin x)$ (4) $-\arcsin e^{-x}$ (5) $\operatorname{arsinh} e^x$ または $\log(e^x+\sqrt{1+e^{2x}})$ (6) $x\arcsin x + \sqrt{1-x^2}$ (7) $x\arctan x - \dfrac{1}{2}\log(1+x^2)$ □
[解説] (6) $\arcsin x = x'\arcsin x$ を利用して部分積分する.

$$\int \arcsin x\, dx = x\arcsin x - \int \dfrac{x}{\sqrt{1-x^2}}dx = x\arcsin x + \sqrt{1-x^2} + C$$

(7) $\arctan x = x'\arctan x$ を利用して部分積分する.

$$\int \arctan x\, dx = x\arctan x - \int \dfrac{x}{1+x^2}dx = x\arctan x - \dfrac{1}{2}\log(1+x^2) + C \quad □$$

第 6 章 微分方程式入門

確認 6A 次の関数がそれぞれの微分方程式を満たすことを確かめよ. ただし a, b, λ, μ は定数である.

(1) 関数 $y = \lambda\cos(ax+b) + \mu\sin(ax+b)$ は微分方程式 $y'' = -a^2 y$ を満たす.
(2) 関数 $y = \log(ax+b)$ は微分方程式 $y' = ae^{-y}$ を満たす.
(3) 関数 $y = \tan(ax+b)$ は微分方程式 $y'' = 2ayy'$ を満たす.
(4) 関数 $y = \arcsin x$ は微分方程式 $(1-x^2)y'' = xy'$ を満たす.
(5) 関数 $y = \dfrac{1}{1-x}$ は微分方程式 $x(1-x)y'' + (1-3x)y' - y = 0$ を満たす.

[解説] (1)(2) 直接計算による (詳細略). (3) $y = \tan(ax+b)$ は $y' = a(1+\tan^2(ax+b)) = a(1+y^2)$ を満たすので, $y'' = a\dfrac{d}{dx}(1+y^2) = 2ayy'$ を満たす. (4) $y = \arcsin x$ は $y' = \dfrac{1}{\sqrt{1-x^2}}$ を満たすので, $y'' = \dfrac{d}{dx}(1-x^2)^{-1/2} = x(1-x^2)^{-3/2} = x(1-x^2)^{-1}y'$ を満たし, 両辺に $(1-x^2)$ を掛けると $(1-x^2)y'' = xy'$ を得る. (5) 関数 $y = (1-x)^{-1}$ は $y' = (1-x)^{-2}$, $y'' = 2(1-x)^{-3}$ を満たすので, $x(1-x)y'' + (1-3x)y' - y = 2x(1-x)(1-x)^{-3} + (1-3x)(1-x)^{-2} - (1-x)^{-1} = (1-x)^{-2}(2x+1-3x-(1-x)) = 0$ となる. □

確認 6B 次の微分方程式の解を変数分離型方程式の求積法によって求めよ.

(1) $y' = 2x\sqrt{1+y^2}$ (2) $y' = 1+y^2$ (3) $y' = e^{x-y}$ (4) $y' = \operatorname{sech} y$

[略解] 以下において C は任意の定数である.
(1) $y = \sinh(x^2+C)$ (2) $y = \tan(x+C)$ (3) $y = \log(e^x+C)$ (4) $y = \operatorname{arsinh}(x+C)$ あるいは $y = \log\bigl((x+C)^2 + \sqrt{1+(x+C)^2}\bigr)$ □

[解説] (1) 方程式 $y' = 2x\sqrt{1+y^2}$ は $\dfrac{dy}{\sqrt{1+y^2}} = 2x\,dx$ と変形され，よって $\mathrm{arsinh}\,y = x^2 + C$ より $y = \sinh(x^2+C)$ を得る． (2) 方程式 $y' = 1+y^2$ は $\dfrac{dy}{1+y^2} = dx$ と変形され，よって $\arctan y = x+C$ より $y = \tan(x+C)$ を得る． (3) 方程式 $y' = e^{x-y}$ は $e^y\,dy = e^x\,dx$ と変形され，よって $e^y = e^x + C$ より $y = \log(e^x+C)$ を得る． (4) 方程式 $y' = \mathrm{sech}\,y$ は $(\cosh y)\,dy = dx$ と変形され，よって $\sinh y = x + C$ より $y = \mathrm{arsinh}(x+C)$ を得る．なお，第5章 §3.2 例1により $\mathrm{arsinh}(x+C) = \log\bigl((x+C)^2 + \sqrt{1+(x+C)^2}\bigr)$ である． □

確認 6C 次の微分方程式の解を変数分離型方程式の求積法によって求めよ．ただし，k, a, b は定数であり，$a \neq b$ であるとする．

(1) $y' = k(y-a)$ (2) $y' = k(y-a)(y-b)$ (3) $y' = k(y-a)^2$ (4) $y' = k(y-a)^3$

[略解] 以下において C は任意の定数である．

(1) $y = Ce^{kx} + a$ (2) $y = \dfrac{Cbe^{kax} - ae^{kbx}}{Ce^{kax} - e^{kbx}}$ （および $y \equiv b$）

(3) $y = a - \dfrac{1}{kx+C}$ （および $y \equiv a$） (4) $y = a \pm \dfrac{1}{\sqrt{C-2kx}}$ （および $y \equiv a$） □

[解説] (1) 方程式 $\dfrac{dy}{dx} = k(y-a)$ を $\dfrac{dy}{y-a} = k\,dx$ と変形すると，$\log|y-a| = kx + C$ より $y - a = \pm e^C e^{kx}$ を得る．ここで $\pm e^C$ をあらためて C とおけば，$C \neq 0$ かつ $y - a = Ce^{kx}$ となる．よって $y = Ce^{kx} + a$ となるが，$C = 0$ のときも解となる． (2) 方程式 $\dfrac{dy}{dx} = k(y-a)(y-b)$ を $\dfrac{dy}{(y-a)(y-b)} = k\,dx$ と変形すると，$\log\left|\dfrac{y-a}{y-b}\right| = k(a-b)x + C$ より $\dfrac{y-a}{y-b} = \pm e^C e^{k(a-b)x}$ を得る．ここで，$\pm e^C$ をあらためて C とおけば，$C \neq 0$ かつ $\dfrac{y-a}{y-b} = Ce^{k(a-b)x}$ となる．これを y について解くと $y = \dfrac{Cbe^{k(a-b)x} - a}{Ce^{k(a-b)x} - 1} = \dfrac{Cbe^{kax} - ae^{kbx}}{Ce^{kax} - e^{kbx}}$ を得るが，$C = 0$ のときも解となる． (3) 方程式 $y' = k(y-a)^2$ を $\dfrac{dy}{(y-a)^2} = k\,dx$ と変形すると，$\dfrac{-1}{y-a} = kx + C$ より $y - a = -\dfrac{1}{kx+C}$ を得る．よって $y = a - \dfrac{1}{kx+C}$ となる． (4) 方程式 $y' = k(y-a)^3$ を $\dfrac{dy}{(y-a)^3} = k\,dx$ と変形すると，$\dfrac{-1}{2(y-a)^2} = kx + C$ より $(y-a)^2 = -\dfrac{1}{2kx+2C}$ を得る．ここで，定数 $-2C$ をあらためて C とおけば，$(y-a)^2 = \dfrac{1}{C-2kx}$ となり，これを y について解くと $y = a \pm \dfrac{1}{\sqrt{C-2kx}}$ となる． □

(注意) (1) 方程式を $\dfrac{dy}{y-a} = k\,dx$ と変形するところで $y = a$ となるような解は除外されているが，最後に $\pm e^C$ をあらためて C とおきかえ，$C = 0$ の場合も含めるように定数の範囲を広げることで，結果的に解 $y \equiv a$ が得られる． (2) 方程式を $\dfrac{dy}{(y-a)(y-b)} = k\,dx$ と変形するところで，$y = a$ または $y = b$ となるような解は除外されているが，最後に $\pm e^C$ をあらためて C とおきかえ，$C = 0$ の場合も含めるように定数の範囲を広げることで，結果的に解 $y \equiv a$ が得られる．さらに $y \equiv b$ も解であるが，これは上記の解で定数 C にどんな値を代入しても表されない．ただし，形式的には $C \to \pm\infty$ なる極限として $y \equiv a$ が得られる．

なお，a と b の役割を入れ替えて同様に計算すると解 $y = \dfrac{Dae^{kbx} - be^{kax}}{De^{kbx} - e^{kax}}$ が得られ，$D = 0$ のときも解 $y \equiv b$ となるが，このほか $y \equiv a$ も解である．また，二つの定数 C, D を用いると，これらの解をまとめて $y = \dfrac{Cbe^{kax} - Dae^{kbx}}{Ce^{kax} - De^{kbx}}$ と表すこともできる．このように表すと，$C = 0$ の場合が解 $y \equiv a$ となり，$D = 0$ の場合が解 $y \equiv b$ となる． (3) 方程式を $\dfrac{dy}{(y-a)^2} = k\,dx$ と変形するところで $y = a$ となるような解は除外されており，その後の計算で得られた解 $y = a - \dfrac{1}{kx+C}$ において定数 C にどんな値を代入しても解 $y \equiv a$ は表されない．ただし，形式的には $C \to \pm\infty$ なる極限として $y \equiv a$ が得られる．なお，これらの解をまとめて $y = a - \dfrac{D}{C+Dkx}$ と表すこと

もできる。 (4) 方程式を $\dfrac{dy}{(y-a)^3} = k\,dx$ と変形するところで $y=a$ となるような解は除外されており，その後の計算で得られた解 $y = a \pm \dfrac{1}{\sqrt{C-2kx}}$ において定数 C にどんな値を代入しても解 $y \equiv a$ は表されない。ただし，形式的には $C \to +\infty$ なる極限として $y \equiv a$ が得られる。なお，これらの解をまとめて $y = a \pm \sqrt{\dfrac{D}{C-2Dkx}}$ と表すこともできる。

(参考) 問 (1) では，$z = y-a$ とおくと，z の満たす微分方程式は $z' = kz$ となり，これは一階斉次線型微分方程式であるから，§3.2 の手法によって開区間で定義されたすべての解が得られ，このことから $y = Ce^{kx}+a$ の形の解が問 (1) の方程式の開区間で定義されたすべての解を尽くしていることが分かる。問 (2)(3)(4) では，このような手法は使えないが，結論としては，上記で得られた形の解が開区間で定義された解をすべて尽くす。

問 (1) における式 $\log|y-a| = kx+C$ では，定数 C の値は $y>a$ の場合と $y<a$ の場合とで異なっていてよいが，この問の場合には，開区間で定義された解で $y>a$ となる部分と $y<a$ となる部分が両方あるようなものが存在しないので，$\log|y-a| = kx+C$ としてまとめて計算しても結果的に問題がない。問 (2)(3)(4) についても同様である。

確認 6D 次の微分方程式の解であって，$x=0$ のとき $y=1$ となるものを求めよ。

(1) $y' = \dfrac{x}{y}$ (2) $y' = -\dfrac{x}{y}$ (3) $2y' = \dfrac{1}{y}$ (4) $y' = 1+y^2$

[略解] (1) $y = \sqrt{x^2+1}$ (2) $y = \sqrt{1-x^2}$ (3) $y = \sqrt{x+1}$ (4) $y = \tan\left(x+\dfrac{\pi}{4}\right)$ □

[解説] (1) 方程式 $y' = \dfrac{x}{y}$ は $y\,dy = x\,dx$ と変形され，よって $y^2 = x^2+C$ より $y = \pm\sqrt{x^2+C}$ を得る。ここで $x=0$ のとき $y=1$ だから $y = \sqrt{x^2+1}$ である。 (2) 方程式 $y' = -\dfrac{x}{y}$ は $y\,dy = -x\,dx$ と変形され，よって $y^2 = -x^2+C$ より $y = \pm\sqrt{C-x^2}$ を得る。ここで $x=0$ のとき $y=1$ だから $y = \sqrt{1-x^2}$ である。 (3) 方程式 $2y' = \dfrac{1}{y}$ は $2y\,dy = dx$ と変形され，よって $y^2 = x+C$ より $y = \pm\sqrt{x+C}$ を得る。ここで $x=0$ のとき $y=1$ だから $y = \sqrt{x+1}$ である。 (4) 方程式 $y' = 1+y^2$ は $\dfrac{dy}{1+y^2} = dx$ と変形され，よって $\arctan y = x+C$ より $y = \tan(x+C)$ を得る。ここで $x=0$ のとき $y=1$ であり，$\arctan 1 = \pi/4$ だから $y = \tan(x+(\pi/4))$ である。 □

(注意) 問 (1) の解 $y = \sqrt{x^2+1}$ のグラフは双曲線 $x^2-y^2 = -1$ の一部である。問 (2) の解 $y = \sqrt{1-x^2}$ のグラフは円周 $x^2+y^2 = 1$ の一部である。問 (3) の解 $y = \sqrt{x+1}$ のグラフは放物線 $x = y^2-1$ の一部である。

確認 6E 次の微分方程式の直線 **R** 全体で定義された解をすべて求めよ。

(1) $y' = xy$ (2) $y' = y\sin x$ (3) $y' = \dfrac{2xy}{x^2+1}$ (4) $y' = \dfrac{e^x y}{e^x+1}$ (5) $y' = \dfrac{y}{\cosh x}$

[略解] 以下において C は任意の定数である。

(1) $y = C\exp(x^2/2)$ (2) $y = C\exp(-\cos x)$ (3) $y = C(1+x^2)$ (4) $y = C(e^x+1)$

(5) $y = C\exp(2\arctan e^x)$ あるいは $y = C\exp(\arctan(\sinh x))$ □

[解説] 与えられた方程式は，いずれも $y' = a(x)y$ の形であり，一階斉次線型微分方程式である。§3.2 の方法で解くことにする。

(1) $A(x) = x^2/2$ は $a(x) = x$ の原始関数であるから，任意の定数 C に対して，$y = Ce^{x^2/2}$ は **R** 全体で定義された解である。逆に，**R** 全体で定義された任意の解 $y = f(x)$ に対して，$z = ye^{-x^2/2}$ とおくと，$\dfrac{dz}{dx} = (xy)e^{-x^2/2} + y(-x)e^{-x^2/2} = 0$ となるから，z は x によらない定数となり，その値を C とおくと $y = Ce^{x^2/2}$ となる。 (2) $A(x) = -\cos x$ は $a(x) = \sin x$ の原始関数であるから，任意の定数 C に対して，$y = Ce^{-\cos x}$ は **R** 全体で定義された解である。逆に，**R** 全体で定

義された任意の解 y に対して，$z = ye^{\cos x}$ とおくと，$\dfrac{dz}{dx} = 0$ となるから，z は x によらない定数となり，その値を C とおくと $y = Ce^{-\cos x}$ となる．　(3) $A(x) = \log(1+x^2)$ は $a(x) = \dfrac{2x}{1+x^2}$ の原始関数であるから，任意の定数 C に対して，$y = Ce^{\log(1+x^2)} = C(1+x^2)$ は $\mathbf{R}$ 全体で定義された解である．逆に，$\mathbf{R}$ 全体で定義された任意の解 y に対して，$z = \dfrac{y}{1+x^2}$ とおくと，$\dfrac{dz}{dx} = 0$ となるから，z は x によらない定数となり，その値を C とおくと $y = C(1+x^2)$ となる．
(4) $A(x) = \log(e^x + 1)$ は $a(x) = \dfrac{e^x}{e^x + 1}$ の原始関数であるから，任意の定数 C に対して，$y = Ce^{\log(e^x+1)} = C(e^x+1)$ は $\mathbf{R}$ 全体で定義された解である．逆に，$\mathbf{R}$ 全体で定義された任意の解 y に対して，$z = \dfrac{y}{e^x+1}$ とおくと，$\dfrac{dz}{dx} = 0$ となるから，z は x によらない定数となり，その値を C とおくと $y = C(e^x+1)$ となる．　(5) $A(x) = 2\arctan e^x$ は $a(x) = \dfrac{1}{\cosh x} = \dfrac{2e^x}{e^{2x}+1}$ の原始関数であるから，任意の定数 C に対して，$y = C\exp(2\arctan e^x)$ は $\mathbf{R}$ 全体で定義された解である．逆に，$\mathbf{R}$ 全体で定義された任意の解 y に対して，$z = y\exp(-2\arctan e^x)$ とおくと，$\dfrac{dz}{dx} = 0$ となるから，z は x によらない定数となり，その値を C とおくと $y = C\exp(2\arctan e^x)$ となる．なお，関数 $A(x) = \arctan(\sinh x)$ も $a(x) = \dfrac{1}{\cosh x}$ の原始関数であるから，上と同様にして $y = C\exp(\arctan(\sinh x))$ も与えられた微分方程式の $\mathbf{R}$ 全体で定義された解をすべて与えることが分かる．　□

(参考) 問 (5) では，関数 $A(x) = \arcsin(\tanh x)$ もまた関数 $a(x) = \dfrac{1}{\cosh x}$ の原始関数であるから（問題 5.3 解説の方針 2），$y = C\exp(\arcsin(\tanh x))$ も与えられた微分方程式の $\mathbf{R}$ 全体で定義された解をすべて与える．

確認 6F　次の微分方程式の任意の二つの解の一次結合が再び同じ微分方程式の解となるかどうか答えよ．

(1) $y' = y$　(2) $y' = 1 + y$　(3) $y' = \sqrt{1+y^2}$　(4) $y' = x^2 y$　(5) $x^2 y'' = 2y$

［解答］(1) なる　(2) ならない　(3) ならない　(4) なる　(5) なる　□

［解説］問 (1)(4)(5) の方程式は斉次線型微分方程式なので解の重ね合わせが成り立つ．
(1)(4)(5) 二つの解を例えば $y = f(x), g(x)$ とおき，定数 λ, μ を係数とする一次結合 $y = \lambda f(x) + \mu g(x)$ を微分方程式に代入して計算すれば容易に分かる．微分方程式を解く必要はない．
(2) 例えば $y \equiv -1$ は解であるが，その 2 倍 $y \equiv -2$ は解ではない．なお，与えられた方程式 $y' = 1 + y$ を変数分離型方程式の求積法によって解くと $y = Ce^x - 1$ となる．また，$z = y + 1$ とおくと $z' = z$ となることを用いて，一階斉次線型方程式の解法によって $y = z - 1 = Ce^x - 1$ と解くこともできる．ただし，C は任意の定数である．　(3) 例えば $y = \sinh x$ は解であるが，その 2 倍 $y = 2\sinh x$ は解ではない．なお，与えられた方程式 $y' = \sqrt{1+y^2}$ を変数分離型方程式の求積法によって解くと $y = \sinh(x + C)$ を得る．ただし，C は任意の定数である．　□

(参考) $1°$ 問 (2) の方程式は一階非斉次線型微分方程式であり，付随する斉次方程式は (1) であるから，§3.3 参考 $2°$ により，すべての解は (2) の一つの解と (1) の解の和として表される．
$2°$ 問 (1)(4)(5) については微分方程式を解く必要はなく，実際に解かなくても解の性質が分かる点が重要なのだが，ここでは実際に解ける方程式を挙げたので，参考までに解を記すと　(1) $y = Ce^x$
(4) $y = Ce^{x^3/3}$　(5) $y = Cx^2 + Dx^{-1}$　となる．ただし，C, D は任意の定数である．
$3°$ 問 (5) の方程式 $x^2 y'' = 2y$ の原点を含まない開区間で定義された解を求めてみよう．いろいろな方法があるが，ここでは線型微分方程式の性質を利用する方法を紹介する．方程式の両辺に $2xy'$ を加えると $x^2 y'' + 2xy' = 2xy' + 2y$ すなわち $x(xy' + y)' = 2(xy' + y)$ となる．従って，一階斉次線型方程式の解法によって $xy' + y = C_1 x^2$ となる．ここで，§3.3 参考により，非斉次方程式 $xy' + y = C_1 x^2$ のすべての解は，その一つの解と斉次方程式 $xy' + y = 0$ の解の和で表される．非斉次方程式の一つの解として $y = (C_1/3)x^2$ が容易に見つかり，斉次方程式の解は $y = Dx^{-1}$ と表される．よって，求める解は $y = Cx^2 + Dx^{-1}$ と表される．ただし $C = C_1/3$ である．

4° 問 (5) の方程式は変数変換 $x = \pm e^t$ によって $\dfrac{d^2y}{dt^2} - \dfrac{dy}{dt} - 2y = 0$ となり，定数係数線型常微分方程式の解法により解くことができる．これについては，総合科目「常微分方程式」で扱われる．

第 7 章　複素数と多項式

確認 7A　複素数 $z = 1 - i$, $w = 4 + 3i$ に対して，次の値を計算せよ．

(1) $|z|$　(2) $\arg z$　(3) $\bar{z}$　(4) $z + w$　(5) $z - w$　(6) zw　(7) z/w　(8) w/z

[解答]　(1) $\sqrt{2}$　(2) $-\pi/4$　(3) $1 + i$　(4) $5 + 2i$　(5) $-3 - 4i$　(6) $7 - i$　(7) $\dfrac{1}{25} - \dfrac{7}{25}i$　(8) $\dfrac{1}{2} + \dfrac{7}{2}i$　□

確認 7B　次の複素数を極形式で表せ．

(1) 1　(2) i　(3) $1 - i$　(4) $\sqrt{3} + i$　(5) $-1 - \sqrt{3}i$　(6) $-\sqrt{2} + i\sqrt{2}$

[解答]　(1) $1(\cos 0 + i \sin 0)$ または $\cos 0 + i \sin 0$　(2) $1(\cos(\pi/2) + i \sin(\pi/2))$ または $\cos(\pi/2) + i \sin(\pi/2)$　(3) $\sqrt{2}(\cos(-\pi/4) + i \sin(-\pi/4))$ または $\sqrt{2}(\cos(7\pi/4) + i \sin(7\pi/4))$　(4) $2(\cos(\pi/6) + i \sin(\pi/6))$　(5) $2(\cos(-2\pi/3) + i \sin(-2\pi/3))$ または $2(\cos(4\pi/3) + i \sin(4\pi/3))$　(6) $2(\cos(3\pi/4) + i \sin(3\pi/4))$　□

確認 7C　次の多項式 $P(x)$ の $D(x) = x^2 + 1 + i$ による商 $Q(x)$ と剰余 $R(x)$ を求めよ．ただし，i は虚数単位である．

(1) 0　(2) 1　(3) x　(4) x^2　(5) x^3　(6) x^4　(7) x^5　(8) x^6

[解答]　(1) $Q(x) = 0$, $R(x) = 0$　(2) $Q(x) = 0$, $R(x) = 1$　(3) $Q(x) = 0$, $R(x) = x$　(4) $Q(x) = 1$, $R(x) = -1 - i$　(5) $Q(x) = x$, $R(x) = -(1 + i)x$　(6) $Q(x) = x^2 - 1 - i$, $R(x) = 2i$　(7) $Q(x) = x^3 - (1 + i)x$, $R(x) = 2ix$　(8) $Q(x) = x^4 - (1 + i)x^2 + 2i$, $R(x) = 2 - 2i$　□

[解説]　高等学校で学んだように割り算の計算を実行してもよいが，除法定理を応用して次のように求めることができる．
(1) $0 = 0(x^2 + 1 + i) + 0$ であり，次数を比較して $Q(x) = 0$, $R(x) = 0$ が分かる．　(2) $1 = 0(x^2 + 1 + i) + 1$ であり，次数を比較して $Q(x) = 0$, $R(x) = 1$ が分かる．　(3) $x = 0(x^2 + 1 + i) + x$ であり，次数を比較して $Q(x) = 0$, $R(x) = x$ が分かる．　(4) $x^2 = 1(x^2 + 1 + i) - 1 - i$ であり，次数を比較して $Q(x) = 1$, $R(x) = -1 - i$ が分かる．　(5) 前問の解答の両辺に x を掛けると $x^3 = x(x^2 + 1 + i) - (1 + i)x$ となり，次数を比較して $Q(x) = x$, $R(x) = -(1 + i)x$ が分かる．　(6) 前問の解答の両辺に x を掛けて (4) を使うと $x^4 = x^2(x^2 + 1 + i) - (1 + i)x^2 = x^2(x^2 + 1 + i) - (1 + i)(1(x^2 + 1 + i) - 1 - i) = (x^2 - 1 - i)(x^2 + 1 + i) + 2i$ となり，次数を比較して $Q(x) = x^2 - 1 - i$, $R(x) = 2i$ が分かる．　(7) 前問の解答の両辺に x を掛けると $x^5 = (x^3 - (1 + i)x)(x^2 + 1 + i) + 2ix$ となり，次数を比較して $Q(x) = x^3 - (1 + i)x$, $R(x) = 2ix$ が分かる．　(8) 前問の解答の両辺に x を掛けて (4) を使うと $x^6 = (x^4 - (1 + i)x^2)(x^2 + 1 + i) + 2ix^2 = (x^4 - (1 + i)x^2)(x^2 + 1 + i) + 2i(1(x^2 + 1 + i) - 1 - i) = (x^4 - (1 + i)x^2 + 2i)(x^2 + 1 + i) + 2 - 2i$ となり，次数を比較して $Q(x) = x^4 - (1 + i)x^2 + 2i$, $R(x) = 2 - 2i$ が分かる．　□

確認 7D　複素数 $\omega = \dfrac{-1 + \sqrt{3}i}{2}$ について，次の値を計算せよ．

(1) ω^2　(2) $\omega + \omega^2$　(3) ω^3　(4) ω^{100}　(5) $\omega + \omega^2 + \cdots + \omega^{100}$

[解答] (1) $\dfrac{-1-\sqrt{3}i}{2}$ (2) -1 (3) 1 (4) $\dfrac{-1+\sqrt{3}i}{2}$ (5) $\dfrac{-1+\sqrt{3}i}{2}$ □

[解説] (4) $\omega^{99+1}=\omega$ (5) $\omega+\omega^2+\cdots+\omega^{100}=\omega\dfrac{1-\omega^{100}}{1-\omega}=\omega\dfrac{1-\omega}{1-\omega}=\omega$ □

確認 7E 次の方程式の根をすべて求め，それぞれの根の重複度を答えよ。ただし，i は虚数単位である。

(1) $x^3-x^2-x+1=0$ (2) $x^4+2x^2+1=0$ (3) $x^3-3ix^2-4i=0$

[解答] (1) 1 (重複度 2) および -1 (重複度 1) (2) i (重複度 2) および $-i$ (重複度 2)
(3) $2i$ (重複度 2) および $-i$ (重複度 1) □

[解説] 方程式の左辺が次のように因数分解されることから，根と重複度が読み取れる。
(1) $x^3-x^2-x+1=(x-1)^2(x+1)$ (2) $x^4+2x^2+1=(x-i)^2(x+i)^2$ (3) $x^3-3ix^2-4i=(x-2i)^2(x+i)$ □

確認 7F 次の多項式を複素数の範囲と実数の範囲のそれぞれで因数分解せよ。

(1) x^2-1 (2) x^2+1 (3) x^3+1 (4) x^4-1 (5) $x^4-4x^3+6x^2-4x$

[解答] (1) 複素数 $(x+1)(x-1)$, 実数 $(x+1)(x-1)$ (2) 複素数 $(x+i)(x-i)$, 実数 x^2+1
(3) 複素数 $(x+1)\left(x-\dfrac{1+\sqrt{3}i}{2}\right)\left(x-\dfrac{1-\sqrt{3}i}{2}\right)$, 実数 $(x+1)(x^2-x+1)$ (4) 複素数 $(x+1)(x-1)(x+i)(x-i)$, 実数 $(x+1)(x-1)(x^2+1)$ (5) 複素数 $x(x-2)(x-1-i)(x-1+i)$, 実数 $x(x-2)(x^2-2x+2)$ □

[解説] (5) $x^4-4x^3+6x^2-4x=(x-1)^4-1$ により，複素数の範囲では $x^4-4x^3+6x^2-4x=(x-1-1)(x-1+1)(x-1-i)(x-1+i)$ と因数分解できる。互いに複素共役な根どうしを合わせて実多項式が得られるのは $(x-1-i)(x-1+i)=(x-1)^2+1$ に限るので，実数の範囲では $x^4-4x^3+6x^2-4x=x(x-2)(x^2-2x+2)$ までしか因数分解できない。 □

第 8 章 平面の一次変換

確認 8A 次の行列とベクトルの積を計算せよ。ただし x,y は実数の定数である。

(1) $\begin{bmatrix} 1 & 1 \\ 0 & 1 \end{bmatrix}\begin{bmatrix} x \\ y \end{bmatrix}$ (2) $\begin{bmatrix} 0 & 1 \\ 1 & 0 \end{bmatrix}\begin{bmatrix} x \\ y \end{bmatrix}$ (3) $\begin{bmatrix} 2 & 0 \\ 0 & -1 \end{bmatrix}\begin{bmatrix} x \\ y \end{bmatrix}$ (4) $\begin{bmatrix} 1 & 1 \\ 1 & 1 \end{bmatrix}\begin{bmatrix} x \\ y \end{bmatrix}$

[解答] (1) $\begin{bmatrix} x+y \\ y \end{bmatrix}$ (2) $\begin{bmatrix} y \\ x \end{bmatrix}$ (3) $\begin{bmatrix} 2x \\ -y \end{bmatrix}$ (4) $\begin{bmatrix} x+y \\ x+y \end{bmatrix}$ □

確認 8B 次の行列 A の定める一次変換 $A:\mathbf{R}^2\longrightarrow\mathbf{R}^2$ の図形的な意味を答えよ。

(1) $\begin{bmatrix} 1 & 0 \\ 0 & 0 \end{bmatrix}$ (2) $\begin{bmatrix} -1 & 0 \\ 0 & 1 \end{bmatrix}$ (3) $\begin{bmatrix} 2 & 0 \\ 0 & 2 \end{bmatrix}$ (4) $\begin{bmatrix} -1 & 0 \\ 0 & -1 \end{bmatrix}$ (5) $\begin{bmatrix} 1/2 & 1/2 \\ 1/2 & 1/2 \end{bmatrix}$

[略解] 一次変換 A は平面 $\mathbf{R}^2$ 上の点 P を以下の点に写す。
(1) P から x 軸に下した垂線の足 (2) y 軸に関して P と対称な点 (3) P に関して原点と対称な点 (4) 原点に関して P と対称な点 (5) P から直線 $x=y$ に下した垂線の足 □

確認 8C 次のような写像 $F: \mathbf{R}^2 \longrightarrow \mathbf{R}^2$ は線型性を持つか？

(1) $\begin{bmatrix} x \\ y \end{bmatrix} \mapsto \begin{bmatrix} 0 \\ 0 \end{bmatrix}$ (2) $\begin{bmatrix} x \\ y \end{bmatrix} \mapsto \begin{bmatrix} 1 \\ 0 \end{bmatrix}$ (3) $\begin{bmatrix} x \\ y \end{bmatrix} \mapsto \begin{bmatrix} y \\ 0 \end{bmatrix}$ (4) $\begin{bmatrix} x \\ y \end{bmatrix} \mapsto \begin{bmatrix} x^2 \\ 0 \end{bmatrix}$

(5) $\begin{bmatrix} x \\ y \end{bmatrix} \mapsto \begin{bmatrix} y \\ x \end{bmatrix}$ (6) $\begin{bmatrix} x \\ y \end{bmatrix} \mapsto \begin{bmatrix} xy \\ 1 \end{bmatrix}$ (7) $\begin{bmatrix} x \\ y \end{bmatrix} \mapsto \begin{bmatrix} xy \\ 0 \end{bmatrix}$ (8) $\begin{bmatrix} x \\ y \end{bmatrix} \mapsto \begin{bmatrix} x+y \\ 0 \end{bmatrix}$

[解答] (1) 線型である (2) 線型でない (3) 線型である (4) 線型でない (5) 線型である (6) 線型でない (7) 線型でない (8) 線型である □

[解説] 第9章で述べる転置記号 $(x,y)^{\mathrm{T}} = \begin{bmatrix} x \\ y \end{bmatrix}$ を用いる。また，変換 F によるその像 $F\bigl((x,y)^{\mathrm{T}}\bigr)$ を $F(x,y)^{\mathrm{T}}$ と略記する。

(1)(3)(5)(8) §3.1 の条件 (1)(2) を満たすことを確認すればよい。 (2)(6) 性質 $F(\mathbf{0}) = \mathbf{0}$ を満たさないことから線型ではないことが分かる。 (4) 例えば $(1,0)^{\mathrm{T}} + (-1,0)^{\mathrm{T}} = (0,0)^{\mathrm{T}}$ であるが，$F(1,0)^{\mathrm{T}} + F(-1,0)^{\mathrm{T}} = (2,0)^{\mathrm{T}} \neq (0,0)^{\mathrm{T}} = F(0,0)^{\mathrm{T}}$ であるから線型ではない。 (7) 例えば $(1,0)^{\mathrm{T}} + (0,1)^{\mathrm{T}} = (1,1)^{\mathrm{T}}$ であるが，$F(1,0)^{\mathrm{T}} + F(0,1)^{\mathrm{T}} = (0,0)^{\mathrm{T}} \neq (1,0)^{\mathrm{T}} = F(1,1)^{\mathrm{T}}$ であるから線型ではない。 □

確認 8D 平面 $\mathbf{R}^2$ の各点 P に対して，次のような点 Q を対応させる変換 F は一次変換である。一次変換 F を表す行列を求めよ。

(1) y 軸に関して P と対称な点 (2) P から y 軸に下した垂線の足
(3) 直線 $x = y$ に関して P と対称な点 (4) P から直線 $x = y$ に下した垂線の足
(5) 原点に関して P と対称な点

[略解] (1) $\begin{bmatrix} -1 & 0 \\ 0 & 1 \end{bmatrix}$ (2) $\begin{bmatrix} 0 & 0 \\ 0 & 1 \end{bmatrix}$ (3) $\begin{bmatrix} 0 & 1 \\ 1 & 0 \end{bmatrix}$ (4) $\begin{bmatrix} 1/2 & 1/2 \\ 1/2 & 1/2 \end{bmatrix}$ (5) $\begin{bmatrix} -1 & 0 \\ 0 & -1 \end{bmatrix}$ □

確認 8E 次の計算をせよ。

(1) $\begin{bmatrix} 1 & 1 \\ 1 & 2 \end{bmatrix}\begin{bmatrix} 1 \\ 2 \end{bmatrix}$ (2) $\begin{bmatrix} 1 & 1 \\ 1 & 2 \end{bmatrix}\begin{bmatrix} 3 \\ 1 \end{bmatrix}$ (3) $\begin{bmatrix} 1 & 1 \\ 1 & 2 \end{bmatrix}\begin{bmatrix} 1 & 3 \\ 2 & 1 \end{bmatrix}$ (4) $\begin{bmatrix} 1 & 3 \\ 2 & 1 \end{bmatrix}\begin{bmatrix} 1 & 1 \\ 1 & 2 \end{bmatrix}$

[略解] (1) $\begin{bmatrix} 3 \\ 5 \end{bmatrix}$ (2) $\begin{bmatrix} 4 \\ 5 \end{bmatrix}$ (3) $\begin{bmatrix} 3 & 4 \\ 5 & 5 \end{bmatrix}$ (4) $\begin{bmatrix} 4 & 7 \\ 3 & 4 \end{bmatrix}$ □

確認 8F 次の計算をせよ。ただし a, b, c, d は実数の定数である。

(1) $\begin{bmatrix} a & 0 \\ 0 & a \end{bmatrix}\begin{bmatrix} b & 0 \\ 0 & b \end{bmatrix}$ (2) $\begin{bmatrix} 1 & a \\ 0 & 1 \end{bmatrix}\begin{bmatrix} 1 & b \\ 0 & 1 \end{bmatrix}$ (3) $\begin{bmatrix} a & 0 \\ 0 & b \end{bmatrix}\begin{bmatrix} 1 & 1 \\ 1 & 1 \end{bmatrix}$ (4) $\begin{bmatrix} 1 & 1 \\ 1 & 1 \end{bmatrix}\begin{bmatrix} a & 0 \\ 0 & b \end{bmatrix}$

(5) $\begin{bmatrix} b & b \\ a & a \end{bmatrix}\begin{bmatrix} a & -b \\ a & -b \end{bmatrix}$ (6) $\begin{bmatrix} a & -b \\ a & -b \end{bmatrix}\begin{bmatrix} b & b \\ a & a \end{bmatrix}$

[略解] (1) $\begin{bmatrix} ab & 0 \\ 0 & ab \end{bmatrix}$ (2) $\begin{bmatrix} 1 & a+b \\ 0 & 1 \end{bmatrix}$ (3) $\begin{bmatrix} a & a \\ b & b \end{bmatrix}$ (4) $\begin{bmatrix} a & b \\ a & b \end{bmatrix}$ (5) $\begin{bmatrix} 2ab & -2b^2 \\ 2a^2 & -2ab \end{bmatrix}$ (6) $\begin{bmatrix} 0 & 0 \\ 0 & 0 \end{bmatrix}$ □

確認 8G 原点を中心とする次の角の回転を表す行列を求めよ。

(1) 0 (2) $\dfrac{\pi}{6}$ (3) $\dfrac{\pi}{4}$ (4) $\dfrac{\pi}{3}$ (5) $\dfrac{\pi}{2}$ (6) $\dfrac{5\pi}{6}$ (7) $\dfrac{4\pi}{3}$ (8) $\dfrac{5\pi}{2}$ (9) $-\dfrac{5\pi}{4}$

[略解] (1) $\begin{bmatrix} 1 & 0 \\ 0 & 1 \end{bmatrix}$ (2) $\begin{bmatrix} \frac{\sqrt{3}}{2} & -\frac{1}{2} \\ \frac{1}{2} & \frac{\sqrt{3}}{2} \end{bmatrix}$ (3) $\begin{bmatrix} \frac{\sqrt{2}}{2} & -\frac{\sqrt{2}}{2} \\ \frac{\sqrt{2}}{2} & \frac{\sqrt{2}}{2} \end{bmatrix}$ (4) $\begin{bmatrix} \frac{1}{2} & -\frac{\sqrt{3}}{2} \\ \frac{\sqrt{3}}{2} & \frac{1}{2} \end{bmatrix}$ (5) $\begin{bmatrix} 0 & -1 \\ 1 & 0 \end{bmatrix}$
(6) $\begin{bmatrix} -\frac{\sqrt{3}}{2} & -\frac{1}{2} \\ \frac{1}{2} & -\frac{\sqrt{3}}{2} \end{bmatrix}$ (7) $\begin{bmatrix} -\frac{1}{2} & \frac{\sqrt{3}}{2} \\ -\frac{\sqrt{3}}{2} & -\frac{1}{2} \end{bmatrix}$ (8) $\begin{bmatrix} 0 & -1 \\ 1 & 0 \end{bmatrix}$ (9) $\begin{bmatrix} -\frac{\sqrt{2}}{2} & -\frac{\sqrt{2}}{2} \\ \frac{\sqrt{2}}{2} & -\frac{\sqrt{2}}{2} \end{bmatrix}$ □

確認 8H 次の計算をせよ。ただし θ, φ は実数の定数である。

(1) $\begin{bmatrix} \cos\theta & -\sin\theta \\ \sin\theta & \cos\theta \end{bmatrix}\begin{bmatrix} \cos\varphi & -\sin\varphi \\ \sin\varphi & \cos\varphi \end{bmatrix}$ (2) $\begin{bmatrix} \cos\theta & \sin\theta \\ \sin\theta & -\cos\theta \end{bmatrix}\begin{bmatrix} \cos\varphi & \sin\varphi \\ \sin\varphi & -\cos\varphi \end{bmatrix}$

[略解] (1) $\begin{bmatrix} \cos(\theta+\varphi) & -\sin(\theta+\varphi) \\ \sin(\theta+\varphi) & \cos(\theta+\varphi) \end{bmatrix}$ (2) $\begin{bmatrix} \cos(\theta-\varphi) & -\sin(\theta-\varphi) \\ \sin(\theta-\varphi) & \cos(\theta-\varphi) \end{bmatrix}$ □

第 9 章 座標空間と数ベクトル

確認 9A 次のベクトルを $\mathbf{a} = (1,1,1)^\mathrm{T}$, $\mathbf{b} = (1,2,3)^\mathrm{T}$ の一次結合として表せ。ただし，一次結合として表されない場合は，その旨を答えよ。

(1) $(2,3,4)^\mathrm{T}$ (2) $(0,0,0)^\mathrm{T}$ (3) $(1,0,-1)^\mathrm{T}$ (4) $(1,-1,0)^\mathrm{T}$ (5) $(-1,0,1)^\mathrm{T}$

[解答] (1) $1\mathbf{a} + 1\mathbf{b}$ (または $\mathbf{a} + \mathbf{b}$) (2) $0\mathbf{a} + 0\mathbf{b}$ (3) $2\mathbf{a} + (-1)\mathbf{b}$ (または $2\mathbf{a} - \mathbf{b}$)
(4) 表されない (5) $(-2)\mathbf{a} + 1\mathbf{b}$ (または $-2\mathbf{a} + \mathbf{b}$) □

[解説] (1) 実際 $(2,3,4)^\mathrm{T} = (1,1,1)^\mathrm{T} + (1,2,3)^\mathrm{T}$ である。 (2) 実際 $(0,0,0)^\mathrm{T} = 0(1,1,1)^\mathrm{T} + 0(1,2,3)^\mathrm{T}$ である。 (3) 実際 $(1,0,-1)^\mathrm{T} = 2(1,1,1)^\mathrm{T} - (1,2,3)^\mathrm{T}$ である。 (4) $(x,y,z)^\mathrm{T} = p(1,1,1)^\mathrm{T} + q(1,2,3)^\mathrm{T}$ と表されるベクトル $(x,y,z)^\mathrm{T}$ は関係式 $2y = x + z$ を満たすが，ベクトル $(1,-1,0)^\mathrm{T}$ はこの関係式を満たさないので，$(1,-1,0)^\mathrm{T}$ は $(1,1,1)^\mathrm{T}$, $(1,2,3)^\mathrm{T}$ の一次結合として表されない。 (5) 実際 $(-1,0,1)^\mathrm{T} = -2(1,1,1)^\mathrm{T} + (1,2,3)^\mathrm{T}$ である。 □

(注意) この問題のベクトル $(1,1,1)^\mathrm{T}, (1,2,3)^\mathrm{T}$ については，ベクトル $(x,y,z)^\mathrm{T}$ がそれらの一次結合として $(x,y,z)^\mathrm{T} = p(1,1,1)^\mathrm{T} + q(1,2,3)^\mathrm{T}$ と表されるとき，このように表す仕方はただ一通りである。実際，右辺は $(p+q, p+2q, p+3q)^\mathrm{T}$ であるから，係数 p, q は $p = 2(p+q) - (p+2q) = 2x - y$, $q = (p+2q) - (p+q) = y - x$ によって，ベクトル $(x,y,z)^\mathrm{T}$ の成分からただ一通りに定まる。

(参考) (4) もし $(1,-1,0)^\mathrm{T}$ が $(1,1,1)^\mathrm{T}, (1,2,3)^\mathrm{T}$ の一次結合で表されたとすれば，$(1,-1,0)^\mathrm{T}$ は外積 $(1,1,1)^\mathrm{T} \times (1,2,3)^\mathrm{T}$ と直交するはずだが，実際に計算してみると $(1,-1,0)^\mathrm{T} \cdot ((1,1,1)^\mathrm{T} \times (1,2,3)^\mathrm{T}) = (1,-1,0)^\mathrm{T} \cdot (1,-2,1) \neq 0$ となるので，$(1,-1,0)^\mathrm{T}$ は $(1,1,1)^\mathrm{T} \times (1,2,3)^\mathrm{T}$ の一次結合では表されない。

確認 9B 次のような二つのベクトルのなす角を求めよ。

(1) $(1,2)^\mathrm{T}, (3,1)^\mathrm{T}$ (2) $(1,1,0)^\mathrm{T}, (1,0,1)^\mathrm{T}$ (3) $(1,1,1,1)^\mathrm{T}, (1,1,3,4)^\mathrm{T}$

[解答] (1) $\theta = \frac{\pi}{4}$ である。実際 $\cos\theta = \frac{(1,2)^\mathrm{T} \cdot (3,1)^\mathrm{T}}{\|(1,2)^\mathrm{T}\|\|(3,1)^\mathrm{T}\|} = \frac{5}{\sqrt{5} \cdot \sqrt{10}} = \frac{\sqrt{2}}{2}$ となる。
(2) $\theta = \frac{\pi}{3}$ である。実際 $\cos\theta = \frac{(1,1,0)^\mathrm{T} \cdot (1,0,1)^\mathrm{T}}{\|(1,1,0)^\mathrm{T}\|\|(1,0,1)^\mathrm{T}\|} = \frac{1}{\sqrt{2} \cdot \sqrt{2}} = \frac{1}{2}$ となる。
(3) $\theta = \frac{\pi}{6}$ である。実際 $\cos\theta = \frac{(1,1,1,1)^\mathrm{T} \cdot (1,1,3,4)^\mathrm{T}}{\|(1,1,1,1)^\mathrm{T}\|\|(1,1,3,4)^\mathrm{T}\|} = \frac{\sqrt{3}}{2}$ となる。 □

確認 9C 方程式 $\dfrac{x-1}{2} = \dfrac{y+1}{3} = \dfrac{z-2}{4}$ によって定まる空間 $\mathbf{R}^3$ 内の直線を L とする。直線のパラメータ表示を利用して，次の直線が L と平行かどうか調べ，平行でない場合には，L と一点で交わるかどうか判定せよ。

(1) $\dfrac{x+2}{3} = \dfrac{y+3}{4} = \dfrac{z+2}{2}$ (2) $\dfrac{x+1}{2} = \dfrac{y-1}{3} = \dfrac{z}{4}$ (3) $\dfrac{x+1}{3} = \dfrac{y+3}{4} = \dfrac{z}{2}$

[解答] $\dfrac{x-1}{2} = \dfrac{y+1}{3} = \dfrac{z-2}{4} = s$ とおいて，L のパラメータ表示 $(2s+1, 3s-1, 4s+2)^{\mathrm{T}}$，$s \in \mathbf{R}$ を得る。$(2,3,4)^{\mathrm{T}}$ は方向ベクトルである。

(1) $\dfrac{x+2}{3} = \dfrac{y+3}{4} = \dfrac{z+2}{2} = t$ とおいて，パラメータ表示 $(3t-2, 4t-3, 2t-2)^{\mathrm{T}}$，$t \in \mathbf{R}$ を得る。方向ベクトル $(3,4,2)^{\mathrm{T}}$ は L の方向ベクトルと平行ではないから，この直線は L と平行ではない。s と t の連立方程式 $2s+1 = 3t-2$，$3s-1 = 4t-3$，$4s+2 = 2t-2$ は解を持たないから，これらの直線は交わらない。 (2) $\dfrac{x+1}{2} = \dfrac{y-1}{3} = \dfrac{z}{4} = t$ とおいて，パラメータ表示 $(2t-1, 3t+1, 4t)^{\mathrm{T}}$，$t \in \mathbf{R}$ を得る。L と平行な方向ベクトル $(2,3,4)^{\mathrm{T}}$ を持つから，この直線は L と平行である。 (3) $\dfrac{x+1}{3} = \dfrac{y+3}{4} = \dfrac{z}{2} = t$ とおいて，パラメータ表示 $(3t-1, 4t-3, 2t)^{\mathrm{T}}$，$t \in \mathbf{R}$ を得る。方向ベクトル $(3,4,2)^{\mathrm{T}}$ は L の方向ベクトルと平行ではないから，この直線は L と平行ではない。s と t の連立方程式 $2s+1 = 3t-1$，$3s-1 = 4t-3$，$4s+2 = 2t$ は解を持たないから，これらの直線は交わらない。 □

(注意) 一方の直線をパラメータ表示し，他方の方程式に代入することによって，二つの直線が一点で交わるかどうか判定してもよい。

確認 9D 方程式 $x + y + z = 1$ の定める空間 $\mathbf{R}^3$ 内の平面を H とする。変数 x, y, z のいずれかを t とおくことによって，次の平面と H との交叉として得られる直線をパラメータ表示し，その単位方向ベクトルを求めよ。

(1) $x + 2y + 3z = 2$ (2) $x - y + 2z = 3$ (3) $x + y + 2z = 1$ (4) $x - y + z = -1$

[解答] ここでは変数 x を t とおく方法のみを述べる。y および z については同様であるから省略する。

(1) 連立方程式 $y + z = 1 - t$，$2y + 3z = 2 - t$ を解いて $y = 1 - 2t$，$z = t$ を得る。従って，パラメータ表示として $(t, 1-2t, t)^{\mathrm{T}}$ が取れ，単位方向ベクトルは $\pm(\sqrt{6}/6, -\sqrt{6}/3, \sqrt{6}/6)^{\mathrm{T}}$ である。 (2) 連立方程式 $y + z = 1 - t$，$-y + 2z = 3 - t$ を解いて $y = (-t-1)/3$，$z = (-2t+4)/3$ を得る。従って，パラメータ表示として $(t, (-t-1)/3, (-2t+4)/3)^{\mathrm{T}}$ が取れ，単位方向ベクトルは $\pm(3\sqrt{14}/14, -\sqrt{14}/14, -\sqrt{14}/7)^{\mathrm{T}}$ である。 (3) 連立方程式 $y + z = 1 - t$，$y + 2z = 1 - t$ を解いて $y = 1 - t$，$z = 0$ を得る。従って，パラメータ表示として $(t, 1-t, 0)^{\mathrm{T}}$ が取れ，単位方向ベクトルは $\pm(\sqrt{2}/2, -\sqrt{2}/2, 0)^{\mathrm{T}}$ である。 (4) 連立方程式 $y + z = 1 - t$，$-y + z = -1 - t$ を解いて $y = 1$，$z = -t$ を得る。従って，パラメータ表示として $(t, 1, -t)^{\mathrm{T}}$ が取れ，単位方向ベクトルは $\pm(\sqrt{2}/2, 0, -\sqrt{2}/2)^{\mathrm{T}}$ である。 □

確認 9E 次のパラメータ表示で与えられた空間 $\mathbf{R}^3$ 内の平面の方程式を求めよ。

(1) $\begin{cases} x = t_1 \\ y = t_2 \\ z = 1 \end{cases}$ (2) $\begin{cases} x = t_1 + 1 \\ y = t_1 + t_2 \\ z = t_2 + 1 \end{cases}$ (3) $\begin{cases} x = t_1 + t_2 \\ y = t_1 - t_2 \\ z = t_1 + t_2 \end{cases}$ (4) $\begin{cases} x = 2t_1 + t_2 + 1 \\ y = 2t_1 + 3t_2 + 1 \\ z = t_1 + 2t_2 + 1 \end{cases}$

[解答] (1) $z = 1$ (2) $x - y + z - 2 = 0$ (3) $x - z = 0$ (4) $x - 3y + 4z - 2 = 0$ □

[解説] パラメータ t_1 と t_2 を消去して x, y および z の関係式を導けばよい。 □

(参考) 例えば (4) では，x, y, z の係数 $(1, -3, 4)^{\mathrm{T}}$ を空間ベクトルの外積 $(2, 2, 1)^{\mathrm{T}} \times (1, 3, 2)^{\mathrm{T}} = (1, -3, 4)^{\mathrm{T}}$ を使って求めることもできる。

確認 9F 次の方程式の定める空間 $\mathbf{R}^3$ 内の平面のパラメータ表示を一つ求めよ。

(1) $z = 0$ (2) $x = y$ (3) $x+y+z = 0$ (4) $x+y+z = 1$ (5) $x+2y+3z = 1$

［略解］(1) $\begin{cases} x = t_1 \\ y = t_2 \\ z = 0 \end{cases}$ (2) $\begin{cases} x = t_1 \\ y = t_1 \\ z = t_2 \end{cases}$ (3) $\begin{cases} x = t_1 \\ y = t_2 \\ z = -t_1 - t_2 \end{cases}$ (4) $\begin{cases} x = t_1 \\ y = t_2 \\ z = 1 - t_1 - t_2 \end{cases}$

(5) $\begin{cases} x = 1 - 2t_1 - 3t_2 \\ y = t_1 \\ z = t_2 \end{cases}$ □

（注意）ここでは，パラメータとして t_1, t_2 を用いたが，s, t など他の文字のペアでも構わない。各問について，パラメータ表示の仕方は無数にあるので，上で挙げた解答例と異なっていても正解である可能性がある。得られたパラメータ表示が実際に平面のパラメータ表示を与えていて，なおかつ，与えられた方程式にそれを代入した式がパラメータに関する恒等式になっていれば，得られたパラメータ表示は正解である。

確認 9G 次のベクトル $\mathbf{v}, \mathbf{w}$ の外積 $\mathbf{v} \times \mathbf{w}$ を計算せよ。

(1) $(1,2,2)^{\mathrm{T}}, (1,3,4)^{\mathrm{T}}$ (2) $(2,3,4)^{\mathrm{T}}, (3,3,4)^{\mathrm{T}}$ (3) $(2,2,3)^{\mathrm{T}}, (4,2,5)^{\mathrm{T}}$

［解答］(1) $(2,-2,1)^{\mathrm{T}}$ (2) $(0,4,-3)^{\mathrm{T}}$ (3) $(4,2,-4)^{\mathrm{T}}$ □

［解説］定義に従って計算すればよい。

(1) $\begin{bmatrix} 1 \\ 2 \\ 2 \end{bmatrix} \times \begin{bmatrix} 1 \\ 3 \\ 4 \end{bmatrix} = \begin{bmatrix} 2 \cdot 4 - 2 \cdot 3 \\ 2 \cdot 1 - 1 \cdot 4 \\ 1 \cdot 3 - 2 \cdot 1 \end{bmatrix} = \begin{bmatrix} 2 \\ -2 \\ 1 \end{bmatrix}$ (2) $\begin{bmatrix} 2 \\ 3 \\ 4 \end{bmatrix} \times \begin{bmatrix} 3 \\ 3 \\ 4 \end{bmatrix} = \begin{bmatrix} 3 \cdot 4 - 4 \cdot 3 \\ 4 \cdot 3 - 2 \cdot 4 \\ 2 \cdot 3 - 3 \cdot 3 \end{bmatrix} = \begin{bmatrix} 0 \\ 4 \\ -3 \end{bmatrix}$

(3) $\begin{bmatrix} 2 \\ 2 \\ 3 \end{bmatrix} \times \begin{bmatrix} 4 \\ 2 \\ 5 \end{bmatrix} = \begin{bmatrix} 2 \cdot 5 - 3 \cdot 2 \\ 3 \cdot 4 - 2 \cdot 5 \\ 2 \cdot 2 - 2 \cdot 4 \end{bmatrix} = \begin{bmatrix} 4 \\ 2 \\ -4 \end{bmatrix}$ □

確認 9H 次のベクトル $\mathbf{a}, \mathbf{b}, \mathbf{c}$ のスカラー三重積を計算せよ。

(1) $(1,1,2)^{\mathrm{T}}, (1,2,2)^{\mathrm{T}}, (1,2,3)^{\mathrm{T}}$ (2) $(1,1,1)^{\mathrm{T}}, (1,-2,1)^{\mathrm{T}}, (2,-2,3)^{\mathrm{T}}$

［解答］(1) 1 (2) -3 □

［解説］定義に従って計算すればよい。

(1) $\begin{bmatrix} 1 \\ 1 \\ 2 \end{bmatrix} \cdot \left(\begin{bmatrix} 1 \\ 2 \\ 2 \end{bmatrix} \times \begin{bmatrix} 1 \\ 2 \\ 3 \end{bmatrix} \right) = \begin{bmatrix} 1 \\ 1 \\ 2 \end{bmatrix} \cdot \begin{bmatrix} 2 \cdot 3 - 2 \cdot 2 \\ 2 \cdot 1 - 1 \cdot 3 \\ 1 \cdot 2 - 2 \cdot 1 \end{bmatrix} = \begin{bmatrix} 1 \\ 1 \\ 2 \end{bmatrix} \cdot \begin{bmatrix} 2 \\ -1 \\ 0 \end{bmatrix} = 1 \cdot 2 + 1 \cdot (-1) + 2 \cdot 0 = 1$

(2) $\begin{bmatrix} 1 \\ 1 \\ 1 \end{bmatrix} \cdot \left(\begin{bmatrix} 1 \\ -2 \\ 1 \end{bmatrix} \times \begin{bmatrix} 2 \\ -2 \\ 3 \end{bmatrix} \right) = \begin{bmatrix} 1 \\ 1 \\ 1 \end{bmatrix} \cdot \begin{bmatrix} (-2) \cdot 3 - 1 \cdot (-2) \\ 1 \cdot 2 - 1 \cdot 3 \\ 1 \cdot (-2) - (-2) \cdot 2 \end{bmatrix} = \begin{bmatrix} 1 \\ 1 \\ 1 \end{bmatrix} \cdot \begin{bmatrix} -4 \\ -1 \\ 2 \end{bmatrix} = -3$ □

第10章 二変数関数のグラフ

確認 10A 次の式の表す空間 $\mathbf{R}^3$ 内の図形の概形を図示せよ。

(1) $z = 1$ (2) $x+y+z = 1$ (3) $x^2 + y^2 = 1$ (4) $y^2 + z^2 = 1$
(5) $x = y^2 + z^2$ (6) $x^2 = y^2 + z^2$ (7) $x^2 + y^2 + z^2 = 2x$

［解答］概形がつかめる程度に図形の一部を切り出した図を下に掲載する。なお，見やすくするための補助線や特徴的な点の座標なども一部に記入してある。 □

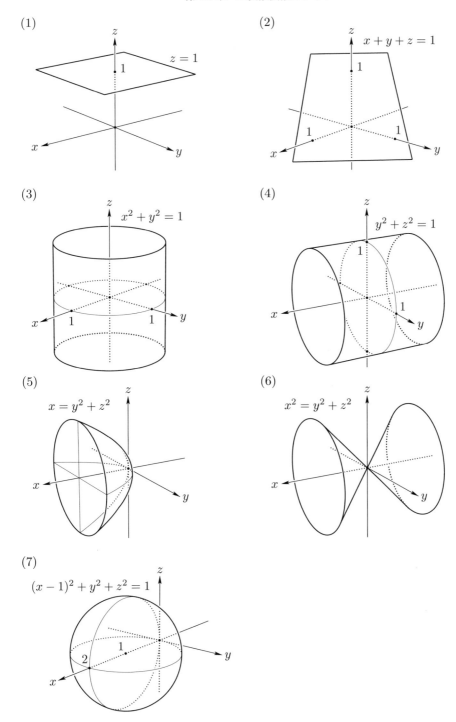

［解説］(2) 求める図形は，3点 $(1,0,0), (0,1,0), (0,0,1)$ を通るただ一つの平面である。 (5) $r = \sqrt{y^2+z^2}$ とおくと $x = r^2$ となる。従って，求める図形は，放物線 $x = y^2$ を x 軸を回転軸として回転させて得られる回転放物面である。 (6) $r = \sqrt{y^2+z^2}$ とおくと $x^2 = r^2$ つまり $(x-r)(x+r) = 0$ となる。従って，求める図形は，2本の直線 $x = \pm y$ を x 軸を回転軸として回転させて得られる円錐である。 (7) 与えられた式を変形すると $(x-1)^2 + y^2 + z^2 = 1$ を得るから，求める図形は，原点を中心とする半径 1 の球面 $x^2 + y^2 + z^2 = 1$ を x 方向に 1 平行移動したものとなる。 □

確認 10B 次の式で与えられる関数 $f(x,y)$ のグラフの概形を図示せよ。

(1) $x^2 - 2x$ (2) $x^2 + y^2 - 2x$ (3) $\sqrt{x^2 + y^2 - 2x + 1}$ (4) $\sqrt{2x - x^2 - y^2}$

[解答] 概形がつかめる程度に図形の一部を切り出した図を下に掲載する。なお，見やすくするための補助線や特徴的な点の座標なども一部に記入してある。 □

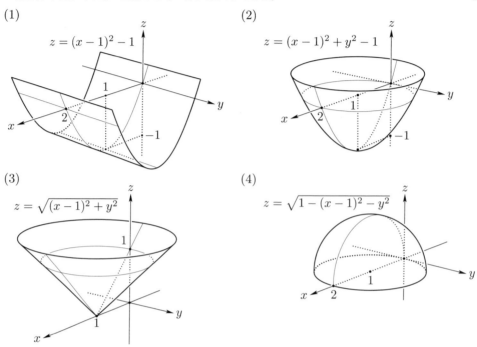

[解説] (1) 与えられた式を $z = x^2 - 2x = (x-1)^2 - 1$ と平方完成する。xz 平面上の放物線 $z = (x-1)^2 - 1$ を y 方向に平行移動して得られる放物柱面が求めるグラフである。 (2) 与えられた式を $z = x^2 + y^2 - 2x = (x-1)^2 + y^2 - 1$ と平方完成する。$r = \sqrt{(x-1)^2 + y^2}$ とおくと $z = r^2 - 1$ である。従って，点 $(1,0,0)$ を通り z 軸に平行な直線を回転軸として xz 平面上の放物線 $z = x^2 - 1$ を回転させて得られる回転放物面が求めるグラフである。 (3) $z^2 = (x-1)^2 + y^2$ と平方完成する。$r = \sqrt{(x-1)^2 + y^2}$ とおくと $z^2 = r^2$ つまり $z = \pm r$ である。そこで，点 $(1,0,0)$ を通り z 軸に平行な直線を回転軸として xz 平面上の二つの直線 $z = x-1$ と $z = -x+1$ を回転させて得られる円錐の $z \geq 0$ の部分が求めるグラフである。 (4) $(x-1)^2 + y^2 + z^2 = 1$ と式変形できるから，確認 10A 問 (7) の球面の $z \geq 0$ の部分が求めるグラフである。 □

確認 10C 次の関数 $f(x,y)$ のグラフの直線 $x = t\cos\theta_0, y = t\sin\theta_0$ に沿った断面を表す関数 $z = g(t)$ を計算せよ。ただし θ_0 は実数の定数である。

(1) $x^2 + y^2$ (2) xy (3) $x^2 + 3xy + y^2$ (4) $\dfrac{x^2 - y^2}{x^2 + y^2}$ (5) $\dfrac{x^3 - 3xy^2}{x^2 + y^2}$

[略解] (1) $z = t^2$ (2) $z = t^2 \sin\theta_0 \cos\theta_0 = \dfrac{1}{2} t^2 \sin 2\theta_0$
(3) $z = t^2 \left(1 + 3\sin\theta_0 \cos\theta_0\right) = t^2 \left(1 + \dfrac{3}{2}\sin 2\theta_0\right)$
(4) $z = \cos^2\theta_0 - \sin^2\theta_0 = \cos 2\theta_0$ (5) $z = t(\cos^3\theta_0 - 3\sin^2\theta_0 \cos\theta_0) = t\cos 3\theta_0$ □

(注意) 問 (5) では，三角関数の加法定理によって $\cos 3\theta_0 = \cos(\theta_0 + 2\theta_0) = \cos\theta_0 \cos 2\theta_0 - \sin\theta_0 \sin 2\theta_0 = \cos\theta_0 (\cos^2\theta_0 - \sin^2\theta_0) - \sin\theta_0 (2\sin\theta_0 \cos\theta_0) = \cos^3\theta_0 - 3\sin^2\theta_0 \cos\theta_0$ となることを用いた。

(参考) 複素数を用いて計算することもできる。例えば $(x+iy)^3 = (x^3 - 3xy^2) + i(3x^2y - y^3)$ であるから，問 (5) の関数の分子の $x^3 - 3xy^2$ は $(x+iy)^3 = t^3(\cos\theta_0 + i\sin\theta_0)^3 = t^3(\cos 3\theta_0 + i\sin 3\theta_0)$ の実部すなわち $t^3 \cos 3\theta_0$ に等しい。

確認 10D 平方完成を利用して，次の二次形式 $f(x,y)$ が原点で最小となるかどうか，また極小となるかどうか答えよ．

(1) $2x^2 + xy - y^2$ (2) $2x^2 + 3xy + y^2$ (3) $2x^2 - 3xy + 2y^2$ (4) $4x^2 - 4xy + y^2$

［略解］(1) 最小とならず，極小ともならない． (2) 最小とならず，極小ともならない．
(3) 最小となり，極小となる． (4) 最小となるが，極小とはならない． □

［解説］(1) $2x^2 + xy - y^2 = 2\left(x + \dfrac{y}{4}\right)^2 - \dfrac{9y^2}{8}$ は，直線 $y = 0$ に沿った断面では $x = 0$ で極小となり，直線 $x = -\dfrac{y}{4}$ に沿った断面では $y = 0$ で極大となる．従って，二次形式 $f(x,y)$ は原点で極大とも極小ともならず，また最小ともならない． (2) $2x^2 + 3xy + y^2 = 2\left(x + \dfrac{3y}{4}\right)^2 - \dfrac{y^2}{8}$ は，直線 $y = 0$ に沿った断面では $x = 0$ で極小となり，直線 $x = -\dfrac{3y}{4}$ に沿った断面では $y = 0$ で極大となる．従って，二次形式 $f(x,y)$ は原点で極大とも極小ともならず，また最小ともならない． (3) $2x^2 - 3xy + 2y^2 = 2\left(x - \dfrac{3y}{4}\right)^2 + \dfrac{7y^2}{8} \geq 0$ であって，等号成立は $x - \dfrac{3y}{4} = y = 0$ つまり (x,y) が原点のときに限る．従って，二次形式 $f(x,y)$ は原点で極小かつ最小となる． (4) $4x^2 - 4xy + y^2 = (2x - y)^2 \geq 0$ であるから，二次形式 $f(x,y)$ は原点で最小となるが，直線 $2x - y = 0$ 上では恒等的に 0 であるので，原点で極小とはならない． □

（参考）問 (1)(2) において，原点は鞍点である（§3.2 参考および第 11 章 §3.4 参考を参照）．

確認 10E 次の関数 $f(x,y)$ のグラフの等高線の概形を，高さ h が条件 $-2 \leq n \leq 2$ を満たす整数 n に等しい場合に xy 平面上に描け．

(1) $x + y$ (2) $\sqrt{2x - x^2 - y^2}$ (3) $x^3 - y$ (4) $x^3 - y^2$

［解答］図を下に掲載する． □

(1)

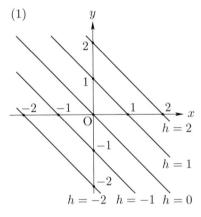

(2) $h = -2, -1, 2$ のとき，等高線は空集合である．$h = 0, 1$ の場合の概形は次のようになる．

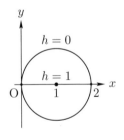

(3)

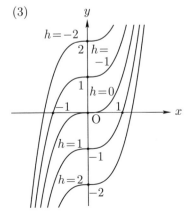

(4)

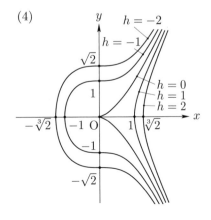

[解説] (1) $x+y=n$ は $y=-x+n$ と式変形できるので, 各 $n=-2,-1,0,1,2$ に対して直線 $y=-x+n$ のグラフの概形を描けばよい. (2) 平方根は ≥ 0 としているから $n=-1,-2$ の場合は空集合である. $\sqrt{2x-x^2-y^2}=n$ を式変形して $(x-1)^2+y^2=1-n^2$ であるが, この左辺は ≥ 0 だから $n=2$ の場合も空集合である. 残る $n=0$ の場合は, 点 $(1,0)$ を中心とする半径 1 の円周であり, $n=1$ の場合は一点 $\{(1,0)\}$ である. (3) $x^3-y=n$ は $y=x^3-n$ と式変形されるので, 各 $n=-2,-1,0,1,2$ に対して 3 次関数 $y=x^3-n$ のグラフの概形を描けばよい. (4) この問題では, $n>0$ の場合, $n=0$ の場合, $n<0$ の場合で様子が変わることに注意する. i) $n=0$ の場合, 等高線の方程式 $x^3-y^2=0$ は $y=\pm\sqrt{x^3}=\pm x^{3/2}$ と解けるので, この関数のグラフの概形を描けばよい. ただし, $x^3=y^2\geq 0$ により, $x\geq 0$ であることに注意する. ii) $n=-1$ の場合, 等高線の方程式 $x^3-y^2=-1$ は $y=\pm\sqrt{x^3+1}$ と解けるので, 同様にして概形を描けばよい. ただし, $x\geq -1$ である. ここで, $x=-1$ のときには, $y=0$ となるが, 点 $(x,y)=(-1,0)$ の近くでは, 等高線の方程式 $x^3-y^2=-1$ を $x=\sqrt[3]{y^2-1}$ と解くことによって, 等高線は, y 軸に平行な直線 $x=-1$ に接していることが分かる. iii) $n=-2$ の場合も同様であり, 点 $(x,y)=(-2,0)$ の近くでは, 等高線は, y 軸に平行な直線 $x=-\sqrt[3]{2}$ に接している. iv) $n=1$ の場合は, $y^2+n>0$ に注意すると, 等高線の方程式 $x^3-y^2=1$ は $x=\sqrt[3]{y^2+1}$ と解けるので, 関数 $x=\sqrt[3]{y^2+1}$ のグラフの概形を描けばよい. v) $n=2$ の場合は, 同様にして関数 $x=\sqrt[3]{y^2+2}$ のグラフの概形を描けばよい. □

(参考) 問 (4) の曲線 $x^3-y^2=n$ は, 問 (3) の曲線 $x^3-y=n$ の $y\geq 0$ の部分を抜き出し, その各点の y 座標をその非負の平方根に置き換えて得られる曲線を考え, さらに x 軸について対称移動して得られる曲線を付け加えることによって得られる. 従って, 問 (3) の結果から問 (4) の結果がおおむね予想され, あとは $y=0$ 付近での挙動を丁寧に見ることによって概形が分かる.

確認 10F 次の関数 $f(x,y)$ が原点で最小となるかどうか答えよ. また, 極小となるかどうか答えよ.

(1) $x+y$ (2) $(x+y)^2$ (3) x^3+y^2 (4) x^4+2y^2 (5) $x^4-3x^2y+2y^2$

[解答] (1) 最小とも極小ともならない. (2) 最小となるが, 極小とはならない. (3) 最小とも極小ともならない. (4) 最小かつ極小となる. (5) 最小とも極小ともならない. □

[解説] 原点において $f(0,0)=0$ であることに注意し, 各自で高さ 0 の等高線 $f(x,y)=0$ を描いて考えること.
(1) $y=0$ に沿った断面で $f(x,0)$ は $x=0$ で極小とも最小ともならない. (2) $(x+y)^2\geq 0$ より, $f(x,y)$ は原点で最小となるが, $x=-y$ に沿った断面で恒等的に 0 だから極小とはならない. (3) $y=0$ に沿った断面で $f(x,0)$ は $x=0$ で極小とも最小ともならない. (4) $x^4+2y^2\geq 0$ であり, 等号成立は $x=y=0$ つまり (x,y) が原点のときに限る. 従って, $f(x,y)$ は原点で極小かつ最小となる. (5) $x^4-3x^2y+2y^2=(x^2-y)(x^2-2y)$ は $y=\dfrac{2x^2}{3}$ に沿う断面で $-\dfrac{x^2}{9}$ となり, $x=0$ で極大となる. 従って, $f(x,y)$ は, 原点で極小とも最小ともならない. □

第 11 章 偏微分係数と接平面

確認 11A 次の関数 $f(x,y)$ の偏導関数 $f_x(x,y), f_y(x,y)$ を求めよ. また, 偏微分係数 $f_x(1,0)$ および $f_y(1,0)$ を求めよ

(1) $f(x,y)=x-y$ (2) $f(x,y)=x^2+1$ (3) $f(x,y)=x^2+y^2$
(4) $f(x,y)=\exp(xy)$ (5) $f(x,y)=\sin(\pi x+2\pi y)$ (6) $f(x,y)=\log(x^2+y^2)$
(7) $f(x,y)=\sqrt{x^2+y^2}$ (8) $f(x,y)=\dfrac{x}{x^2+y^2}$

[略解] (1) $f_x(x,y)=1, f_y(x,y)=-1, f_x(1,0)=1, f_y(1,0)=-1$ (2) $f_x(x,y)=2x, f_y(x,y)=0, f_x(1,0)=2, f_y(1,0)=0$ (3) $f_x(x,y)=2x, f_y(x,y)=2y, f_x(1,0)=2,$

$f_y(1,0) = 0$ (4) $f_x(x,y) = y\exp(xy)$, $f_y(x,y) = x\exp(xy)$, $f_x(1,0) = 0$, $f_y(1,0) = 1$
(5) $f_x(x,y) = \pi\cos(\pi x + 2\pi y)$, $f_y(x,y) = 2\pi\cos(\pi x + 2\pi y)$, $f_x(1,0) = -\pi$, $f_y(1,0) = -2\pi$ (6) $f_x(x,y) = \dfrac{2x}{x^2+y^2}$, $f_y(x,y) = \dfrac{2y}{x^2+y^2}$, $f_x(1,0) = 2$, $f_y(1,0) = 0$ (7) $f_x(x,y) = \dfrac{x}{\sqrt{x^2+y^2}}$, $f_y(x,y) = \dfrac{y}{\sqrt{x^2+y^2}}$, $f_x(1,0) = 1$, $f_y(1,0) = 0$ (8) $f_x(x,y) = \dfrac{-x^2+y^2}{(x^2+y^2)^2}$, $f_y(x,y) = \dfrac{-2xy}{(x^2+y^2)^2}$, $f_x(1,0) = -1$, $f_y(1,0) = 0$ □

確認 11B 次の計算をせよ．

(1) $\left(x\dfrac{\partial}{\partial x} + y\dfrac{\partial}{\partial y}\right)(x^2+y^2)$ (2) $\left(\dfrac{\partial^2}{\partial x^2} + \dfrac{\partial^2}{\partial y^2}\right)(x^2+y^2)$

(3) $\left(x\dfrac{\partial}{\partial x} + y\dfrac{\partial}{\partial y}\right)\log(x^2+y^2)$ (4) $\left(\dfrac{\partial^2}{\partial x^2} + \dfrac{\partial^2}{\partial y^2}\right)\log(x^2+y^2)$

(5) $\dfrac{\partial}{\partial x}\dfrac{y}{x^2+y^2} + \dfrac{\partial}{\partial y}\dfrac{x}{x^2+y^2}$ (6) $\left(\dfrac{\partial^2}{\partial x^2} + \dfrac{\partial^2}{\partial y^2}\right)\sin x\cos y$

［略解］(1) $2x^2+2y^2$ (2) 4 (3) 2 (4) 0 (5) $-4xy/(x^2+y^2)^2$ (6) $-2\sin x\cos y$ □

確認 11C 次の関数 $f(x,y)$ の点 $(2,1)$ における勾配ベクトル $\nabla f(2,1)$ および点 $(2,1,f(2,1))$ における接平面の方程式を求めよ．

(1) $x+y$ (2) xy (3) x^2+y^2 (4) x^2-y^2 (5) x/y (6) $\sin(\pi xy)$

［略解］(1) $\nabla f(2,1) = (1,1)^{\mathrm{T}}$, $x+y-z = 0$ (2) $\nabla f(2,1) = (1,2)^{\mathrm{T}}$, $x+2y-z = 2$
(3) $\nabla f(2,1) = (4,2)^{\mathrm{T}}$, $4x+2y-z = 5$ (4) $\nabla f(2,1) = (4,-2)^{\mathrm{T}}$, $4x-2y-z = 3$ (5) $\nabla f(2,1) = (1,-2)^{\mathrm{T}}$, $x-2y-z = -2$ (6) $\nabla f(2,1) = (\pi,2\pi)^{\mathrm{T}}$, $\pi x + 2\pi y - z = 4\pi$ □

確認 11D 次の関数 $f(x,y)$ の与えられた高さ h における等高線を xy 平面上に描き，等高線の上にあって，位置ベクトルが x 軸の正の部分となす角が $\pi/4$ の整数倍であるような点における勾配ベクトルを図示せよ．

(1) $f(x,y) = \dfrac{x+y}{4}$, $h = -\dfrac{1}{4}, \dfrac{1}{4}$ (2) $f(x,y) = \dfrac{x^2+y^2}{4}$, $h = \dfrac{1}{16}, \dfrac{1}{4}$

(3) $f(x,y) = \dfrac{4x^2-y^2}{4}$, $h = -\dfrac{1}{4}, 0, \dfrac{1}{4}$

［解答］図を下に掲載する．図示せよという問題であるので，勾配ベクトルのデータも図に記入することが望ましいが，図が著しく煩雑になるので別に記した． □

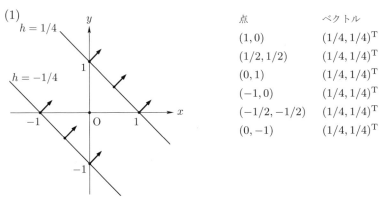

(1)

点	ベクトル
$(1,0)$	$(1/4, 1/4)^{\mathrm{T}}$
$(1/2, 1/2)$	$(1/4, 1/4)^{\mathrm{T}}$
$(0,1)$	$(1/4, 1/4)^{\mathrm{T}}$
$(-1,0)$	$(1/4, 1/4)^{\mathrm{T}}$
$(-1/2, -1/2)$	$(1/4, 1/4)^{\mathrm{T}}$
$(0,-1)$	$(1/4, 1/4)^{\mathrm{T}}$

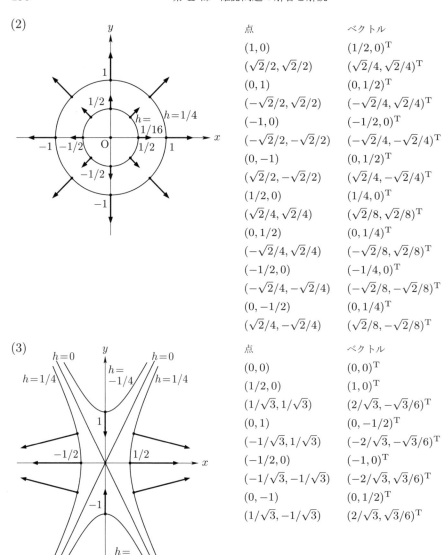

(2)

点	ベクトル
$(1,0)$	$(1/2, 0)^{\mathrm{T}}$
$(\sqrt{2}/2, \sqrt{2}/2)$	$(\sqrt{2}/4, \sqrt{2}/4)^{\mathrm{T}}$
$(0,1)$	$(0, 1/2)^{\mathrm{T}}$
$(-\sqrt{2}/2, \sqrt{2}/2)$	$(-\sqrt{2}/4, \sqrt{2}/4)^{\mathrm{T}}$
$(-1,0)$	$(-1/2, 0)^{\mathrm{T}}$
$(-\sqrt{2}/2, -\sqrt{2}/2)$	$(-\sqrt{2}/4, -\sqrt{2}/4)^{\mathrm{T}}$
$(0,-1)$	$(0, 1/2)^{\mathrm{T}}$
$(\sqrt{2}/2, -\sqrt{2}/2)$	$(\sqrt{2}/4, -\sqrt{2}/4)^{\mathrm{T}}$
$(1/2, 0)$	$(1/4, 0)^{\mathrm{T}}$
$(\sqrt{2}/4, \sqrt{2}/4)$	$(\sqrt{2}/8, \sqrt{2}/8)^{\mathrm{T}}$
$(0, 1/2)$	$(0, 1/4)^{\mathrm{T}}$
$(-\sqrt{2}/4, \sqrt{2}/4)$	$(-\sqrt{2}/8, \sqrt{2}/8)^{\mathrm{T}}$
$(-1/2, 0)$	$(-1/4, 0)^{\mathrm{T}}$
$(-\sqrt{2}/4, -\sqrt{2}/4)$	$(-\sqrt{2}/8, -\sqrt{2}/8)^{\mathrm{T}}$
$(0, -1/2)$	$(0, 1/4)^{\mathrm{T}}$
$(\sqrt{2}/4, -\sqrt{2}/4)$	$(\sqrt{2}/8, -\sqrt{2}/8)^{\mathrm{T}}$

(3)

点	ベクトル
$(0,0)$	$(0,0)^{\mathrm{T}}$
$(1/2, 0)$	$(1, 0)^{\mathrm{T}}$
$(1/\sqrt{3}, 1/\sqrt{3})$	$(2/\sqrt{3}, -\sqrt{3}/6)^{\mathrm{T}}$
$(0, 1)$	$(0, -1/2)^{\mathrm{T}}$
$(-1/\sqrt{3}, 1/\sqrt{3})$	$(-2/\sqrt{3}, -\sqrt{3}/6)^{\mathrm{T}}$
$(-1/2, 0)$	$(-1, 0)^{\mathrm{T}}$
$(-1/\sqrt{3}, -1/\sqrt{3})$	$(-2/\sqrt{3}, \sqrt{3}/6)^{\mathrm{T}}$
$(0, -1)$	$(0, 1/2)^{\mathrm{T}}$
$(1/\sqrt{3}, -1/\sqrt{3})$	$(2/\sqrt{3}, \sqrt{3}/6)^{\mathrm{T}}$

□

[解説] (1) 偏導関数は $f_x(x,y) = 1/4, f_y(x,y) = 1/4$ であるから, 各点 (x,y) における勾配ベクトルは $\nabla f(x,y) = (1/4, 1/4)^{\mathrm{T}}$ である.

(2) 偏導関数は $f_x(x,y) = \dfrac{x}{2}$, $f_y(x,y) = \dfrac{y}{2}$ であるから, 各点 (x,y) における勾配ベクトルは $\nabla f(x,y) = \dfrac{1}{2}\begin{bmatrix} x \\ y \end{bmatrix}$ である.

(3) 偏導関数は $f_x(x,y) = 2x, f_y(x,y) = -y/2$ であるから, 各点 (x,y) における勾配ベクトルは $\nabla f(x,y) = (2x, -y/2)^{\mathrm{T}}$ である. 直線 $x = y$ と等高線 $(4x^2 - y^2)/4 = 1/4$ との交点は, $3x^2 = 1$ より $x = y = \pm 1/\sqrt{3}$ となり, よって $\pm(1/\sqrt{3}, 1/\sqrt{3})$ の二点である. また, 直線 $x + y = 0$ と等高線 $(4x^2 - y^2)/4 = 1/4$ との交点は $\pm(-1/\sqrt{3}, 1/\sqrt{3})$ の二点である. 直線 $x = y$ および $x + y = 0$ と等高線 $(4x^2 - y^2)/4 = -1/4$ は交点を持たない. 直線 $x = y$ および $x + y = 0$ と等高線 $(4x^2 - y^2)/4 = 0$ の交点は原点のみである. □

確認 11E 次の関数 $f(x,y)$ の停留点をすべて求めよ.

(1) $x^2 + y^2 - 2x + 2y$ (2) $(x^2 - 1)(y^2 + 1)$ (3) $xy\, e^{-(x^2+y^2)/2}$ (4) $(x+y)\, e^{-x^2-y^2}$
(5) $x^2 y^2$ (6) $(x^2 + y^2 - 1)^2$

[解答] (1) $f_x(x,y) = 2x-2$, $f_y(x,y) = 2y+2$ である. 従って, 停留点は $(x,y) = (1,-1)$ の 1 点である. (2) $f_x(x,y) = 2x(y^2+1)$, $f_y(x,y) = 2y(x^2-1)$ である. (x,y) が停留点であるとする. いま $y^2+1 > 0$ だから $f_x(x,y) = 0$ により $x = 0$ である. $f_y(0,y) = 0$ を解いて $y = 0$ となる. 逆に, 点 $(x,y) = (0,0)$ は確かに $f_x(x,y) = f_y(x,y) = 0$ を満たすから, 求める停留点は $(x,y) = (0,0)$ の 1 点である. (3) $f_x(x,y) = y(1-x^2)e^{-(x^2+y^2)/2}$, $f_y(x,y) = x(1-y^2)e^{-(x^2+y^2)/2}$ である. (x,y) が停留点であるとする. $y(1-x^2) = x(1-y^2) = 0$ となる. ここで $x = 0$ ならば $y = 0$ となり, $y = 0$ ならば $x = 0$ となる. 従って $xy = 0$ ならば $(x,y) = (0,0)$ である. 一方, $xy \neq 0$ ならば $x^2 = y^2 = 1$ だから $(x,y) = (1,1),(1,-1),(-1,1),(-1,-1)$ となる. 逆に, これらの点 (x,y) は確かに $f_x(x,y) = f_y(x,y) = 0$ を満たすから, 求める停留点は $(x,y) = (0,0),(1,1),(1,-1),(-1,1),(-1,-1)$ の 5 点である. (4) $f_x(x,y) = (1-2x(x+y))e^{-x^2-y^2}$, $f_y(x,y) = (1-2y(x+y))e^{-x^2-y^2}$ である. (x,y) が停留点であるとする. $2x(x+y) = 2y(x+y) = 1$ となる. 特に $2(x+y)(x+y) = 2$ であるから $x+y = \pm 1$ である. $x+y = 1$ のとき $(x,y) = (1/2,1/2)$ となり, $x+y = -1$ のとき $(x,y) = (-1/2,-1/2)$ となる. 逆に, これらの点 (x,y) は確かに $f_x(x,y) = f_y(x,y) = 0$ を満たすから, 求める停留点は $(x,y) = (1/2,1/2),(-1/2,-1/2)$ の 2 点である. (5) $f_x(x,y) = 2xy^2$, $f_y(x,y) = 2x^2y$ である. 従って, 停留点は x 軸上の点と y 軸上の点すべてである. (6) $f_x(x,y) = 4x(x^2+y^2-1)$, $f_y(x,y) = 4y(x^2+y^2-1)$ である. (x,y) が停留点であるとする. $x^2+y^2-1 \neq 0$ の場合, $(x,y) = (0,0)$ である. 逆に, 点 $(x,y) = (0,0)$ および $x^2+y^2 = 1$ となる点は確かに $f_x(x,y) = f_y(x,y) = 0$ を満たすから, 求める停留点は原点 $(0,0)$ および円周 $x^2+y^2 = 1$ 上の点すべてである. □

(参考) 「微分積分学」で学習するヘッセ行列による判定法を用いると, 問 (1) の $(1,-1)$ は $f(x,y)$ の極小点, 問 (2) の $(0,0)$ は $f(x,y)$ の鞍点, 問 (3) の $(0,0)$ は $f(x,y)$ の鞍点, $\pm(1,1)$ は極大点, $\pm(1,-1)$ は極小点, 問 (4) の $(1/2,1/2)$ は $f(x,y)$ の極大点, $(-1/2,-1/2)$ は極小点であることが分かる. 問 (5) については, この判定法をそのまま使うことはできないが, 停留点がすべて最小点であることは関数の形から直ちに分かる. 問 (6) については, この判定法により $(0,0)$ で極大であることが分かる. 一方, 円周 $x^2+y^2 = 1$ 上の点についてこの判定法を使うことはできないが, すべて最小点であることは関数の形から直ちに分かる.

第 12 章　行列とその演算

確認 12A 行列 $A = \begin{bmatrix} 1 & 2 & -1 \\ 3 & -2 & 0 \end{bmatrix}$ について以下の問に答えよ.

(1) 行列 A のサイズを答えよ.　(2) 行列 A の第 $(2,1)$ 成分を答えよ.
(3) 行列 A の転置 A^T を答えよ.

[解答] (1) 2×3 または $(2,3)$　(2) 3　(3) $\begin{bmatrix} 1 & 3 \\ 2 & -2 \\ -1 & 0 \end{bmatrix}$　□

確認 12B 次の行列とベクトルの積を計算せよ. ただし x, y, z は実数の定数である.

(1) $\begin{bmatrix} 1 & 1 \end{bmatrix} \begin{bmatrix} x \\ y \end{bmatrix}$　(2) $\begin{bmatrix} 1 & 1 \\ 1 & 2 \end{bmatrix} \begin{bmatrix} x \\ y \end{bmatrix}$　(3) $\begin{bmatrix} 1 & 1 \\ 1 & 2 \\ 2 & 3 \end{bmatrix} \begin{bmatrix} x \\ y \end{bmatrix}$　(4) $\begin{bmatrix} 1 & 1 & 2 \\ 1 & 2 & 3 \end{bmatrix} \begin{bmatrix} x \\ y \\ z \end{bmatrix}$

[解答] (1) $x+y$　(2) $\begin{bmatrix} x+y \\ x+2y \end{bmatrix}$　(3) $\begin{bmatrix} x+y \\ x+2y \\ 2x+3y \end{bmatrix}$　(4) $\begin{bmatrix} x+y+2z \\ x+2y+3z \end{bmatrix}$　□

確認 12C 次の行列とベクトルの積を計算せよ。ただし x, y, z は実数の定数である。

(1) $\begin{bmatrix} 1 & 0 & 0 \\ 0 & 1 & 0 \\ 0 & 0 & 1 \end{bmatrix} \begin{bmatrix} x \\ y \\ z \end{bmatrix}$ (2) $\begin{bmatrix} -1 & 0 & 0 \\ 0 & -1 & 0 \\ 0 & 0 & -1 \end{bmatrix} \begin{bmatrix} x \\ y \\ z \end{bmatrix}$ (3) $\begin{bmatrix} 0 & 1 & 0 \\ 1 & 0 & 0 \\ 0 & 0 & 1 \end{bmatrix} \begin{bmatrix} x \\ y \\ z \end{bmatrix}$

[解答] (1) $\begin{bmatrix} x \\ y \\ z \end{bmatrix}$ (2) $\begin{bmatrix} -x \\ -y \\ -z \end{bmatrix}$ (3) $\begin{bmatrix} y \\ x \\ z \end{bmatrix}$ □

確認 12D 次の連立方程式の係数行列および拡大係数行列を答え，行列とベクトルの積を用いて連立方程式を表せ。

(1) $\begin{cases} x + y = 2 \\ x - y = 0 \end{cases}$ (2) $\begin{cases} x + y + z = 1 \\ x - y + z = 3 \end{cases}$ (3) $\begin{cases} x + y = 2 \\ x - y = 0 \\ 2x + y = 3 \end{cases}$ (4) $\begin{cases} x + z = 1 \\ x + y = 1 \\ y + z = 1 \end{cases}$

[解答] 係数行列, 拡大係数行列, 方程式の順に並べる。

(1) $\begin{bmatrix} 1 & 1 \\ 1 & -1 \end{bmatrix}, \begin{bmatrix} 1 & 1 & | & 2 \\ 1 & -1 & | & 0 \end{bmatrix}, \begin{bmatrix} 1 & 1 \\ 1 & -1 \end{bmatrix} \begin{bmatrix} x \\ y \end{bmatrix} = \begin{bmatrix} 2 \\ 0 \end{bmatrix}$ (2) $\begin{bmatrix} 1 & 1 & 1 \\ 1 & -1 & 1 \end{bmatrix}, \begin{bmatrix} 1 & 1 & 1 & | & 1 \\ 1 & -1 & 1 & | & 3 \end{bmatrix},$
$\begin{bmatrix} 1 & 1 & 1 \\ 1 & -1 & 1 \end{bmatrix} \begin{bmatrix} x \\ y \\ z \end{bmatrix} = \begin{bmatrix} 1 \\ 3 \end{bmatrix}$ (3) $\begin{bmatrix} 1 & 1 \\ 1 & -1 \\ 2 & 1 \end{bmatrix}, \begin{bmatrix} 1 & 1 & | & 2 \\ 1 & -1 & | & 0 \\ 2 & 1 & | & 3 \end{bmatrix}, \begin{bmatrix} 1 & 1 \\ 1 & -1 \\ 2 & 1 \end{bmatrix} \begin{bmatrix} x \\ y \end{bmatrix} = \begin{bmatrix} 2 \\ 0 \\ 3 \end{bmatrix}$ (4) $\begin{bmatrix} 1 & 0 & 1 \\ 1 & 1 & 0 \\ 0 & 1 & 1 \end{bmatrix},$
$\begin{bmatrix} 1 & 0 & 1 & | & 1 \\ 1 & 1 & 0 & | & 1 \\ 0 & 1 & 1 & | & 1 \end{bmatrix}, \begin{bmatrix} 1 & 0 & 1 \\ 1 & 1 & 0 \\ 0 & 1 & 1 \end{bmatrix} \begin{bmatrix} x \\ y \\ z \end{bmatrix} = \begin{bmatrix} 1 \\ 1 \\ 1 \end{bmatrix}$ □

確認 12E 次の計算をせよ。

(1) $\begin{bmatrix} 1 & 1 \\ 1 & 2 \\ 2 & 3 \end{bmatrix} \begin{bmatrix} 0 \\ 0 \end{bmatrix}$ (2) $\begin{bmatrix} 1 & 1 \\ 1 & 2 \\ 2 & 3 \end{bmatrix} \begin{bmatrix} 1 \\ 1 \end{bmatrix}$ (3) $\begin{bmatrix} 1 & 1 \\ 1 & 2 \\ 2 & 3 \end{bmatrix} \begin{bmatrix} 2 \\ 1 \end{bmatrix}$ (4) $\begin{bmatrix} 1 & 1 \\ 1 & 2 \\ 2 & 3 \end{bmatrix} \begin{bmatrix} 1 & 2 \\ 1 & 1 \end{bmatrix}$

(5) $\begin{bmatrix} 1 & 1 \end{bmatrix} \begin{bmatrix} 1 & 2 \\ 1 & 1 \end{bmatrix}$ (6) $\begin{bmatrix} 1 & 1 \\ 1 & 2 \end{bmatrix} \begin{bmatrix} 1 & 2 \\ 1 & 1 \end{bmatrix}$ (7) $\begin{bmatrix} 1 & 1 \\ 1 & 2 \\ 2 & 3 \end{bmatrix} \begin{bmatrix} 1 & 2 \\ 1 & 1 \end{bmatrix}$ (8) $\begin{bmatrix} 1 & 1 \\ 2 & 1 \end{bmatrix} \begin{bmatrix} 1 & 1 & 2 \\ 1 & 2 & 3 \end{bmatrix}$

[解答] (1) $\begin{bmatrix} 0 \\ 0 \\ 0 \end{bmatrix}$ (2) $\begin{bmatrix} 2 \\ 3 \\ 5 \end{bmatrix}$ (3) $\begin{bmatrix} 3 \\ 4 \\ 7 \end{bmatrix}$ (4) $\begin{bmatrix} 2 & 3 \\ 3 & 4 \\ 5 & 7 \end{bmatrix}$ (5) $\begin{bmatrix} 2 & 3 \end{bmatrix}$ (6) $\begin{bmatrix} 2 & 3 \\ 3 & 4 \end{bmatrix}$ (7) $\begin{bmatrix} 2 & 3 \\ 3 & 4 \\ 5 & 7 \end{bmatrix}$

(8) $\begin{bmatrix} 2 & 3 & 5 \\ 3 & 4 & 7 \end{bmatrix}$ □

確認 12F 次の行列 A に対して A^n を計算せよ。ただし，n は正整数である。

(1) $\begin{bmatrix} 0 & -1 \\ 1 & 0 \end{bmatrix}$ (2) $\begin{bmatrix} 0 & 1 & 0 \\ 0 & 0 & 1 \\ 1 & 0 & 0 \end{bmatrix}$ (3) $\begin{bmatrix} 2 & -1 & -1 \\ -1 & 2 & -1 \\ -1 & -1 & 2 \end{bmatrix}$ (4) $\begin{bmatrix} 1 & 1 & 1 & 1 \\ 1 & 1 & -1 & -1 \\ 1 & -1 & 1 & -1 \\ 1 & -1 & -1 & 1 \end{bmatrix}$

[略解] (1) n を 4 で割った余りを r とするとき

$$A^n = \begin{bmatrix} 1 & 0 \\ 0 & 1 \end{bmatrix} \ (r=0), \ \begin{bmatrix} 0 & -1 \\ 1 & 0 \end{bmatrix} \ (r=1), \ \begin{bmatrix} -1 & 0 \\ 0 & -1 \end{bmatrix} \ (r=2), \ \begin{bmatrix} 0 & 1 \\ -1 & 0 \end{bmatrix} \ (r=3)$$

(2) n を 3 で割った余りを r とするとき

$$A^n = \begin{bmatrix} 1 & 0 & 0 \\ 0 & 1 & 0 \\ 0 & 0 & 1 \end{bmatrix} \ (r=0), \quad \begin{bmatrix} 0 & 1 & 0 \\ 0 & 0 & 1 \\ 1 & 0 & 0 \end{bmatrix} \ (r=1), \quad \begin{bmatrix} 0 & 0 & 1 \\ 1 & 0 & 0 \\ 0 & 1 & 0 \end{bmatrix} \ (r=2)$$

(3) 次のようになる。

$$A^n = \begin{bmatrix} 2 \cdot 3^{n-1} & -3^{n-1} & -3^{n-1} \\ -3^{n-1} & 2 \cdot 3^{n-1} & -3^{n-1} \\ -3^{n-1} & -3^{n-1} & 2 \cdot 3^{n-1} \end{bmatrix}$$

(4) n の偶奇によって次のようになる。

$$A^n = \begin{bmatrix} 2^n & 0 & 0 & 0 \\ 0 & 2^n & 0 & 0 \\ 0 & 0 & 2^n & 0 \\ 0 & 0 & 0 & 2^n \end{bmatrix} \ (n \text{ が偶数}), \quad \begin{bmatrix} 2^{n-1} & 2^{n-1} & 2^{n-1} & 2^{n-1} \\ 2^{n-1} & 2^{n-1} & -2^{n-1} & -2^{n-1} \\ 2^{n-1} & -2^{n-1} & 2^{n-1} & -2^{n-1} \\ 2^{n-1} & -2^{n-1} & -2^{n-1} & 2^{n-1} \end{bmatrix} \ (n \text{ が奇数}) \quad \square$$

(注意) 問 (1) では $A^4 = E$ であり, 問 (2) では $A^3 = E$ である。問 (3) では $A^2 = 3A$ なので, $A^n = 3^{n-1}A$ となる。問 (4) では $A^2 = 4E = 2^2 E$ なので, n が偶数のとき $A^n = 2^n E$ となり, n が奇数のとき $A^n = A^{n-1}A = 2^{n-1}A$ となる。

確認 12G 正方行列 $A \neq O$ および実数 λ について関係式 $A^2 = \lambda A$ が成立するとき, $A\mathbf{v} = \lambda \mathbf{v}$ かつ $\mathbf{v} \neq \mathbf{0}$ となるベクトル $\mathbf{v}$ が存在することを示せ。

[解説] $n \times n$ 正方行列 $A \neq O$ および実数 λ について関係式 $A^2 = \lambda A$ が成立したとする。行列 A の列が順に $\mathbf{a}_1, \ldots, \mathbf{a}_n$ であったとすると, 行列の積の定義により, 行列 A^2 すなわち AA の第 j 列は $A\mathbf{a}_j$ であるから, 関係式 $A^2 = \lambda A$ の両辺の第 j 列を比較すると, $A\mathbf{a}_j = \lambda \mathbf{a}_j$ を得る。さて, 仮定 $A \neq O$ により, ある番号 j に対して $\mathbf{a}_j \neq \mathbf{0}$ となるので, そのような番号について, ベクトル $\mathbf{v} = \mathbf{a}_j$ は $\mathbf{v} \neq \mathbf{0}$ かつ $A\mathbf{v} = \lambda \mathbf{v}$ を満たす。 $\square$

(注意) 次のように考えることもできる。基本単位ベクトル $\mathbf{e}_1, \ldots, \mathbf{e}_n$ を考え, 関係式 $A^2 = \lambda A$ の両辺を $\mathbf{e}_j$ に作用させると $A^2 \mathbf{e}_j = \lambda A \mathbf{e}_j$ となるが, 仮定 $A \neq O$ により $A\mathbf{e}_j \neq \mathbf{0}$ となる番号 j が存在するので, そのような番号について $\mathbf{v} = A\mathbf{e}_j$ は $\mathbf{v} \neq \mathbf{0}$ かつ $A\mathbf{v} = \lambda \mathbf{v}$ を満たす。なお, $A\mathbf{e}_j = \mathbf{a}_j$ であるから, この解法は上の解説で述べたものと本質的に同じである。

第 13 章 線型写像と行列

確認 13A 次の行列の行列式を求め, 正則かどうか調べよ。また, 正則である場合には逆行列を求めよ。

(1) $\begin{bmatrix} 1 & 2 \\ 1 & 3 \end{bmatrix}$ (2) $\begin{bmatrix} 1 & 2 \\ 2 & 4 \end{bmatrix}$ (3) $\begin{bmatrix} 1 & 1 \\ 1 & 0 \end{bmatrix}$ (4) $\begin{bmatrix} \sqrt{2} & \sqrt{3} \\ 2 & \sqrt{6} \end{bmatrix}$ (5) $\begin{bmatrix} \sqrt{3} & \sqrt{2} \\ 2 & \sqrt{6} \end{bmatrix}$

[略解] (1) 行列式は 1 である。よって正則であり, 逆行列は $\begin{bmatrix} 3 & -2 \\ -1 & 1 \end{bmatrix}$ である。 (2) 行列式は 0 である。よって正則ではない。 (3) 行列式は -1 である。よって正則であり, 逆行列は $\begin{bmatrix} 0 & 1 \\ 1 & -1 \end{bmatrix}$ である。 (4) 行列式は 0 である。よって正則ではない。 (5) 行列式は $\sqrt{2}$ である。よって正則であり, 逆行列は $\begin{bmatrix} \sqrt{3} & -1 \\ -\sqrt{2} & \sqrt{6}/2 \end{bmatrix}$ である。 $\square$

確認 13B 逆行列を利用して, 次の連立方程式を解け。

(1) $\begin{cases} x - y = 2 \\ x + y = 4 \end{cases}$ (2) $\begin{cases} 2x + 3y = 1 \\ x + 2y = 1 \end{cases}$ (3) $\begin{cases} x + 2y = 2 \\ 3x + 4y = 1 \end{cases}$ (4) $\begin{cases} 3x - 5y = 1 \\ 5x - 8y = 2 \end{cases}$

[略解] (1) $\begin{bmatrix} 1 & -1 \\ 1 & 1 \end{bmatrix} \begin{bmatrix} x \\ y \end{bmatrix} = \begin{bmatrix} 2 \\ 4 \end{bmatrix}$ より $\begin{bmatrix} x \\ y \end{bmatrix} = \begin{bmatrix} 1 & -1 \\ 1 & 1 \end{bmatrix}^{-1} \begin{bmatrix} 2 \\ 4 \end{bmatrix} = \frac{1}{2}\begin{bmatrix} 1 & 1 \\ -1 & 1 \end{bmatrix}\begin{bmatrix} 2 \\ 4 \end{bmatrix} = \begin{bmatrix} 3 \\ 1 \end{bmatrix}$

(2) $\begin{bmatrix} 2 & 3 \\ 1 & 2 \end{bmatrix}\begin{bmatrix} x \\ y \end{bmatrix} = \begin{bmatrix} 1 \\ 1 \end{bmatrix}$ より $\begin{bmatrix} x \\ y \end{bmatrix} = \begin{bmatrix} 2 & 3 \\ 1 & 2 \end{bmatrix}^{-1}\begin{bmatrix} 1 \\ 1 \end{bmatrix} = \begin{bmatrix} 2 & -3 \\ -1 & 2 \end{bmatrix}\begin{bmatrix} 1 \\ 1 \end{bmatrix} = \begin{bmatrix} -1 \\ 1 \end{bmatrix}$

(3) $\begin{bmatrix} 1 & 2 \\ 3 & 4 \end{bmatrix}\begin{bmatrix} x \\ y \end{bmatrix} = \begin{bmatrix} 2 \\ 1 \end{bmatrix}$ より $\begin{bmatrix} x \\ y \end{bmatrix} = \begin{bmatrix} 1 & 2 \\ 3 & 4 \end{bmatrix}^{-1}\begin{bmatrix} 2 \\ 1 \end{bmatrix} = -\frac{1}{2}\begin{bmatrix} 4 & -2 \\ -3 & 1 \end{bmatrix}\begin{bmatrix} 2 \\ 1 \end{bmatrix} = \begin{bmatrix} -3 \\ 5/2 \end{bmatrix}$

(4) $\begin{bmatrix} 3 & -5 \\ 5 & -8 \end{bmatrix}\begin{bmatrix} x \\ y \end{bmatrix} = \begin{bmatrix} 1 \\ 2 \end{bmatrix}$ より $\begin{bmatrix} x \\ y \end{bmatrix} = \begin{bmatrix} 3 & -5 \\ 5 & -8 \end{bmatrix}^{-1}\begin{bmatrix} 1 \\ 2 \end{bmatrix} = \begin{bmatrix} -8 & 5 \\ -5 & 3 \end{bmatrix}\begin{bmatrix} 1 \\ 2 \end{bmatrix} = \begin{bmatrix} 2 \\ 1 \end{bmatrix}$ □

確認 13C 次の行列 A の定める線型変換 $A : \mathbf{R}^2 \longrightarrow \mathbf{R}^2$ の図形的な意味を考えることによって，一次変換 A が逆変換を持つかどうか調べ，逆変換を持つ場合には，その表現行列を答えよ．

(1) $\begin{bmatrix} -1 & 0 \\ 0 & -1 \end{bmatrix}$ (2) $\begin{bmatrix} 0 & 1 \\ 1 & 0 \end{bmatrix}$ (3) $\begin{bmatrix} 1 & -1 \\ 0 & 1 \end{bmatrix}$ (4) $\begin{bmatrix} 1 & 1 \\ 1 & 1 \end{bmatrix}$ (5) $\begin{bmatrix} 1 & -1 \\ 1 & 1 \end{bmatrix}$

[略解] (1) 各点を原点に関して対称な点に写す変換だから，それ自身が逆変換となる．よって，逆変換の表現行列は $\begin{bmatrix} -1 & 0 \\ 0 & -1 \end{bmatrix}$ である． (2) 各点を直線 $x = y$ に関して対称な点に写す変換だから，それ自身が逆変換となる．よって，逆変換の表現行列は $\begin{bmatrix} 0 & 1 \\ 1 & 0 \end{bmatrix}$ である． (3) §1.3 例 2 のずらし変換の逆変換だから，逆変換としてずらし変換を持つ．逆変換の表現行列は $\begin{bmatrix} 1 & 1 \\ 0 & 1 \end{bmatrix}$ である． (4) 各点に対して，直線 $x = y$ に下した垂線の足の位置ベクトルの 2 倍に対応する点を対応させる変換であり，像が直線 $x = y$ に含まれるので，逆変換を持たない． (5) 原点を中心として 45° 回転し，$\sqrt{2}$ 倍する変換であるから，逆変換を持ち，その表現行列は $\frac{1}{2}\begin{bmatrix} 1 & 1 \\ -1 & 1 \end{bmatrix}$ である． □

確認 13D 逆行列を利用して，次の条件を満たす線型変換 F を表す行列を求めよ．

(1) $F : \begin{bmatrix} 1 \\ 0 \end{bmatrix} \mapsto \begin{bmatrix} 2 \\ 1 \end{bmatrix}, \begin{bmatrix} 1 \\ 1 \end{bmatrix} \mapsto \begin{bmatrix} 3 \\ 2 \end{bmatrix}$ (2) $F : \begin{bmatrix} 1 \\ 1 \end{bmatrix} \mapsto \begin{bmatrix} 1 \\ 0 \end{bmatrix}, \begin{bmatrix} 1 \\ 2 \end{bmatrix} \mapsto \begin{bmatrix} 0 \\ 1 \end{bmatrix}$

(3) $F : \begin{bmatrix} 2 \\ 1 \end{bmatrix} \mapsto \begin{bmatrix} 1 \\ 2 \end{bmatrix}, \begin{bmatrix} 3 \\ 2 \end{bmatrix} \mapsto \begin{bmatrix} 1 \\ 2 \end{bmatrix}$ (4) $F : \begin{bmatrix} 3 \\ 5 \end{bmatrix} \mapsto \begin{bmatrix} 1 \\ 1 \end{bmatrix}, \begin{bmatrix} 4 \\ 6 \end{bmatrix} \mapsto \begin{bmatrix} 2 \\ 0 \end{bmatrix}$

[略解] F の表現行列を A とする．

(1) $A\begin{bmatrix} 1 & 1 \\ 0 & 1 \end{bmatrix} = \begin{bmatrix} 2 & 3 \\ 1 & 2 \end{bmatrix}$ より $A = \begin{bmatrix} 2 & 3 \\ 1 & 2 \end{bmatrix}\begin{bmatrix} 1 & 1 \\ 0 & 1 \end{bmatrix}^{-1} = \begin{bmatrix} 2 & 3 \\ 1 & 2 \end{bmatrix}\begin{bmatrix} 1 & -1 \\ 0 & 1 \end{bmatrix} = \begin{bmatrix} 2 & 1 \\ 1 & 1 \end{bmatrix}$

(2) $A\begin{bmatrix} 1 & 1 \\ 1 & 2 \end{bmatrix} = \begin{bmatrix} 1 & 0 \\ 0 & 1 \end{bmatrix}$ より $A = \begin{bmatrix} 1 & 0 \\ 0 & 1 \end{bmatrix}\begin{bmatrix} 1 & 1 \\ 1 & 2 \end{bmatrix}^{-1} = \begin{bmatrix} 1 & 0 \\ 0 & 1 \end{bmatrix}\begin{bmatrix} 2 & -1 \\ -1 & 1 \end{bmatrix} = \begin{bmatrix} 2 & -1 \\ -1 & 1 \end{bmatrix}$

(3) $A\begin{bmatrix} 2 & 3 \\ 1 & 2 \end{bmatrix} = \begin{bmatrix} 1 & 1 \\ 2 & 2 \end{bmatrix}$ より $A = \begin{bmatrix} 1 & 1 \\ 2 & 2 \end{bmatrix}\begin{bmatrix} 2 & 3 \\ 1 & 2 \end{bmatrix}^{-1} = \begin{bmatrix} 1 & 1 \\ 2 & 2 \end{bmatrix}\begin{bmatrix} 2 & -3 \\ -1 & 2 \end{bmatrix} = \begin{bmatrix} 1 & -1 \\ 2 & -2 \end{bmatrix}$

(4) $A\begin{bmatrix} 3 & 4 \\ 5 & 6 \end{bmatrix} = \begin{bmatrix} 1 & 2 \\ 1 & 0 \end{bmatrix}$ より $A = \begin{bmatrix} 1 & 2 \\ 1 & 0 \end{bmatrix}\begin{bmatrix} 3 & 4 \\ 5 & 6 \end{bmatrix}^{-1} = \begin{bmatrix} 1 & 2 \\ 1 & 0 \end{bmatrix}\left(-\frac{1}{2}\right)\begin{bmatrix} 6 & -4 \\ -5 & 3 \end{bmatrix} = \begin{bmatrix} 2 & -1 \\ -3 & 2 \end{bmatrix}$ □

確認 13E 次の行列 A の定める空間の一次変換の図形的な意味を答えよ．また，逆行列 A^{-1} を求めよ．

(1) $\begin{bmatrix} -1 & 0 & 0 \\ 0 & -1 & 0 \\ 0 & 0 & 1 \end{bmatrix}$ (2) $\begin{bmatrix} 0 & -1 & 0 \\ 1 & 0 & 0 \\ 0 & 0 & 1 \end{bmatrix}$ (3) $\begin{bmatrix} 0 & 1 & 0 \\ 1 & 0 & 0 \\ 0 & 0 & 1 \end{bmatrix}$ (4) $\begin{bmatrix} 0 & 0 & 1 \\ 1 & 0 & 0 \\ 0 & 1 & 0 \end{bmatrix}$

[略解] (1) 各点を z 軸に関して対称な点に移す．逆行列は $\begin{bmatrix} -1 & 0 & 0 \\ 0 & -1 & 0 \\ 0 & 0 & 1 \end{bmatrix}$ である． (2) 各点を

z 軸のまわりに $\pi/2$ 回転させた点に移す．ただし，回転の向きは，x 軸の正の部分を $\pi/2$ 回転させて y 軸の正の部分に移すような向きである．逆行列は $\begin{bmatrix} 0 & 1 & 0 \\ -1 & 0 & 0 \\ 0 & 0 & 1 \end{bmatrix}$ である． (3) 各点を平面 $x = y$ に関して対称な点に移す．逆行列は $\begin{bmatrix} 0 & 1 & 0 \\ 1 & 0 & 0 \\ 0 & 0 & 1 \end{bmatrix}$ である． (4) 各点を直線 $x = y = z$ のまわりに $2\pi/3$ 回転させた点に移す．ただし，回転の向きは，x 軸の正の部分を $2\pi/3$ 回転させて y 軸の正の部分に移すような向きである．逆行列は $\begin{bmatrix} 0 & 1 & 0 \\ 0 & 0 & 1 \\ 1 & 0 & 0 \end{bmatrix}$ である． □

[解説] 例えば問 (1) では，与えられた行列 A によって $P(x, y, z)^T \mapsto Q(-x, -y, z)^T$ と変換され，点 P と点 Q は z 軸に関して互いに対称な位置にある．この変換を二回行うともとの点に戻ることから，この変換自身が逆変換であり，行列 A 自身が A の逆行列である．問 (2)(3) も同様に考えればよい．問 (4) では，与えられた行列 A は，空間内の点 $(x, y, z)^T$ を点 $(z, x, y)^T$ に移すので，点 $\mathbf{e}_1, \mathbf{e}_2, \mathbf{e}_3$ を頂点とする正三角形を自分自身に移し，その頂点を $\mathbf{e}_1 \mapsto \mathbf{e}_2, \mathbf{e}_2 \mapsto \mathbf{e}_3, \mathbf{e}_3 \mapsto \mathbf{e}_1$ のように移す．このことから，行列 A の定める一次変換は，原点と正三角形の中心 $(1/3, 1/3, 1/3)$ を通る直線を回転軸とする回転であって，3 回行うと元に戻るようなものであることが分かる．すなわち，この変換は，直線 $x = y = z$ を回転軸とする角 $2\pi/3$ の回転であり，3 回行うと元に戻ることから，2 回行うものが逆変換であるので，行列 A^2 が行列 A の逆行列である． □

確認 13F 空間 $\mathbf{R}^3$ の各点 P に対して，次のような点 Q を対応させる変換 F は一次変換である．一次変換 F を表す行列を求めよ．

(1) yz 平面に関して P と対称な点   (2) P から yz 平面に下した垂線の足
(3) 平面 $y = z$ に関して P と対称な点   (4) P から平面 $y = z$ に下した垂線の足
(5) 原点に関して P と対称な点

[略解] (1) $\begin{bmatrix} -1 & 0 & 0 \\ 0 & 1 & 0 \\ 0 & 0 & 1 \end{bmatrix}$ (2) $\begin{bmatrix} 0 & 0 & 0 \\ 0 & 1 & 0 \\ 0 & 0 & 1 \end{bmatrix}$ (3) $\begin{bmatrix} 1 & 0 & 0 \\ 0 & 0 & 1 \\ 0 & 1 & 0 \end{bmatrix}$ (4) $\begin{bmatrix} 1 & 0 & 0 \\ 0 & 1/2 & 1/2 \\ 0 & 1/2 & 1/2 \end{bmatrix}$ (5) $\begin{bmatrix} -1 & 0 & 0 \\ 0 & -1 & 0 \\ 0 & 0 & -1 \end{bmatrix}$ □

第 14 章　行列の基本変形

確認 14A 次の行列が行階段行列かどうか，行階段行列である場合には行簡約行列かどうか答えよ．

(1) $\begin{bmatrix} 1 & 0 & 2 \\ 0 & 0 & 0 \end{bmatrix}$ (2) $\begin{bmatrix} 1 & 2 & 0 \\ 0 & 1 & 1 \end{bmatrix}$ (3) $\begin{bmatrix} 1 & 0 & 2 \\ 0 & 1 & 1 \end{bmatrix}$ (4) $\begin{bmatrix} 1 & 2 & 0 \\ 0 & 0 & 1 \end{bmatrix}$ (5) $\begin{bmatrix} 1 & 0 & 2 \\ 0 & 0 & 1 \end{bmatrix}$
(6) $\begin{bmatrix} 1 & 0 & 1 \\ 0 & 1 & 2 \\ 0 & 1 & 3 \end{bmatrix}$ (7) $\begin{bmatrix} 1 & 0 & 1 \\ 0 & 3 & 2 \\ 0 & 0 & 0 \end{bmatrix}$ (8) $\begin{bmatrix} 0 & 1 & 2 \\ 0 & 0 & 1 \\ 0 & 0 & 0 \end{bmatrix}$ (9) $\begin{bmatrix} 0 & 0 & 1 \\ 0 & 1 & 0 \\ 1 & 0 & 0 \end{bmatrix}$ (10) $\begin{bmatrix} 1 & 0 \\ 0 & 0 \\ 0 & 0 \end{bmatrix}$

[略解] (1) 行簡約行列である (2) 行階段行列だが行簡約行列でない (3) 行簡約行列である (4) 行簡約行列である (5) 行階段行列だが行簡約行列でない (6) 行階段行列でない (7) 行階段行列だが行簡約行列でない (8) 行階段行列だが行簡約行列でない (9) 行階段行列でない (10) 行簡約行列である □

確認 14B 次の行列を行簡約化せよ。

(1) $\begin{bmatrix} 1 & 1 & 1 \\ 1 & 2 & 3 \end{bmatrix}$ (2) $\begin{bmatrix} 1 & 2 & 2 \\ 1 & 2 & 3 \end{bmatrix}$ (3) $\begin{bmatrix} 1 & 2 & 3 \\ 1 & 2 & 3 \end{bmatrix}$ (4) $\begin{bmatrix} 0 & 1 & 1 \\ 0 & 2 & 3 \end{bmatrix}$ (5) $\begin{bmatrix} 0 & 1 & 1 \\ 0 & 2 & 2 \end{bmatrix}$

(6) $\begin{bmatrix} 1 & 1 \\ 1 & 2 \\ 1 & 3 \end{bmatrix}$ (7) $\begin{bmatrix} 1 & 1 \\ 2 & 2 \\ 2 & 3 \end{bmatrix}$ (8) $\begin{bmatrix} 1 & 1 \\ 2 & 2 \\ 3 & 3 \end{bmatrix}$ (9) $\begin{bmatrix} 1 & 1 & 1 \\ 1 & 1 & 2 \\ 1 & 2 & 2 \end{bmatrix}$ (10) $\begin{bmatrix} 1 & 1 & 0 & 1 \\ 0 & 1 & 1 & 2 \\ 1 & 2 & 1 & 3 \end{bmatrix}$

[略解] (1) $\begin{bmatrix} 1 & 0 & -1 \\ 0 & 1 & 2 \end{bmatrix}$ (2) $\begin{bmatrix} 1 & 2 & 0 \\ 0 & 0 & 1 \end{bmatrix}$ (3) $\begin{bmatrix} 1 & 2 & 3 \\ 0 & 0 & 0 \end{bmatrix}$ (4) $\begin{bmatrix} 0 & 1 & 0 \\ 0 & 0 & 1 \end{bmatrix}$ (5) $\begin{bmatrix} 0 & 1 & 1 \\ 0 & 0 & 0 \end{bmatrix}$

(6) $\begin{bmatrix} 1 & 0 \\ 0 & 1 \\ 0 & 0 \end{bmatrix}$ (7) $\begin{bmatrix} 1 & 0 \\ 0 & 1 \\ 0 & 0 \end{bmatrix}$ (8) $\begin{bmatrix} 1 & 1 \\ 0 & 0 \\ 0 & 0 \end{bmatrix}$ (9) $\begin{bmatrix} 1 & 0 & 0 \\ 0 & 1 & 0 \\ 0 & 0 & 1 \end{bmatrix}$ (10) $\begin{bmatrix} 1 & 0 & -1 & -1 \\ 0 & 1 & 1 & 2 \\ 0 & 0 & 0 & 0 \end{bmatrix}$ □

[解説] 例えば，次のように計算すればよい。 □

(1)
$\begin{array}{c|ccc} & 1 & 1 & 1 \\ & 1 & 2 & 3 \\ \hline ① & 1 & 1 & 1 \\ ②-① & 0 & 1 & 2 \\ \hline ①-② & 1 & 0 & -1 \\ ② & 0 & 1 & 2 \end{array}$
(2)
$\begin{array}{c|ccc} & 1 & 2 & 2 \\ & 1 & 2 & 3 \\ \hline ① & 1 & 2 & 2 \\ ②-① & 0 & 0 & 1 \\ \hline ①-②×2 & 1 & 2 & 0 \\ ② & 0 & 0 & 1 \end{array}$
(3)
$\begin{array}{c|ccc} & 1 & 2 & 3 \\ & 1 & 2 & 3 \\ \hline ① & 1 & 2 & 3 \\ ②-① & 0 & 0 & 0 \end{array}$
(4)
$\begin{array}{c|ccc} & 0 & 1 & 1 \\ & 0 & 2 & 3 \\ \hline ① & 0 & 1 & 1 \\ ②-①×2 & 0 & 0 & 1 \\ \hline ①-② & 0 & 1 & 0 \\ ② & 0 & 0 & 1 \end{array}$

(5)
$\begin{array}{c|ccc} & 0 & 1 & 1 \\ & 0 & 2 & 2 \\ \hline ① & 0 & 1 & 1 \\ ②-①×2 & 0 & 0 & 0 \end{array}$
(6)
$\begin{array}{c|cc} & 1 & 1 \\ & 1 & 2 \\ & 1 & 3 \\ \hline ① & 1 & 1 \\ ②-① & 0 & 1 \\ ③-① & 0 & 2 \\ \hline ①-② & 1 & 0 \\ ② & 0 & 1 \\ ③-②×2 & 0 & 0 \end{array}$
(7)
$\begin{array}{c|cc} & 1 & 1 \\ & 2 & 2 \\ & 2 & 3 \\ \hline ① & 1 & 1 \\ ②-①×2 & 0 & 0 \\ ③-①×2 & 0 & 1 \\ \hline ① & 1 & 1 \\ ③ & 0 & 1 \\ ② & 0 & 0 \\ \hline ①-② & 1 & 0 \\ ② & 0 & 1 \\ ③ & 0 & 0 \end{array}$
(8)
$\begin{array}{c|cc} & 1 & 1 \\ & 2 & 2 \\ & 3 & 3 \\ \hline ① & 1 & 1 \\ ②-①×2 & 0 & 0 \\ ③-①×3 & 0 & 0 \end{array}$

(9)
$\begin{array}{c|ccc} & 1 & 1 & 1 \\ & 1 & 1 & 2 \\ & 1 & 2 & 2 \\ \hline ① & 1 & 1 & 1 \\ ②-① & 0 & 0 & 1 \\ ③-① & 0 & 1 & 1 \\ \hline ① & 1 & 1 & 1 \\ ③ & 0 & 1 & 1 \\ ② & 0 & 0 & 1 \\ \hline ①-② & 1 & 0 & 0 \\ ② & 0 & 1 & 1 \\ ③ & 0 & 0 & 1 \\ \hline ① & 1 & 0 & 0 \\ ②-③ & 0 & 1 & 0 \\ ③ & 0 & 0 & 1 \end{array}$
(10)
$\begin{array}{c|cccc} & 1 & 1 & 0 & 1 \\ & 0 & 1 & 1 & 2 \\ & 1 & 2 & 1 & 3 \\ \hline ① & 1 & 1 & 0 & 1 \\ ② & 0 & 1 & 1 & 2 \\ ③-① & 0 & 1 & 1 & 2 \\ \hline ①-② & 1 & 0 & -1 & -1 \\ ② & 0 & 1 & 1 & 2 \\ ③-② & 0 & 0 & 0 & 0 \end{array}$

確認 14C 次の行列を拡大係数行列とする連立方程式を拡大係数行列の行簡約化によって解け。ただし，解が複数ある場合はパラメータ表示で答えよ。

(1) $\left[\begin{array}{cc|c} 1 & 1 & 1 \\ 1 & 2 & 3 \end{array}\right]$ (2) $\left[\begin{array}{cc|c} 1 & 2 & 2 \\ 1 & 2 & 3 \end{array}\right]$ (3) $\left[\begin{array}{cc|c} 1 & 2 & 3 \\ 1 & 2 & 3 \end{array}\right]$ (4) $\left[\begin{array}{ccc|c} 1 & 1 & 1 & 3 \\ 1 & 1 & 2 & 4 \\ 1 & 2 & 2 & 5 \end{array}\right]$

[略解] (1) 行簡約化は $\left[\begin{array}{cc|c} 1 & 0 & -1 \\ 0 & 1 & 2 \end{array}\right]$ となり，解は $(x, y) = (-1, 2)$ である。 (2) 行簡約化は

$\begin{bmatrix} 1 & 2 & | & 0 \\ 0 & 0 & | & 1 \end{bmatrix}$ となり，連立方程式は解なしである． (3) 行簡約化は $\begin{bmatrix} 1 & 2 & | & 3 \\ 0 & 0 & | & 0 \end{bmatrix}$ となり，連立方程式は $x+2y=3$ と同値である．解はパラメータ t によって $(x,y)=(3-2t,t)$ と表される． (4) 行簡約化は $\begin{bmatrix} 1 & 0 & 0 & | & 1 \\ 0 & 1 & 0 & | & 1 \\ 0 & 0 & 1 & | & 1 \end{bmatrix}$ となり，解は $(x,y,z)=(1,1,1)$ である． □

［解説］行簡約化の計算は，例えば次のようにすればよい．

(1)
	1	1	1
	1	2	3
①	1	1	1
②−①	0	1	2
①−②	1	0	−1
②	0	1	2

(2)
	1	2	2
	1	2	3
①	1	2	2
②−①	0	0	1
①−②×2	1	2	0
②	0	0	1

(3)
	1	2	3
	1	2	3
①	1	2	3
②−①	0	0	0

(4)
	1	1	1	3
	1	1	2	4
	1	2	2	5
①	1	1	1	3
②−①	0	0	1	1
③−①	0	1	1	2
①	1	1	1	3
③	0	1	1	2
②	0	0	1	1
①−②	1	0	0	1
②	0	1	1	2
③	0	0	1	1
①	1	0	0	1
②−③	0	1	0	1
③	0	0	1	1

確認 14D 次の行列を拡大係数行列とする連立方程式を拡大係数行列の行簡約化によって解け．ただし，解が複数ある場合はパラメータ表示で答えよ．

(1) $\begin{bmatrix} 1 & 1 & | & 2 \\ 1 & 1 & | & 1 \\ 2 & 2 & | & 3 \end{bmatrix}$ (2) $\begin{bmatrix} 1 & 1 & | & 2 \\ 1 & 2 & | & 1 \\ 2 & 3 & | & 3 \end{bmatrix}$ (3) $\begin{bmatrix} 1 & 1 & 1 & | & 2 \\ 1 & 1 & 2 & | & 1 \\ 2 & 2 & 3 & | & 3 \end{bmatrix}$ (4) $\begin{bmatrix} 1 & 1 & 1 & 1 & | & 2 \\ 1 & 1 & 2 & 3 & | & 1 \\ 2 & 2 & 3 & 4 & | & 3 \end{bmatrix}$

［略解］(1) 行簡約化は $\begin{bmatrix} 1 & 1 & | & 0 \\ 0 & 0 & | & 1 \\ 0 & 0 & | & 0 \end{bmatrix}$ となり，連立方程式は解なしである． (2) 行簡約化は $\begin{bmatrix} 1 & 0 & | & 3 \\ 0 & 1 & | & -1 \\ 0 & 0 & | & 0 \end{bmatrix}$ となり，連立方程式は $x=3, y=-1$ と同値である．解は $(x,y)=(3,-1)$ である． (3) 行簡約化は $\begin{bmatrix} 1 & 1 & 0 & | & 3 \\ 0 & 0 & 1 & | & -1 \\ 0 & 0 & 0 & | & 0 \end{bmatrix}$ となり，連立方程式は $x+y=3, z=-1$ と同値である．その解はパラメータ t によって $(x,y,z)=(3-t,t,-1)$ と表される． (4) 行簡約化は $\begin{bmatrix} 1 & 1 & 0 & -1 & | & 3 \\ 0 & 0 & 1 & 2 & | & -1 \\ 0 & 0 & 0 & 0 & | & 0 \end{bmatrix}$ となり，連立方程式は $x+y-w=3, z+2w=-1$ と同値である．解はパラメータ t,u によって $(x,y,z,w)=(3-t+u,t,-1-2u,u)$ と表される． □

［解説］行簡約化の計算は，例えば次のようにすればよい．

(1)
	1	1	2
	1	1	1
	2	2	3
①	1	1	2
②−①	0	0	−1
③−①×2	0	0	−1
①+②×2	1	1	0
②×(−1)	0	0	1
③−②	0	0	0

(2)
	1	1	2
	1	2	1
	2	3	3
①	1	1	2
②−①	0	1	−1
③−①×2	0	1	−1
①−②	1	0	3
②	0	1	−1
③−②	0	0	0

(3)
	1	1	1	2
	1	1	2	1
	2	2	3	3
①	1	1	1	2
②−①	0	0	1	−1
③−①×2	0	0	1	−1
①−②	1	1	0	3
②	0	0	1	−1
③−②	0	0	0	0

(4)

	1	1	1	1	2
	1	1	2	3	1
	2	2	3	4	3
①	1	1	1	1	2
② − ①	0	0	1	2	−1
③ − ① × 2	0	0	1	2	−1
① − ②	1	1	0	−1	3
②	0	0	1	2	−1
③ − ②	0	0	0	0	0

(注意) 連立方程式の解が求まったら，もとの方程式に代入して検算することができる．

確認 14E 次の行列 A に対して，行列 $[A|E]$ を行簡約化することによって，逆行列 A^{-1} を求めよ．

(1) $\begin{bmatrix} 1 & 1 \\ 2 & 3 \end{bmatrix}$ (2) $\begin{bmatrix} 0 & 1 \\ 1 & 2 \end{bmatrix}$ (3) $\begin{bmatrix} 1 & 1 & 1 \\ 1 & 2 & 1 \\ 0 & 0 & 1 \end{bmatrix}$ (4) $\begin{bmatrix} 1 & 1 & 1 \\ 2 & 1 & 2 \\ 2 & 3 & 1 \end{bmatrix}$ (5) $\begin{bmatrix} 1 & 1 & 1 & 2 \\ 1 & 2 & 1 & 1 \\ 0 & 0 & 2 & 1 \\ 0 & 0 & 3 & 2 \end{bmatrix}$

［略解］(1) $\begin{bmatrix} 3 & -1 \\ -2 & 1 \end{bmatrix}$ (2) $\begin{bmatrix} -2 & 1 \\ 1 & 0 \end{bmatrix}$ (3) $\begin{bmatrix} 2 & -1 & -1 \\ -1 & 1 & 0 \\ 0 & 0 & 1 \end{bmatrix}$ (4) $\begin{bmatrix} -5 & 2 & 1 \\ 2 & -1 & 0 \\ 4 & -1 & -1 \end{bmatrix}$

(5) $\begin{bmatrix} 2 & -1 & 7 & -5 \\ -1 & 1 & -3 & 2 \\ 0 & 0 & 2 & -1 \\ 0 & 0 & -3 & 2 \end{bmatrix}$ □

［解説］次のように計算すればよい． □

(1)

	1	1	1	0
	2	3	0	1
①	1	1	1	0
② − ① × 2	0	1	−2	1
① − ②	1	0	3	−1
②	0	1	−2	1

(2)

	0	1	1	0
	1	2	0	1
②	1	2	0	1
①	0	1	1	0
① − ② × 2	1	0	−2	1
②	0	1	1	0

(3)

	1	1	1	1	0	0
	1	2	1	0	1	0
	0	0	1	0	0	1
①	1	1	1	1	0	0
② − ①	0	1	0	−1	1	0
③	0	0	1	0	0	1
① − ②	1	0	1	2	−1	0
②	0	1	0	−1	1	0
③	0	0	1	0	0	1
① − ③	1	0	0	2	−1	−1
②	0	1	0	−1	1	0
③	0	0	1	0	0	1

(4)

	1	1	1	1	0	0
	2	1	2	0	1	0
	2	3	1	0	0	1
①	1	1	1	1	0	0
② − ① × 2	0	−1	0	−2	1	0
③ − ① × 2	0	1	−1	−2	0	1
① + ②	1	0	1	−1	1	0
② × (−1)	0	1	0	2	−1	0
③ + ②	0	0	−1	−4	1	1
① + ③	1	0	0	−5	2	1
②	0	1	0	2	−1	0
③ × (−1)	0	0	1	4	−1	−1

(5)

	1	1	1	2	1	0	0	0
	1	2	1	1	0	1	0	0
	0	0	2	1	0	0	1	0
	0	0	3	2	0	0	0	1
①	1	1	1	2	1	0	0	0
② − ①	0	1	0	−1	−1	1	0	0
③	0	0	2	1	0	0	1	0
④	0	0	3	2	0	0	0	1
① − ②	1	0	1	3	2	−1	0	0
②	0	1	0	−1	−1	1	0	0
③	0	0	2	1	0	0	1	0
④	0	0	3	2	0	0	0	1
① − ③ × (1/2)	1	0	0	5/2	2	−1	−1/2	0
②	0	1	0	−1	−1	1	0	0
③ × (1/2)	0	0	1	1/2	0	0	1/2	0
④ − ③ × (3/2)	0	0	0	1/2	0	0	−3/2	1
① − ④ × 5	1	0	0	0	2	−1	7	−5
② + ④ × 2	0	1	0	0	−1	1	−3	2
③ − ④	0	0	1	0	0	0	2	−1
④ × 2	0	0	0	1	0	0	−3	2

（注意）逆行列が求まったら，もとの行列に掛けて検算することができる。

確認 14F 3行からなる行列 A の行を順に A_1, A_2, A_3 とするとき，行列 A に次の行列を対応させる操作が行基本変形の繰り返しで得られるかどうか答えよ。

(1) $\begin{bmatrix} 2A_1 \\ A_2 + A_1 \\ A_3 - A_1 \end{bmatrix}$ (2) $\begin{bmatrix} 2A_1 \\ A_2 + A_1 \\ A_3 + A_2 \end{bmatrix}$ (3) $\begin{bmatrix} A_1 \\ A_2 - A_3 \\ A_3 + A_2 \end{bmatrix}$ (4) $\begin{bmatrix} A_1 - A_2 \\ A_2 - A_3 \\ A_1 - A_3 \end{bmatrix}$

［略解］(1) 得られる (2) 得られる (3) 得られる (4) 得られない □

［解説］(1) 例えば，次のようにすればよい。

$$\begin{bmatrix} A_1 \\ A_2 \\ A_3 \end{bmatrix} \xrightarrow{R_2+R_1 \to R_2} \begin{bmatrix} A_1 \\ A_2 + A_1 \\ A_3 \end{bmatrix} \xrightarrow{R_3-R_1 \to R_3} \begin{bmatrix} A_1 \\ A_2 + A_1 \\ A_3 - A_1 \end{bmatrix} \xrightarrow{2R_1 \to R_1} \begin{bmatrix} 2A_1 \\ A_2 + A_1 \\ A_3 - A_1 \end{bmatrix}$$

(2) 例えば，次のようにすればよい。

$$\begin{bmatrix} A_1 \\ A_2 \\ A_3 \end{bmatrix} \xrightarrow{R_3+R_2 \to R_3} \begin{bmatrix} A_1 \\ A_2 \\ A_3 + A_2 \end{bmatrix} \xrightarrow{R_2+R_1 \to R_2} \begin{bmatrix} A_1 \\ A_2 + A_1 \\ A_3 + A_2 \end{bmatrix} \xrightarrow{2R_1 \to R_1} \begin{bmatrix} 2A_1 \\ A_2 + A_1 \\ A_3 + A_2 \end{bmatrix}$$

(3) 例えば，次のようにすればよい。

$$\begin{bmatrix} A_1 \\ A_2 \\ A_3 \end{bmatrix} \xrightarrow{R_2-R_3 \to R_2} \begin{bmatrix} A_1 \\ A_2 - A_3 \\ A_3 \end{bmatrix} \xrightarrow{2R_3 \to R_3} \begin{bmatrix} A_1 \\ A_2 - A_3 \\ 2A_3 \end{bmatrix} \xrightarrow{R_3+R_2 \to R_3} \begin{bmatrix} A_1 \\ A_2 - A_3 \\ A_2 + A_3 \end{bmatrix}$$

(4) $B = \begin{bmatrix} A_1 - A_2 \\ A_2 - A_3 \\ A_1 - A_3 \end{bmatrix}$ とおく。例えば $A = \begin{bmatrix} 1 \\ 1 \\ 1 \end{bmatrix}$ のとき，$B = \begin{bmatrix} 0 \\ 0 \\ 0 \end{bmatrix}$ となって，行列 B にいくら行基本変形を施しても A は復元されないので，行列 B は行列 A に行同値ではない。従って，与えられた変形は行基本変形の繰り返しでは得られない。 □

第 III 部

練習問題と研究課題

第1章 集合と写像

問題 1.1 差集合 $([-2,2] \times [-2,2]) \setminus ([-1,1] \times [-1,1])$ を互いに交わらない有限個の区間の直積の和集合として表せ。ただし、互いに交わらないとは、互いの交叉が空であることを意味する。

[略解] $([-2,2] \times [-2,-1)) \cup ([-2,2] \times (1,2]) \cup ([-2,-1) \times [-1,1]) \cup ((1,2] \times [-1,1])$ □

[解説] 実際 $[-2,2] \times [-2,-1), [-2,2] \times (1,2], [-2,-1) \times [-1,1], (1,2] \times [-1,1]$ は互いに交わらず、それらの和は与えられた差集合である。 □

問題 1.2 $n, m \geq 1$ を正の整数とし、集合 X, Y を $X = \{1, 2, \ldots, n\}$, $Y = \{1, 2, \ldots, m\}$ と定める。以下の問に答えよ。

(1) X から Y への写像の個数を求めよ。

(2) X から Y への単射の個数を求めよ。

(3) X から Y への全単射の個数を求めよ。

[略解] (1) m^n (2) $n \leq m$ のとき、求める個数は $m!/(m-n)!$ であり、$n > m$ のときは 0 である。 (3) $n = m$ のとき、求める個数は $n!$ であり、$n \neq m$ のときは 0 である。 □

問題 1.3 写像 $f : [-2,2] \longrightarrow [-1,1]$ を

$$f(x) = \begin{cases} -x-2 & (-2 \leq x < -1) \\ x & (-1 \leq x \leq 1) \\ -x+2 & (1 < x \leq 2) \end{cases}$$

によって定める。条件 $-2 \leq a \leq b \leq 2$ を満たす $a, b \in \mathbf{R}$ について、写像 f の区間 $[a,b]$ への制限 $f|_{[a,b]}$ を考える。

(1) $f|_{[a,b]}$ が全射であるための必要十分条件を答えよ。

(2) $f|_{[a,b]}$ が単射であるための必要十分条件を答えよ。

[解答] (1) $a \leq -1$ かつ $1 \leq b$ (2) $b \leq -1$ または $-1 \leq a \leq b \leq 1$ または $1 \leq a$ □

[解説] (1) (十分条件であること) $a \leq -1$ かつ $1 \leq b$ とする。このとき、$[-1,1] \subset [a,b]$ である。よって、$y \in [-1,1]$ のとき、$x = y$ とおくと $x \in [a,b]$ かつ $f(x) = y$ となる。従って $[-1,1] = f([a,b])$ であるから、$f|_{[a,b]}$ は全射である。

(必要条件であること) この条件を満たさないとして、f は $[a,b]$ 上で全射でないことを証明する。条件を満たさないのだから $-1 < a$ または $b < 1$ である。まず、$-1 < a$ の場合は -1 が像 $f([a,b])$ に属さない。つぎに、$b < 1$ の場合は 1 が像 $f([a,b])$ に属さない。いずれの場合も、$f|_{[a,b]}$ は全射でない。

(2) (十分条件であること) まず、$b \leq -1$ とする。このとき $[a,b] \subset [-2,-1]$ であり、$x \in [a,b]$ ならば $f(x) = -x-2$ となる。よって点 $x_1, x_2 \in [a,b]$ が $f(x_1) = f(x_2)$ を満たせば、$-x_1 - 2 = -x_2 - 2$ より $x_1 = x_2$ となり、$[a,b]$ の相異なる二点が同じ値に対応することはない。つぎに、$-1 \leq a \leq b \leq 1$ とする。このとき $[a,b] \subset [-1,1]$ であり、$x \in [a,b]$ ならば $f(x) = x$ となる。よって点 $x_1, x_2 \in [a,b]$ が $f(x_1) = f(x_2)$ を満たせば $x_1 = x_2$ となり、$[a,b]$ の相異なる二点が同じ値に対応することはない。最後に $1 \leq a$ とする。このとき $[a,b] \subset [1,2]$ であり、$x \in [a,b]$ ならば $f(x) = -x+2$ となる。よって点 $x_1, x_2 \in [a,b]$ が $f(x_1) = f(x_2)$ を満たせば、$-x_1 + 2 = -x_2 + 2$ より $x_1 = x_2$ となり、$[a,b]$ の相異なる二点が同じ値に対応することは

ない。いずれの場合も $f|_{[a,b]}$ は単射である。

（必要条件であること）この条件を満たさないとして，f は $[a,b]$ 上で単射でないことを証明する。条件を満たさないのだから $a < -1 < b$ または $a < 1 < b$ である。まず，$a < -1 < b$ の場合，$\delta = \min\{|a+1|, |b+1|, 1\}$ とおくと $\delta > 0$ であり，$-1 - \delta$ および $-1 + \delta$ は $[a,b]$ に属している。このとき $-1 - \delta \neq -1 + \delta$ かつ $f(-1-\delta) = -1 + \delta = f(-1+\delta)$ である。つぎに，$a < 1 < b$ の場合，$\delta = \min\{|a-1|, |b-1|, 1\}$ とおくと $\delta > 0$ であり，$1 - \delta$ および $1 + \delta$ は $[a,b]$ に属している。このとき $1 - \delta \neq 1 + \delta$ かつ $f(1-\delta) = 1 - \delta = f(1+\delta)$ である。いずれの場合も $f|_{[a,b]}$ は単射でない。 □

研究 1-1 以下の問に答えよ。

(1) 集合 $\mathbf{Z}_{>0}$ から $\mathbf{Z}_{\geq 0}$ への全単射を構成せよ。

(2) 集合 $\mathbf{R}_{>0}$ から $\mathbf{R}_{\geq 0}$ への全単射を構成せよ。

［略解］(1) 写像 $f : \mathbf{Z}_{>0} \to \mathbf{Z}_{\geq 0}$ を $f(n) = n - 1$ と定めると，これは全単射である。

(2) 写像 $f : \mathbf{R}_{>0} \to \mathbf{R}_{\geq 0}$ を

$$f(x) = \begin{cases} x - 1 & (x \in \mathbf{Z}_{>0}) \\ x & (x \notin \mathbf{Z}_{\geq 0}) \end{cases}$$

と定めると，これは全単射である。 □

研究 1-2 A, B および C を集合 X の部分集合とする。対称差と呼ばれる集合を $A \triangle B = (A \setminus B) \cup (B \setminus A)$ によって定義する。このとき関係式

$$(A \triangle B) \triangle C = A \triangle (B \triangle C)$$

が成り立つことを示せ。

［解説］（方針 1）まず $A \triangle B = B \triangle A$ に注意する。$x \in X$ について x が属する A, B, C の個数を $n(x)$ と表すことにする。このとき

$$(A \triangle B) \triangle C = \{x \in X \mid n(x) = 1 \text{ または } 3\}$$

つまり，すべての $x \in X$ について

(*) $\qquad\qquad x \in (A \triangle B) \triangle C \iff n(x) = 1 \text{ または } 3$

が成り立つことを示す。これが示されれば，右辺は A, B, C の順番によらないから $(A \triangle B) \triangle C = (C \triangle B) \triangle A = A \triangle (B \triangle C)$ となる。

そこで (*) を $n(x)$ の値によって場合分けして証明する。定め方から $n(x)$ の値は $0, 1, 2, 3$ のいずれかである。

(0) $n(x) = 0$ つまり $x \notin A \cup B \cup C$ の場合，$A \triangle B \subset A \cup B$ だから $(A \triangle B) \triangle C \subset A \cup B \cup C$ である。ゆえに $x \notin (A \triangle B) \triangle C$ である。

(1) $n(x) = 1$ の場合，さらに場合分けする。

　i) $x \in A \cup B$ の場合，$n(x) = 1$ により $x \in A \triangle B$ かつ $x \notin C$ である。従って $x \in (A \triangle B) \setminus C \subset (A \triangle B) \triangle C$ である。

　ii) $x \in C$ の場合，$n(x) = 1$ より $x \notin A \cup B$ である。よって $x \in C \setminus (A \triangle B)$ となる。

(2) $n(x) = 2$ の場合，さらに場合分けする。

　i) $x \in A \cap B$ の場合，$x \notin A \triangle B$ である。$n(x) = 2$ により $x \notin C$ だから $x \notin (A \triangle B) \cup C \supset (A \triangle B) \triangle C$ ゆえに $x \notin (A \triangle B) \triangle C$ である。

　ii) $x \in A \cap C$ の場合，$n(x) = 2$ より $x \notin B$ だから $x \in A \triangle B$ である。$x \in C$ とあわせて $x \in (A \triangle B) \cap C$ ゆえに $x \notin (A \triangle B) \triangle C$ である。

　iii) $x \in B \cap C$ の場合，ii) と同様であるから省略する。

(3) $n(x) = 3$ の場合, $x \in A \cap B \cap C$ であるから $x \notin A \triangle B$ かつ $x \in C$ である. 従って $x \in C \setminus (A \triangle B) \subset (A \triangle B) \triangle C$ である.

以上により, すべての場合について $(*)$ が成り立つことが示された. よって $(A \triangle B) \triangle C = A \triangle (B \triangle C)$ も証明された. □

(方針2) 記号 **0**, **1** によって, それぞれ偶数全体の集合と奇数全体の集合を表すことにする. このとき, 次のように加法を定める.

$$\mathbf{0}+\mathbf{0}=\mathbf{0}, \quad \mathbf{0}+\mathbf{1}=\mathbf{1}, \quad \mathbf{1}+\mathbf{0}=\mathbf{1}, \quad \mathbf{1}+\mathbf{1}=\mathbf{0}$$

すると, この加法は結合則を満たすことが容易に確かめられる.

さて, 一般に, 集合 X の部分集合 S に対して, 特性関数と呼ばれる写像 $\chi_S : X \longrightarrow \{\mathbf{0}, \mathbf{1}\}$ を次のように定義する.

$$\chi_S(x) = \begin{cases} \mathbf{1} & (x \in S) \\ \mathbf{0} & (x \notin S) \end{cases}$$

このとき, 集合 X の部分集合 S, T に対して $\chi_{S \triangle T} = \chi_S + \chi_T$ が成立することが容易に確認される. 従って, 加法の結合則によって

$$\chi_{(A \triangle B) \triangle C} = \chi_{A \triangle B} + \chi_C = (\chi_A + \chi_B) + \chi_C$$
$$= \chi_A + (\chi_B + \chi_C) = \chi_A + \chi_{B \triangle C} = \chi_{A \triangle (B \triangle C)}$$

が成立するが, 一般に $\chi_S = \chi_T$ ならば $S = T$ であるから $(A \triangle B) \triangle C = A \triangle (B \triangle C)$ が成立する. □

研究 1-3 整数 n, m が $1 \leq m \leq n$ を満たすとき, 集合 $X = \{1, 2, \ldots, n\}$ から集合 $Y = \{1, 2, \ldots, m\}$ への全射の個数は $\sum_{k=1}^{m} (-1)^{m-k} \dfrac{m!}{(m-k)! k!} k^n$ に等しいことを示せ.

[解説] n を固定して, 集合 $X = \{1, 2, \ldots, n\}$ から集合 $Y = \{1, 2, \ldots, m\}$ への全射の個数を a_m とおき, $b_m = \sum_{k=1}^{m} (-1)^{m-k} \dfrac{m!}{(m-k)! k!} k^n$ とおく. このとき, $1 \leq m \leq n$ となるすべての整数 m に対して $a_m = b_m$ であることを示せばよい.

そこで, 集合 $\{1, 2, \ldots, n\}$ から集合 $\{1, 2, \ldots, m\}$ への写像 f をその像 $\mathrm{Im}\, f$ によって分類する. f が全射であるとは, $\mathrm{Im}\, f = \{1, 2, \ldots, m\}$ であることに他ならない. 空でない部分集合 $S \subset \{1, 2, \ldots, m\}$ について, S の元の個数を l とすると, $\mathrm{Im}\, f = S$ を満たす f の個数は a_l である. 一方, 与えられた l に対して, 集合 $\{1, 2, \ldots, m\}$ の部分集合 S であって元の個数が l であるものの個数は $\dfrac{m!}{(m-l)! l!}$ である. 従って, 関係式

$$(*) \qquad m^n = \sum_{l=1}^{m} \dfrac{m!}{(m-l)! l!} a_l$$

が成り立つ. 左辺は問題 1.2 (1) による.

ところで, 関係式 $(*)$ において a_l を b_l で置き換えたものが成り立つ. なぜなら, 途中で $j = l - k$ と添字の付け替えを行い二項定理を使うと

$$\sum_{l=1}^{m} \dfrac{m!}{(m-l)! l!} b_l = \sum_{l=1}^{m} \sum_{k=1}^{l} (-1)^{l-k} \dfrac{m!}{(m-l)!(l-k)! k!} k^n$$
$$= \sum_{k=1}^{m} \sum_{j=0}^{m-k} (-1)^j \dfrac{m!}{(m-k-j)! j! k!} k^n$$
$$= \sum_{k=1}^{m} \left(\sum_{j=0}^{m-k} (-1)^j \dfrac{(m-k)!}{(m-k-j)! j!} \right) \dfrac{m!}{(m-k)! k!} k^n = \sum_{k=1}^{m} \delta_{m,k} \dfrac{m!}{(m-k)! k!} k^n = m^n$$

となるからである.

さて $m \geq 1$ に関する数学的帰納法で $a_m = b_m$ を証明する. $m = 1$ のとき, 集合 $\{1, 2, \ldots, n\}$

から集合 $\{1\}$ への写像はただ一つで,それは全射だから,$a_1 = 1 = b_1$ である.つぎに,$m \geq 2$ とし,$1 \leq l \leq m-1$ となるすべての l について $a_l = b_l$ が成立すると仮定する.このとき a_l と b_l がともに $(*)$ を満たすことと帰納法の仮定から $m^n - a_m = m^n - b_m$ となり,よって $a_m = b_m$ が成立する.以上により,$1 \leq m \leq n$ となるすべての整数 m に対して $a_m = b_m$ となることが証明された. □

第 2 章　述語論理

問題 2.1 実数 s, t に関する不等式であって,次の各条件が成立するための必要十分条件となるものをそれぞれ答えよ.

(a) 任意の $x < s$ に対して,ある $y < t$ が存在して $x < y$ となる.

(b) ある $y < t$ が存在して,任意の $x < s$ に対して $x < y$ となる.

[解答] (a) $s \leq t$ 　(b) $s < t$ 　□

[解説] 準備として,実数 a, b に関する次の 4 つの条件を考える.

(P) 任意の $x < a$ に対して $x < b$ となる.
(Q) 任意の $x < a$ に対して $x \leq b$ となる.
(R) ある $y < b$ が存在して $a < y$ となる.
(S) ある $y < b$ が存在して $a \leq y$ となる.

ここで,(P), (Q) はそれぞれ $a \leq b$ と同値であり,(R), (S) はそれぞれ $a < b$ と同値である.実際,$a \leq b$ ならば,任意の $x < a$ について $x < a \leq b$ だから $x < b$ 特に $x \leq b$ となり,(P) および (Q) が成り立つ.$a > b$ ならば $a > c > b$ を満たす c が取れる(例えば $c = (a+b)/2$ とおけばよい.)が,この c は $c < a$ であるのに $c > b$ であるから,(P), (Q) はどちらも成り立たない.つぎに,$a < b$ ならば,$a < d < b$ を満たす d が取れるが,この d は $d < b$ かつ $a < d$ を満たすから,(R) および (S) が成り立つ.$a \geq b$ ならば $y < b$ を満たす y はすべて $y < a$ を満たすから,(R), (S) はどちらも成り立たない.以上の準備のもとでこの問題を考える.
(a) 条件 (R) を使うと,条件 (a) は「任意の $x < s$ に対して,$x < t$ となる.」と言い換えられる.条件 (P) を使うと,言い換えた条件は $s \leq t$ に同値である. (b) 条件 (P) を使うと,条件 (b) は「ある $y < t$ が存在して,$s \leq y$ となる.」と言い換えられる.条件 (S) を使うと,言い換えた条件は $s < t$ に同値である. □

(参考) その他の場合も考えてみると,以下の可能性がある.

1° i) 任意の $x \leq s$ に対して,ある $y \leq t$ が存在して $x \leq y$ となる $\iff s \leq t$
　 ii) ある $y \leq t$ が存在して,任意の $x \leq s$ に対して $x \leq y$ となる $\iff s \leq t$
2° i) 任意の $x < s$ に対して,ある $y \leq t$ が存在して $x \leq y$ となる $\iff s \leq t$
　 ii) ある $y \leq t$ が存在して,任意の $x < s$ に対して $x \leq y$ となる $\iff s \leq t$
3° i) 任意の $x \leq s$ に対して,ある $y < t$ が存在して $x \leq y$ となる $\iff s < t$
　 ii) ある $y < t$ が存在して,任意の $x \leq s$ に対して $x \leq y$ となる $\iff s < t$
4° i) 任意の $x \leq s$ に対して,ある $y < t$ が存在して $x \leq y$ となる $\iff s \leq t$
　 ii) ある $y < t$ が存在して,任意の $x < s$ に対して $x \leq y$ となる $\iff s < t$
5° i) 任意の $x \leq s$ に対して,ある $y \leq t$ が存在して $x < y$ となる $\iff s < t$
　 ii) ある $y \leq t$ が存在して,任意の $x < s$ に対して $x < y$ となる $\iff s < t$
6° i) 任意の $x < s$ に対して,ある $y \leq t$ が存在して $x < y$ となる $\iff s \leq t$
　 ii) ある $y \leq t$ が存在して,任意の $x < s$ に対して $x < y$ となる $\iff s \leq t$
7° i) 任意の $x \leq s$ に対して,ある $y < t$ が存在して $x < y$ となる $\iff s < t$
　 ii) ある $y < t$ が存在して,任意の $x \leq s$ に対して $x < y$ となる $\iff s < t$
8° i) 任意の $x < s$ に対して,ある $y < t$ が存在して $x < y$ となる $\iff s \leq t$
　 ii) ある $y < t$ が存在して,任意の $x < s$ に対して $x < y$ となる $\iff s < t$

問題 2.2 半開区間 $(0,1] = \{x \in \mathbf{R} \mid 0 < x \leq 1\}$ について以下の問に答えよ。

(1) 実数 1 は半開区間 $(0,1]$ の最大元であることを示せ。

(2) 半開区間 $(0,1]$ は最小元を持たないことを示せ。

(3) 実数 0 は半開区間 $(0,1]$ の下界であることを示せ。

(4) 実数 0 は半開区間 $(0,1]$ の下限であることを示せ。

［解説］(1) 任意の $x \in (0,1]$ に対して $x \leq 1$ かつ $1 \in (0,1]$ である。
(2) 半開区間 $(0,1]$ が最小元 x_0 を持ったと仮定する。$x_0 \in (0,1]$ により $x_0 > 0$ だから $x_0/2 < x_0$ であるが，$x_0/2 \in (0,1]$ である。これは x_0 が最小元であることに矛盾する。従って最小元は存在しない。
(3) 任意の $x \in (0,1]$ に対して $x \geq 0$ である。
(4) §3.2 の二つの条件を確かめる。はじめの条件は問 (3) ですでに確かめた。また，任意の正数 $\varepsilon > 0$ に対して，$x_0 = \min\{1, \varepsilon/2\}$ は $x_0 \in (0,1]$ かつ $x_0 < \varepsilon$ を満たすので，二つ目の条件も成り立つことが確かめられた。　□

問題 2.3 数列 $a_1, a_2, \ldots$ および集合 A について，以下の条件は互いに同値であることを示せ。

(a) ある $N \in \mathbf{N}$ が存在して，$n \in \mathbf{N}$ かつ $n \geq N$ ならば $a_n \in A$ である。

(b) ある $N \in \mathbf{N}$ が存在して，$n \in \mathbf{N}$ かつ $n > N$ ならば $a_n \in A$ である。

［解説］$n > N$ ならば $n \geq N$ であるから，(a) ならば (b) である。一方，条件 (b) に現れる N に対して，$N+1$ をあらためて N とおけば，この新しい N は条件 (a) を満たすので，(b) ならば (a) である。　□

問題 2.4 高校で学んだ知識を用いて，関数 $f(x) = 3\tanh x + \dfrac{4}{\cosh x}$ の値域の上限と下限を求めよ。ただし，$\cosh x = \dfrac{e^x + e^{-x}}{2}$，$\sinh x = \dfrac{e^x - e^{-x}}{2}$，$\tanh x = \dfrac{\sinh x}{\cosh x}$ である。

［解答］上限は 5，下限は -3 である。これを示すため，$t = e^x$ とおくと，
$$f(x) = 3\frac{e^x - e^{-x}}{e^x + e^{-x}} + \frac{8}{e^x + e^{-x}} = \frac{3e^{2x} + 8e^x - 3}{e^{2x} + 1} = \frac{3t^2 + 8t - 3}{t^2 + 1}$$
となる。変数 x が実数全体を動くとき t は正の実数全体を動くことに注意する。まず
$$5 - f(x) = 5 - \frac{3t^2 + 8t - 3}{t^2 + 1} = \frac{2(t-2)^2}{t^2 + 1}$$
であるから $f(x) \leq 5$ となる。よって，任意の実数 x に対して $f(x) \leq 5$ であり，$t = 2$ つまり $x = \log 2$ のとき $f(\log 2) = 5$ となる。従って，5 が関数 $f(x)$ の最大値であり，値域の上限である。つぎに
$$f(x) + 3 = \frac{3t^2 + 8t - 3}{t^2 + 1} + 3 = \frac{(6t + 8)t}{t^2 + 1}$$
であって，$t > 0$ より $f(x) + 3 > 0$ となる。よって，任意の実数 x に対して $f(x) > -3$ となるから -3 は関数 $f(x)$ の値域の下界である。これが値域の下限であることを示すため，ε を任意の正数とする。このとき，$f(x) < -3 + \varepsilon$ となる実数 x が存在することを示そう。そこで，$t = \min\{\varepsilon/14, 1\}$ とおくと，$0 < t \leq 1$ かつ $t \leq \varepsilon/14$ であって，$x = \log t$ は
$$f(x) + 3 = \frac{(6t + 8)t}{t^2 + 1} < (6t + 8)t \leq 14t \leq \varepsilon$$
を満たすので，$f(x) < -3 + \varepsilon$ である。従って（§3.2 により）-3 が関数 $f(x)$ の値域の下限である。　□

(参考) 関数 $f(x)$ の値域の上限と下限をそれぞれ関数 $f(x)$ の上限と下限と呼ぶのであった。関数 $y = f(x)$ のグラフを描くことによって、関数 $f(x)$ の上限と下限が、それぞれ 5 と -3 であることが予想される。まず 5 は関数 $f(x)$ の最大値となるから上限である。また -3 は関数 $f(x)$ の下界であり $\lim_{x \to -\infty} f(x) = \lim_{t \to 0+0} \frac{3t^2 + 8t - 3}{t^2 + 1} = -3$ だから、負の実数 x の絶対値を大きくしていくことによって関数 $f(x)$ は -3 にいくらでも近い値を取り得るので、-3 は関数 $f(x)$ の下限となる。この議論をきちんと述べたのが上の解答である。

問題 2.5 (1) $\sup \left\{ 1 - \frac{1}{n} \,\middle|\, n \in \mathbf{Z}, n > 0 \right\} = 1$ を示せ。

(2) 集合 $E = \left\{ \sqrt{n} - \sqrt{n+1} \,\middle|\, n \in \mathbf{Z}, n > 0 \right\}$ の上限 $\sup E$ を求めよ。

[解説] (1) $A = \left\{ 1 - \frac{1}{n} \,\middle|\, n \in \mathbf{Z}, n > 0 \right\}$ とおく。すべての正整数 n に対して $1 - \frac{1}{n} < 1$ だから、1 は A の上界である。ここで、$a < 1$ のとき、$\frac{1}{1-a} < n$ を満たす整数 n が存在する (実数のアルキメデス性)。そのような整数 n について、$a < 1 - \frac{1}{n} \in A$ となるから a は A の上界ではない。従って 1 は A の最小の上界つまり上限である。

(2) すべての正整数 n に対して $\sqrt{n} - \sqrt{n+1} = \frac{-1}{\sqrt{n} + \sqrt{n+1}} \leq 0$ であるから、0 は E の上界である。他方 $a < 0$ とすると、$\frac{1}{4a^2} < n$ を満たす整数 n が存在し (実数のアルキメデス性)、そのような n について $a < \frac{-1}{2\sqrt{n}} \leq \frac{-1}{\sqrt{n} + \sqrt{n+1}} = \sqrt{n} - \sqrt{n+1} \in E$ であるから、a は E の上界ではない。従って 0 は E の最小の上界つまり上限である。 □

研究 2-1 実数の連続性から $\sqrt{2}$ の存在を導くため、集合 $E = \left\{ x \in \mathbf{R} \,\middle|\, x^2 < 2 \right\}$ を考える。このとき、集合 E は上限 $\alpha = \sup E$ を持ち、それは $\alpha^2 = 2$ を満たすことを示せ。このことから、実数 $\sqrt{2}$ が集合 E の上限として存在することになる。

[解説] 例えば 2 は E の上界だから E は上に有界であり、$0 \in E$ だから E は空でない。よって、実数の連続性により、集合 E は上限 $\alpha = \sup E$ を持つ。また、$1 \in E$ より $0 < 1 \leq \alpha$ である。

さて $\alpha^2 \neq 2$ であったと仮定する。このとき矛盾を導けばよい。そのため $\varepsilon = \frac{1}{2} |\alpha^2 - 2|$ とおくと、仮定より $\varepsilon > 0$ であり、$\alpha^2 < 2$ のとき $\alpha^2 + \varepsilon < 2$ となり、$2 < \alpha^2$ のとき $2 < \alpha^2 - \varepsilon$ となる。

ここで、$0 < \delta \leq 1$ を満たす任意の δ に対して、$0 \leq \alpha - \delta < \alpha < \alpha + \delta$ かつ

$$\left|(\alpha \pm \delta)^2 - \alpha^2\right| = \left|\pm 2\alpha\delta + \delta^2\right| \leq |2\alpha\delta| + |\delta|^2 = (2\alpha + \delta)\delta \leq (2\alpha + 1)\delta$$

となるので、特に $\delta = \min\left\{1, \frac{\varepsilon}{2|\alpha| + 1}\right\}$ とおくと $\alpha^2 - \varepsilon \leq (\alpha \pm \delta)^2 \leq \alpha^2 + \varepsilon$ となる。

i) $\alpha^2 < 2$ の場合 $(\alpha + \delta)^2 \leq \alpha^2 + \varepsilon < 2$ より $\alpha + \delta \in E$ となる。これは α が E の上限であり、特に上界であることに反する。

ii) $\alpha^2 > 2$ の場合 任意の $x \in E$ に対して、$x^2 < 2 < \alpha^2 - \varepsilon < (\alpha - \delta)^2$ であるから、$0 \leq \alpha - \delta$ により $x < \alpha - \delta$ となって、$\alpha - \delta$ は集合 E の上界である。これは α が E の上限すなわち最小の上界であることに反する。

以上により、i) ii) のいずれの場合も矛盾が導かれたので、$\alpha^2 = 2$ でなければならない。 □

研究 2-2 整数全体の集合 $\mathbf{Z}$ の下に有界な空でない部分集合 A は最小元 $\min A$ を持つことを示せ。ただし、実数の連続性は用いずに、整数の性質のみを用いて示すこと。

[解説] (方針 1) はじめに、$\mathbf{Z}$ の部分集合 A が最小元を持たないとき、A の任意の下界は A に属さないことに注意する。実際、下界 a が A に属したとすると、a が A の最小元となって、仮定に反するからである。

さて、$\mathbf{Z}$ の下に有界な空でない部分集合 A が最小元を持つことを示すため、その対偶を示そう。

そのため，A は $\mathbf{Z}$ の下に有界な部分集合であって，最小元を持たないと仮定する。このとき，A は空であることを示せばよい。A は下に有界だから，A は下界を持つので，その一つを $a_0 \in \mathbf{Z}$ とする。ここで，数学的帰納法によって，任意の整数 $n \geq 0$ に対して $a_0 + n \notin A$ であることを示そう。これが示されれば A は空集合であることが分かる。

まず $n = 0$ のとき，a_0 は A の下界だから，上述の注意により $a_0 + 0 = a_0 \notin A$ である。つぎに $n \geq 1$ とし，任意の $0 \leq k \leq n-1$ について $a_0 + k \notin A$ であると仮定する。このとき，$a_0 + n$ は A の下界であるから，再び上述の注意により $a_0 + n \notin A$ である。以上により，任意の整数 $n \geq 0$ に対して $a_0 + n \notin A$ であることが示された。よって A は空集合である。 □

（方針 2）ここでは，0 以上の整数全体の集合を $\mathbf{N}_0$ と表すことにする。

仮定から A は下に有界なので，下界を持つ。その一つを選んで b とおき，$B = \{x - b \mid x \in A\}$ と定めれば，集合 B は $\mathbf{N}_0$ の空でない部分集合であり，B が最小元 m を持てば，$m + b$ は A の最小元となる。従って，$\mathbf{N}_0$ の空でない部分集合 B が最小元を持つことを示せばよい。

そこで「$[0, n] \cap B \neq \emptyset$ ならば B は最小元を持つ」という主張が任意の $n \in \mathbf{N}_0$ に対して真であることを数学的帰納法によって証明する。まず $n = 0$ の場合を示すため $[0, 0] \cap B \neq \emptyset$ と仮定する。このとき $0 \in B$ であり，$B \subset \mathbf{N}_0$ だから 0 は B の最小元である。つぎに $[0, n] \cap B \neq \emptyset$ ならば B は最小元を持つと仮定する。このとき，$[0, n+1] \cap B \neq \emptyset$ ならば B は最小元を持つことを示そう。そこで $[0, n+1] \cap B \neq \emptyset$ と仮定する。このとき $[0, n] \cap B \neq \emptyset$ または $[0, n] \cap B = \emptyset$ が成立するが，$[0, n] \cap B \neq \emptyset$ の場合は，帰納法の仮定により B は最小元を持ち，$[0, n] \cap B = \emptyset$ の場合は $n + 1 \in B$ かつ $[0, n] \cap B = \emptyset$ だから $n + 1$ が B の最小元となって，いずれの場合も B は最小元を持つ。以上により，$[0, n] \cap B \neq \emptyset$ ならば B は最小元を持つという主張は任意の $n \in \mathbf{N}_0$ に対して真であることが示された。

さて，B は空でないから，$n \in B$ となる整数 $n \geq 0$ が存在するので，そのような n について $[0, n] \cap B \neq \emptyset$ が成立する。よって B は最小元を持つ。 □

（参考）「$\mathbf{N}_0$ の空でない部分集合は最小元を持つ」という主張は数学的帰納法と同値な主張である（ペアノの公理系）。

第 3 章 関数の極限

問題 3.1 $\lim_{x \to 0+0} \sqrt{x} = 0$ であることを右極限値の定義に従って証明せよ。

[解答] $\varepsilon > 0$ とする。$\delta = \varepsilon^2$ とおく。すると $\delta > 0$ である。$0 < x < \delta$ とする。このとき $|\sqrt{x} - 0| = \sqrt{x} < \sqrt{\delta} = \varepsilon$ となる。以上により，$\lim_{x \to 0+0} \sqrt{x} = 0$ が示された。 □

問題 3.2 関数 $\sin(1/x)$ が極限値 $\lim_{x \to 0} f(x)$ を持たないことを極限値の定義に従って証明せよ。

[解説] $\lim_{x \to 0} f(x)$ は存在しない。これを示すには，どんな実数 b についても $\lim_{x \to 0} f(x) = b$ とならないことを言えばよい。そこで，b を任意の実数とし，$\varepsilon = 1$ とおく。このとき，どんな正数 δ に対しても，$0 < |x| < \delta$ だが $|f(x) - b| \geq \varepsilon$ となる点 x が存在することを言えばよい。そこで $\delta > 0$ を任意の正数とする。$b \geq 0$ の場合は，$(\delta\pi)^{-1} + 1/2 < 2n$ を満たす正整数 n が存在するので（実数のアルキメデス性），そのような n を一つ選び，$x = (2n\pi - \pi/2)^{-1}$ とおけば $|x| < \delta$ かつ $|f(x) - b| \geq 1 \geq \varepsilon$ となる。また $b \leq 0$ の場合は，$(\delta\pi)^{-1} - 1/2 < 2n$ を満たす整数 n を取り $x = (2n\pi + \pi/2)^{-1}$ を考えればよい。 □

問題 3.3 開区間 (a, ∞) で定義された関数 $f(x), g(x)$ が右極限値 $\lim_{x \to a+0} f(x)$, $\lim_{x \to a+0} g(x)$ を持ち，また $a < x$ ならば $f(x) \leq g(x)$ であると仮定する。このとき $\lim_{x \to a+0} f(x) \leq \lim_{x \to a+0} g(x)$ であることを右極限値の定義に従って証明せよ。

[解答] $\lim_{x \to a+0} f(x) = b$, $\lim_{x \to a+0} g(x) = c$ であったとする。このとき，背理法によって $b \leq c$ を示すため，$b > c$ であったと仮定する。このとき矛盾を導けばよい。そこで，$\varepsilon = (b - c)/2$ と

第 3 章 関数の極限　　　　　　　　　　　　　　　　215

おく．これは正数である．$\lim_{x \to a+0} f(x) = b$ により，正数 δ_1 であって，$a < x < a + \delta_1$ ならば $b - \varepsilon < f(x) < b + \varepsilon$ となるものが存在する．また，$\lim_{x \to a+0} g(x) = c$ により，正数 δ_2 であって，$a < x < a + \delta_2$ ならば $c - \varepsilon < g(x) < c + \varepsilon$ となるものが存在する．そのような δ_1, δ_2 を一つずつ選び，それらの小さいほうを δ とおく．すると $\delta > 0$ である．そこで，$x = a + \delta/2$ とおく．$a < x < a + \delta \leq a + \delta_1$ であるので，$b - \varepsilon < f(x) < b + \varepsilon$ となり，$a < x < a + \delta \leq a + \delta_2$ であるので $c - \varepsilon < g(x) < c + \varepsilon$ となる．よって $g(x) < c + \varepsilon = c + (b-c)/2 = (b+c)/2 = b - (b-c)/2 = b - \varepsilon < f(x)$ となって，$a < x$ のとき $f(x) \leq g(x)$ であるとする仮定に反する．以上により，$b \leq c$ であることが示された．　□

問題 3.4 極限値の和 $\sum_{n=0}^{\infty} \lim_{x \to 0} \dfrac{x^2}{(1+x^2)^n}$ および和の極限値 $\lim_{x \to 0} \sum_{n=0}^{\infty} \dfrac{x^2}{(1+x^2)^n}$ を計算せよ．

[略解] 極限値の和は 0，和の極限値は 1 である．　□

[解説] $\left|\dfrac{x^2}{(1+x^2)^n}\right| \leq |x^2| = x^2 \to 0 \ (x \to 0)$ であるから $\lim_{x \to 0} \dfrac{x^2}{(1+x^2)^n} = 0$ であるので，極限値の和は 0 である．つぎに和の $x \to 0$ のときの極限値を求めるため，$x \neq 0$ とする．このとき $0 < \dfrac{1}{1+x^2} < 1$ だから，高等学校で学んだ無限等比級数の和の公式により

$$\sum_{n=0}^{\infty} \frac{x^2}{(1+x^2)^n} = \frac{x^2}{1 - (1+x^2)^{-1}} = 1 + x^2$$

となり，$\left|\left(\sum_{n=0}^{\infty} \dfrac{x^2}{(1+x^2)^n}\right) - 1\right| \leq |x^2| = x^2 \to 0 \ (x \to 0)$ より，和の極限値は 1 である．　□

(注意) ε-δ 論法では次のようになる．ε を任意の正数とし，$\delta = \sqrt{\varepsilon}$ とおくと，$\delta > 0$ であり，$|x| < \delta$ を満たす x について $\left|\dfrac{x^2}{(1+x^2)^n}\right| \leq |x^2| < \varepsilon$ であるから，$\lim_{x \to 0} \dfrac{x^2}{(1+x^2)^n} = 0$ より極限値の和は 0 である．一方，$0 < |x| < \delta$ を満たす x について $\left|\left(\sum_{n=0}^{\infty} \dfrac{x^2}{(1+x^2)^n}\right) - 1\right| < \varepsilon$ となるから，和の極限値は 1 である．

(参考) $0 < r < 1$ について $\lim_{n \to \infty} r^n = 0$ が成立することは，次のようにしても証明できる．まず $r^{-1} - 1 > 0$ に注意すると，正整数 n について $(1/r)^n = (1 + (r^{-1} - 1))^n \geq 1 + n(r^{-1} - 1)$ が二項定理から分かる．そこで $0 < r^n \leq (1 + n(r^{-1} - 1))^{-1}$ であるが，$\lim_{n \to \infty} (1 + n(r^{-1} - 1))^{-1} = 0$ だから $\lim_{n \to \infty} r^n = 0$ が得られる．

なお $\left|\left(\sum_{n=0}^{N} r^n\right) - \dfrac{1}{1-r}\right| = \left|\dfrac{1 - r^{N+1}}{1-r} - \dfrac{1}{1-r}\right| = r^{N+1}(1-r)^{-1}$ であって，いま示したことから $\lim_{N \to \infty} r^{N+1}(1-r)^{-1} = 0$ であるので $\sum_{n=0}^{\infty} r^n = \lim_{N \to \infty} \sum_{n=0}^{N} r^n = \dfrac{1}{1-r}$ となる．

問題 3.5 中間値の定理を用いて，閉区間 $[0,1]$ 上で定義された実数値連続関数 $f : [0,1] \longrightarrow \mathbf{R}$ の像が開区間 $(0,1)$ に含まれるならば，$f(x_0) = x_0$ を満たす点 $x_0 \in (0,1)$ が存在することを示せ．

[解説] $g(x) = x - f(x)$ とおく．これは $[0,1]$ 上の実数値連続関数である．$g(0) = -f(0) < 0$ および $g(1) = 1 - f(1) > 0$ だから，中間値の定理を $g(x)$ に適用して $g(x_0) = 0$ つまり $x_0 = f(x_0)$ を満たす点 $x_0 \in (0,1)$ が存在する．　□

(参考) 一般に，集合 X の変換 $f : X \longrightarrow X$ に対して，$f(x_0) = x_0$ となる元 x_0 を変換 f の不動点または固定点 (fixed-point) と呼び，種々の状況下で不動点の存在を保証するタイプの定理を不動点定理と呼ぶ．

研究 3-1 各実数 a に対して，極限値 $\displaystyle\lim_{x\to 0}\frac{2ax}{1+a^2x^2}$ を求めよ．また，上限の極限値 $\displaystyle\lim_{x\to 0}\left(\sup_{a\in\mathbf{R}}\frac{2ax}{1+a^2x^2}\right)$ を求めよ．

[解説] $\left|\dfrac{2ax}{1+a^2x^2}\right|\leq |2ax|\to 0\ (x\to 0)$ であるから，$\displaystyle\lim_{x\to 0}\frac{2ax}{1+a^2x^2}=0$ である．

つぎに，上限の $x\to 0$ のときの極限値を求めるため $x\neq 0$ とする．このとき $\displaystyle\sup_{a\in\mathbf{R}}\frac{2ax}{1+a^2x^2}=1$ である．実際 $ax\leq 0$ のときは $\dfrac{2ax}{1+a^2x^2}\leq 0$ であり，$ax>0$ のときは，相加平均相乗平均の不等式から $\dfrac{1+a^2x^2}{2ax}=\dfrac{1}{2}\left(\dfrac{1}{ax}+ax\right)\geq 1$ であって，$ax=1$ つまり $a=x^{-1}$ のとき等号が成立するからである．従って，上限の極限値は 1 である． □

（注意）上の解説から分かるように，各 $x\in\mathbf{R}$ に対して，上限 $\displaystyle\sup_{a\in\mathbf{R}}\frac{2ax}{1+a^2x^2}$ は実際には最大値となるが，たとえ最大値になる場合であっても，あえて最大値と呼ばずに上限と呼ぶことも多い．

研究 3-2 中間値の定理と最大値の定理を用いて，有界閉区間 $[a,b]$ 上で定義された連続関数 $f:[a,b]\to\mathbf{R}$ の像 $f([a,b])=\{y\in\mathbf{R}\mid \exists x\in[a,b]\ y=f(x)\}$ は有界閉区間であることを示せ．ただし，実数 a,b は $a<b$ を満たすとする．

[解説] 最大値の定理により，有界閉集合 $[a,b]$ 上の連続関数 f は最大値と最小値を持つので，最小点 $x_{\min}$ および最大点 $x_{\max}$ が存在する．像 $f([a,b])$ が有界閉区間であることを示すには，$f([a,b])=[f(x_{\min}),f(x_{\max})]$ を示せばよい．

まず $f(x_{\min})=f(x_{\max})$ の場合は，最大値と最小値が一致するので f は定数関数となり，よって $f([a,b])=\{f(x_{\min})\}=[f(x_{\min}),f(x_{\max})]$ である．

そこで $f(x_{\min})\neq f(x_{\max})$ の場合を考えよう．このとき $f(x_{\min})<f(x_{\max})$ かつ $x_{\min}\neq x_{\max}$ である．任意の $x\in[a,b]$ に対して $f(x_{\min})\leq f(x)\leq f(x_{\max})$ となるので，$f([a,b])\subset [f(x_{\min}),f(x_{\max})]$ が成立する．逆の包含関係 $f([a,b])\supset [f(x_{\min}),f(x_{\max})]$ を示すため，c を区間 $[f(x_{\min}),f(x_{\max})]$ に属する任意の値とする．特に $c=f(x_{\min})$ または $c=f(x_{\max})$ の場合には $c\in f([a,b])$ である．また $f(x_{\min})<c<f(x_{\max})$ の場合は，中間値の定理により $f(x)=c$ かつ $x_{\min}<x<x_{\max}$ となる点 x または $f(x)=c$ かつ $x_{\max}<x<x_{\min}$ となる点 x が存在する．いずれの場合も $a\leq x\leq b$ かつ $c=f(x)$ となるので，$c\in f([a,b])$ である．以上により $f([a,b])\supset [f(x_{\min}),f(x_{\max})]$ が示された． □

研究 3-3 実数を係数とする x の 5 次方程式
$$x^5+a_1x^4+a_2x^3+a_3x^2+a_4x+a_5=0$$
について，以下の問に答えよ．

(1) ある正数 M が存在して，$|x|\geq M$ ならば $\left|\displaystyle\sum_{k=1}^{5}a_kx^{-k}\right|<1$ となることを示せ．

(2) 中間値の定理を用いて，方程式 $(*)$ が実数解を少なくとも一つ持つことを示せ．

[解説] (1) 例えば $M=1+\displaystyle\sum_{k=1}^{5}|a_k|$ と定めればよい．実際，このように定めるとき，$M>0$ であって，$M\leq |x|$ とすると，$|x|\geq M\geq 1$ だから
$$\left|\sum_{k=1}^{5}a_kx^{-k}\right|\leq \sum_{k=1}^{5}\frac{|a_k|}{|x|^k}\leq \sum_{k=1}^{5}\frac{|a_k|}{|x|}\leq \frac{1}{|x|}\sum_{k=1}^{5}|a_k|\leq \frac{M-1}{M}<1$$
となる．

(2) $f(x) = x^5 + a_1 x^4 + a_2 x^3 + a_3 x^2 + a_4 x + a_5$ とおくと，これは $\mathbf{R}$ 上の連続関数であり，

$$f(x) = x^5 \left(1 + \sum_{k=1}^{5} a_k x^{-k} \right)$$

が成立する．問 (1) で存在の示された正数 M を一つ選ぶ．このとき，$x = \pm M$ とおくと，特に $|x| \geq M$ であるから，問 (1) により $1 + \sum_{k=1}^{5} a_k x^{-k} > 0$ となり，$f(x)$ の符号は x^5 の符号に等しく，よって x の符号に等しい．従って $f(-M) < 0 < f(M)$ であるから，区間 $[-M, M]$ において関数 $f(x)$ に中間値の定理が適用でき，与えられた方程式つまり $f(x) = 0$ の実数解が開区間 $(-M, M)$ において少なくとも一つ存在することが分かる． □

第 4 章　導関数と原始関数

問題 4.1 次の関数 $y = f(x)$ に対して，下の問に答えよ．

$$f(x) = \begin{cases} x + x^2 \sin \dfrac{\pi}{2x} & (x \neq 0) \\ 0 & (x = 0) \end{cases}$$

(1) 原点 0 での微分係数 $f'(0)$ を計算し，$f'(0) > 0$ であることを確かめよ．

(2) 関数 $f(x)$ は原点 0 で C^1 級でないことを示せ．

(3) 正整数 n に対して，$a_n = 1/(4n-1), b_n = 1/(4n+1)$ とおくとき，$f(b_n) - f(a_n)$ を計算せよ．

(4) 正数 δ であって，区間 $(-\delta, \delta)$ で関数 $f(x)$ が単調非減少となるようなものは存在しないことを示せ．

[解説] (1) $x \neq 0$ について $\dfrac{f(x) - f(0)}{x - 0} = 1 + \dfrac{\pi}{2} \left(\dfrac{2x}{\pi} \sin \dfrac{\pi}{2x} \right)$ であるが，第 3 章 §1.3 例 1 により $\lim_{x \to 0} x \sin \dfrac{1}{x} = 0$ だから $\lim_{x \to 0} \dfrac{f(x) - f(0)}{x - 0} = 1$ となる．つまり $f'(0) = 1 > 0$ である．

(2) $x \neq 0$ について $f'(x) = 1 + 2x \sin \dfrac{\pi}{2x} - \dfrac{\pi}{2} \cos \dfrac{\pi}{2x}$ である．ここで $\lim_{x \to 0} (1 + 2x \sin \dfrac{\pi}{2x}) = 1$ であるが，(問題 3.2 と同様に考えて) $\dfrac{\pi}{2} \cos \dfrac{\pi}{2x}$ は $x \to 0$ のとき極限値を持たない．ゆえに $f'(x)$ は $x = 0$ で連続ではない．つまり関数 $f(x)$ は原点で C^1 級でない．

(3) $f(a_n) = f((4n-1)^{-1}) = (4n-1)^{-1} - (4n-1)^{-2} = (4n-2)/(4n-1)^2$ であり，$f(b_n) = f((4n+1)^{-1}) = (4n+1)^{-1} + (4n+1)^{-2} = (4n+2)/(4n+1)^2$ である．よって $f(b_n) - f(a_n) = (4n+2)/(4n+1)^2 - (4n-2)/(4n-1)^2 = 4/((4n+1)^2 (4n-1)^2)$ となる．

(4) 任意の正数 δ に対して，$(\delta^{-1} + 1)/4 < n$ を満たす正整数 n が存在するので (実数のアルキメデス性)，このとき $0 < b_n < a_n < \delta$ となるが，そのような n を一つ選ぶと，問 (3) により $f(b_n) - f(a_n) = 4/((4n+1)^2 (4n-1)^2)$ となり，よって $f(b_n) > f(a_n)$ であるから，関数 $f(x)$ は区間 $(-\delta, \delta)$ において単調非減少ではない．従って，正数 δ であって，区間 $(-\delta, \delta)$ で関数 $f(x)$ が単調非減少となるようなものは存在しない． □

問題 4.2 高等学校で学習した $\lim_{x \to 0} \dfrac{\sin x}{x} = 1$, $\lim_{x \to 0} \cos x = 1$ は既知として，次の問に答えよ．ただし，ここでは関数 $\sin x, \cos x$ が直線 $\mathbf{R}$ 全体で連続であることは未知であるとする．

(1) $\lim_{x \to 0} \dfrac{\cos x - 1}{x} = 0$ を示せ． (2) $\dfrac{d}{dx} \sin x = \cos x$ を示せ．

(3) (2) を用いて関数 $\sin x$ が直線 $\mathbf{R}$ 全体で連続であることを示せ．

[解説] 第 3 章 §3.3 の極限値の公式を使って計算する。

(1) $x \neq 0$ のとき $\left|\dfrac{\cos x - 1}{x}\right| = \left|\dfrac{\sin x}{x}\right|^2 \dfrac{|x|}{|1 + \cos x|}$ である。ここで $\lim_{x \to 0} \cos x = 1$ であるから，$x \to 0$ のとき $\dfrac{|\cos x - 1|}{|x|} \to 1 \cdot 0 \cdot \dfrac{1}{2} = 0$ が分かる。

(2) 加法定理により $\dfrac{\sin(x+h) - \sin x}{h} = \dfrac{\sin x(\cos h - 1) + \cos x(\sin h)}{h}$ だから，極限 $\lim_{h \to 0} \dfrac{\sin(x+h) - \sin x}{h}$ は存在して，$(\sin x) \cdot 0 + (\cos x) \cdot 1 = \cos x$ に等しい。

(3) 関数 $\sin x$ は直線 $\mathbf{R}$ 全体で微分可能であるから，直線 $\mathbf{R}$ 全体で連続である。実際，$a \in \mathbf{R}$ とすると

$$\lim_{x \to a}(\sin x - \sin a) = \lim_{h \to 0} \dfrac{\sin(a+h) - \sin a}{h} \cdot h = \lim_{h \to 0} \dfrac{\sin(a+h) - \sin a}{h} \lim_{h \to 0} h = 0$$

であるから，$\lim_{x \to a} \sin x = \sin a$ となり，関数 $\sin x$ は $x = a$ で連続である。 □

（注意）$\lim_{x \to 0} \sin x = \lim_{x \to 0} x \dfrac{\sin x}{x} = 0 \cdot 1 = 0$ であることに注意すると，$h \to 0$ のとき $\sin(x+h) = \sin x \cos h + \cos x \sin h \to \sin x \cdot 1 + \cos x \cdot 0 = \sin x$ から関数 $\sin x$ が連続であることが分かる。同様に $\cos x$ が連続であることも分かる。

問題 4.3 $f(x)$ を多項式とする。任意の点 a について関係式

$$(*) \qquad f(x) = \sum_{n=0}^{\deg f} \dfrac{1}{n!} f^{(n)}(a)(x-a)^n$$

が成り立つことを示せ。

[解説]（方針 1）多項式 $f(x)$ の次数 N に関する数学的帰納法で示す。$N = 0$ のときには，$f(x)$ は定数関数であり，$f(x) = f(a)$ より関係式 $(*)$ は成立する。そこで，$N \geq 1$ とし，$N - 1$ 次の多項式まで関係式 $(*)$ が示されたとする。N 次多項式 $f(x)$ に対して，導関数 $f'(x)$ は $N - 1$ 次多項式だから，帰納法の仮定により

$$f'(x) = \sum_{n=0}^{N-1} \dfrac{1}{n!} f^{(n+1)}(a)(x-a)^n$$

となる。両辺の原始関数を取って

$$f(x) = C + \sum_{n=0}^{N-1} \dfrac{1}{(n+1)!} f^{(n+1)}(a)(x-a)^{n+1}$$

となる。ただし C は積分定数である。これに $x = a$ を代入して $C = f(a)$ を得るので，右辺を整理すると，N 次多項式 $f(x)$ に対して関係式 $(*)$ が成立することが分かる。以上により，数学的帰納法が完成した。

（方針 2）除法定理（第 7 章 §4.1）を繰り返し用いることにより，多項式 $f(x)$ は次のように表されることが分かる。

$$f(x) = \sum_{k=0}^{\deg f} \lambda_k (x-a)^k$$

ただし λ_k はある定数である。各 $n = 0, 1, 2, \ldots$ について，両辺を n 回微分すると

$$f^{(n)}(x) = \sum_{k=n}^{\deg f} \dfrac{k!}{(k-n)!} \lambda_k (x-a)^{k-n}$$

となり，$x = a$ を代入して $f^{(n)}(a) = n! \lambda_n$ つまり $\lambda_n = \dfrac{f^{(n)}(a)}{n!}$ が得られる。以上により，関係式 $(*)$ が示された。 □

（注意）第 7 章 §3.3 備考で述べるように，$f(x)$ が多項式 0 である場合には，次数を形式的に $\deg f = -\infty$ と定めることがある。このとき，示すべき等式の右辺の和は，実際には何も足さない

こととなり，その場合の和は 0 であると理解する。一方，示すべき等式の左辺も 0 であるから，等式は成立している。

問題 4.4 実数の定数 $a, b, p, q \in \mathbf{R}$ に対して，有理式 $\dfrac{px+q}{x^2+ax+b}$ の原始関数を求めたい。分母は $x^2+ax+b = \left(x+\dfrac{a}{2}\right)^2 - \dfrac{1}{4}(a^2-4b)$ となるから，a^2-4b の符号で状況が異なると予想される。以下の 3 種類の典型例について，それぞれ不定積分を計算せよ。

(1) $\displaystyle\int \dfrac{x-4}{x^2-5x+6} dx$ （$a^2-4b>0$ となる例）

(2) $\displaystyle\int \dfrac{x+1}{x^2-2x+1} dx$ （$a^2-4b=0$ となる例）

(3) $\displaystyle\int \dfrac{x}{x^2+2x+5} dx$ （$a^2-4b<0$ となる例）

［解説］以下では C は積分定数を表す。

(1) 部分分数展開 (partial fraction expansion) または部分分数分解 (partial fraction decomposition) と呼ばれる式変形の手法で計算する。被積分関数の分母は $x^2-5x+6 = (x-2)(x-3)$ と因数分解されることに注意し，仮に

$$\frac{x-4}{x^2-5x+6} = \frac{\alpha}{x-2} + \frac{\beta}{x-3}$$

と変形されたとする。右辺を通分して，両辺を比較することにより，定数 α, β は $\alpha=2, \beta=-1$ でなければならないことが分かる。そこで，実際に $\alpha=2, \beta=-1$ を右辺に代入してみると，確かにこの等式は成立している。従って，不定積分は

$$\int \frac{x-4}{x^2-5x+6} dx = \int \frac{2}{x-2} dx + \int \frac{-1}{x-3} dx = 2\log|x-2| - \log|x-3| + C$$

と計算される。

(2) 問 (1) と同様に部分分数展開を考えて計算すると

$$\int \frac{x+1}{x^2-2x+1} dx = \int \frac{x-1+2}{x^2-2x+1} dx = \int \frac{1}{x-1} dx + \int \frac{2}{(x-1)^2} dx$$
$$= \log|x-1| - \frac{2}{x-1} + C$$

となる。

(3) 分母が実数の範囲では因数分解できないことに注意する。

$$\int \frac{x}{x^2+2x+5} dx = \int \frac{x+1-1}{(x+1)^2+4} dx = \frac{1}{2}\int \frac{2(x+1)}{(x+1)^2+4} dx - \frac{1}{4}\int \frac{1}{\left((x+1)/2\right)^2+1} dx$$
$$= \frac{1}{2}\log\left|(x+1)^2+4\right| - \frac{1}{2}\arctan\left(\frac{x+1}{2}\right) + C$$

となる。ただし，第二項は，例えば $y = \dfrac{x+1}{2}$ と置き換えて

$$\int \frac{1}{(x/2+1/2)^2+1} dx = \int \frac{2}{y^2+1} dy = 2\arctan y + C = 2\arctan\left(\frac{x+1}{2}\right) + C$$

と計算すればよい。 □

研究 4-1 直線 $\mathbf{R}$ 上の連続関数 $y=f(x)$ は a 以外の点 x で微分可能で，極限値 $\displaystyle\lim_{x\to a} f'(x)$ が存在するものとする。このとき，平均値の定理を利用して，関数 $y=f(x)$ は $x=a$ でも微分可能で，$f'(a) = \displaystyle\lim_{x\to a} f'(x)$ が成立することを示せ。

［解答］仮定から，極限値 $\displaystyle\lim_{x\to a} f'(x)$ が存在するので，その値を λ とおく。ε を正数とする。仮定か

ら，$\lim_{x \to a} f'(x) = \lambda$ であるから，ある正数 δ であって，$0 < |x-a| < \delta$ ならば $|f'(x) - \lambda| < \varepsilon$ となるものが存在するので，そのような δ を一つ選ぶ．点 x が $0 < |x-a| < \delta$ を満たしたとする．このとき，$[a, x]$ または $[x, a]$ で $f(x)$ は連続で，(a, x) または (x, a) で $f(x)$ は微分可能だから，平均値の定理が使えて，

$$\frac{f(x) - f(a)}{x - a} = f'(a + \theta(x-a)), \quad 0 < \theta < 1$$

となる θ が存在する．すると，$0 < |a + \theta(x-a) - a| = \theta|x-a| < |x-a| < \delta$ であるから，

$$\left|\frac{f(x) - f(a)}{x - a} - \lambda\right| = |f'(a + \theta(x-a)) - \lambda| < \varepsilon$$

となる．よって，$f'(a) = \lim_{x \to a} \frac{f(x) - f(a)}{x - a} = \lambda = \lim_{x \to a} f'(x)$ が成立する． □

研究 4-2 非負整数 n に対して，n が偶数のとき，$n!! = n(n-2)(n-4) \cdots 4 \cdot 2$ と表し，n が奇数であるとき，$n!! = n(n-2)(n-4) \cdots 3 \cdot 1$ と表す．記法 $n!$ および $n!!$ を利用して，二項係数 $\binom{-1/2}{k}$ の値を表せ．ただし，k は非負整数とする．

[解答] $(-1)^k \dfrac{(2k-1)!!}{k! \, 2^k}$ □

[解説] 二項係数の定義によって

$$\binom{-1/2}{k} = \frac{(-1/2)(-1/2-1) \cdots (-1/2-k+1)}{k!}$$

$$= \frac{(-1/2)(-3/2) \cdots (-(2k-1)/2)}{k!} = \frac{(-1)^k (2k-1)!!}{k! \, 2^k}$$

となる．なお，$(2k-1)!! = \dfrac{(2k)!}{k! \, 2^k}$ だから，$(-1)^k \dfrac{(2k)!}{(k! \, 2^k)^2}$ とも表される． □

研究 4-3 $f(x) = \tan x$ とおくとき，以下の問に答えよ．

(1) 関係式 $f''(x) = 2f(x)f'(x)$ を示せ．

(2) n が非負の偶数のとき $f^{(n)}(0) = 0$ であることを示せ．

(3) n が正の奇数のとき $f^{(n)}(0)$ が正の整数であることを示せ．

(4) 正の有理数 $B_m = \dfrac{2m}{2^{2m}(2^{2m} - 1)} f^{(2m-1)}(0)$ をベルヌイ数という．B_1, B_2, B_3 の具体的な値を求めよ．

なお，文献によって B_m を B_{2m} と書いたり，符号が違ったりするので注意すること．

[解説] (1) 計算により容易に示される．
(2) $f(0) = 0$ である．そこで $m \geq 1$ とし，問 (1) の関係式の両辺を $2m-2$ 回微分して，右辺に一般ライプニッツ則を適用し，$x = 0$ とすると

$$f^{(2m)}(0) = 2 \sum_{i=0}^{2m-2} \binom{2m-2}{i} f^{(i)}(0) f^{(2m-i-1)}(0)$$

を得る．右辺の和において，i と $2m-i-1$ のいずれかは偶数であるから，数学的帰納法により，任意の正整数 m に対して $f^{(2m)}(0) = 0$ である．
(3) $f'(0) = 1$ は正整数である．そこで $m \geq 2$ とし，問 (1) の関係式の両辺を $2m-3$ 回微分して，右辺に一般ライプニッツ則を適用し，$x = 0$ とすると

$$f^{(2m-1)}(0) = 2 \sum_{i=0}^{2m-3} \binom{2m-3}{i} f^{(i)}(0) f^{(2m-i-2)}(0)$$

を得る．右辺の和において $2f^{(1)}(0)f^{(2m-3)}(0) > 0$ であることに注意すると，数学的帰納法により，任意の正整数 m に対して $f^{(2m-1)}(0)$ は正の整数であることが分かる．
(4) $B_1 = 1/6$, $B_2 = 1/30$, $B_3 = 1/42$. □

（注意）B_m の分子が必ず 1 という訳ではない．実際 $B_4 = 1/30$, $B_5 = 5/66$, $B_6 = 691/2730$, $B_7 = 7/6, \ldots$ となっている．

研究 4-4 (1) 整数 $n \geq 1$ について $f_n(x) = x^{n+1}e^{-x}$ とおく．ある定数 $C_n > 0$ が存在して，任意の $x \geq 0$ について $|f_n(x)| \leq C_n$ となることを示せ．

(2) 任意の整数 $n \geq 1$ について $\lim_{x \to 0+0} x^{-n}e^{-1/x} = 0$ となることを示せ．

(3) 任意の整数 $n \geq 1$ について $\dfrac{d^n}{dx^n}(e^{-1/x}) = e^{-1/x} x^{-2n} P_n(x)$ とおくとき $P_n(x)$ は x の $n-1$ 次以下の多項式であることを示せ．

(4) $\mathbf{R}$ 上の関数 $\psi(x)$ を

$$\psi(x) = \begin{cases} e^{-1/x} & (x > 0) \\ 0 & (x \leq 0) \end{cases}$$

と定めるとき，$\psi(x)$ は $\mathbf{R}$ 全体の上で C^∞ 級であることを示せ．

(5) $\mathbf{R}$ 上の広義単調増加な C^∞ 関数 $\chi(x)$ で

$$\chi(x) = \begin{cases} 1 & (x \geq 1) \\ 0 & (x \leq 0) \end{cases}$$

を満たすものが存在することを示せ．

[解説] (1) $f_n'(x) = x^n(n+1-x)e^{-x}$ だから，$0 < x < n+1$ のとき $f_n'(x) > 0$ で，$n+1 < x$ のとき $f_n'(x) < 0$ である．従って，$f_n(x)$ は $x \geq 0$ の範囲では $x = n+1$ において最大値 $f_n(n+1)$ を取る．$f_n(n+1) > f(0) = 0$ である．$C_n = f_n(n+1) > 0$ とおけばよい．
(2) $x > 0$ について $\left|x^{-n}e^{-1/x}\right| = |f_n(1/x)x| \leq C_n |x|$ だから $\lim_{x \to 0+0} x^{-n}e^{-1/x} = 0$ となる．
(3) $n \geq 1$ に関する数学的帰納法．$n = 1$ のとき $\dfrac{d}{dx}(e^{-1/x}) = e^{-1/x} x^{-2}$ により $P_1(x) = 1$ であり，これは 0 次多項式である．
$n \geq 1$ とし，n まで主張が成り立つと仮定する．$\dfrac{d^{n+1}}{dx^{n+1}}(e^{-1/x}) = \dfrac{d}{dx}(e^{-1/x} x^{-2n} P_n(x)) = e^{-1/x} x^{-2n-2}((1-2nx)P_n(x) + x^2 P_n'(x))$ だから $P_{n+1}(x) = (1-2nx)P_n(x) + x^2 P_n'(x)$ である．帰納法の仮定より $P_n(x)$ は x の $n-1$ 次以下の多項式であるから，$P_{n+1}(x)$ は x の n 次以下の多項式である．
(4) $x \neq 0$ において $\psi(x)$ は有理関数と指数関数の合成であるから C^∞ 級である．$x = 0$ で無限回微分可能であることは，問 (3) の結果により

$$\lim_{x \to 0+0} \frac{1}{x}\left(\frac{d^n}{dx^n} e^{-1/x} - 0\right) = \lim_{x \to 0+0} e^{-1/x} x^{-2n-1} P_n(x) = 0$$

であることから分かる．最後の等号は $P_n(x)$ が x の多項式であることと問 (2) による．
(5) $x > 0$ のとき $\psi(x) > 0$ だから $\int_0^1 \psi(t)\psi(1-t)dt > 0$ である．そこで，$\chi(x) = \left(\int_0^1 \psi(t)\psi(1-t)dt\right)^{-1} \int_0^x \psi(t)\psi(1-t)dt$ が定義できて，望む性質を満たす． □

第 5 章　種々の関数

問題 5.1　次の関係式を示せ。

(1) $\dfrac{x}{\tanh x} = \dfrac{2x}{e^{2x}-1} + x$

(2) $\dfrac{1}{\sinh 2x} = \dfrac{1}{\tanh x} - \dfrac{1}{\tanh 2x}$

(3) $\tanh x = \dfrac{2}{\tanh 2x} - \dfrac{1}{\tanh x}$

［解説］ (1) $\tanh x$ の定義から直ちに分かる。　(2) (3) $\dfrac{1}{\tanh x} = \dfrac{(e^x+e^{-x})^2}{e^{2x}-e^{-2x}}$ より容易に示される。　□

問題 5.2　次を証明せよ。

(1) $\arctan(1/3) + \arctan(1/7) = \arctan(1/2)$

(2) $4\arctan(1/5) - \arctan(1/239) = \pi/4$　（マチンの公式）

［解説］ 正接関数 $\tan$ の加法公式 $\tan(\theta+\varphi) = \dfrac{\tan\theta + \tan\varphi}{1 - \tan\theta\tan\varphi}$ を使う。

(1) $\dfrac{(1/3)+(1/7)}{1-(1/3)(1/7)} = 1/2$ から，左辺は $\arctan(1/2) + n\pi, n \in \mathbf{Z}$ と表される。他方，$x > 0$ のとき $0 < \arctan x < \pi/2$ だから左辺は開区間 $(0,\pi)$ に属する。従って $n = 0$ となり $\arctan(1/3) + \arctan(1/7) = \arctan(1/2)$ が得られる。

(2) 正接関数 $\tan$ の倍角公式 $\tan(2x) = \dfrac{2\tan x}{1-\tan^2 x}$ を二回使って $\tan(4\arctan(1/5)) = 120/119$ が分かる。さらに加法公式により $\tan(4\arctan(1/5) - \arctan(1/239)) = 1 = \tan(\pi/4)$ が分かる。従って，$4\arctan(1/5) - \arctan(1/239) = \pi/4 + n\pi, n \in \mathbf{Z}$ となる。他方，$x \geq 0$ について $x \geq \arctan x \geq 0$ だから左辺は $4/5 = 0.8$ 以下 $-1/239 = -0.004184...$ 以上である。また円周を，正方形で外側から，正六角形で内側から近似することにより $3 < \pi < 4$ が分かるから $0.75 < \pi/4 < 1$ である。従って，$n = 0$ となり，$4\arctan(1/5) - \arctan(1/239) = \pi/4$ が得られる。　□

問題 5.3　実数 t に対して，関係式 $\arcsin(\tanh t) = \arctan(\sinh t)$ を示せ。

［解説］ 示すべき等式の左辺を $y = \arcsin(\tanh t)$，右辺を $z = \arctan(\sinh t)$ とおく。

（方針 1）$y \in (-\pi/2, \pi/2)$ により $\cos y = \sqrt{1-\sin^2 y} \geq 0$ に注意する。$\sin y = \tanh t$ だから

$$\tan y = \dfrac{\sin y}{\sqrt{1-\sin^2 y}} = \dfrac{\tanh t}{\sqrt{1-\tanh^2 t}} = (\tanh t)(\cosh t) = \sinh t = \tan z$$

となる。写像 $\tan : (-\pi/2, \pi/2) \longrightarrow \mathbf{R}$ は全単射だから $y = z$ である。

（方針 2）高等学校で学んだ合成関数の導関数の公式を用いると

$$\dfrac{dy}{dt} = \dfrac{1}{\sqrt{1-\tanh^2 t}} \dfrac{d}{dt}\tanh t = \sqrt{\cosh^2 t}\dfrac{1}{\cosh^2 t} = \dfrac{1}{\cosh t}$$

$$\dfrac{dz}{dt} = \dfrac{1}{1+\sinh^2 t} \dfrac{d}{dt}\sinh t = \dfrac{1}{\cosh^2 t}\cosh t = \dfrac{1}{\cosh t}$$

となる。ここで $\cosh t > 0$ を使った。従って，すべての実数 t について $\dfrac{d}{dt}(y-z) = 0$ が成り立つ。つまり $y - z$ は t に関して定数関数である。いま，$t = 0$ のとき $y = z = 0$ だから，すべての実数 t について $y = z$ が成り立つ。　□

研究 5-1 曲線 C は円 $x^2+y^2=1$ または双曲線 $x^2-y^2=1$ であるとする。第一象限の点 (a,b) は曲線 C 上にあるとし，以下の三つで囲まれる領域の面積の 2 倍を t とおく。

(a) $(0,0)$ と (a,b) を結ぶ線分
(b) $(0,0)$ と $(1,0)$ を結ぶ線分
(c) 曲線 C の $(1,0)$ から (a,b) までの部分

高等学校で学んだ微分法と積分法を用いて，以下の問に答えよ。

(1) 曲線 C が円であるとき，$a=\cos t$, $b=\sin t$ を示せ。
(2) 曲線 C が双曲線であるとき，$a=\cosh t$, $b=\sinh t$ を示せ。

[解説] (a)(b)(c) で囲まれる面積を S とおく。
(1) ある $0 \le \theta < 2\pi$ を用いて $a=\cos\theta$, $b=\sin\theta$ と表すことができる。このとき $S=\theta/2$ だから $t=\theta$ となり，よって $a=\cos t$, $b=\sin t$ となる。
(2) (a,b) は第一象限にあるので，双曲線の方程式により $a=\sqrt{1+b^2}>0$ である。面積 S の 2 倍を b の関数として $\varphi(b)$ と表すことにする。関数 $\varphi(b)$ の定義域は $[0,\infty)$ であり，

$$\varphi(b) = 2\int_0^b \sqrt{1+y^2}\,dy - b\sqrt{1+b^2}, \quad \varphi(0)=0$$

が成立する。関数 $\varphi(b)$ を b で微分すると

$$\varphi'(b) = 2\sqrt{1+b^2} - \sqrt{1+b^2} - \frac{1}{2}\frac{2b^2}{\sqrt{1+b^2}} = \frac{1}{\sqrt{1+b^2}} = \frac{d}{db}\operatorname{arsinh} b$$

となる。ゆえに $\varphi(b) - \operatorname{arsinh} b$ は b によらない定数であって $b=0$ で 0 だから $\varphi(b) = \operatorname{arsinh} b$ が分かる。従って $t=\varphi(b)=\operatorname{arsinh} b$ つまり $b=\sinh t$ が得られ，$a=\sqrt{1+b^2}=\cosh t$ が得られる。 □

(注意) 関数 $\dfrac{d}{db}(\varphi(b) - \operatorname{arsinh} b) = 0$ であって，$\varphi(b) - \operatorname{arsinh} b$ の定義域は区間 $[0,\infty)$ であるから，$\varphi(b) - \operatorname{arsinh} b$ は b によらない定数となる。

第 6 章　微分方程式入門

問題 6.1 次の関数 $a(x)$, $b(x)$ に対して，微分方程式 $y'=a(x)y+b(x)$ を解きたい。そのため，斉次方程式 $y'=a(x)y$ の解 $y=g(x)$ であって $g(0)=1$ となるものを選び，方程式 $y'=a(x)y+b(x)$ の任意の解 $y=f(x)$ に対して導関数 $\dfrac{d}{dx}\dfrac{f(x)}{g(x)}$ を計算し，その結果を利用して，方程式 $y'=a(x)y+b(x)$ の直線 $\mathbf{R}$ 全体で定義された解をすべて求めよ。

(1) $a(x)=x$, $b(x)=1-x^2$　　(2) $a(x)=\sin x$, $b(x)=\sin^3 x$
(3) $a(x)=\dfrac{2x}{x^2+1}$, $b(x)=\sqrt{1+x^2}$　　(4) $a(x)=\dfrac{e^x}{e^x+1}$, $b(x)=2e^{x/2}$

なお，この問題の斉次方程式 $y'=a(x)y$ はいずれも確認 9E で扱った方程式である。

[略解] (1) $y=x+Ce^{x^2/2}$, $C\in\mathbf{R}$.　(2) $y=(\cos x-1)^2 + Ce^{-\cos x}$, $C\in\mathbf{R}$.　(3) $y=(x^2+1)\log(x+\sqrt{x^2+1})+C(x^2+1)$, $C\in\mathbf{R}$.　(4) $y=2(e^x+1)\arctan\sinh(x/2) + C(e^x+1)$, $C\in\mathbf{R}$. □

[解説] (1) $\dfrac{d}{dx}\left(ye^{-x^2/2}\right) = y'e^{-x^2/2} - xye^{-x^2/2} = (1-x^2)e^{-x^2/2}$ であるから，$ye^{-x^2/2} =$

$\int (1-x^2)e^{-x^2/2}dx = \int (e^{-x^2/2} + x\frac{d}{dx}e^{-x^2/2})dx = xe^{-x^2/2} + C$ と積分できる。C は積分定数である。

(2) $\frac{d}{dx}(ye^{\cos x - 1}) = y'e^{\cos x - 1} - (\sin x)ye^{\cos x - 1} = (\sin x)^3 e^{\cos x - 1}$ であるから，両辺に定数 e を掛けて $\frac{d}{dx}(ye^{\cos x}) = (\sin x)^3 e^{\cos x}$ となる。そこで，$z = \cos x$ と置換して $ye^{\cos x} = \int (\sin x)^3 e^{\cos x}dx = \int (z^2-1)e^z dz = (z-1)^2 e^z + C = (\cos x - 1)^2 e^{\cos x} + C$ と積分できる。C は積分定数である。ゆえに $y = (\cos x - 1)^2 + Ce^{-\cos x}$ と解ける。

(3) $\frac{d}{dx}(y/(1+x^2)) = y'/(1+x^2) - 2xy/(1+x^2)^2 = (1+x^2)^{-1/2}$ であるから，$y/(1+x^2) = \int (1+x^2)^{-1/2}dx = \operatorname{arsinh} x + C = \log(x+\sqrt{x^2+1}) + C$ と積分できる。C は積分定数である。ゆえに $y = (x^2+1)\log(x+\sqrt{x^2+1}) + C(x^2+1)$ と解ける。

(4) $\frac{d}{dx}(2y/(e^x+1)) = 2y'/(e^x+1) - 2e^x y/(e^x+1)^2 = 4e^{x/2}/(e^x+1) = 2/\cosh(x/2)$ であるから，両辺に定数 $1/2$ を掛けて $\frac{d}{dx}(y/(e^x+1)) = 1/\cosh(x/2)$ となる。$z = \sinh(x/2)$ と置換して $y/(e^x+1) = \int \frac{dx}{\cosh(x/2)} = \int \frac{\cosh(x/2)}{1+\sinh^2(x/2)}dx = 2\int (1+z^2)^{-1}dz = 2\arctan z + C = 2\arctan \sinh(x/2) + C$ と積分できる。C は積分定数である。ゆえに $y = 2(e^x+1)\arctan \sinh(x/2) + C(e^x+1)$ と解ける。 □

問題 6.2 微分方程式 $y'' - (a+b)y' + aby = 0$ の解 $y = f(x)$ について以下の問に答えよ。ただし a, b は相異なる実数である。

(1) $y = f'(x) - bf(x)$ は微分方程式 $y' = ay$ の解であることを示せ。

(2) $y = f(x) - Ce^{ax}$ が微分方程式 $y' = by$ の解となるような定数 C が存在することを示せ。

(3) 微分方程式 $y'' - (a+b)y' + aby = 0$ の解をすべて求めよ。

[解説] (1) $y = f'(x) - bf(x)$ について $y' = f''(x) - bf'(x) = af'(x) - abf(x) = ay$ となる。

(2) (1) により $f'(x) - bf(x) = C'e^{ax}$ を満たす定数 C' が存在する。$C = \frac{1}{a-b}C'$ とおくと $(f(x) - Ce^{ax})' - b(f(x) - Ce^{ax}) = f'(x) - aCe^{ax} - bf(x) + bCe^{ax} = (C' - aC + bC)e^{ax} = 0$ となる。

(3) (2) の C について $f(x) - Ce^{ax} = C_0 e^{bx}$ を満たす定数 C_0 が存在する。従って，微分方程式 $y'' - (a+b)y' + aby = 0$ の解はすべて $f(x) = Ce^{ax} + C_0 e^{bx}$ という形をしている。ここで C および C_0 は定数である。逆にこの形の関数は与えられた微分方程式の解になっている。 □

問題 6.3 $a > 0$ とする。空でない開区間 I で定義された微分方程式 $y'' = -a^2 y$ の任意の解 $y = f(x)$ は，ある実数の定数 λ, μ によって $f(x) = \lambda \cos ax + \mu \sin ax$ と表されることを示せ。

[解説] §A の議論をなぞればよい。例えば，§A2 参考 2° の議論を用いてみよう。I 上で定義された関数 $y = f(x)$ が $y'' = -a^2 y$ の解であるとする。点 $x_0 \in I$ を取り

$$g(x) = f(x) - f(x_0)\cos(a(x-x_0)) - \frac{1}{a}f'(x_0)\sin(a(x-x_0))$$

とおく。$g(x)$ が恒等的に 0 であることを示せばよい。三角関数の加法定理により $f(x_0)\cos(a(x-x_0)) + \frac{1}{a}f'(x_0)\sin(a(x-x_0))$ は，ある実数の定数 λ, μ によって $f(x) = \lambda \cos ax + \mu \sin ax$ と表されるからである。

さて，解の重ね合わせにより $y = g(x)$ も $y'' = -a^2 y$ の解である。よって

$$\frac{d}{dx}\left(a^2 g(x)^2 + g'(x)^2\right) = 2a^2 g(x)g'(x) + 2g'(x)g''(x) = 2a^2 g(x)g'(x) - 2a^2 g'(x)g(x) = 0$$

となるから $a^2 g(x)^2 + g'(x)^2$ は x によらない I 上の定数関数であるが，$g(x_0) = g'(x_0) = 0$ より，その値は 0 であり，$a \neq 0$ だから $g(x)$ は恒等的に 0 である。これが示すべきことであった。□

(参考) §A2 の議論の結果を認めることにすれば，これに帰着させて示すことも考えられる。実際，I 上で定義された関数 $y = f(x)$ が $y'' = -a^2 y$ の解であるとする。区間 I は空でないので，$x_0 \in I$ となる点 x_0 を一つ選び，固定する。このとき，開区間 $\{x \in \mathbf{R} \mid a^{-1}x + x_0 \in I\}$ 上で $h(x) = f(a^{-1}x + x_0)$ とおくと $h''(x) = -h(x)$ である。従って，§A2 により $f(a^{-1}x + x_0) = h(x) = h(0)\cos x + h'(0)\sin x = f(x_0)\cos x + \frac{1}{a}f'(x_0)\sin x$ となる。ゆえに $f(x) = f(x_0)\cos(a(x - x_0)) + \frac{1}{a}f'(x_0)\sin(a(x - x_0))$ が得られる。よって，三角関数の加法定理により，$f(x_0)\cos(a(x - x_0)) + \frac{1}{a}f'(x_0)\sin(a(x - x_0))$ は，ある実数の定数 λ, μ によって $f(x) = \lambda \cos ax + \mu \sin ax$ と表される。

問題 6.4 以下の問に答えよ。

(1) 導関数 $\dfrac{d}{dx}\operatorname{arsinh} x$ を計算せよ。

(2) 微分方程式 $y' = \cos y$ の直線 $\mathbf{R}$ 全体で定義された解 $y = f(x)$ で $f(0) = 0$ を満たすものに対して，$\tan y = \sinh x$ となることを示せ。

[解説] (1) $f(x) = \sinh x$, $g(x) = \operatorname{arsinh} x$ とおくと，$f'(x) = \cosh x = \sqrt{1 + \sinh^2 x} = \sqrt{1 + f(x)^2}$ であるから，逆関数の導関数の公式 (第 4 章 §5.2 定理 4) によって $\dfrac{d}{dx}\operatorname{arsinh} x = g'(x) = \dfrac{1}{f'(g(x))} = \dfrac{1}{\sqrt{1 + x^2}}$ が得られる。

(2) 関数 $y = f(x)$ は微分方程式 $y' = \cos y$ の直線 $\mathbf{R}$ 全体で定義された解であって，$f(0) = 0$ を満たすものとする。このとき，$\dfrac{d}{dx}(\operatorname{arsinh}\tan y) = \dfrac{1}{\sqrt{1 + \tan^2 y}}(1 + \tan^2 y)\cos y = 1$ より $\operatorname{arsinh}\tan y = x + C$ と解ける。ここで C は積分定数である。$f(0) = 0$ より $C = 0$ であるから $\operatorname{arsinh}\tan y = x$ ゆえに $\tan y = \sinh x$ となる。□

(参考) 問 (1) を使わずに問 (2) だけを解くこともできる。与えられた方程式を変数分離によって解くと $x + C = \displaystyle\int \dfrac{1}{\cos y}dy = \int \dfrac{\cos y}{1 - \sin^2 y}dy =$ を得る。ただし C は積分定数である。ここで $z = \sin y$ と変数変換して $x + C = \displaystyle\int \dfrac{dz}{1 - z^2} = \dfrac{1}{2}\log\left|\dfrac{1 + z}{1 - z}\right|$ となる。従って $\dfrac{1 + z}{1 - z} = e^C e^{2x}$ であるが，$x = 0$ のとき $z = \sin 0 = 0$ だから $C = 0$ である。ゆえに $\dfrac{1 + z}{1 - z} = e^{2x}$ となり，z について解いて $\sin y = z = \dfrac{e^{2x} - 1}{e^{2x} + 1} = \tanh x$ が得られる。このとき $\cos y = \sqrt{1 - \tanh^2 x} = \dfrac{2}{e^x + e^{-x}}$ となり，$\tan y = \sin y / \cos y = \sinh x$ を得る。

問題 6.5 実数の組 $(a, b) \in \mathbf{R}^2$ が与えられたとし，微分方程式 $y' = 3y^{2/3}$ の直線 $\mathbf{R}$ 全体で定義された解 $y = f(x)$ であって，$f(-2) = a^3$ および $f(2) = b^3$ を満たすものを考える。組 (a, b) として以下のものを取るとき，そのような解は存在するか？

(1) $(-2, 2)$ (2) $(-1, 1)$ (3) $(1, -1)$ (4) $(1, 4)$

[解説] 微分方程式 $y' = 3y^{2/3}$ の解は $y' = 3y^{2/3} = 3(y^{1/3})^2 \geq 0$ を満たすので，区間上で広義単調増加であることに注意する。さて，区間上で $y \neq 0$ であれば，

$$\frac{d}{dx}y^{1/3} = \frac{1}{3}y^{-2/3}\frac{dy}{dx} = 1$$

となるから，$y^{1/3} = x+c$ となり，これより $y = (x+c)^3$ は解である．ただし c は任意の定数である．また，定数関数 $y \equiv 0$ も微分方程式 $y' = 3y^{2/3}$ を満たしている．

(1) $f(x) = x^3$ は，確かに $f(-2) = (-2)^3 = a^3$, $f(2) = 2^3 = b^3$ を満たすから，条件を満たす解になっている．

(2) 次の関数は与えられた条件を満たす解である．

$$f(x) = \begin{cases} (x-1)^3 & (x \geq 1 \text{ のとき}) \\ 0 & (-1 \leq x \leq 1 \text{ のとき}) \\ (x+1)^3 & (x \leq -1 \text{ のとき}) \end{cases}$$

(3) この場合は $f(-2) = 1 > -1 = f(2)$ となるが，これは微分方程式の解 $f(x)$ が広義単調増加であることに反する．よって，条件を満たす解は存在しない．

(4) $a = 1 > 0$ であり，$f(x)$ は広義単調増加だから，$x \geq -2$ において $f(x) > 0$ となり，これより $f(x) = (x+3)^3$ でなければならないが，このとき $4^3 = f(2) = 5^3$ となって矛盾である．よって，条件を満たす解は存在しない． □

研究 6-1 区間 $(0, \infty)$ で定義された微分可能な関数 $y = f(x)$ に関して，次の条件 (a) を考える．

(a) 各 $t > 0$ について，$y = f(x)$ のグラフの点 $P_t(t, f(t))$ における法線を l_t とし，点 $F(0, 1)$ を l_t に関して対称移動して得られる点を G_t とする．このとき，ベクトル $\overrightarrow{P_t G_t}$ は，ある 0 以上の数 $u(t)$ によって $\overrightarrow{P_t G_t} = (0, u(t))$ と表される．

以下の問に答えよ．

(1) 条件 (a) のもとで $u(t)$ を t と $f(t)$ によって表せ．

(2) 条件 (a) のもとで関数 $y = f(x)$ を満たす微分方程式を，$\dfrac{dy}{dx}$ を x と y によって表す形で求めよ．

(3) 問 (2) で求めた微分方程式を $z = (f(x) - 1)/x$ の微分方程式に書き換えよ．

(4) 問 (3) で得られた微分方程式を解くことによって，条件 (a) を満たす関数 $y = f(x)$ をすべて求めよ．

[解説] (1) ベクトル $\overrightarrow{P_t G_t}$ の長さは，ベクトル $\overrightarrow{P_t F} = (-t, 1-f(t))$ の長さに等しく，他方，$u(t) \geq 0$ より，$u(t)$ にも等しい．従って $u(t) = \sqrt{t^2 + (1-f(t))^2}$, つまり，$\overrightarrow{P_t G_t} = (0, \sqrt{t^2 + (1-f(t))^2})$ である．

(2) $x = t, y = f(t)$ とおく．条件 (a) により，$\overrightarrow{P_x F} + \overrightarrow{P_x G_x} = (-x, 1-y+\sqrt{x^2+(1-y)^2})$ は点 (x,y) におけるグラフ $y = f(x)$ の接線方向のベクトル $(1, y')^T$ と直交するから，関係式 $(\sqrt{x^2 + (y-1)^2} - (y-1))\dfrac{dy}{dx} = x$ が得られる．ところが $x \neq 0$ だから $\dfrac{dy}{dx} = \dfrac{\sqrt{x^2 + (y-1)^2} + (y-1)}{x}$ となる．

(3) $xz = y - 1$ の両辺を x で微分し，問 (2) で得られた方程式を代入すると

$$x\frac{dz}{dx} + z = \frac{dy}{dx} = \frac{\sqrt{x^2+(y-1)^2}+(y-1)}{x} = \sqrt{1+z^2} + z,$$

となり，$\dfrac{dz}{dx} = \dfrac{\sqrt{1+z^2}}{x}$ が得られる

(4) 問 (3) で得られた微分方程式を変数分離で解くと

$$\operatorname{arsinh} z = \int \frac{dz}{\sqrt{1+z^2}} = \int \frac{dx}{x} = \log|x| + C'$$

となる。ただし C' は積分定数である。両辺の $\sinh$ をとって $C = e^{C'}$ とおけば
$$z = \sinh(\log|x| + C') = \frac{C|x| - C^{-1}|x|^{-1}}{2}$$
となる。ここで $y = 1 + xz$ であり、$x > 0$ だから、求める解は
$$y = \frac{C}{2}x^2 + 1 - \frac{1}{2C}$$
となる。ただし C は正の定数である。 □

研究 6-2 微分方程式 $x^3 y' = y^2$ の直線 $\mathbf{R}$ 全体で定義された単調非減少な解 $y = f(x)$ で $\lim_{x \to +\infty} f(x) = 1$ となるものを求めよ.

[解説] 求める解を $y = f(x)$ とする。これは微分方程式 $x^3 y' = y^2$ の解なので微分可能であり、特に連続である。

ここで、$x < 0$ のとき $y' = y^2/x^3 \leq 0$ であるから、開区間 $(-\infty, 0)$ 上で $f(x)$ は単調非増加である。ところが、条件から $f(x)$ は単調非減少なので、$y' \geq 0$ である。よって、$x < 0$ のとき $y' = 0$ であり、$y^2 = x^3 y' = 0$ より $y = 0$ を得る。すなわち、関数 $y = f(x)$ は開区間 $(-\infty, 0)$ 上で恒等的に 0 である。

関数 $f(x)$ は単調非減少かつ $\lim_{x \to +\infty} f(x) = 1$ を満たすから、$f(x) = 0$ となる x 全体の集合は空でなく上に有界であり、よって上限を持つ。それを x_0 とおくと、$x < 0$ のとき $f(x) = 0$ だから $x_0 \geq 0$ である。

さて、点 x_0 の定め方から、関数 $y = f(x)$ は開区間 (x_0, ∞) で 0 とならないので、微分方程式 $x^3 y' = y^2$ により $\frac{y'}{y^2} = \frac{1}{x^3}$ となり、よって、ある定数 C が存在して
$$-\frac{1}{y} = -\frac{1}{2x^2} + C$$
となる。このとき、$y = \frac{2x^2}{1 - 2Cx^2}$ となるが、
$$1 = \lim_{x \to +\infty} \frac{2x^2}{1 - 2Cx^2} = -\frac{1}{C}$$
より $C = -1$ となるので、開区間 (x_0, ∞) において $f(x) = \frac{2x^2}{1 + 2x^2}$ となる。

ここで、$x_0 > 0$ であったとすると、$f(x_0) = \lim_{x \to x_0 + 0} f(x) = \frac{2x_0^2}{1 + 2x_0^2} > 0$ となるが、$f(x)$ は連続だから、これは点 x_0 の定め方に反する。よって $x_0 = 0$ であるから、
$$f(x) = \begin{cases} \dfrac{2x^2}{1 + 2x^2} & (x > 0) \\ 0 & (x \leq 0) \end{cases}$$
を得る。

逆に、このように定めた関数 $f(x)$ は与えられた条件をすべて満たす（詳細略）。以上により、上記のように定めた関数 $f(x)$ が求める解のすべてである。 □

第 7 章 複素数と多項式

問題 7.1 以下の問に答えよ。

(1) $a \neq b$ とする。多項式 $f(x)$ を $(x-a)(x-b)$ で商をとった剰余を $f(a)$ と $f(b)$ を用いて表せ。

(2) 多項式 $f(x)$ を $(x-a)^2$ で商をとった剰余を $f(a)$ と $f'(a)$ を用いて表せ。

[解説] (1) 除法定理により、定数 λ, μ と多項式 $g(x)$ が存在して $f(x) = g(x)(x-a)(x-b) + \lambda x + \mu$ となる。x に a および b を代入して、$f(a) = \lambda a + \mu$ および $f(b) = \lambda b + \mu$ が成り立つ。

$a \neq b$ に注意してこれを解くと $\lambda = \dfrac{f(b) - f(a)}{b - a}$ および $\mu = \dfrac{f(a)b - f(b)a}{b - a}$ となるから，求める剰余は $\left(\dfrac{f(b) - f(a)}{b - a}\right)x + \left(\dfrac{f(a)b - f(b)a}{b - a}\right)$ である．

(2) 除法定理により，定数 p, q と多項式 $h(x)$ が存在して $f(x) = h(x)(x - a)^2 + p(x - a) + q$ となる．このとき，$f(a) = q$ および $f'(a) = p$ であるから，求める剰余は $f'(a)(x - a) + f(a) = f'(a)x + (f(a) - af'(a))$ である． □

問題 7.2 整数 x, y を用いて $x + iy$ と表されるような複素数をガウスの整数とよぶ．複素数 z_1 と z_2 がガウスの整数であって $z_2 \neq 0$ であるとき，$z_1 = z_3 z_2 + z_4$ かつ $|z_4| \lneq |z_2|$ となるようなガウスの整数 z_3, z_4 が存在することを示せ．

[解説] 商 $\dfrac{z_1}{z_2} \in \mathbf{C}$ に最も近いガウスの整数を z_3 とし，$z_4 = z_1 - z_3 z_2$ とおく．一辺の長さが 1 である正方形の長径は $\sqrt{2}$ だから $\left|\dfrac{z_1}{z_2} - z_3\right| \leq \dfrac{\sqrt{2}}{2} \lneq 1$ である．従って $|z_2| > 0$ より $|z_4| = |z_1 - z_3 z_2| \lneq |z_2|$ となる． □

問題 7.3 $\mathbf{R}$ 上の複素数値関数 $z(t) = x(t) + iy(t)$, $w(t) = u(t) + iv(t)$ を考える．ただし $x(t), y(t), u(t), v(t)$ は実数値関数である．関数 $z(t)$ の導関数を $z'(t) = (z(t))' = x'(t) + iy'(t)$ と定義する．ただし，$x'(t), y'(t)$ は高等学校で学んだ実数値関数の導関数を表す．

(1) 関係式 $(z(t)w(t))' = z'(t)w(t) + z(t)w'(t)$ が成り立つことを示せ．

(2) $z(t) \neq 0$ のとき，関係式 $\left(\dfrac{1}{z(t)}\right)' = -\dfrac{z'(t)}{z(t)^2}$ が成り立つことを示せ．

[解説] (1) $z(t)w(t) = x(t)u(t) - y(t)v(t) + i(x(t)v(t) + y(t)u(t))$ に導関数の定義を適用し，$(x(t)u(t))' = x'(t)u(t) + x(t)u'(t)$ などを使って計算して因数分解すればよい．

(2) $w(t) = \dfrac{1}{z(t)}$ とおいて (1) の結果を適用すると $0 = z'(t)w(t) + z(t)w'(t)$ だから $\left(\dfrac{1}{z(t)}\right)' = w'(t) = -\dfrac{z'(t)w(t)}{z(t)} = -\dfrac{z'(t)}{z(t)^2}$ となる． □

(参考) (1) では，複素数値関数に対する極限値を計算して示すこともできる．実際，定義域の点 a について $z'(a) = \lim_{t \to a} \dfrac{z(t) - z(a)}{t - a}$ に注意すると，

$(z(t)w(t))'|_{t=a}$
$= \lim_{t \to a} \left(\dfrac{1}{t - a}\big((z(t) - z(a))w(t) + z(a)(w(t) - w(a))\big)\right) = z'(a)w(a) + z(a)w'(a)$

となるが，a は定義域の任意の点だから，示すべき式が成り立つ．

問題 7.4 次の多項式 $f(x)$ が重根を持つような定数 a の値を求め，そのときの解の重複度を答えよ．

(1) $f(x) = x^4 - 4x^3 - 8x^2 + a$ (2) $f(x) = x^4 + 4x^3 + 4x^2 + a$

[解説] まず，問題 7.1 (2) により，多項式 $f(x)$ が重根 α を持つためには $f(\alpha) = f'(\alpha) = 0$ が成立することが必要十分である．従って，$f'(\alpha) = 0$ となるような α を求め，$f(\alpha) = 0$ となる条件を調べればよい．さらに，そのときの根 α の重複度を調べればよい．

(1) $f(x) = x^4 - 4x^3 - 8x^2$ とおく．このとき $f'(x) = 4x^3 - 12x^2 - 16x = 4x(x + 1)(x - 4)$ であって $f(0) = 0$, $f(-1) = -3$ および $f(4) = -128$ である．従って $f(x) + a$ が重根を持つのは $a = 0, 3, 128$ のときであり，そのときに限る．

 i) $a = 0$ のとき $x^4 - 4x^3 - 8x^2 = x^2(x - 2 - 2\sqrt{3})(x - 2 + 2\sqrt{3})$ となって，重複度 2 の根

$x = 0$ と重複度 1 の根 $x = 2 \pm 2\sqrt{3}$ を持つ．根はこれだけである．

ii) $a = 3$ のとき $x^4 - 4x^3 - 8x^2 + 3 = (x+1)^2(x - 3 - \sqrt{6})(x - 3 + \sqrt{6})$ となって，重複度 2 の根 $x = -1$ と重複度 1 の根 $x = 3 \pm \sqrt{6}$ を持つ．根はこれだけである．

iii) $a = 128$ のとき $x^4 - 4x^3 - 8x^2 + 128 = (x-4)^2(x + 2 - i\sqrt{2})(x + 2 + i\sqrt{2})$ となって，重複度 2 の根 $x = 4$ を持つ．実数根はこれだけだが，複素数根まで考えると，さらに重複度 1 の根 $x = -2 \pm 2i$ を持つ．複素数根はこれだけである．

(2) $g(x) = x^4 + 4x^3 + 4x^2$ とおくと $g'(x) = 4x(x+1)(x+2)$ であって $g(0) = 0$, $g(-1) = 1$, $g(-2) = 0$ であるから，$g(x) + a$ が重根を持つのは $a = 0, -1$ のときであり，そのときに限る．

i) $a = 0$ のとき $x^4 + 4x^3 + 4x^2 = x^2(x+2)^2$ となって，重複度 2 の根 $x = 0, -2$ を持つ．根はこれだけである．

ii) $a = -1$ のとき $x^4 + 4x^3 + 4x^2 + 1 = (x+1)^2(x^2 + 2x - 1)$ となって，重複度 2 の根 $x = -1$ と重複度 1 の根 $x = -1 \pm \sqrt{2}$ を持つ．根はこれだけである． □

(参考) 重複度 1 の根を単根，重複度 2 の根を二重根，重複度 3 の根を三重根などと言い，一般に重複度 n の根を n 重根と言う．

研究 7-1 以下の問に答えよ．

(1) 多項式からなる集合 A は次の条件をすべて満たすとする．

 i) $0 \in A$ である．

 ii) $Q_1(x), Q_2(x) \in A$ ならば $Q_1(x) - Q_2(x) \in A$ となる．

 iii) $Q(x) \in A$ ならば，任意の多項式 $P(x)$ について $P(x)Q(x) \in A$ となる．

集合 A は 0 以外の元を持つとし，そのような A の元のうち，次数が最小のものを一つ選び，これを $Q_0(x)$ とする．このとき，

$$A = \{P(x)Q_0(x) \mid P(x) \text{ は多項式}\}$$

が成立することを示せ．

(2) 多項式 $f_1(x), \ldots, f_n(x)$ は複素数の範囲で共通根を持たないとする．このとき，ある多項式 $g_1(x), \ldots, g_n(x)$ が存在して $\sum_{k=1}^{n} g_k(x) f_k(x) = 1$ となることを示せ．ただし $n \geq 2$ とする．

[解説] (1) 多項式 $Q_0(x)$ を用いて，集合 B を次のように定義する．

$$B = \{P(x)Q_0(x) \mid P(x) \text{ は多項式}\}$$

このとき $A = B$ を示せばよい．$Q_0(x) \in A$ と条件 iii) により $B \subset A$ であるから，あとは $A \subset B$ を示せばよい．

まず $\deg Q_0(x) = 0$ の場合を考える．このとき $Q_0(x)$ は 0 でない複素数だから，B は多項式全体の集合に一致する．特に $A \subset B$ である．

つぎに $\deg Q_0(x) \geq 1$ の場合を考える．$Q(x)$ を A に属する任意の多項式とする．このとき $Q(x) \in B$ を示せばよい．剰余定理を $Q(x)$ および次数が 1 以上の多項式 $Q_0(x)$ に適用して

$$Q(x) = P(x)Q_0(x) + R(x), \quad \deg R(x) < \deg Q_0(x)$$

を満たす多項式 $P(x)$ および $R(x)$ が存在することが分かる．このとき $R(x) = Q(x) - P(x)Q_0(x) \in A$ である．もし $R(x) \neq 0$ だったとすると $\deg Q_0(x)$ の最小性から $\deg R(x) \geq \deg Q(x)$ となってしまうので，$R(x) = 0$ つまり $Q(x) = P(x)Q_0(x) \in B$ である．よって $A \subset B$ が示された．

(2) 集合 $A = \left\{ \sum_{k=1}^{n} p_k(x) f_k(x) \,\middle|\, p_k(x) \text{ は多項式} \right\}$ は (1) の条件 i) ii) iii) をすべて満たし

ているから，ある多項式 $Q_0(x)$ が存在して $A = \{P(x)Q_0(x) \mid P(x)$ は多項式$\}$ と表される。$f_1(x), \ldots, f_n(x) \in A$ だから，多項式 $q_1(x), \ldots, q_n(x)$ が存在して，$f_k(x) = q_k(x)Q_0(x)$ $(k = 1, \ldots, n)$ となる。いま，もし $\deg Q_0(x) \geq 1$ または $Q_0(x) = 0$ だったとすると，代数学の基本定理により $Q_0(\alpha) = 0$ を満たす複素数 α が存在するが，このとき $f_k(\alpha) = q_k(\alpha)Q_0(\alpha) = 0$ となるから $f_1(x), \ldots, f_n(x)$ が共通根を持たないという仮定に矛盾する。従って $Q_0(x)$ は 0 でない定数であるので，その値を λ とおく。特に λ^{-1} も（0次の）多項式だから，$1 = \lambda^{-1}\lambda \in A$ である。集合 A の定め方から $1 = \sum_{k=1}^{n} g_k(x)f_k(x)$ を満たす多項式 $g_1(x), \ldots, g_n(x)$ が存在する。 □

(参考) この問題で扱った内容は，正方行列の固有値や対角化の問題の取り扱いに際して重要な役割を果たす。これについては「線型代数学」で扱う。なお，やや専門的になるが，参考までに述べておくと，（一変数の）多項式全体の集合に加法と乗法を与えたものを（一変数の）多項式環と呼ぶ。また，条件 i) ii) iii) を満たす集合 A を多項式環のイデアルと呼び，(1) で与えた多項式 $Q_0(x)$ をイデアル A の最小多項式と呼ぶ。

第 8 章 平面の一次変換

問題 8.1 (1) 行列 $\begin{bmatrix} a & b \\ c & d \end{bmatrix}$ が $a \neq 0$ を満たすならば，$\begin{bmatrix} a & b \\ c & d \end{bmatrix} = \begin{bmatrix} p & 0 \\ q & r \end{bmatrix} \begin{bmatrix} 1 & s \\ 0 & 1 \end{bmatrix}$ を満たす p, q, r, s がただ一つ存在することを示せ。

(2) 行列 $\begin{bmatrix} a & b \\ c & d \end{bmatrix}$ が $ad - bc \neq 0$ を満たすならば，$\begin{bmatrix} a & b \\ c & d \end{bmatrix} = \begin{bmatrix} \cos\theta & -\sin\theta \\ \sin\theta & \cos\theta \end{bmatrix} \begin{bmatrix} p & q \\ 0 & r \end{bmatrix}$ を満たす $\theta \in [0, 2\pi)$, $p, q, r \in \mathbf{R}$, $p > 0$, がただ一つ存在することを示せ。

[略解] (1) $\begin{bmatrix} p & 0 \\ q & r \end{bmatrix} \begin{bmatrix} 1 & s \\ 0 & 1 \end{bmatrix} = \begin{bmatrix} p & ps \\ q & sq+r \end{bmatrix}$ だから，$a = p, b = ps, c = q, d = sq + r$ となるが，これらを連立した p, q, r, s に関する方程式は，仮定 $a \neq 0$ によりただ一通りに解くことができる。

(2) $ad - bc \neq 0$ であるから $(a, c)^{\mathrm{T}} \neq (0, 0)^{\mathrm{T}}$ が成立する。従って $(a, c)^{\mathrm{T}} = (p\cos\theta, p\sin\theta)^{\mathrm{T}}$ を満たす $p > 0$ と $\theta \in [0, 2\pi)$ がそれぞれただ一つ存在する。そのような p, θ に対して，方程式 $\begin{bmatrix} b \\ d \end{bmatrix} = \begin{bmatrix} \cos\theta & -\sin\theta \\ \sin\theta & \cos\theta \end{bmatrix} \begin{bmatrix} q \\ r \end{bmatrix}$ は $\begin{bmatrix} q \\ r \end{bmatrix} = \begin{bmatrix} \cos\theta & \sin\theta \\ -\sin\theta & \cos\theta \end{bmatrix} \begin{bmatrix} b \\ d \end{bmatrix}$ とただ一通りに解けるので，与えられた条件を満たす p, q, r はそれぞれただ一つ存在する。 □

問題 8.2 ベクトル $\begin{bmatrix} \cos\theta \\ \sin\theta \end{bmatrix}$ を方向ベクトルとする平面 $\mathbf{R}^2$ 上の原点を通る直線を L とする。このとき，平面上の点 P に対して，その L への正射影 Q を対応させる変換 F は一次変換である。一次変換 F を表す行列を求めよ。

[解説] 変換 F は一次変換だから，§3.3 で述べたように，その行列表示は $[F(\mathbf{e}_1) \; F(\mathbf{e}_2)]$ によって与えられる。実際に計算すると $F(\mathbf{e}_1) = \begin{bmatrix} \cos^2\theta \\ \cos\theta\sin\theta \end{bmatrix}$, $F(\mathbf{e}_2) = \begin{bmatrix} \cos\theta\sin\theta \\ \sin^2\theta \end{bmatrix}$ となるので，求める行列表示は $\begin{bmatrix} \cos^2\theta & \cos\theta\sin\theta \\ \cos\theta\sin\theta & \sin^2\theta \end{bmatrix}$ となる。 □

(注意) 次のように考えることもできる。直線 L の単位方向ベクトル $\mathbf{u} = \begin{bmatrix} \cos\theta \\ \sin\theta \end{bmatrix}$ およびベクトル $\mathbf{x} = \begin{bmatrix} x \\ y \end{bmatrix}$ について，変換 F は直線 L への正射影だから，内積の性質により $F(\mathbf{x}) = (\mathbf{x} \cdot \mathbf{u})\mathbf{u}$ が成立する。従って，変換 F によってベクトル $\begin{bmatrix} x \\ y \end{bmatrix}$ は

$$\left(\begin{bmatrix} x \\ y \end{bmatrix} \cdot \begin{bmatrix} \cos\theta \\ \sin\theta \end{bmatrix} \right) \begin{bmatrix} \cos\theta \\ \sin\theta \end{bmatrix} = \begin{bmatrix} x\cos^2\theta + y\cos\theta\sin\theta \\ x\cos\theta\sin\theta + y\sin^2\theta \end{bmatrix} = \begin{bmatrix} \cos^2\theta & \cos\theta\sin\theta \\ \cos\theta\sin\theta & \sin^2\theta \end{bmatrix} \begin{bmatrix} x \\ y \end{bmatrix}$$

に移されるので，行列表示は $\begin{bmatrix} \cos^2\theta & \cos\theta\sin\theta \\ \cos\theta\sin\theta & \sin^2\theta \end{bmatrix}$ となる。

研究 8-1 複素数からなる行列を考え，次のようにおく。

$$E = \begin{bmatrix} 1 & 0 \\ 0 & 1 \end{bmatrix}, \quad A = \begin{bmatrix} i & 0 \\ 0 & -i \end{bmatrix}, \quad B = \begin{bmatrix} 0 & 1 \\ -1 & 0 \end{bmatrix}, \quad C = \begin{bmatrix} 0 & i \\ i & 0 \end{bmatrix}$$

また，$\mathbf{H} = \left\{ \begin{bmatrix} z & -\overline{w} \\ w & \overline{z} \end{bmatrix} \middle| z, w \in \mathbf{C} \right\}$ とおくとき，以下の問に答えよ。ただし，複素数からなる行列の積は，実数からなる行列の積と同様に定めるものとし，行列の積について結合則が成り立つことは既知として良い。

(1) $A^2 = B^2 = C^2 = -E$ および $AB = C$ を示せ。

(2) (1) を利用して $AB = -BA = C, BC = -CB = A, CA = -AC = B$ を示せ。

(3) 集合 $\mathbf{H}$ の任意の元は $pE + qA + rB + sC, p, q, r, s \in \mathbf{R}$ の形に表されることを示せ。

(4) $\mathbf{H}$ の O でない元 $X = \begin{bmatrix} z & -\overline{w} \\ w & \overline{z} \end{bmatrix}$ について，$Y = \dfrac{1}{|z|^2 + |w|^2} \begin{bmatrix} \overline{z} & \overline{w} \\ -w & z \end{bmatrix} \in \mathbf{H}$ とおくと，$XY = YX = E$ が成り立つことを示せ。

[解説] (1) 直接計算によって容易に示される。
(2) 行列の積の結合則により $AC = A(AB) = (AA)B = (-E)B = -B$ であり，また，$BC = -(AC)C = -A(CC) = -A(-E) = A$，$BA = B(BC) = (BB)C = -EC = -C$，$CA = -(BA)A = -B(AA) = -B(-E) = B$，$CB = C(CA) = (CC)A = (-E)A = -A$ が成立する。
(3) $\mathbf{H}$ の任意の元 X は，複素数 z, w を用いて $X = \begin{bmatrix} z & -\overline{w} \\ w & \overline{z} \end{bmatrix}$ と表されるが，$p = \mathrm{Re}\, z$, $q = \mathrm{Im}\, z$, $r = -\mathrm{Re}\, w$, $s = \mathrm{Im}\, w$ とおけば $X = pE + qA + rB + sC$ となる。
(4) 直接計算による。 □

(参考) 1° $\mathbf{H}$ の元をハミルトン (Hamilton) の四元数あるいはクォータニオン (quaternion) と呼び，$\mathbf{H}$ を四元数体 (the (skew) field of quaternions) と呼ぶ。四元数は空間 $\mathbf{R}^3$ における回転を記述するのに有用である。
2° 次の三つの行列は，量子力学でパウリ行列 (Pauli matrices) またはパウリ・スピン行列 (Pauli spin matrices) と呼ばれる。

$$\sigma_1 = \begin{bmatrix} 0 & 1 \\ 1 & 0 \end{bmatrix}, \quad \sigma_2 = \begin{bmatrix} 0 & -i \\ i & 0 \end{bmatrix}, \quad \sigma_3 = \begin{bmatrix} 1 & 0 \\ 0 & -1 \end{bmatrix}$$

この問題の行列 A, B, C とパウリ行列は $A = i\sigma_3, B = i\sigma_2, C = i\sigma_1$ と関係している。パウリ行列は，$\sigma_1^2 = \sigma_2^2 = \sigma_3^2 = \sigma_0$ を満たす。ただし，σ_0 は 2×2 単位行列 E である。また $\sigma_1 \sigma_2 = -\sigma_2 \sigma_1 = i\sigma_3$, $\sigma_2 \sigma_3 = -\sigma_3 \sigma_2 = i\sigma_1$, $\sigma_3 \sigma_1 = -\sigma_1 \sigma_3 = i\sigma_2$ を満たす。

第 9 章 座標空間と数ベクトル

問題 9.1 $\alpha, \beta, \gamma > 0$ とする。パラメータ表示 $x = \alpha t, y = \beta t, z = \gamma t$ によって与えられた直線 L と平面 $2x + 2y + z = 1$ のなす角度 θ を α, β, γ によって表せ。

[解説] $\sin \theta = \cos((\pi/2) - \theta) = \dfrac{(2,2,1)^{\mathrm{T}} \cdot (\alpha, \beta, \gamma)^{\mathrm{T}}}{\sqrt{2^2 + 2^2 + 1^2} \sqrt{\alpha^2 + \beta^2 + \gamma^2}} = \dfrac{2\alpha + 2\beta + \gamma}{3\sqrt{\alpha^2 + \beta^2 + \gamma^2}}$ である。仮定から $\alpha, \beta, \gamma > 0$ なので右辺は正であり，$0 \leq \theta \leq \pi/2$ であることから，$\theta = \arcsin \dfrac{2\alpha + 2\beta + \gamma}{3\sqrt{\alpha^2 + \beta^2 + \gamma^2}}$ となる。 □

問題 9.2 $(\alpha, \beta, \gamma) \neq (0, 0, 0)$ とする。

(1) 平面 $\alpha x + \beta y + \gamma z + \delta = 0$ が直線 $x + y - 1 = z = 0$ を含むための必要十分条件を求めよ。

(2) 平面 $\alpha x + \beta y + \gamma z = 1$ が平面 $x + y + z = 0$ と交わるための必要十分条件を求め，交わるときに二つの平面の交叉として現れる直線の方向ベクトルを一つ求めよ。

[解説] (1) 平面が直線 $x + y - 1 = z = 0$ を含むことと，二点 $(1, 0, 0)$ および $(0, 1, 0)$ を通ることとは同値である。平面の方程式 $\alpha x + \beta y + \gamma z + \delta = 0$ に $(x, y, z) = (1, 0, 0)$ および $(0, 1, 0)$ を代入して整理すると，$\alpha = \beta = -\delta$ が求める条件であることが分かる。

(2) $z = -x - y$ を $\alpha x + \beta y + \gamma z = 1$ に代入して
$$(\alpha - \gamma)x + (\beta - \gamma)y = 1 \tag{$*$}$$
を得る。求める条件は $(*)$ が解を持つための条件に同値であって，それは $(\alpha - \gamma, \beta - \gamma) \neq (0, 0)$ と同値である。さらに，$(\alpha - \gamma)^2 + (\beta - \gamma)^2 \neq 0$ とも，$(\alpha - \gamma)^2 + (\beta - \gamma)^2 + (\gamma - \alpha)^2 \neq 0$ とも同値である。

さて，この条件のもとで $(*)$ を満たす xy 平面上の直線の方向ベクトルとして $(\beta - \gamma, \gamma - \alpha)$ が取れる。いま，$x + y + z = 0$ であるから，空間内の求める直線の方向ベクトルとして $(\beta - \gamma, \gamma - \alpha, \alpha - \beta)^{\mathrm{T}}$ が取れる。□

(参考) (2) で，実際に $(*)$ を解くと，求める直線は，例えば，パラメータ t によって
$$\begin{cases} x = (\beta - \gamma)t + \dfrac{\alpha - \gamma}{(\alpha - \gamma)^2 + (\beta - \gamma)^2} \\ y = (\gamma - \alpha)t + \dfrac{\beta - \gamma}{(\alpha - \gamma)^2 + (\beta - \gamma)^2} \\ z = (\alpha - \beta)t + \dfrac{2\gamma - \alpha - \beta}{(\alpha - \gamma)^2 + (\beta - \gamma)^2} \end{cases}$$
と表される。

なお，x, y, z を平等に表したい場合は，別のパラメータ s によって
$$\begin{cases} x = (\beta - \gamma)s + \dfrac{2\alpha - \beta - \gamma}{(\alpha - \beta)^2 + (\beta - \gamma)^2 + (\gamma - \alpha)^2} \\ y = (\gamma - \alpha)s + \dfrac{2\beta - \gamma - \alpha}{(\alpha - \beta)^2 + (\beta - \gamma)^2 + (\gamma - \alpha)^2} \\ z = (\alpha - \beta)s + \dfrac{2\gamma - \alpha - \beta}{(\alpha - \beta)^2 + (\beta - \gamma)^2 + (\gamma - \alpha)^2} \end{cases}$$
などとすることもできる。

問題 9.3 空間 $\mathbf{R}^3$ の点 $\mathrm{P}(a, b, c)$ から方程式 $\alpha x + \beta y + \gamma z + \delta = 0$ の定める平面 H に下した垂線の足を F とし，$\mathbf{v} = (\alpha, \beta, \gamma)^{\mathrm{T}}$, $\mathbf{a} = \overrightarrow{\mathrm{OP}}$, $\mathbf{x} = \overrightarrow{\mathrm{OF}}$ とおく。以下の問に答えよ。ただし $\mathbf{v} \neq \mathbf{0}$ である。

(1) ベクトル $\mathbf{x}$ をベクトル $\mathbf{v}, \mathbf{a}$ とスカラー δ を用いて表せ。

(2) 点 P と平面 H の距離 d をベクトル $\mathbf{v}, \mathbf{a}$ とスカラー δ を用いて表せ。

[解説] (1) ベクトル $\mathbf{x} - \mathbf{a}$ は平面 H と直交するから，あるスカラー t によって $\mathbf{x} - \mathbf{a} = t\mathbf{v}$ と表され，F は平面 H 上の点だから $\mathbf{v} \cdot \mathbf{x} + \delta = 0$ である。従って $\mathbf{v} \cdot (\mathbf{a} + t\mathbf{v}) + \delta = 0$ となり，$\mathbf{v} \neq \mathbf{0}$ だから $t = -\dfrac{\mathbf{v} \cdot \mathbf{a} + \delta}{\|\mathbf{v}\|^2}$ を得る。従って $\mathbf{x} = \mathbf{a} - \dfrac{\mathbf{v} \cdot \mathbf{a} + \delta}{\|\mathbf{v}\|^2}\mathbf{v}$ である。

(2) 点 P と平面 H との距離は $\|\mathbf{x} - \mathbf{a}\| = \dfrac{|\mathbf{v} \cdot \mathbf{a} + \delta|}{\|\mathbf{v}\|}$ である。□

問題 9.4 空間 $\mathbf{R}^n$ の点 $\mathrm{P}, \mathrm{Q}, \mathrm{R}$ が $\|\mathrm{P}-\mathrm{Q}\| > 2\|\mathrm{P}-\mathrm{R}\|$ を満たすならば，$\|\mathrm{P}-\mathrm{R}\| < \|\mathrm{Q}-\mathrm{R}\|$ が成立することを三角不等式を用いて示せ．

[解答] 三角不等式により $\|\mathrm{P}-\mathrm{Q}\| \leq \|\mathrm{P}-\mathrm{R}\| + \|\mathrm{Q}-\mathrm{R}\|$ である．仮定とあわせて $2\|\mathrm{P}-\mathrm{R}\| < \|\mathrm{P}-\mathrm{Q}\| \leq \|\mathrm{P}-\mathrm{R}\| + \|\mathrm{Q}-\mathrm{R}\|$ である．両辺から $\|\mathrm{P}-\mathrm{R}\|$ を引いて $\|\mathrm{P}-\mathrm{R}\| < \|\mathrm{Q}-\mathrm{R}\|$ を得る．これが示すべきことであった． $\square$

問題 9.5 空間 $\mathbf{R}^n$ のベクトル $\mathbf{a} = (a_1, \ldots, a_n)^\mathrm{T}$, $\mathbf{b} = (b_1, \ldots, b_n)^\mathrm{T}$ に対して，

$$(\mathbf{a} \cdot \mathbf{a})(\mathbf{b} \cdot \mathbf{b}) - (\mathbf{a} \cdot \mathbf{b})^2 = \sum_{1 \leq i < j \leq n} (a_i b_j - a_j b_i)^2$$

が成立することを示せ．

[解説] 次のようにして左辺は右辺に式変形される．

$$\begin{aligned}
&(\mathbf{a} \cdot \mathbf{a})(\mathbf{b} \cdot \mathbf{b}) - (\mathbf{a} \cdot \mathbf{b})^2 \\
&= \Big(\sum_{i=1}^n a_i{}^2\Big)\Big(\sum_{j=1}^n b_j{}^2\Big) - \Big(\sum_{i=1}^n a_i b_i\Big)\Big(\sum_{j=1}^n a_j b_j\Big) \\
&= \sum_{i=1}^n a_i{}^2 b_i{}^2 + \sum_{i<j}(a_i{}^2 b_j{}^2 + a_j{}^2 b_i{}^2) - \sum_{i=1}^n a_i{}^2 b_i{}^2 - 2\sum_{i<j} a_i b_i a_j b_j \\
&= \sum_{i<j}(a_i b_j - a_j b_i)^2. \quad \square
\end{aligned}$$

研究 9-1 $\mathbf{a}, \mathbf{b}, \mathbf{c} \in \mathbf{R}^3$ とし，$\mathbf{x} = (x, y, z)^\mathrm{T}$ と表す．

(1) $\mathbf{a} \times \mathbf{b} \neq \mathbf{0}$ のとき，$(\mathbf{a} \times \mathbf{b}) \cdot (\mathbf{x} - \mathbf{c}) = 0$ は，点 $\mathbf{c}$ を通り $\mathbf{a}$ と $\mathbf{b}$ の張る平面の方程式である．

(2) $\mathbf{a} \times \mathbf{b} = \mathbf{0}$ であることと，3 点 $\mathbf{0}, \mathbf{a}, \mathbf{b}$ が同一直線上にあることとは同値であることを示せ．

(3) 3 点 $\mathbf{a}, \mathbf{b}, \mathbf{c}$ が同一直線上にないための必要十分条件を外積を用いて表せ．

(4) 3 点 $\mathbf{a}, \mathbf{b}, \mathbf{c}$ が同一直線上にないとき，3 点 $\mathbf{a}, \mathbf{b}, \mathbf{c}$ を通る平面の方程式を外積を用いて表せ．

[解説] (1) $\mathbf{a} \times \mathbf{b}$ が $\mathbf{a}$ および $\mathbf{b}$ と直交することから直ちに分かる．
(2) 3 点 $\mathbf{0}, \mathbf{a}, \mathbf{b}$ が同一直線上にあれば，$\mathbf{a} \times \mathbf{b} = \mathbf{0}$ であることは外積の定義から直ちに分かる．
　逆に $\mathbf{a} \times \mathbf{b} = \mathbf{0}$ とする．ここで $\mathbf{a}, \mathbf{b}$ のいずれかが $\mathbf{0}$ であれば，3 点 $\mathbf{0}, \mathbf{a}, \mathbf{b}$ は同一直線上にある．そこで $\|\mathbf{a}\|, \|\mathbf{b}\| \neq 0$ とする．このとき，$\mathbf{a}$ と $\mathbf{b}$ のなす角 θ は，$\|\mathbf{a} \times \mathbf{b}\| = \|\mathbf{a}\|\|\mathbf{b}\|\sin\theta$ により $\sin\theta = 0$ を満たす．よって，$\theta = 0$ または π であるが，これは，3 点 $\mathbf{0}, \mathbf{a}, \mathbf{b}$ が同一直線上にあることを意味する．
(3) $(\mathbf{a} - \mathbf{c}) \times (\mathbf{b} - \mathbf{c}) = \mathbf{a} \times \mathbf{b} + \mathbf{b} \times \mathbf{c} + \mathbf{c} \times \mathbf{a}$ に注意する．そこで，前問により求める条件は $\mathbf{a} \times \mathbf{b} + \mathbf{b} \times \mathbf{c} + \mathbf{c} \times \mathbf{a} \neq \mathbf{0}$ である．
(4) 問 (1) により，求める方程式は $(\mathbf{a} \times \mathbf{b} + \mathbf{b} \times \mathbf{c} + \mathbf{c} \times \mathbf{a}) \cdot \mathbf{x} - (\mathbf{a} \times \mathbf{b}) \cdot \mathbf{c} = 0$ で与えられる． $\square$

研究 9-2 空間 $\mathbf{R}^3$ のベクトル $\mathbf{v}, \mathbf{w} \neq \mathbf{0}$ および点 A, B, C が与えられたとし，$\mathbf{a} = \overrightarrow{\text{OA}}, \mathbf{b} = \overrightarrow{\text{OB}}, \mathbf{c} = \overrightarrow{\text{OC}}$ とおく．パラメータ t によって $\mathbf{b} + t\mathbf{v}$ と表される直線を L とし，$\mathbf{c} + t\mathbf{w}$ と表される直線を M とする．

(1) 直線 L と点 A の距離を $\mathbf{a}, \mathbf{b}, \mathbf{v}$ で表せ．

(2) $\mathbf{v} \times \mathbf{w} \neq \mathbf{0}$ のとき，直線 L と直線 M の距離を $\mathbf{v}, \mathbf{w}, \mathbf{b}, \mathbf{c}$ で表せ．

［解答］ (1) $\dfrac{\|\mathbf{v} \times (\mathbf{a} - \mathbf{b})\|}{\|\mathbf{v}\|}$ (2) $\dfrac{\|(\mathbf{v} \times \mathbf{w}) \times (\mathbf{v} \times (\mathbf{b} - \mathbf{c}))\|}{\|\mathbf{v} \times \mathbf{w}\|\|\mathbf{v}\|}$ □

［解説］一般に，ベクトル $t\mathbf{u} - \mathbf{p}$ に対して

$$\begin{aligned}
\|t\mathbf{u} - \mathbf{p}\|^2 &= (t\mathbf{u} - \mathbf{p}) \cdot (t\mathbf{u} - \mathbf{p}) = t^2 \|\mathbf{u}\|^2 - 2t\mathbf{u} \cdot \mathbf{p} + \|\mathbf{p}\|^2 \\
&= \|\mathbf{u}\|^2 \Big(t - \frac{\mathbf{u} \cdot \mathbf{p}}{\|\mathbf{u}\|^2}\Big)^2 - \|\mathbf{u}\|^2 \Big(\frac{\mathbf{u} \cdot \mathbf{p}}{\|\mathbf{u}\|^2}\Big)^2 + \|\mathbf{p}\|^2 \\
&= \|\mathbf{u}\|^2 \Big(t - \frac{\mathbf{u} \cdot \mathbf{p}}{\|\mathbf{u}\|^2}\Big)^2 - \frac{(\mathbf{u} \cdot \mathbf{p})^2}{\|\mathbf{u}\|^2} + \|\mathbf{p}\|^2 \\
&= \|\mathbf{u}\|^2 \Big(t - \frac{\mathbf{u} \cdot \mathbf{p}}{\|\mathbf{u}\|^2}\Big)^2 + \frac{\|\mathbf{u}\|^2 \|\mathbf{p}\|^2 - (\mathbf{u} \cdot \mathbf{p})^2}{\|\mathbf{u}\|^2} \\
&= \|\mathbf{u}\|^2 \Big(t - \frac{\mathbf{u} \cdot \mathbf{p}}{\|\mathbf{u}\|^2}\Big)^2 + \frac{\|\mathbf{u} \times \mathbf{p}\|^2}{\|\mathbf{u}\|^2}
\end{aligned}$$

であるから，t が実数全体を動くときの $\|t\mathbf{u} - \mathbf{p}\|$ の最小値は $\dfrac{\|\mathbf{u} \times \mathbf{p}\|}{\|\mathbf{u}\|}$ となることに注意する．

(1) $\mathbf{x}(t) = \mathbf{b} + t\mathbf{v}$ とおくと，$\|\mathbf{x}(t) - \mathbf{a}\| = \|t\mathbf{v} - (\mathbf{a} - \mathbf{b})\|$ の最小値は，上記の注意で $\mathbf{u} = \mathbf{v}, \mathbf{p} = \mathbf{a} - \mathbf{b}$ とおくことにより $\dfrac{\|\mathbf{v} \times (\mathbf{a} - \mathbf{b})\|}{\|\mathbf{v}\|}$ となり，これが求める距離に等しい．

(2) 問 (1) において $\mathbf{a} = \mathbf{c} + t\mathbf{w}$ とした距離を $d(t)$ とすると，分子は

$$\|\mathbf{v} \times (\mathbf{a} - \mathbf{b})\| = \|\mathbf{v} \times (t\mathbf{w} - (\mathbf{b} - \mathbf{c}))\| = \|t(\mathbf{v} \times \mathbf{w}) - \mathbf{v} \times (\mathbf{b} - \mathbf{c})\|$$

となるから，距離 $d(t)$ の最小値は，上記の注意で $\mathbf{u} = \mathbf{v} \times \mathbf{w}, \mathbf{p} = \mathbf{v} \times (\mathbf{b} - \mathbf{c})$ とおくことによって

$$\frac{\|(\mathbf{v} \times \mathbf{w}) \times (\mathbf{v} \times (\mathbf{b} - \mathbf{c}))\|}{\|\mathbf{v} \times \mathbf{w}\|\|\mathbf{v}\|}$$

となり，これが求める距離に等しい． □

(注意) 公式 $\mathbf{p} \times (\mathbf{q} \times \mathbf{r}) = (\mathbf{p} \cdot \mathbf{r})\mathbf{q} - (\mathbf{p} \cdot \mathbf{q})\mathbf{r}$ を用いると

$$(\mathbf{v} \times \mathbf{w}) \times (\mathbf{v} \times (\mathbf{b} - \mathbf{c})) = ((\mathbf{v} \times \mathbf{w}) \cdot (\mathbf{b} - \mathbf{c}))\mathbf{v} - ((\mathbf{v} \times \mathbf{w}) \cdot \mathbf{v})(\mathbf{b} - \mathbf{c})$$

となり，$(\mathbf{v} \times \mathbf{w}) \cdot \mathbf{v} = 0$ であるから，求める距離は

$$\frac{\|(\mathbf{v} \times \mathbf{w}) \times ((\mathbf{b} - \mathbf{c}) \times \mathbf{v})\|}{\|\mathbf{v} \times \mathbf{w}\|\|\mathbf{v}\|} = \frac{\|((\mathbf{v} \times \mathbf{w}) \cdot (\mathbf{b} - \mathbf{c}))\mathbf{v}\|}{\|\mathbf{v} \times \mathbf{w}\|\|\mathbf{v}\|} = \frac{|(\mathbf{v} \times \mathbf{w}) \cdot (\mathbf{b} - \mathbf{c})|}{\|\mathbf{v} \times \mathbf{w}\|}$$

とも表される．また，$\mathbf{w} \times \mathbf{v} = -\mathbf{v} \times \mathbf{w}$ により，例えば $\dfrac{|(\mathbf{w} \times \mathbf{v}) \cdot (\mathbf{b} - \mathbf{c})|}{\|\mathbf{w} \times \mathbf{v}\|}$ も正解である．

第 10 章　二変数関数のグラフ

問題 10.1 空間 $\mathbf{R}^3$ の座標を (x, y, z) とするとき，関係式 $x^2 + y^2 + z^2 + 3 = 4\sqrt{x^2 + y^2}$ の表す図形の概形を調べよ．

[略解] 次のように変形する。
$$x^2 + y^2 + z^2 + 3 = 4\sqrt{x^2 + y^2}$$
$$\iff x^2 + y^2 - 4\sqrt{x^2 + y^2} + z^2 + 3 = 0$$
$$\iff \left(\sqrt{x^2 + y^2} - 2\right)^2 - 4 + z^2 + 3 = 0$$
$$\iff \left(\sqrt{x^2 + y^2} - 2\right)^2 + z^2 = 1$$

従って，xy 平面上で原点を中心とする半径 2 の円周上の点から，その点を通り z 軸を含む平面上で距離 1 だけ離れているような点全体のなす図形である。 □

[解説] $r = \sqrt{x^2 + y^2}$ とすると，与えられた関係式は $(r-2)^2 + z^2 = 1$ となるので，この関係式の表す図形は z 軸に関する回転体である。xz 平面の $x \geq 0$ の部分との交叉は，$y = 0$ かつ $x \geq 0$ により，関係式 $(x-2)^2 + z^2 = 1$ によって与えられ，これは xz 平面上の点 $(2, 0)$ を中心とする半径 1 の円周を表す。従って，これを z 軸で回転させたものが求める図形である。 □

(参考) 与えられた関係式の表す図形は，ドーナツの表面の形であり，トーラス (torus) と呼ばれる。(詳しくは 2 次元トーラスと言う。)

問題 10.2 二次関数 $f(x, y) = ax^2 + 2bxy + cy^2$ を考える。ただし a, b, c は定数である。関数 $f(x, y)$ は，$ac - b^2 > 0$ かつ $a + c > 0$ ならば原点で極小値を取り，$ac - b^2 > 0$ かつ $a + c < 0$ ならば原点で極大値を取る。また $ac - b^2 < 0$ ならば原点で極値を取らない。このことを極座標変換 $x = r\cos\theta, y = r\sin\theta$ を利用して示せ。

[解説] 極座標変換によって
$$f(r\cos\theta, r\sin\theta) = r^2(a\cos^2\theta + 2b\cos\theta\sin\theta + c\sin^2\theta)$$
$$= r^2\left(\frac{a+c}{2} + \frac{a-c}{2}\cos 2\theta + b\sin 2\theta\right)$$

と変形できる。ここで $R = \sqrt{((a+c)/2)^2 + b^2}$ とおき，$\theta_0 \in \mathbf{R}$ を $(a+c)/2 = R\cos 2\theta_0$ および $b = R\sin 2\theta_0$ を満たすように取ると
$$f(r\cos\theta, r\sin\theta) = r^2\left(\frac{a+c}{2} + R\cos 2(\theta - \theta_0)\right)$$

となる。ここで $((a+c)/2)^2 - R^2 = ac - b^2$ に注意する。

(i) $ac - b^2 > 0$ かつ $a + c > 0$ のとき，任意の $\theta \in \mathbf{R}$ に対して $\frac{a+c}{2} + R\cos 2(\theta - \theta_0) \geq \frac{a+c}{2} - R > 0$ であるから，任意の $(x, y) \neq (0, 0)$ に対して $f(x, y) \geq \left(\frac{a+c}{2} - R\right)(x^2 + y^2) > 0 = f(0, 0)$ となるので，$f(x, y)$ は原点で極小である。

(ii) $ac - b^2 > 0$ かつ $a + c < 0$ のとき 任意の $\theta \in \mathbf{R}$ に対して $\frac{a+c}{2} + R\cos 2(\theta - \theta_0) \leq \frac{a+c}{2} + R < 0$ であるから，任意の $(x, y) \neq (0, 0)$ に対して $f(x, y) \leq \left(\frac{a+c}{2} + R\right)(x^2 + y^2) < 0 = f(0, 0)$ となるので，$f(x, y)$ は原点で極大である。

(iii) $ac - b^2 < 0$ のとき，$\frac{a+c}{2} - R < 0 < \frac{a+c}{2} + R$ である。よって，$t \in \mathbf{R}$ について $f(t\cos\theta_0, t\sin\theta_0) = t^2\left(\frac{a+c}{2} + R\right)$ は $t = 0$ で極小で，$f(t\cos(\theta_0 + \pi/2), t\sin(\theta_0 + \pi/2)) = t^2\left(\frac{a+c}{2} - R\right)$ は $t = 0$ で極大である。よって $f(x, y)$ は原点 $(x, y) = (0, 0)$ で極大とも極小ともならない。 □

問題 10.3 $(x, y) \neq (0, 0)$ について $f(x, y) = \dfrac{xy^2}{x^2 + y^4}$ と定める。$a, b \in \mathbf{R}$ を $(a, b) \neq (0, 0)$ を満たす定数とする。このとき，次の極限値を計算せよ。

(1) $\displaystyle\lim_{t \to 0} f(at, bt)$ (2) $\displaystyle\lim_{t \to 0} f(at^2, bt)$

［解説］ (1) $a=0$ の場合は $f(at,bt)=0$ である。$a\neq 0$ の場合は，$t\neq 0$ のとき $f(at,bt)=\dfrac{b^2 t/a}{1+b^4 t^2/a^2}$ である。いずれの場合も $\lim_{t\to 0} f(at,bt)=0$ である。

(2) $t\neq 0$ のとき $f(at^2,bt)=\dfrac{ab^2}{a^2+b^4}$ であるから，$\lim_{t\to 0} f(at^2,bt)=\dfrac{ab^2}{a^2+b^4}$ である。 □

（参考）極限値 $\lim_{t\to 0}f(x(t),y(t))$ が点 $(x(t),y(t))$ の原点 $(0,0)$ への近づき方によって異なる値を取ることに注意せよ。この問題の関数の場合には，直線に沿って原点に近づけると，直線の取り方に依らず同じ極限値を取るが，直線以外の曲線に沿って原点に近づけると，極限値が異なる値を取り得るのである。（第 11 章 §A2 参照。）

研究 10-1 (1) 平方完成を利用して，任意の実数 x,y,z に対して $x^2+y^2+z^2+xy+yz+zx\geq 0$ が成立することを示せ。また，$x^2+y^2+z^2+xy+yz+zx=0$ を満たす実数 x,y,z は $x=y=z=0$ に限るかどうか調べよ。

(2) 平方完成を利用して，任意の実数 x,y,z に対して $x^2+y^2+z^2-xy-yz-zx\geq 0$ が成立することを示せ。また，$x^2+y^2+z^2-xy-yz-zx=0$ を満たす実数 x,y,z は $x=y=z=0$ に限るかどうか調べよ。

［解説］ (1) $x^2+y^2+z^2+xy+yz+zx=\dfrac{1}{2}\bigl((x+y)^2+(y+z)^2+(z+x)^2\bigr)\geq 0$ である。等号成立は $x+y=y+z=z+x=0$ のときに限り，これは $x=y=z=0$ と同値なので，$x^2+y^2+z^2+xy+yz+zx=0$ を満たす実数 x,y,z は $x=y=z=0$ に限る。
(2) $x^2+y^2+z^2-xy-yz-zx=\dfrac{1}{2}\bigl((x-y)^2+(y-z)^2+(z-x)^2\bigr)\geq 0$ である。等号成立は $x-y=y-z=z-x=0$ のときであるが，この条件は $x=y=z$ と同値であり，例えば $x=y=z=1$ は $x^2+y^2+z^2-xy-yz-zx=0$ を満たすので，$x^2+y^2+z^2-xy-yz-zx=0$ を満たす実数 x,y,z は $x=y=z=0$ に限らない。 □

第 11 章 偏微分係数と接平面

問題 11.1 二変数多項式 $f(x,y)=\sum_{i,j} a_{i,j} x^i y^j$ を考える。ここで，和は有限個の非負整数 i,j をわたり，係数 $a_{i,j}$ は定数である。このような多項式 $f(x,y)$ が関係式

$$x\frac{\partial}{\partial x}f(x,y)+y\frac{\partial}{\partial y}f(x,y)=nf(x,y)$$

を満たすとき，$f(x,y)=\sum_{i=0}^{n} a_{i,n-i} x^i y^{n-i}$ となることを示せ。ただし $f(x,y)\neq 0$ とする。

［解説］ $x\dfrac{\partial}{\partial x}x^i y^j+y\dfrac{\partial}{\partial y}x^i y^j=ix^i y^j+jx^i y^j=(i+j)x^i y^j$ である。従って $0=x\dfrac{\partial}{\partial x}f(x,y)+y\dfrac{\partial}{\partial y}f(x,y)-nf(x,y)=\sum_{i,j}(i+j-n)a_{i,j}x^i y^j$ となる。$f(x,y)\neq 0$ だから，$a_{i,j}\neq 0$ となる非負整数 i,j が存在し，これに対して $i+j-n=0$ となるから，n は非負整数である。そこで，すべての i,j について $x^i y^j$ の係数を比較して，$(i+j-n)a_{i,j}=0$ である。よって $i+j\neq n$ ならば $a_{i,j}=0$ であり，$f(x,y)=\sum_{i+j=n}a_{i,j}x^i y^j=\sum_{i=0}^{n}a_{i,n-i}x^i y^{n-i}$ となる。 □

問題 11.2 次の関数 $f(x,y)$ の停留点をすべて求めよ。

(1) $2x^2+2y^2-x^4-x^2y^2-y^4$ (2) $xy(x^2+y^2-1)$ (3) $x^5-5xy+y^5$

[解説] (1) 偏導関数を計算すると
$$f_x(x,y) = 4x - 4x^3 - 2xy^2 = 2x(2 - 2x^2 - y^2)$$
$$f_y(x,y) = 4y - 2x^2y - 4y^3 = 2y(2 - x^2 - 2y^2)$$

となる．従って，(x,y) を停留点とすると「$x = 0$ または $2x^2 + y^2 = 2$」および「$y = 0$ または $x^2 + 2y^2 = 2$」が成立する．場合分けする．

 i) $x = y = 0$ のとき $(x,y) = (0,0)$ である．
 ii) $x \neq 0, y = 0$ のとき $2x^2 = 2$ より $(x,y) = (\pm 1, 0)$ を得る．
 iii) $x = 0, y \neq 0$ のとき $2y^2 = 2$ より $(x,y) = (0, \pm 1)$ を得る．
 iv) $x \neq 0, y \neq 0$ のとき，$2x^2 + y^2 = x^2 + 2y^2 = 2$ より $x^2 = y^2 = 2/3$ となるので，$(x,y) = (\pm\sqrt{2/3}, \pm\sqrt{2/3})$ を得る．

以上の点 (x,y) は確かに $f_x(x,y) = f_y(x,y) = 0$ を満たすので，求める停留点は，$(x,y) = (0,0), (1,0), (-1,0), (0,1), (0,-1), (\sqrt{2/3}, \sqrt{2/3}), (\sqrt{2/3}, -\sqrt{2/3}), (-\sqrt{2/3}, \sqrt{2/3}), (-\sqrt{2/3}, -\sqrt{2/3})$ の 9 点である．

(2) 偏導関数を計算すると
$$f_x(x,y) = 3x^2y + y^3 - y = y(3x^2 + y^2 - 1)$$
$$f_y(x,y) = x^3 + 3xy^2 - x = x(x^2 + 3y^2 - 1)$$

となる．従って，(x,y) を停留点とすると「$y = 0$ または $3x^2 + y^2 - 1 = 0$」および「$x = 0$ または $x^2 + 3y^2 - 1 = 0$」が成立する．この条件を満たす (x,y) を場合分けによって求める．

 i) $y = 0$ かつ $x = 0$ のとき，$(x,y) = (0,0)$ となる．
 ii) $y = 0$ かつ $x^2 + 3y^2 - 1 = 0$ のとき，$x^2 = 1$ より $x = \pm 1$ であるから，$(x,y) = (1,0), (-1,0)$ となる．
 iii) $3x^2 + y^2 - 1 = 0$ かつ $x = 0$ のとき，$y^2 = 1$ より $y = \pm 1$ であるから，$(x,y) = (0,1), (0,-1)$ となる．
 iv) $3x^2 + y^2 - 1 = 0$ かつ $x^2 + 3y^2 - 1 = 0$ のとき，$x^2 = 1/4$ かつ $y^2 = 1/4$ であるから，$(x,y) = (1/2, 1/2), (1/2, -1/2), (-1/2, 1/2), (-1/2, -1/2)$ となる．

よって，停留点 (x,y) は以上の点のいずれかでなければならない．逆に，これらの点は，確かに $f_x(x,y) = f_y(x,y) = 0$ を満たすので，求める停留点は $(x,y) = (0,0), (0,1), (0,-1), (1,0), (-1,0), (1/2, 1/2), (1/2, -1/2), (-1/2, 1/2), (-1/2, -1/2)$ の 9 点である．

(3) 偏導関数を計算すると
$$f_x(x,y) = 5x^4 - 5y, \quad f_y(x,y) = 5y^4 - 5x$$

となる．従って，(x,y) を停留点とすると，$0 = xf_x(x,y) - yf_y(x,y) = 5(x^5 - y^5)$ であるから $x = y$ であるが，$0 = f_x(x,x) = 5(x^5 - x) = 5x(x^2 - 1)(x^2 + 1)$ であるから，$x = 0, 1, -1$ のいずれかである．よって，停留点 (x,y) は $(x,y) = (0,0), (1,1), (-1,-1)$ のいずれかでなければならない．逆に，これらの点は確かに $f_x(x,y) = f_y(x,y) = 0$ を満たすので，求める停留点は $(x,y) = (0,0), (1,1), (-1,-1)$ の 3 点である． □

問題 11.3 平面 $\mathbf{R}^2$ 全体で定義された関数 $f(x,y) = \sin x + \sin y + \sin(x+y)$ について，以下の問に答えよ．

(1) 関数 $f(x,y)$ の停留点をすべて求めよ．

(2) 関数 $f(x,y)$ が最大値および最小値を持つことは既知として，それらの値を求めよ．

[解説] (1) $f_x(x,y) = \cos x + \cos(x+y)$, $f_y(x,y) = \cos y + \cos(x+y)$ である．(x,y) が停留点であるとする．このときまず $\cos x = \cos y$ となる．そこで，ある $n \in \mathbf{Z}$ について (i) $y = -x + 2n\pi$, または (ii) $y = x + 2n\pi$ となる．(i) のとき $\cos(x+y) = 1$ より $\cos x = -1$ ゆえに $(x,y) = (\pi + 2m\pi, \pi + 2l\pi)$, $m, l \in \mathbf{Z}$, となる．(ii) のとき $0 =$

$\cos x + \cos 2x = 2\cos^2 x + \cos x - 1$ だから $\cos x = -1$ または $1/2$ となる. $\cos x = -1$ のときは (i) と同じ結果になる. $\cos x = 1/2$ のとき $(x,y) = (\pi/3 + 2m\pi, \pi/3 + 2l\pi)$ または $(-\pi/3 + 2m\pi, -\pi/3 + 2l\pi)$, $m, l \in \mathbf{Z}$, となる. 以上から, 求める停留点は, $(x,y) = (\pi + 2m\pi, \pi + 2l\pi), (\pi/3 + 2m\pi, \pi/3 + 2l\pi), (-\pi/3 + 2m\pi, -\pi/3 + 2l\pi), m, l \in \mathbf{Z}$ である.
(2) 偏微分可能な関数の最大値または最小値を取る点は停留点である. そこで停留点での f の値を求め, そのうち最大のものが f の最大値であり, 最小のものが f の最小値である. いま $f(\pi + 2m\pi, \pi + 2l\pi) = 0$, $f(\pi/3 + 2m\pi, \pi/3 + 2l\pi) = 3\sqrt{3}/2$ および $f(-\pi/3 + 2m\pi, -\pi/3 + 2l\pi) = -3\sqrt{3}/2$ であるから, f の最大値は $3\sqrt{3}/2$ で, 最小値は $-3\sqrt{3}/2$ である. □

問題 11.4 次の関数 $f(x,y)$ について, 二階偏導関数 $f_{xy}(x,y) = \dfrac{\partial}{\partial y}\left(\dfrac{\partial}{\partial x}f(x,y)\right)$ および $f_{yx}(x,y) = \dfrac{\partial}{\partial x}\left(\dfrac{\partial}{\partial y}f(x,y)\right)$ を計算し, それらが一致することを確かめよ. ただし (2) において, 記号 $\sum_{i,j}$ は, ある有限個の整数の組 (i,j) にわたる和を取ることを表すものとし, 係数 $a_{i,j}$ は x, y によらない定数である.

(1) $x^3 y^5$ (2) $\sum_{i,j} a_{i,j} x^i y^j$ (3) e^{2x+3y} (4) e^{xy} (5) $\arctan(y/x)$

[解答] (1) $f_x(x,y) = 3x^2 y^5$ により $f_{xy}(x,y) = 15x^2 y^4$ であり, $f_y(x,y) = 5x^3 y^4$ により $f_{yx}(x,y) = 15x^2 y^4$ である. 従って $f_{xy}(x,y) = f_{yx}(x,y)$ である.
(2) $f_x(x,y) = \sum_{i,j} i a_{i,j} x^{i-1} y^j$ により $f_{xy} = \sum_{i,j} ij a_{i,j} x^{i-1} y^{j-1}$ である. また, $f_y(x,y) = \sum_{i,j} j a_{i,j} x^i y^{j-1}$ により $f_{yx} = \sum_{i,j} ij a_{i,j} x^{i-1} y^{j-1}$ である. 従って $f_{xy}(x,y) = f_{yx}(x,y)$ である.
(3) $f_x(x,y) = 2e^{2x+3y}$ により $f_{xy}(x,y) = 6e^{2x+3y}$ であり, $f_y(x,y) = 3e^{2x+3y}$ により $f_{yx}(x,y) = 6e^{2x+3y}$ である. 従って $f_{xy}(x,y) = f_{yx}(x,y)$ である.
(4) $f_x(x,y) = ye^{xy}$ により $f_{xy}(x,y) = xye^{xy}$ であり, $f_y(x,y) = xe^{xy}$ により $f_{yx}(x,y) = xye^{xy}$ である. 従って $f_{xy}(x,y) = f_{yx}(x,y)$ である.
(5) $f_x(x,y) = -y/(x^2+y^2)$ により $f_{xy}(x,y) = (-x^2+y^2)/(x^2+y^2)^2$ であり, $f_y(x,y) = x/(x^2+y^2)$ により $f_{yx}(x,y) = (-x^2+y^2)/(x^2+y^2)^2$ である. 従って $f_{xy}(x,y) = f_{yx}(x,y)$ である. □

問題 11.5 平面 $\mathbf{R}^2$ 全体で定義された関数 $f(x,y) = 2x^4 - 6x^3 y + 2x^2 y^2 + y^4$ について以下の問に答えよ.

(1) 関数 $f(x,y)$ の停留点をすべて求めよ.

(2) 各 y について, 関数 $f(x,y)$ は x の関数として $x = 0$ で極小となり, そのときの値 $f(0,y)$ は y の関数として $y = 0$ で最小かつ極小となることを示せ.

(3) 関数 $f(x,y)$ は原点 $(0,0)$ で極小とならないことを示せ.

[解説] (1) 関数 $f(x,y)$ の偏導関数は
$$f_x(x,y) = 2x(4x-y)(x-2y), \quad f_y(x,y) = -6x^3 + 4x^2 y + 4y^3$$
となり, (x,y) を停留点とすると, $0 = f_x(x,y) = 2x(4x-y)(x-2y)$ より $x = 0$ または $x = y/4$ または $x = 2y$ である. $x = 0$ のとき $f_y(x,y) = 4y^3$, $x = y/4$ のとき $f_y(x,y) = 133y^3/32$, $x = 2y$ のとき $f_y(x,y) = -28y^3$ となるから, 停留点は $(x,y) = (0,0)$ のみである.
(2) 問 (1) の結果から, $y \neq 0$ のときには, $x = 0$ および $x = 2y$ で極小となり, $x = y/4$ で極大となることが分かる (詳細略). また, $y = 0$ のときには, $f(x,0) = 2x^4$ であるから, $f(x,0)$ は $x = 0$ で極小となる. いずれの場合も, 関数 $f(x,y)$ は $x = 0$ で極小値を取り, そのときの値は $f(0,y) = y^4$ である. 関数 $f(0,y) = y^4$ は y の関数として $y = 0$ で最小かつ極小となる.
(3) $f(t,t) = -t^4$ であるから, 原点にいくらでも近いところに $f(0,0) = 0$ より小さい値を取る

点があるので，$f(x,y)$ は原点 $(0,0)$ で極小とならない．これを正確に述べるため，ε を任意の正数とし，例えば $t=\varepsilon/2$ とおく．このとき，$\|(t,t)\|^2=(\varepsilon/2)^2+(\varepsilon/2)^2=\varepsilon^2/2<\varepsilon^2$ であるから，点 $(x,y)=(t,t)$ は $0<\|(t,t)\|<\varepsilon$ かつ $f(t,t)=-t^4<0$ を満たす．従って，原点 $(0,0)$ で $f(x,y)$ は極小とならない． □

研究 11-1 平面 $\mathbf{R}^2$ 全体で定義された二つの二変数関数 $h(x,y)$ と $g(x,y)$ が関係式

$$(*) \qquad \frac{\partial g}{\partial y}(x,y) = \frac{\partial h}{\partial x}(x,y)$$

を満たすならば，平面 $\mathbf{R}^2$ 全体で定義された二変数関数 $f(x,y)$ であって

$$(**) \qquad \begin{cases} \dfrac{\partial f}{\partial x}(x,y) = g(x,y) \\ \dfrac{\partial f}{\partial y}(x,y) = h(x,y) \end{cases}$$

を満たすものが存在することを示せ．

[解説] 点 (x_0,y_0) を固定し，平面 $\mathbf{R}^2$ 全体で定義された関数 $f(x,y)$ を

$$f(x,y) = \int_{x_0}^{x} g(s,y_0)ds + \int_{y_0}^{y} h(x,t)dt$$

と定める．このとき $(\partial f/\partial y)(x,y)=0+h(x,y)=h(x,y)$ であるが，$\partial f/\partial x$ については，積分と偏微分の順序交換と関係式 $(*)$ により，

$$\begin{aligned}
\frac{\partial f}{\partial x}(x,y) &= g(x,y_0) + \int_{y_0}^{y} \frac{\partial h}{\partial x}(x,t)dt \\
&= g(x,y_0) + \int_{y_0}^{y} \frac{\partial g}{\partial y}(x,t)dt \\
&= g(x,y_0) + g(x,y) - g(x,y_0) = g(x,y)
\end{aligned}$$

となる．以上により，$f(x,y)$ は $(**)$ を満たす． □

(参考) 関係式 $(*)$ は「可積分条件」と呼ばれることがある．関数 f，g および h の定義域が $\mathbf{R}^2$ でない場合には，この問題の主張が成立するとは限らない．例えば $\mathbf{R}^2 \setminus \{(0,0)\}$ 上の関数 $g(x,y)=-y/(x^2+y^2)$，$h(x,y)=x/(x^2+y^2)$ などがそうである．なお，「微分積分学」で扱うように，二変数関数 $f(x,y)$ が C^2 級であれば偏微分の順序交換 $(\partial/\partial x)(\partial/\partial y)f(x,y)=(\partial/\partial y)(\partial/\partial x)f(x,y)$ が可能である．従って $(**)$ を満たす $f(x,y)$ で C^2 級のものが存在すれば，可積分条件 $(*)$ は自動的に成り立つ．また，解説のなかで積分と（偏）微分の順序交換を用いたが，これも適切な条件のもとではじめて可能である．このことも「微分積分学」で扱われる．

研究 11-2 平面 $\mathbf{R}^2$ 全体で定義された関数 $f(x,y)=x^4(1-y^2)^3+2x^2(1-y^2)^2+y^2$ について以下の問に答えよ．

(1) 関数 $f(x,y)$ の停留点をすべて求めよ．

(2) 関数 $f(x,y)$ は原点で極小となることを示せ．

(3) 関数 $f(x,y)$ は最小値を持たないことを示せ．

[解説] (1) 偏導関数を計算すると

$f_x(x,y) = 4x^3(1-y^2)^3 + 4x(1-y^2)^2 = 4x(1-y^2)^2(x^2(1-y^2)+1)$

$f_y(x,y) = -6x^4y(1-y^2)^2 - 8x^2y(1-y^2) + 2y = -2y(3x^4(1-y^2)^2 + 4x^2(1-y^2) - 1)$

となる．点 (x,y) が $f(x,y)$ の停留点だったとすると $0=f_x(x,y)=4x(1-y^2)^2(x^2(1-y^2)+1)$

であるから，$x = 0$ または $y^2 = 1$ または $x^2(1-y^2)+1 = 0$ である．$x = 0$ のときは，$f_y(0, y) = 2y$ より $y = 0$ である．$y^2 = 1$ のときは，$f_y(x, y) = 2y$ より不適である．$x^2(1-y^2)+1 = 0$ のとき，$y \neq 0$ であるから，$f_y(x, y) = -2y(3(-1)^2+4(-1)-1) = -8y \neq 0$ となって不適である．逆に，$x = y = 0$ のとき $f_x(x, y) = f_y(x, y) = 0$ を満たし，(x, y) は停留点である．以上により，原点 $(0, 0)$ が関数 $f(x, y)$ の唯一の停留点である．

(2) 点 (x, y) が $0 < \|(x, y)\| < 1/2$ を満たしたとする．このとき，$1 - y^2 > 3/4 > 0$ かつ $(x, y) \neq (0, 0)$ であるから $f(x, y) = x^4(1-y^2)^3 + 2x^2(1-y^2)^2 + y^2 \geq 0 + x^2 + y^2 > 0$ となり，$f(x, y)$ は原点 $(0, 0)$ で極小値 0 を取る．

(3) 関数 $f(x, y)$ が点 (x_0, y_0) で最小となったとする．関数 $f(x, y)$ は偏微分可能だから，(x_0, y_0) は停留点であり，問 (1) の結果から $(x_0, y_0) = (0, 0)$ でなければならない．ところが，例えば $f(1, 2) = 1 \cdot (-3)^3 + 2 \cdot 1^2 \cdot (-3)^2 + 2^2 = -27 + 18 + 4 = -5 < 0 = f(0, 0)$ であり，$f(0, 0)$ は最小値ではない．これは矛盾であるから，関数 $f(x, y)$ は最小値を持たない．なお，関数 $f(x, y)$ が最小値を持たないことは，例えば $\lim_{y \to +\infty} f(1, y) = \lim_{y \to +\infty} (3 - 6y^2 + 5y^4 - y^6) = -\infty$ となることからも分かる． □

(参考) 直線 $\mathbf{R}$ 全体で定義された微分可能な関数 $y = f(x)$ の停留点が x_0 のみであり，$x = x_0$ で関数 $f(x)$ が極小となったとすれば，値 $f(x_0)$ は関数 $f(x)$ の最小値である．実際，値 $f(x_0)$ が最小値でなかったとすると，$f(x_1) < f(x_0)$ となる点 x_1 が存在するので，そのような点 x_1 を一つ選ぶ．すると $x_0 < x_1$ または $x_1 < x_0$ であるが，どちらの場合も同様なので，前者の場合を考えよう．仮定から $x = x_0$ で関数 $f(x)$ は極小となるので，ある正数 ε が存在して，$0 < |x - x_0| < \varepsilon$ ならば $f(x) > f(x_0)$ となる．そこで，そのような ε について $x_0 - \varepsilon < x_2 < x_0$ となるような点 x_2 を一つ選ぶ．すると，$x_1 < x_2$ かつ $f(x_1) < f(x_0) < f(x_2)$ であるから，中間値の定理によって $f(x_3) = f(x_0)$ かつ $x_1 < x_3 < x_2$ となる点 x_3 が存在する．このとき $\dfrac{f(x_0) - f(x_3)}{x_0 - x_3} = 0$ だから，平均値の定理によって $f'(x_4) = 0$ かつ $x_3 < x_4 < x_0$ となる x_4 が存在する．すなわち，$f(x)$ の停留点が $x = x_0$ のほかに存在する．これは仮定に反するので，値 $f(x_0)$ は関数 $f(x)$ の最小値である．しかし，二変数関数の場合には，この研究の結論が示すように，平面 $\mathbf{R}^2$ 全体で偏微分可能な関数 $z = f(x, y)$ の停留点が (x_0, y_0) のみであり，点 (x_0, y_0) で関数 $f(x, y)$ が極小となったからと言って，値 $f(x_0, y_0)$ が関数 $f(x, y)$ の最小値であるとは言えない．

第 12 章　行列とその演算

問題 12.1　この問題では，複素数 $z = x + iy, x, y \in \mathbf{R}$ について $\mathbf{v}(z) = [x, y]^\mathrm{T}$ および $A(z) = \begin{bmatrix} x & -y \\ y & x \end{bmatrix}$ と表すことにする．たとえば $A(1) = \begin{bmatrix} 1 & 0 \\ 0 & 1 \end{bmatrix} = E$ である．

(1) $\lambda, \mu \in \mathbf{R}, z, w \in \mathbf{C}$ について，$\mathbf{v}(\lambda z + \mu w) = \lambda \mathbf{v}(z) + \mu \mathbf{v}(w)$ および $A(\lambda z + \mu w) = \lambda A(z) + \mu A(w)$ が成り立つことを確かめよ．

(2) $z, w \in \mathbf{C}$ について，$A(z)\mathbf{v}(w) = \mathbf{v}(zw)$ および $A(z)A(w) = A(zw)$ が成り立つことを確かめよ．

(3) 問 (2) より複素数 $z = x + iy \neq 0$ について $A(z)A(z^{-1}) = A(z^{-1})A(z) = E$ が成立することが分かるが，実際に行列 $A(z^{-1})$ を x, y によって具体的に表示し，$A(z)A(z^{-1}) = A(z^{-1})A(z) = E$ が成立することを直接計算で確かめよ．

[解説] (1) 省略する．
(2) $z = x + iy, w = u + iv, x, y, u, v \in \mathbf{R}$, について $zw = (x+iy)(u+iv) = (xu - yv) + i(yu + xv)$ だから，

$$\mathbf{v}(zw) = \begin{bmatrix} xu - yv \\ yu + xv \end{bmatrix} = \begin{bmatrix} x & -y \\ y & x \end{bmatrix} \begin{bmatrix} u \\ v \end{bmatrix} = A(z)\mathbf{v}(w)$$

となる．ここで $A(z) = (\mathbf{v}(z), \mathbf{v}(iz))$ に注意すると，いま行った計算を使って
$$A(zw) = (\mathbf{v}(zw), \mathbf{v}(izw)) = (A(z)\mathbf{v}(w), A(z)\mathbf{v}(iw))$$
$$= A(z)(\mathbf{v}(w), \mathbf{v}(iw)) = A(z)A(w)$$
が分かる．もちろん直接計算で $A(zw) = A(z)A(w)$ を確かめてもよい．

(3) $z^{-1} = \dfrac{1}{x^2+y^2}(x-iy)$ より $A(z^{-1}) = \dfrac{1}{x^2+y^2}\begin{bmatrix} x & y \\ -y & x \end{bmatrix}$ である．あとは
$$\begin{bmatrix} x & -y \\ y & x \end{bmatrix}\begin{bmatrix} x & y \\ -y & x \end{bmatrix} = \begin{bmatrix} x & y \\ -y & x \end{bmatrix}\begin{bmatrix} x & -y \\ y & x \end{bmatrix} = \begin{bmatrix} x^2+y^2 & 0 \\ 0 & x^2+y^2 \end{bmatrix}$$
を用いて計算すればよい（詳細略）． □

（参考）この問題により，行列からなる集合 $\left\{\begin{bmatrix} x & -y \\ y & x \end{bmatrix} \middle| x,y\in\mathbf{R}\right\}$ は，写像 $z\mapsto A(z)$ によって，四則演算も込めて複素数全体の集合 $\mathbf{C}$ と同一視できることが分かる．

問題 12.2 n 次正方行列 $A=(a_{i,j})$ の跡を $\operatorname{tr} A = \sum_{i=1}^{n} a_{i,i} = a_{1,1}+\cdots+a_{n,n}$ と定める．$m\times n$ 行列 B および $n\times m$ 行列 C に対して $\operatorname{tr}(BC) = \operatorname{tr}(CB)$ を示せ．

［解説］$B=(b_{i,j}), C=(c_{i,j})$ とする．$1\leq k\leq m$ について BC の第 (k,k) 成分は $\sum_{l=1}^{n} b_{k,l}c_{l,k}$ だから $\operatorname{tr}(BC) = \sum_{k=1}^{m}\sum_{l=1}^{n} b_{k,l}c_{l,k}$ となる．同様に $\operatorname{tr}(CB) = \sum_{k=1}^{n}\sum_{l=1}^{m} c_{k,l}b_{l,k}$ であるが，これらは添字 k と l を入れ替えると全く同じものである．従って $\operatorname{tr}(BC) = \operatorname{tr}(CB)$ が分かる． □

（参考）このことから，$m\times n$ 行列 B と $n\times m$ 行列 C について $BC=E_m$ かつ $CB=E_n$ が成り立てば，$m = \operatorname{tr} E_m = \operatorname{tr}(BC) = \operatorname{tr}(CB) = \operatorname{tr} E_n = n$ となり，よって $m=n$ である（第13章 §3.2 参考を参照）．

問題 12.3 $n\geq 1$ とし，スカラー $\lambda_1, \lambda_2, \ldots, \lambda_n$ を対角成分に持つ n 次対角行列を
$$\operatorname{diag}(\lambda_1, \lambda_2, \ldots, \lambda_n) = \begin{bmatrix} \lambda_1 & & & \\ & \lambda_2 & & \\ & & \ddots & \\ & & & \lambda_n \end{bmatrix}$$
と表す．二つの n 次正方行列 A, B が $AB = BA$ を満たすとき，A と B は可換であると言う．

(1) スカラー $\lambda_1, \lambda_2, \ldots, \lambda_n, \mu_1, \mu_2, \ldots, \mu_n$ について
$$\operatorname{diag}(\lambda_1, \lambda_2, \ldots, \lambda_n)\operatorname{diag}(\mu_1, \mu_2, \ldots, \mu_n) = \operatorname{diag}(\lambda_1\mu_1, \lambda_2\mu_2, \ldots, \lambda_n\mu_n)$$
が成り立つことを示せ．特に対角行列同士は可換である．

(2) $\lambda_1, \lambda_2, \ldots, \lambda_n$ が，どの二つも異なるとき，行列 $D = \operatorname{diag}(\lambda_1, \lambda_2, \ldots, \lambda_n)$ と可換な行列は対角行列に限ることを示せ．

［解説］(1) §1.5 で述べたクロネッカーのデルタ $\delta_{i,j}$ を用いて対角行列を表すと
$$\operatorname{diag}(\lambda_1, \lambda_2, \ldots, \lambda_n) = (\lambda_i\delta_{i,j})_{1\leq i,j\leq n} = (\lambda_j\delta_{i,j})_{1\leq i,j\leq n}$$
であるから，行列の積 $\operatorname{diag}(\lambda_1, \lambda_2, \ldots, \lambda_n)\operatorname{diag}(\mu_1, \mu_2, \ldots, \mu_n)$ の第 (i,j) 成分は
$$\sum_{k=1}^{n}(\lambda_i\delta_{i,k})(\mu_j\delta_{k,j}) = \sum_{k=1}^{n}\lambda_i\mu_j\delta_{i,k}\delta_{k,j} = \lambda_i\mu_j\delta_{i,j} = \lambda_i\mu_i\delta_{i,j}$$

である。これは，行列 $\mathrm{diag}(\lambda_1\mu_1, \lambda_2\mu_2, \ldots, \lambda_n\mu_n)$ の第 (i,j) 成分に他ならない。
(2) 正方行列 $C = (c_{i,j})_{1 \leq i,j \leq n}$ が対角行列 $D = \mathrm{diag}(\lambda_1, \lambda_2, \ldots, \lambda_n)$ と可換であるとする。行列 $CD - DC$ の第 (i,j) 成分は $\lambda_j c_{i,j} - \lambda_i c_{i,j}$ である。$\lambda_1, \ldots, \lambda_n$ は相異なるから，$i \neq j$ のとき $c_{i,j} = 0$ である。つまり C は対角行列である。 □

(参考) 例えば $n = 3$, $\lambda_1 = \lambda_2 \neq \lambda_3$ のときどうなるか考えてみると良いであろう。

問題 12.4 正方行列 A が巾零であるとは，正の整数 n が存在して $A^n = O$ となることを言う。このとき $e(A) = \sum_{k=0}^{n} \dfrac{1}{k!} A^k$ とおく。同じサイズの巾零行列 A, B に対して，以下の問に答えよ。

(1) $AB = BA$ ならば $A + B$ も巾零であることを示せ。

(2) $AB \neq BA$ のときは $A + B$ が巾零になるとは限らない。2 次正方行列 A, B で $A + B$ が巾零でないものの例を挙げよ。

(3) 問 (1) の状況で $e(A + B) = e(A)e(B)$ を示せ。

[解説] (1) $A^n = B^m = 0$ とする。このとき，$AB = BA$ に注意して二項定理を使うと
$(A+B)^{n+m} = \sum_{k=0}^{n+m} \dfrac{(n+m)!}{(n+m-k)!k!} A^{n+m-k} B^k$ となる。ここで $n + m - k \geq n$ または $k \geq m$ が成り立つから $A^{n+m-k} B^k = 0$ である。ゆえに $(A+B)^{n+m} = 0$ である。

(2) $A = \begin{bmatrix} 0 & 1 \\ 0 & 0 \end{bmatrix}$ および $B = \begin{bmatrix} 0 & 0 \\ 1 & 0 \end{bmatrix}$ は $A^2 = B^2 = 0$ により巾零であるが，$A + B = \begin{bmatrix} 0 & 1 \\ 1 & 0 \end{bmatrix}$ は $(A+B)^2 = E$ となり，任意の正の整数 n について $(A+B)^n$ は $A+B$ と E のいずれかである。特に O ではない。

(3) $AB = BA$ に注意して二項定理を使うと

$$e(A+B) = \sum_{N=0}^{n+m} \dfrac{1}{N!} (A+B)^N = \sum_{N=0}^{n+m} \dfrac{1}{N!} \sum_{k+l=N} \dfrac{(k+l)!}{k!l!} A^k B^l = \sum_{N=0}^{n+m} \sum_{k+l=N} \dfrac{1}{k!l!} A^k B^l$$

であるから，

$$e(A)e(B) = \left(\sum_{k=0}^{n} \dfrac{1}{k!} A^k \right) \left(\sum_{l=0}^{m} \dfrac{1}{l!} B^l \right) = \sum_{N=0}^{n+m} \sum_{k+l=N} \dfrac{1}{k!l!} A^k B^l = e(A+B)$$

となる。 □

(参考) 行列 $A = \begin{bmatrix} 0 & 1 \\ 0 & 0 \end{bmatrix}$ および $B = \begin{bmatrix} 0 & 0 \\ 1 & 0 \end{bmatrix}$ は，任意の実数 t に対して $e(tA) = \begin{bmatrix} 1 & t \\ 0 & 1 \end{bmatrix}$ および $e(tB) = \begin{bmatrix} 1 & 0 \\ t & 1 \end{bmatrix}$ を満たす。なお，$\sum_{k=0}^{\infty} \dfrac{t^k}{k!} (A+B)^k = \begin{bmatrix} \cosh t & \sinh t \\ \sinh t & \cosh t \end{bmatrix}$ となる。

研究 12-1 n 次正方行列について以下の問に答えよ。ただし $n \geq 1$ である。

(1) 条件 $1 \leq a, b \leq n$ を満たす自然数 a, b に対して，行列単位と呼ばれる n 次正方行列を $E_{a,b} = (\delta_{i,a}\delta_{j,b})_{1 \leq i,j \leq n}$ と定める。すなわち，行列単位 $E_{a,b}$ は第 (a,b) 成分が 1 でその他の成分がすべて 0 であるような行列である。このとき次を示せ。

$$E_{a,b}E_{c,d} = \delta_{b,c}E_{a,d}, \quad 1 \leq a,b,c,d \leq n$$

(2) スカラー λ に対して $X_{a,b}^{\lambda} = E + \lambda E_{a,b}$ とおく。$a \neq b$ ならば，スカラー λ, μ に対して $X_{a,b}^{\lambda} X_{a,b}^{\mu} = X_{a,b}^{\lambda+\mu}$ となることを示せ。また，$a \neq b, c \neq d, a \neq d$ ならば $X_{a,b}^{\lambda} X_{c,d}^{\mu} X_{a,b}^{-\lambda} X_{c,d}^{-\mu} = E + \lambda\mu\delta_{b,c}E_{a,d}$ となることを示せ。

(3) 任意の n 次正方行列 X に対して $CX = XC$ となる n 次正方行列 C はスカラー行列であることを示せ。

[解説] (1) $E_{a,b}E_{c,d}$ の第 (i,j) 成分は $\sum_{k=1}^{n} \delta_{i,a}\delta_{k,b}\delta_{k,c}\delta_{j,d} = \delta_{b,c}\delta_{i,a}\delta_{j,d}$ であり，これは $\delta_{b,c}E_{a,d}$ の第 (i,j) 成分に一致する。

(2) $a \neq b$ より $E_{a,b}E_{a,b} = 0$ であるから $X_{a,b}^{\lambda} X_{a,b}^{\mu} = (E + \lambda E_{a,b})(E + \mu E_{a,b}) = E + (\lambda + \mu)E_{a,b} + 0 = X_{a,b}^{\lambda+\mu}$ となる。後半も $d \neq a$ により $E_{c,d}E_{a,b} = E_{a,d}E_{a,b} = 0$ であることを使って直接計算すればよい（以下略）。

(3) X として行列単位 $E_{a,b}, 1 \leq a, b \leq n,$ を考える。$C = (c_{i,j})_{1 \leq i,j \leq n}$ とする。$CE_{a,b} - E_{a,b}C$ の第 (i,j) 成分は $\sum_{k=1}^{n}(c_{i,k}\delta_{k,a}\delta_{j,b} - \delta_{i,a}\delta_{k,b}c_{k,j}) = c_{i,a}\delta_{j,b} - \delta_{i,a}c_{b,j}$ である。これらが 0 だと仮定している。そこで $i \neq a, j = b$ とすると $c_{i,a} = 0$ が得られる。また $i = a, j = b$ とすると $c_{a,a} - c_{b,b} = 0$ である。そこで $\lambda = c_{a,a} = c_{b,b}$ とおくと，以上により $C = \lambda E$ となる。 □

（注意）逆に，n 次スカラー行列 C は，任意の n 次正方行列 X に対して $CX = XC$ を満たす。

第 13 章　線型写像と行列

問題 13.1 $m \times n$ 行列の定める線型写像 $A : \mathbf{R}^n \longrightarrow \mathbf{R}^m$ が単射であるためには，$A\mathbf{v} = \mathbf{0}_m$ となる $\mathbf{v}$ が $\mathbf{0}_n$ に限ることが必要十分であることを示せ。ただし，$\mathbf{0}_m, \mathbf{0}_n$ は，それぞれ $\mathbf{R}^m, \mathbf{R}^n$ の零ベクトルである。

[解答] まず A が単射であると仮定する。このとき $A\mathbf{v} = \mathbf{0}_m$ とすると，$A\mathbf{v} = A\mathbf{0}_n$ だから，A の単射性により $\mathbf{v} = \mathbf{0}_n$ である。つまり $A\mathbf{v} = \mathbf{0}_m$ となる $\mathbf{v}$ は $\mathbf{0}_n$ に限る。

逆に $A\mathbf{v} = \mathbf{0}_m$ となる $\mathbf{v}$ が $\mathbf{0}_n$ に限るものと仮定する。ここで $A\mathbf{v} = A\mathbf{w}$ ならば $A(\mathbf{v} - \mathbf{w}) = \mathbf{0}_m$ だから，仮定により $\mathbf{v} - \mathbf{w} = \mathbf{0}_n$ ゆえに $\mathbf{v} = \mathbf{w}$ である。従って A は単射である。 □

問題 13.2 2 次正方行列 A について，以下の問に答えよ。

(1) （ケイリー・ハミルトンの公式）次の関係式を確かめよ。

$$A^2 - (\operatorname{tr} A)A + (\det A)E = 0$$

(2) $\det A = 1$ かつ $|\operatorname{tr} A| \in \{0, 1\}$ ならば $A^{12} = E$ となることを示せ。

[解説] (1) 直接計算により確かめることができる（詳細略）。

(2) 問 (1) により，$A^2 + E = 0$ または $A^2 \pm A + E = 0$ となる。前者の場合は $A^4 = E$ であり，後者の場合は $A^6 = E$ である。いずれの場合も $A^{12} = E$ である。 □

（参考）ケイリー・ハミルトンの公式は，$n \times n$ 行列 A が n 次の関係式を満たす形に一般化される。

問題 13.3 第 (i,j) 成分が微分可能な関数 $a_{i,j}(t)$ であるような行列を $A(t)$ などと表し，その成分の導関数を成分とする行列を $\dfrac{d}{dt}A(t)$ あるいは $A'(t)$ と表す．

$$\frac{d}{dt}A(t) = A'(t) = (a'_{i,j}(t))$$

以下の問に答えよ．

(1) 微分可能な関数を成分とする $m \times n$ 行列 $A(t)$ および $n \times p$ 行列 $B(t)$ に対して，次が成り立つことを確かめよ

$$(A(t)B(t))' = A'(t)B(t) + A(t)B'(t)$$

(2) λ および μ を実数の定数とする．次を確かめよ．

$$\frac{d}{dt}\begin{bmatrix}\cos\lambda t & -\sin\lambda t \\ \sin\lambda t & \cos\lambda t\end{bmatrix} = \begin{bmatrix}\lambda & 0 \\ 0 & \lambda\end{bmatrix}\begin{bmatrix}0 & -1 \\ 1 & 0\end{bmatrix}\begin{bmatrix}\cos\lambda t & -\sin\lambda t \\ \sin\lambda t & \cos\lambda t\end{bmatrix}$$

$$\frac{d}{dt}\begin{bmatrix}e^{\lambda t} & 0 \\ 0 & e^{\mu t}\end{bmatrix} = \begin{bmatrix}\lambda & 0 \\ 0 & \mu\end{bmatrix}\begin{bmatrix}e^{\lambda t} & 0 \\ 0 & e^{\mu t}\end{bmatrix}$$

(3) $\mathbf{x}(t)$ を $\mathbf{R}^3$ のベクトルに値を取る実数 t の関数で成分は微分可能なものとする．このとき，$\|\mathbf{x}(t)\|$ が定数ならば $\mathbf{x}(t)$ と $\mathbf{x}'(t)$ は直交することを示せ．

［解説］(1)（方針 1）行列の積 $A(t)B(t)$ の第 (i,k) 成分の導関数は $\sum_{j=1}^{n}(a_{i,j}(t)b_{j,k}(t))' = \sum_{j=1}^{n}a'_{i,j}(t)b_{j,k}(t) + \sum_{j=1}^{n}a_{i,j}(t)b'_{j,k}(t)$ であって，これは $A'(t)B(t) + A(t)B'(t)$ の第 (i,k) 成分に他ならない．
（方針 2）定義域の点 a について $A'(a) = \lim_{t \to a}\dfrac{A(t) - A(a)}{t - a}$ に注意すると，
$$(A(t)B(t))'|_{t=a} = \lim_{t \to a}\left(\frac{1}{t-a}\big((A(t)-A(a))B(t) + A(a)(B(t)-B(a))\big)\right)$$
$$= A'(a)B(a) + A(a)B'(a)$$
となるが，a は定義域の任意の点だから，示すべき公式が成り立つ．
(2) 直接計算すればよい．詳細は省略する．
(3) $\|\mathbf{x}(t)\|^2 = \mathbf{x}(t) \cdot \mathbf{x}(t) = \mathbf{x}(t)^\mathrm{T}\mathbf{x}(t)$ が定数だから，問 (1) で示した公式によって，$0 = \dfrac{d}{dt}(\mathbf{x}(t)^\mathrm{T}\mathbf{x}(t)) = \mathbf{x}'(t)^\mathrm{T}\mathbf{x}(t) + \mathbf{x}(t)^\mathrm{T}\mathbf{x}'(t) = \mathbf{x}'(t) \cdot \mathbf{x}(t) + \mathbf{x}(t) \cdot \mathbf{x}'(t) = 2\mathbf{x}'(t) \cdot \mathbf{x}(t)$ となる．従って $\mathbf{x}'(t)$ は $\mathbf{x}(t)$ に直交する． □

問題 13.4 次のような空間 $\mathbf{R}^3$ の一次変換を表す行列を求めよ．

(1) 直線 $x = y = z$ を軸とする $180°$ 回転

(2) 平面 $x + y + z = 0$ への正射影

(3) 平面 $x + y + z = 0$ に関する鏡映

［解答］(1) $\begin{bmatrix}-1/3 & 2/3 & 2/3 \\ 2/3 & -1/3 & 2/3 \\ 2/3 & 2/3 & -1/3\end{bmatrix}$ (2) $\begin{bmatrix}2/3 & -1/3 & -1/3 \\ -1/3 & 2/3 & -1/3 \\ -1/3 & -1/3 & 2/3\end{bmatrix}$ (3) $\begin{bmatrix}1/3 & -2/3 & -2/3 \\ -2/3 & 1/3 & -2/3 \\ -2/3 & -2/3 & 1/3\end{bmatrix}$ □

［解説］(1) 基本単位ベクトル $\mathbf{e}_i$ の像を $\mathbf{v}_i$ とおくと，

$$\mathbf{e}_i + \mathbf{v}_i = \frac{2}{3}(1,1,1)^\mathrm{T}$$

が成立する．（詳細は省略する．各自で図を描いて考えよ．）よって

$$\mathbf{v}_1 = \frac{2}{3}\begin{bmatrix}1\\1\\1\end{bmatrix} - \begin{bmatrix}1\\0\\0\end{bmatrix} = \frac{1}{3}\begin{bmatrix}-1\\2\\2\end{bmatrix}, \quad \mathbf{v}_2 = \frac{1}{3}\begin{bmatrix}2\\-1\\2\end{bmatrix}, \quad \mathbf{v}_3 = \frac{1}{3}\begin{bmatrix}2\\2\\-1\end{bmatrix}$$

を得るので，求める行列は上記のとおりである．

(2) 点 (x,y,z) の像を (X,Y,Z) とおく．すると，

$$(X,Y,Z)^\mathrm{T} - (x,y,z)^\mathrm{T} \parallel (1,1,1)^\mathrm{T}, \quad X+Y+Z = 0$$

が成立する．第一式より $(X,Y,Z)^\mathrm{T} = (x,y,z)^\mathrm{T} + (t,t,t)^\mathrm{T}$ となる実数 t が存在するので，$X = x+t, Y = y+t, Z = z+t$ となり，これを第二式に代入して $(x+y+z)+3t = 0$ を得る．従って $t = -\dfrac{x+y+z}{3}$ であるから

$$\begin{bmatrix}X\\Y\\Z\end{bmatrix} = \begin{bmatrix}x\\y\\z\end{bmatrix} - \frac{x+y+z}{3}\begin{bmatrix}1\\1\\1\end{bmatrix} = \frac{1}{3}\begin{bmatrix}2x-y-z\\-x+2y-z\\-x-y+2z\end{bmatrix}$$

を得る．従って，求める行列は上記のとおりである．

(3) 点 (x,y,z) の像を (X,Y,Z) とおくと，(2) と同様に考えて

$$\begin{bmatrix}X\\Y\\Z\end{bmatrix} = \begin{bmatrix}x\\y\\z\end{bmatrix} - \frac{2(x+y+z)}{3}\begin{bmatrix}1\\1\\1\end{bmatrix} = \frac{1}{3}\begin{bmatrix}x-2y-2z\\-2x+y-2z\\-2x-2y+z\end{bmatrix}$$

を得る．従って，求める行列は上記のとおりである． □

（参考）原点に関する点対称移動は -1 倍で与えられることに注意しよう．問 (1)(3) の結果を見ると，直線 $x=y=z$ に関する $180°$ 回転を行い，原点に関する点対称移動を行ったものは，平面 $x+y+z=0$ に関する鏡映と同じであることが分かる．このことは，図形的考察からも了解されるので，各自で図を描いて考えて見よ．

問題 13.5 空間 $\mathbf{R}^n$ のベクトル $\mathbf{a} = (a_1,\ldots,a_n)^\mathrm{T}$ と $\mathbf{b} = (b_1,\ldots,b_n)^\mathrm{T}$ が平行であるためには，

$$\begin{vmatrix}a_i & a_j\\ b_i & b_j\end{vmatrix} = 0, \quad (1 \leq i < j \leq n)$$

となることが必要十分であることを示せ．

[解説] ベクトル $\mathbf{a} = (a_1,\ldots,a_n)^\mathrm{T}$ と $\mathbf{b} = (b_1,\ldots,b_n)^\mathrm{T}$ が平行であるとする．このとき，$\mathbf{b} = t\mathbf{a}$ となる実数 t が存在するか，または $\mathbf{a} = t\mathbf{b}$ となる実数 t が存在する．前者の場合は

$$\begin{vmatrix}a_i & a_j\\ b_i & b_j\end{vmatrix} = \begin{vmatrix}a_1 & a_2\\ ta_1 & ta_2\end{vmatrix} = 0, \quad (1 \leq i < j \leq n)$$

となる．後者の場合も同様である．

逆に，$\begin{vmatrix}a_i & a_j\\ b_i & b_j\end{vmatrix} = 0, (1 \leq i < j \leq n)$ が成立するとする．$\mathbf{a} = \mathbf{b} = \mathbf{0}$ の場合は，例えば $\mathbf{b} = t\mathbf{a}$ が成立し，確かに $\mathbf{a}$ と $\mathbf{b}$ は平行である．そこで，$\mathbf{a} \neq \mathbf{0}$ または $\mathbf{b} \neq \mathbf{0}$ とする．前者の場合を考えよう．このとき，$a_i \neq 0$ となる番号 i が存在するので，そのような番号を一つ選び，$t = b_i/a_i$ とおく．すると，$i<j$ のとき，$a_ib_j - b_ia_j = \begin{vmatrix}a_i & a_j\\ b_i & b_j\end{vmatrix} = 0$ により $b_j = (b_i/a_i)a_j = ta_j$ となる．また，$j<i$ のとき，$a_jb_i - b_ja_i = \begin{vmatrix}a_j & a_i\\ b_j & b_i\end{vmatrix} = 0$ により，同じく $b_j = (b_i/a_i)a_j = ta_j$ となる．従って，$\mathbf{b} = t\mathbf{a}$ が成立するので，$\mathbf{a}$ と $\mathbf{b}$ は平行である．後者の場合も同様である． □

研究 13-1 長さ 1 のベクトル $\mathbf{u} \in \mathbf{R}^3$ が与えられたとし,原点を通り $\mathbf{u}$ を方向ベクトルとする直線 L および原点を通り $\mathbf{u}$ を法線ベクトルとする平面 H を考える.ベクトル $\mathbf{v} \in \mathbf{R}^3$ に対して,以下の問に答えよ.ただし,(1)(2)(3) では $\mathbf{v}$ は直線 L に属さないとする.

(1) 平面 H に $\mathbf{v}$ を正射影して得られるベクトル $\mathbf{v}_1$ を $\mathbf{u}$ と $\mathbf{v}$ を用いて表せ.

(2) ベクトル積 $\mathbf{v}_2 = \mathbf{u} \times \mathbf{v}$ は平面 H に属し,$\|\mathbf{v}_1\| = \|\mathbf{v}_2\|$ を満たすことを示せ.

(3) 平面 H 上で $\mathbf{v}_1$ を角 θ 回転させて得られるベクトルを $\mathbf{v}_1, \mathbf{v}_2$ および $\sin\theta, \cos\theta$ を用いて表せ.ただし,回転の向きは $\mathbf{v}_1$ を $90°$ 回転させたものが $\mathbf{v}_2$ となる向きとする.なお,$\mathbf{v}$ が L に属さないという仮定から $\mathbf{v}_1, \mathbf{v}_2 \neq \mathbf{0}$ である.

(4) 直線 L を軸としてベクトル $\mathbf{v}$ を角 θ 回転させて得られるベクトルを $T_\theta(\mathbf{v})$ とおく.ベクトル $T_\theta(\mathbf{v})$ を $\mathbf{u}, \mathbf{v}, \mathbf{u} \cdot \mathbf{v}, \mathbf{u} \times \mathbf{v}$ を用いて表せ.

(5) ベクトル $\mathbf{v}$ に (4) で求めたベクトル $T_\theta(\mathbf{v})$ を対応させる写像は線型写像であることを確かめよ.

[解説] (1) $\mathbf{v}$ の L 方向への正射影は $(\mathbf{v} \cdot \mathbf{u})\mathbf{u}$ である.従って,平面 H への正射影は $\mathbf{v}_1 = \mathbf{v} - (\mathbf{v} \cdot \mathbf{u})\mathbf{u}$ である.

(2) $\mathbf{v}_2$ は $\mathbf{u}$ に直交しているから平面 H に属する.また,$\mathbf{u} \times \mathbf{u} = \mathbf{0}$ に注意すると $\mathbf{v}_2 = \mathbf{u} \times \mathbf{v} = \mathbf{u} \times \mathbf{v}_1$ である.$\mathbf{u}$ と $\mathbf{v}_1$ は直交しているから $\|\mathbf{v}_2\| = \|\mathbf{u}\|\|\mathbf{v}_1\| = \|\mathbf{v}_1\|$ である.

(3) $\|\mathbf{v}_1\| = \|\mathbf{v}_2\|$ であるから,求めるベクトルは $(\cos\theta)\mathbf{v}_1 + (\sin\theta)\mathbf{v}_2$ である.

(4) 以上の議論をあわせると,求めるベクトルは次で与えられる.

$$T_\theta(\mathbf{v}) = (\mathbf{v} \cdot \mathbf{u})\mathbf{u} + (\cos\theta)\mathbf{v}_1 + (\sin\theta)\mathbf{v}_2$$
$$= (\mathbf{v} \cdot \mathbf{u})\mathbf{u} + (\cos\theta)(\mathbf{v} - (\mathbf{v} \cdot \mathbf{u})\mathbf{u}) + (\sin\theta)(\mathbf{u} \times \mathbf{v})$$
$$= (1 - \cos\theta)(\mathbf{v} \cdot \mathbf{u})\mathbf{u} + (\cos\theta)\mathbf{v} + (\sin\theta)(\mathbf{u} \times \mathbf{v})$$

この式は,$\mathbf{v} \in L$ の場合も成立する.

(5) 二つのベクトル $\mathbf{v}, \mathbf{w}$ に対して

$$T_\theta(\mathbf{v} + \mathbf{w}) = (1 - \cos\theta)((\mathbf{v} + \mathbf{w}) \cdot \mathbf{u})\mathbf{u} + (\cos\theta)(\mathbf{v} + \mathbf{w}) + (\sin\theta)(\mathbf{u} \times (\mathbf{v} + \mathbf{w}))$$
$$= (1 - \cos\theta)(\mathbf{v} \cdot \mathbf{u} + \mathbf{w} \cdot \mathbf{u})\mathbf{u} + (\cos\theta)(\mathbf{v} + \mathbf{w}) + (\sin\theta)(\mathbf{u} \times \mathbf{v} + \mathbf{u} \times \mathbf{w})$$
$$= (1 - \cos\theta)(\mathbf{v} \cdot \mathbf{u})\mathbf{u} + (1 - \cos\theta)(\mathbf{w} \cdot \mathbf{u})\mathbf{u}$$
$$\quad + (\cos\theta)\mathbf{v} + (\cos\theta)\mathbf{w} + (\sin\theta)(\mathbf{u} \times \mathbf{v}) + (\sin\theta)(\mathbf{u} \times \mathbf{w})$$
$$= T_\theta(\mathbf{v}) + T_\theta(\mathbf{w})$$

となり,ベクトル $\mathbf{v}$ およびスカラー λ に対して

$$T_\theta(\lambda\mathbf{v}) = (1 - \cos\theta)((\lambda\mathbf{v}) \cdot \mathbf{u})\mathbf{u} + (\cos\theta)(\lambda\mathbf{v}) + (\sin\theta)(\mathbf{u} \times (\lambda\mathbf{v}))$$
$$= \lambda(1 - \cos\theta)(\mathbf{v} \cdot \mathbf{u})\mathbf{u} + \lambda(\cos\theta)\mathbf{v} + \lambda(\sin\theta)(\mathbf{u} \times \mathbf{v}))$$
$$= \lambda T_\theta(\mathbf{v})$$

となるから,T_θ は線型写像である. □

第 13 章　線型写像と行列

研究 13-2 研究 8-1 の行列 E, A, B, C をそれぞれ $\mathbf{1}, \mathbf{i}, \mathbf{j}, \mathbf{k}$ とおく。ある実数 a, b, c, d を用いて $a\mathbf{1} + b\mathbf{i} + c\mathbf{j} + d\mathbf{k}$ と表される行列を四元数と呼び，その全体を $\mathbf{H}$ と表す。実数 $t \in \mathbf{R}$ およびベクトル $\mathbf{v} = (x, y, z)^\mathrm{T} \in \mathbf{R}^3$ に対して，ベクトル $\mathbf{v}$ を四元数 $x\mathbf{i} + y\mathbf{j} + z\mathbf{k}$ と同一視することによって，$t\mathbf{1} + \mathbf{v}$ は四元数 $t\mathbf{1} + x\mathbf{i} + y\mathbf{j} + z\mathbf{k}$ を表すものと約束する。

(1) 四元数 $\mathbf{q} = a\mathbf{1} + b\mathbf{i} + c\mathbf{j} + d\mathbf{k}$ に対して，実数 $|\mathbf{q}| = \sqrt{a^2 + b^2 + c^2 + d^2}$ を $\mathbf{q}$ の大きさと呼び，$\overline{\mathbf{q}} = a\mathbf{1} - b\mathbf{i} - c\mathbf{j} - d\mathbf{k}$ を $\mathbf{q}$ の共役と呼ぶ。$\mathbf{q}\,\overline{\mathbf{q}} = |\mathbf{q}|^2 = \overline{\mathbf{q}}\,\mathbf{q}$ を示せ。

(2) ベクトル $\mathbf{u}, \mathbf{v} \in \mathbf{R}^3$ に対して，四元数の積 $\mathbf{u}\,\mathbf{v}$ はベクトルの内積 $\langle \mathbf{u}, \mathbf{v} \rangle$ およびベクトル積 $\mathbf{u} \times \mathbf{v}$ によって $\mathbf{u}\,\mathbf{v} = -\langle \mathbf{u}, \mathbf{v} \rangle \mathbf{1} + \mathbf{u} \times \mathbf{v}$ と表されることを示せ。

(3) 単位ベクトル $\mathbf{u} \in \mathbf{R}^3$ および角 $\theta \in \mathbf{R}$ に対して，$\mathbf{q} = \cos(\theta/2)\mathbf{1} + \sin(\theta/2)\mathbf{u}$ とおく。ベクトル $\mathbf{v} \in \mathbf{R}^3$ を四元数とみなすとき，四元数の積 $\mathbf{q}\,\mathbf{v}\,\overline{\mathbf{q}}$ を計算せよ。

［解説］研究 12-1 により
$$\mathbf{i}^2 = \mathbf{j}^2 = \mathbf{k}^2 = -\mathbf{1}, \quad \mathbf{i}\,\mathbf{j} = -\mathbf{j}\,\mathbf{i} = \mathbf{k}, \quad \mathbf{j}\,\mathbf{k} = -\mathbf{k}\,\mathbf{j} = \mathbf{i}, \quad \mathbf{k}\,\mathbf{i} = -\mathbf{i}\,\mathbf{k} = \mathbf{j}$$
などが成立するので，これらを用いて計算すればよい。

(1)(2) 省略する。(3) 分配則により，
$$(\cos(\theta/2)\mathbf{1} + \sin(\theta/2)\mathbf{u})\,\mathbf{v}\,(\cos(-\theta/2)\mathbf{1} - \sin(\theta/2)\mathbf{u})$$
$$= \cos^2(\theta/2)\mathbf{v} + \sin(\theta/2)\cos(\theta/2)(\mathbf{u}\,\mathbf{v} - \mathbf{v}\,\mathbf{u}) - \sin^2(\theta/2)\mathbf{u}\,\mathbf{v}\,\mathbf{u}$$
となる。ここで，$\mathbf{u}\,\mathbf{v} = \mathbf{u} \times \mathbf{v} - \langle \mathbf{u}, \mathbf{v} \rangle \mathbf{1}$ および $\mathbf{v}\,\mathbf{u} = \mathbf{v} \times \mathbf{u} - \langle \mathbf{v}, \mathbf{u} \rangle \mathbf{1} = -\mathbf{u} \times \mathbf{v} - \langle \mathbf{u}, \mathbf{v} \rangle \mathbf{1}$ により $\mathbf{u}\,\mathbf{v} - \mathbf{v}\,\mathbf{u} = (\mathbf{u} \times \mathbf{v} - \langle \mathbf{u}, \mathbf{v} \rangle \mathbf{1}) - (-\mathbf{u} \times \mathbf{v} - \langle \mathbf{u}, \mathbf{v} \rangle \mathbf{1}) = 2\mathbf{u} \times \mathbf{v}$ であり，
$$\mathbf{u}\,\mathbf{v}\,\mathbf{u} = \mathbf{u}(\mathbf{v}\,\mathbf{u}) = \mathbf{u}(\mathbf{v} \times \mathbf{u} - \langle \mathbf{v}, \mathbf{u} \rangle \mathbf{1})$$
$$= \mathbf{u} \times (\mathbf{v} \times \mathbf{u}) - \langle \mathbf{u}, \mathbf{v} \times \mathbf{u} \rangle \mathbf{1} - \langle \mathbf{v}, \mathbf{u} \rangle \mathbf{u}$$
$$= \langle \mathbf{u}, \mathbf{u} \rangle \mathbf{v} - \langle \mathbf{u}, \mathbf{v} \rangle \mathbf{u} - \langle \mathbf{v}, \mathbf{u} \rangle \mathbf{u} = \mathbf{v} - 2\langle \mathbf{u}, \mathbf{v} \rangle \mathbf{u}$$
である。ただし，$\langle \mathbf{u}, \mathbf{v} \times \mathbf{u} \rangle = 0$ および公式 $\mathbf{u} \times (\mathbf{v} \times \mathbf{w}) = \langle \mathbf{u}, \mathbf{w} \rangle \mathbf{v} - \langle \mathbf{u}, \mathbf{v} \rangle \mathbf{w}$ を用いた。従って，
$$(\cos(\theta/2)\mathbf{1} + \sin(\theta/2)\mathbf{u})\,\mathbf{v}\,(\cos(-\theta/2)\mathbf{1} - \sin(\theta/2)\mathbf{u})$$
$$= \cos^2(\theta/2)\mathbf{v} - \sin^2(\theta/2)\mathbf{v} + 2\sin^2(\theta/2)\langle \mathbf{u}, \mathbf{v} \rangle \mathbf{u} + 2\sin(\theta/2)\cos(\theta/2)(\mathbf{u} \times \mathbf{v})$$
$$= (\cos^2(\theta/2) - \sin^2(\theta/2))\mathbf{v} + 2\sin^2(\theta/2)\langle \mathbf{u}, \mathbf{v} \rangle \mathbf{u} + 2\sin(\theta/2)\cos(\theta/2)(\mathbf{u} \times \mathbf{v})$$
$$= \cos\theta\,\mathbf{v} + (1 - \cos\theta)\langle \mathbf{u}, \mathbf{v} \rangle \mathbf{u} + \sin\theta(\mathbf{u} \times \mathbf{v})$$
が成立する。 □

(参考) 問 (3) の結果は研究 13-1 (4) の結果と一致するので，四元数の積 $\mathbf{q}\,\mathbf{v}\,\overline{\mathbf{q}}$ によって得られるベクトルは，原点を通りベクトル $\mathbf{u}$ を方向ベクトルとする直線に関して，ベクトル $\mathbf{v}$ を角 θ 回転させて得られるベクトルに等しいことが分かる。

研究 13-3 (1) 2次正方行列 A, B に対して次の関係式が成り立つことを確かめよ。

$$\det(AB) = (\det A)(\det B)$$

(2)（ユークリッド互除法の応用）2種類のずらし変換 $P_1 = \begin{bmatrix} 1 & 1 \\ 0 & 1 \end{bmatrix}$ および $P_2 = \begin{bmatrix} 1 & 0 \\ 1 & 1 \end{bmatrix}$ に対して2次正則行列からなる集合

$$G = \{P_1^{\nu_1} P_2^{\mu_1} P_1^{\nu_2} P_2^{\mu_2} \cdots P_1^{\nu_n} P_2^{\mu_n} \mid n \geq 0, \nu_i, \mu_i \in \mathbf{Z}\}$$

を考える。$p, q \in \mathbf{Z}$ とし，(p, q) の最大公約数を $m \geq 0$ とする。このとき，ある $Q \in G$ が存在して $Q \begin{bmatrix} p \\ q \end{bmatrix} = \begin{bmatrix} m \\ 0 \end{bmatrix}$ となることを示せ。

(3) 上述の集合 G に対して

$$G = \left\{ \begin{bmatrix} a & b \\ c & d \end{bmatrix} \middle| a, b, c, d \in \mathbf{Z}, ad - bc = 1 \right\}$$

が成り立つことを示せ。

[解説] (1) 直接計算による（以下略）。「線型代数学」で一般の n 次正方行列に対する証明が与えられる。

(2) まず $E = P_1^0 P_2^0$ であるから $E \in G$ である。また，G の任意の二つの元の積は再び G に属する。さらに，任意の $A \in G$ の逆行列も $A^{-1} \in G$ を満たす。なぜなら $(P_1^{\nu_1} P_2^{\mu_1} P_1^{\nu_2} P_2^{\mu_2} \cdots P_1^{\nu_n} P_2^{\mu_n})^{-1} = P_1^0 P_2^{-\mu_n} P_1^{-\nu_n} P_2^{-\mu_{n-1}} \cdots P_1^{-\nu_1} P_2^0 \in G$ となるからである。また，

$$\begin{bmatrix} 0 & 1 \\ -1 & 0 \end{bmatrix} = \begin{bmatrix} 1 & 1 \\ 0 & 1 \end{bmatrix} \begin{bmatrix} 1 & 0 \\ -1 & 1 \end{bmatrix} \begin{bmatrix} 1 & 1 \\ 0 & 1 \end{bmatrix} \in G$$

および $\begin{bmatrix} -1 & 0 \\ 0 & -1 \end{bmatrix} = \begin{bmatrix} 0 & 1 \\ -1 & 0 \end{bmatrix}^2 \in G$ に注意する。

整数 p, q の最大公約数をベクトル $\begin{bmatrix} p \\ q \end{bmatrix}$ の最大公約数と呼ぶことにする。ただし，任意の整数は 0 の約数である。$P_1^{\pm 1} \begin{bmatrix} p \\ q \end{bmatrix} = \begin{bmatrix} p \pm q \\ q \end{bmatrix}$ および $P_2^{\pm 1} \begin{bmatrix} p \\ q \end{bmatrix} = \begin{bmatrix} p \\ q \pm p \end{bmatrix}$ の最大公約数は $\begin{bmatrix} p \\ q \end{bmatrix}$ の最大公約数 m に等しいから，任意の $A \in G$ に対して $A \begin{bmatrix} p \\ q \end{bmatrix}$ の最大公約数は m に等しい。

非負整数からなる集合 $S = \left\{ |x| + |y| \,\middle|\, \exists A \in G, \begin{bmatrix} x \\ y \end{bmatrix} = A \begin{bmatrix} p \\ q \end{bmatrix} \right\}$ を考える。$E \in G$ により $|p| + |q| \in S$ だから S は空ではない。第2章研究2-2により，S は空でない下に有界な $\mathbf{Z}$ の部分集合だから最小元を持つ。$r = \min S$ とおく。$r = |x| + |y|, \begin{bmatrix} x \\ y \end{bmatrix} = A \begin{bmatrix} p \\ q \end{bmatrix}$ を満たす $A \in G$ が存在する。このとき $xy = 0$ である。実際，$xy \neq 0$ であったとすると，以下のようにして $r = \min S$ との矛盾が導かれる。まず $\begin{bmatrix} 0 & 1 \\ -1 & 0 \end{bmatrix}$ を左から A に掛けたものも G に属するので，必要なら A をこの行列に取り替えて $|x| \geq |y|$ であるとしてよい。このとき $P^{\pm 1} \begin{bmatrix} x \\ y \end{bmatrix} = \begin{bmatrix} x \pm y \\ y \end{bmatrix}$ であって $|x \pm y| + |y| \in S$ のいずれかは $r = |x| + |y|$ より真に小さいことになり，$r = \min S$ に矛盾する。かくして $xy = 0$ であることが分かった。さて，ここでも，必要なら $\begin{bmatrix} 0 & 1 \\ -1 & 0 \end{bmatrix}$ や $\begin{bmatrix} -1 & 0 \\ 0 & -1 \end{bmatrix}$ を左から A に掛けたものに A を取り替えて $x \geq 0$ かつ $y = 0$ としてよい。このとき $\begin{bmatrix} x \\ y \end{bmatrix} = \begin{bmatrix} x \\ 0 \end{bmatrix}$ の最大公約数 $x \geq 0$ は $\begin{bmatrix} p \\ q \end{bmatrix}$ の最大公約数 m に等しいので $A \begin{bmatrix} p \\ q \end{bmatrix} = \begin{bmatrix} x \\ y \end{bmatrix} = \begin{bmatrix} m \\ 0 \end{bmatrix}$ である。この A を Q とすればよい。

(3) $\det P_1^{\pm 1} = \det P_2^{\pm 1} = 1$ である．問 (1) により，任意の $Q \in G$ に対して $\det Q = 1$ であるから，左辺が右辺に含まれることが分かる．

逆の包含関係を示すため，$A = \begin{bmatrix} a & b \\ c & d \end{bmatrix}, a, b, c, d \in \mathbf{Z}, ad - bc = 1$ とする．$\begin{bmatrix} a \\ c \end{bmatrix}$ の最大公約数は $1 = ad - bc$ の約数だから 1 である．そこで $\begin{bmatrix} a \\ c \end{bmatrix}$ に問 (2) を適用すると，ある $B \in G$ に対して $B \begin{bmatrix} p \\ q \end{bmatrix} = \begin{bmatrix} 1 \\ 0 \end{bmatrix}$ となることが分かる．よって，ある $x, y \in \mathbf{Z}$ について $BA = \begin{bmatrix} 1 & x \\ 0 & y \end{bmatrix}$ となるが，問 (1) により $y = \det(BA) = (\det B)(\det A) = 1$ であるから $BA = P_1^x$, $A = B^{-1} P_1^x \in G$ となる．以上により，示すべき等式が得られた． □

第 14 章　行列の基本変形

問題 14.1　異なる二つの行を入れ替える操作は，ある行に 0 でないスカラーを掛ける操作と，ある行に他の行のスカラー倍を加える操作の繰り返しによって得られることを示せ．

[解説] 第 k 行と第 l 行を入れ替える操作は，例えば次のようにして得られる．

$\begin{bmatrix} A_k \\ A_l \end{bmatrix} \xrightarrow{R_l - R_k \to R_l} \begin{bmatrix} A_k \\ A_l - A_k \end{bmatrix} \xrightarrow{R_k + R_l \to R_k} \begin{bmatrix} A_l \\ A_l - A_k \end{bmatrix} \xrightarrow{R_l - R_k \to R_l} \begin{bmatrix} A_l \\ -A_k \end{bmatrix} \xrightarrow{-R_l \to R_l} \begin{bmatrix} A_l \\ A_k \end{bmatrix}$

ただし，簡単のため，第 k 行と第 l 行のみ抜き出して表した．それ以外の行は変えない． □

問題 14.2　行列 $A = \begin{bmatrix} 101 & 111 & 231 \\ 103 & 113 & 233 \\ 105 & 115 & 235 \end{bmatrix}$ について以下の問に答えよ．

(1) 行列 A を行簡約化せよ．

(2) 問 (1) の結果を利用して，行列 A が正則かどうか判定せよ．

[解説] (1) 例えば右の計算により，求める行標準形は $\begin{bmatrix} 1 & 0 & -12 \\ 0 & 1 & 13 \\ 0 & 0 & 0 \end{bmatrix}$ である．

(2) 行標準形が単位行列でないので，行列 A は正則でない． □

(参考) 行列 A が正則かどうか調べるには，必ずしも行簡約行列にまで変形する必要はない．例えば下の変形により，最後の行の成分がすべて 0 であるような行列と行同値であることが分かるので，A は正則ではない．

	101	111	231
	103	113	233
	105	115	235
①	101	111	231
②	103	113	233
③ + ①	206	226	466
①	101	111	231
②	103	113	233
③ − ② × 2	0	0	0

	101	111	231
	103	113	233
	105	115	235
①	101	111	231
② − ①	2	2	2
③ − ①	4	4	4
①	101	111	231
② × (1/2)	1	1	1
③ × (1/4)	1	1	1
①	101	111	231
②	1	1	1
③ − ②	0	0	0
②	1	1	1
①	101	111	231
③	0	0	0
①	1	1	1
② − ① × 101	0	10	130
③	0	0	0
②	1	1	1
② × (1/10)	0	1	13
③	0	0	0
① − ②	1	0	−12
②	0	1	13
③	0	0	0

問題 14.3 行列 $A = \begin{bmatrix} a & 1 & 1 \\ 1 & a & 1 \\ 1 & 1 & a \end{bmatrix}$ について以下の問に答えよ．ただし，a は実数の定数である．

(1) 行列 A を行簡約化せよ．

(2) 問 (1) の結果を利用して，行列 A が正則かどうか判定せよ．

[略解] (1) 求める行標準形は，$a \neq 1$ かつ $a \neq -2$ のとき $\begin{bmatrix} 1 & 0 & 0 \\ 0 & 1 & 0 \\ 0 & 0 & 1 \end{bmatrix}$，$a = 1$ のとき $\begin{bmatrix} 1 & 1 & 1 \\ 0 & 0 & 0 \\ 0 & 0 & 0 \end{bmatrix}$，$a = -2$ のとき $\begin{bmatrix} 1 & 0 & -1 \\ 0 & 1 & -1 \\ 0 & 0 & 0 \end{bmatrix}$ である． (2) $a \neq 1$ かつ $a \neq -2$ のとき正則であり，$a = 1$ または $a = -2$ のとき正則でない． □

[解説] $a \neq 1$ かつ $a \neq -2$ の場合は，例えば，次のように計算すればよい．

$$B = \begin{bmatrix} a & 1 & 1 \\ 1 & a & 1 \\ 1 & 1 & a \end{bmatrix} \xrightarrow{R_1 \leftrightarrow R_3} \begin{bmatrix} 1 & 1 & a \\ 1 & a & 1 \\ a & 1 & 1 \end{bmatrix} \xrightarrow[R_3 - 2R_1 \to R_3]{R_2 - R_1 \to R_2} \begin{bmatrix} 1 & 1 & a \\ 0 & a-1 & 1-a \\ 0 & 1-a & 1-a^2 \end{bmatrix}$$

$$\xrightarrow[R_3 \div (1-a) \to R_3]{R_2 \div (a-1) \to R_2} \begin{bmatrix} 1 & 1 & a \\ 0 & 1 & -1 \\ 0 & 1 & a+1 \end{bmatrix} \xrightarrow[R_3 - R_2 \to R_3]{R_1 - R_2 \to R_1} \begin{bmatrix} 1 & 0 & a+1 \\ 0 & 1 & -1 \\ 0 & 0 & a+2 \end{bmatrix}$$

$$\xrightarrow{R_3 \div (a+2) \to R_3} \begin{bmatrix} 1 & 0 & a+1 \\ 0 & 1 & -1 \\ 0 & 0 & 1 \end{bmatrix} \xrightarrow[R_2 + R_3 \to R_2]{R_1 - R_3 \times (a+1) \to R_1} \begin{bmatrix} 1 & 0 & 0 \\ 0 & 1 & 0 \\ 0 & 0 & 1 \end{bmatrix}$$

行列 A は，$a \neq 1$ かつ $a \neq -2$ のときは単位行列に行同値だから正則であり，$a = 1$ または $a = -2$ のときは，行標準形が単位行列でないので，正則でない．

（注意）定数 a に関する場合分けについては，実際に行基本変形をやってみれば必然性が分かる．そのあと，はじめから場合分けをして解答を書けばよい．

問題 14.4 この問題では，行列 X に対して，X の行標準形のピボットの個数を $r(X)$ と表すことにする．このとき，$l \times m$ 行列 A および $m \times n$ 行列 B について，以下の問に答えよ．ただし，必要なら $r(X) = r(X^{\mathrm{T}})$ を用いてよい．

(1) $r(AB) \leq r(A)$ を示せ． (2) $r(AB) \leq r(B)$ を示せ．

[解説] (1) A の行標準形を D とおく．そのピボットの個数を r とすると，定義により $r = r(A)$ であり，行列 D の第 $r+1$ 行以降の行の成分はすべて 0 である．行同値 $A \sim D$ を与える行基本変形の繰り返しを行列 AB に施して得られる行列は DB に等しく，その第 $r+1$ 行以降の行の成分はすべて 0 となるから，積 AB の行標準形の第 $r+1$ 行以降の行の成分もすべて 0 である．よって，AB の行標準形のピボットの個数は r 以下であり，従って $r(AB) \leq r(A)$ である．
(2) 行列 X に対して，$r(X^{\mathrm{T}}) = r(X)$ が成り立つことから，問 (1) の結論により $r(AB) = r((AB)^{\mathrm{T}}) = r(B^{\mathrm{T}} A^{\mathrm{T}}) \leq r(B^{\mathrm{T}}) = r(B)$ が得られる． □

（参考）性質 $r(X^{\mathrm{T}}) = r(X)$ については §B2 参考を参照せよ．

問題 14.5 $m \times n$ 行列 A について，次の二つの条件は互いに同値であることを示せ．

(a) A の行標準形の第 2 行以降の成分はすべて 0 である．

(b) ある $m \times 1$ 行列 C および $1 \times n$ 行列 R によって $A = CR$ と表される．

[解説] 行列 A の行標準形 B の第 2 行以降の成分はすべて 0 であると仮定する．行標準形 B の第 1 行を抜き出して得られる $1 \times n$ 行列を R とおく．行同値 $B \sim A$ により，ある正則行列 P であって，$A = PB$ となるものが存在するので，そのような P を一つ選び，その第 1 列を抜き出し

て得られる $m \times 1$ 行列を C とおく．仮定から，行列 B の第 2 行以降の成分はすべて 0 であるから，$A = PB = CR$ が成立する．

逆に，行列 A が，ある $m \times 1$ 行列 C および $1 \times n$ 行列 R によって $A = CR$ と表されると仮定する．行列 C の行標準形を D とおくと，ある正則行列 P であって $D = PC$ となるものが存在する．行列 D は行階段行列であって，一つの列のみからなるので，その第 2 行以降の成分はすべて 0 である．従って，$PA = PCR = DR$ の第 2 行以降の成分もすべて 0 である．よって，A の行標準形の第 2 行以降の成分はすべて 0 である． □

研究 14-1 転置行列がもとの行列と等しいような行列を対称行列と言う．対称行列に次の操作を施すことを考える．

1) 第 k 行と第 l 行を入れ替え，第 k 列と第 l 列を入れ替える．
2) 第 k 行に λ を掛け，第 k 列に λ を掛ける（$\lambda \neq 0$）．
3) 第 l 行に第 k 行の λ 倍を加え，第 l 列に第 k 列の λ 倍を加える．

これらの操作を対称行列 A に繰り返し施して行列 B が得られるとき，A は B と合同であると言い，$A \equiv B$ と表す．このとき，行列 B もまた対称行列である．なお，$A \equiv B$ ならば $B \equiv A$ である．

さて，$n \times n$ 対称行列 A について，以下の問に答えよ．

(1) A と合同な対角行列 D が存在することを示せ．
(2) A と合同な対角行列 D について，その対角成分 $d_1, \ldots, d_n$ がすべて非負であるとき，任意の $\mathbf{x} \in \mathbf{R}^n$ に対して $\mathbf{x}^T A \mathbf{x} \geq 0$ であることを示せ．また，$d_1, \ldots, d_n$ がすべて正であるとき，$\mathbf{x}^T A \mathbf{x} = 0$ ならば $\mathbf{x} = \mathbf{0}$ であることを示せ．

［解説］(1) 例えば，次の手続 $(A)_k$, $(B)_k$, $(C)_k$ を $k = 1, 2, \ldots$ の順に実行すればよい．

$(A)_k$ 第 k 成分以降に 0 でない成分を持つ最初の行の番号 i_k について第 i_k 行と第 k 行を入れ替え，第 i_k 列と第 k 列を入れ替える．ただし，$i_k = k$ のときは何もしない．

$(B)_k$ 第 k 列の 0 でない最初の成分の番号 j_k について，第 j_k 行を第 k 行に加え，第 j_k 列を第 k 列に加える．ただし，$j_k = k$ のときは何もしない．

$(C)_k$ 第 k 行のスカラー倍を第 $k+1$ 行以降の行に次々と加えることにより，第 k 列の第 k 成分以外の成分がすべて 0 であるようにし，第 k 列のスカラー倍を第 $k+1$ 列以降の列に次々と加えることにより，第 k 行の第 k 成分以外の成分がすべて 0 であるようにする．

(2) 一般に，行基本変形は，ある正則行列を左から掛ける操作で実現され，それと同じ型の列基本変形は，同じ行列の転置を右から掛けることで実現される．従って，$A \equiv B$ ならば $B = P^T A P$ となる正則行列 P が存在する．

さて，対角行列 D が $A \equiv D$ を満たすとし，$\mathbf{x} \in \mathbf{R}^n$ とする．このとき，ある正則行列 P であって $D = P^T A P$ となるものが存在するので，$Q = P^{-1}$ とおけば次のようになる．

$$\mathbf{x}^T A \mathbf{x} = \mathbf{x}^T (Q^T D Q) \mathbf{x} = (Q\mathbf{x})^T D (Q\mathbf{x}) = d_1 y_1^2 + \cdots + d_n y_n^2$$

ただし $d_1, \ldots, d_n$ は対角行列 D の対角成分であり，$y_1, \ldots, y_n$ はベクトル $\mathbf{y} = Q\mathbf{x}$ の成分である．従って，$d_1, \ldots, d_n \geq 0$ ならば $\mathbf{x}^T A \mathbf{x} = d_1 y_1^2 + \cdots + d_n y_n^2 \geq 0$ となる．さらに，$d_1, \ldots, d_n > 0$ ならば，$\mathbf{x}^T A \mathbf{x} = 0$ のとき，$d_1 y_1^2 + \cdots + d_n y_n^2 = 0$ より $y_1 = \cdots = y_n = 0$ となり，よって $Q\mathbf{x} = \mathbf{0}$ であるが，Q は正則だから $\mathbf{x} = \mathbf{0}$ となる． □

（参考）対称行列 A に対して，$f(x_1, \ldots, x_n) = \mathbf{x}^T A \mathbf{x}$ によって定まる関数 $f : \mathbf{R}^n \longrightarrow \mathbf{R}$ は n 変数の二次形式である．ただし，$\mathbf{x} = (x_1, \ldots, x_n)^T$ である．逆に，任意の n 変数の二次形式 f は，ある対称行列 A を用いて $f(x_1, \ldots, x_n) = \mathbf{x}^T A \mathbf{x}$ と表される．

さて，問 (1) の結果によれば，任意の二次形式は $f(x_1, \ldots, x_n) = d_1 y_1^2 + \cdots + d_n y_n^2$ のように平方完成されることが分かる．ただし，$y_1, \ldots, y_n$ は，もとの変数 $x_1, \ldots, x_n$ から可逆な一次

変換によって
$$(y_1,\ldots,y_n)^{\mathrm{T}} = Q(x_1,\ldots,x_n)^{\mathrm{T}}$$
のようにして得られる変数である。

　この観点では，解説 (1) で述べたアルゴリズムは，二次形式 $f(x_1,\ldots,x_n)$ を平方完成するアルゴリズムを行列の言葉で述べたものとみることができる．実際，解説 (1) で述べたアルゴリズムを二次形式の言葉で述べれば，次のようになる．ただし，説明の都合上，はじめに $t_1 = x_1, \ldots, t_n = x_n$ とおき，計算途中では，変数を置き換えても文字は $t_1,\ldots,t_n$ のままとしておく．第 $k-1$ 段まで終わった時点で，二次形式は
$$d_1 t_1^2 + \cdots + d_{k-1} t_{k-1}^2 + f_k(t_k,\ldots,t_n)$$
となっているので，第 k 段では $f_k(t_k,\ldots,t_n)$ を平方完成すればよい．もし $f_k(t_k,\ldots,t_n) = 0$ であれば，すでに平方完成されているので，$f_k(t_k,\ldots,t_n) \neq 0$ としてよい．

$(A)_k$ 変数 $t_k,\ldots,t_n$ のうち，二次形式に陽に現れる最初のもの t_{i_k} について，t_k と t_{i_k} を入れ替える．ただし，$i_k = k$ のときは何もしない．

$(B)_k$ 式 $t_k t_k, t_k t_{k+1}, \ldots, t_k t_n$ のうち，二次形式に陽に現れる最初のもの $t_k t_{j_k}$ について，t_{j_k} を $t_k + t_{j_k}$ に置き換える．ただし，$j_k = k$ のときは何もしない．

$(C)_k$ 二次形式を t_k について平方完成すると，
$$d_k(t_k + g_{k+1}(t_{k+1},\ldots,t_n))^2 + f_{k+1}(t_{k+1},\ldots,t_n)$$
の形の式となる．そこで，$t_k + g_{k+1}(t_{k+1},\ldots,t_n)$ を t_k に置き換える．

　例えば，二次形式 $f(x_1,x_2,x_3) = 2x_1^2 + 2x_2^2 + 2x_3^2 + 4x_1 x_2 + 4x_1 x_3$ にこのアルゴリズムを適用すると，次のようになる．
$$2t_1^2 + 2t_2^2 + 2t_3^2 + 4t_1 t_2 + 4t_1 t_3 = 2(t_1 + t_2 + t_3)^2 - 4t_2 t_3$$
$$\to 2t_1^2 - 4t_2 t_3$$
$$\to 2t_1^2 - 4t_2(t_2 + t_3) = 2t_1^2 - 4t_2^2 - 4t_2 t_3 = 2t_1^2 - 4(t_2 + (1/2)t_3)^2 + t_3^2$$
$$\to 2t_1^2 - 4t_2^2 + t_3^2$$
対応する行列の変形は，次のようになる．
$$\begin{bmatrix} 2 & 2 & 2 \\ 2 & 2 & 0 \\ 2 & 0 & 2 \end{bmatrix} \to \begin{bmatrix} 2 & 0 & 0 \\ 0 & 0 & -2 \\ 0 & -2 & 0 \end{bmatrix} \to \begin{bmatrix} 2 & 0 & 0 \\ 0 & -4 & -2 \\ 0 & -2 & 0 \end{bmatrix} \to \begin{bmatrix} 2 & 0 & 0 \\ 0 & -4 & 0 \\ 0 & 0 & 1 \end{bmatrix}$$
なお，変数の置き換えをせずに，もとの変数のままで計算すれば
$$2x_1^2 + 2x_2^2 + 2x_3^2 + 4x_1 x_2 + 4x_1 x_3 = 2(x_1 + x_2 + x_3)^2 - 4x_2 x_3$$
$$= 2(x_1 + x_2 + x_3)^2 - 4x_2(x_2 - x_2 + x_3)$$
$$= 2(x_1 + x_2 + x_3)^2 - 4x_2^2 - 4x_2(-x_2 + x_3)$$
$$= 2(x_1 + x_2 + x_3)^2 - 4(x_2 + (1/2)(-x_2 + x_3))^2 + (-x_2 + x_3)^2$$
となる．そこで，$y_1 = x_1 + x_2 + x_3$, $y_2 = x_2 + (1/2)(-x_2 + x_3) = (1/2)(x_2 + x_3)$, $y_3 = -x_2 + x_3$ とおけば，これは可逆な一次変換による変数の変換となっており，二次形式は，新しい変数について $2y_1^2 - 4y_2^2 + y_3^2$ と表される．さらに $z_1 = \sqrt{2}\, y_1, z_2 = y_3, z_3 = 2y_2$ と変換すれば，二次形式は，新しい変数について $z_1^2 + z_2^2 - z_3^3$ と表される．

　一般に，$d_i > 0$ のときは $z_i = \sqrt{d_i} y_i$ とおき，$d_i < 0$ のときは $z_i = \sqrt{-d_i} y_i$ とおき，$d_i = 0$ のときは $z_i = y_i$ とおく．さらに，必要なら変数の番号を入れ替えることによって，二次形式 $f(x_1,\ldots,x_n)$ は $z_1^2 + \cdots + z_p^2 - z_{p+1}^2 - \cdots - z_{p+q}^2$ と表される．この表示を二次形式 $f(x_1,\ldots,x_n)$ の標準形と呼ぶことがある．

　ここで，p および q は，それぞれ，対角成分 $d_1,\ldots,d_n$ のうちの正のものの個数および負のものの個数であるが，これらの数は $A \equiv D$ となるような対角行列 D の選び方に依らず，二次形式 $f(x_1,\ldots,x_n)$ だけから（あるいは対称行列 A だけから）ただ一通りに定まる．これをシルベスターの慣性律と言う．また，組 (p,q) を二次形式 $f(x_1,\ldots,x_n)$ の符号数と言う．

　なお，値が常に非負であるような二次形式を半正定値な二次形式と言い，加えて $f(x_1,\ldots,x_n) =$

0 となるような点 $(x_1,\ldots,x_n)$ が原点に限られるものを正定値な二次形式と言う．言い換えれば，原点において局所的に最小となるものが半正定値な二次形式であり，原点において極小となるものが正定値な二次形式である．二次形式が半正定値となるためには $d_1,\ldots,d_n \geq 0$ すなわち $q=0$ が必要十分であり，二次形式が正定値となるためには $d_1,\ldots,d_n > 0$ すなわち $p=n$ が必要十分である．半負定値な二次形式および負定値な二次形式の概念も同様にして定義され，符号数によって判定される．

以上の内容については，固有値問題の応用として「線型代数学」で扱う．（ここで述べた内容に限れば，必ずしも固有値問題の応用として扱う必要はないが，主軸と呼ばれる重要な概念との関連を考慮して，固有値問題の応用として扱われることが多い．）また，二次形式の正定値性・負定値性とその判定法は，多変数関数の極値問題において重要な役割を果たす．これについては「微分積分学」および総合科目「微分積分学続論」で扱う．

(参考) 解説で述べた行列 P が直交行列すなわち $P^{\mathrm{T}} = P^{-1}$ を満たす行列である場合には，対角行列 $D = P^{\mathrm{T}}AP = P^{-1}AP$ の対角成分 $d_1,\ldots,d_n$ は行列 A の固有値になる．

おわりに

　本書は，東京大学の理科生向け基礎科目「数理科学基礎」で用いる冊子体の資料の増補版である。

　基礎科目「数理科学基礎」は，平成27年度（2015年度）に開始した新しい数学・数理科学の科目である。入学直後の約二ヶ月にわたり週二回の講義として開講し，その後に基礎科目「微分積分学」「線型代数学」に接続する。本科目の目的は，科学・技術の礎となる数理科学の基礎的内容を学び，高等学校で学んだ数学から大学で学ぶ数学への橋渡しとすることにある。

　具体的には，大学入学直後の学生が，授業のスタイルの違いや，慣れない用語に戸惑っているうちにどんどん講義が進み，学修のペースがつかめない状態で意欲を失うなどの問題に対処しようとするものである。同時に，高等学校の学習指導要領が変わっても，本科目から接続する「微分積分学」「線型代数学」に影響が及びにくいように調整する役割も担っている。

　本科目の構想のはじまりは，開始二年前の平成25年（2013年）に遡る。当時，東京大学では，いわゆる四学期制の導入に向けての議論が行われており，教養課程における数学教育を担当する数学部会では，これに呼応して，理想的な数学教育のあり方について検討する委員会が設置された。委員会では，当時の制度の課題，学生間の学力差，学生にとっての学びやすさ，学生の意欲を引き出す講義のあり方，他の科目との連携など，多方面からの検討が行われた。さまざまな現実的制約がある中で，結論として打ち出したのが新科目「数理科学基礎」の創設であった。

　その題材の取捨選択については，さらに詳しい検討が必要となった。ある見方では早めに扱うほうが望ましい題材であっても，別の見方では必要な準備を先に済ませてから扱う方が望ましいなど，観点による違いがあるからである。また，本科目の導入時期が学習指導要領の改訂と重なったため，旧課程と新課程の両方に対応できるようにする必要もあった。幅広い視点から総合的に検討し，二年間の試行の後に確定したのが，本書に収録した内容である。

　そのうち，集合と写像・述語論理・座標空間と数ベクトル・二変数関数のグラフについては，微分積分学と線型代数学の双方にまたがる内容であるため，どちらでも軽く扱われてきたきらいがあるので，それぞれ一つの章を立てて扱うこととした。また，逆三角関数や双曲線関数については，従来，微分積分学のなかで例あるいは問題で触れる程度で済まされることが多かったが，他教科でも頻繁に用いられることから，種々の関数という章を立てて，きちんと扱うこととした。

　このように，多岐にわたる内容を本科目でまとめて扱うことにしたことで，本科目に引き続く「微分積分学」および「線型代数学」については，諸々の配慮をする必要がなくなり，すっきりした科目にまとめることができた。

本書に収録した冊子「数理科学基礎共通資料」は，学生に配付する講義資料の大掛かりなものであり，いわば社会科の授業でしばしば用いられる社会科資料集のような位置付けにあって，同科目の全クラスに共通して用いられることから共通資料と題している．共通資料は，その名の通り，あくまで資料であって，通常の意味の教科書ではない．共通資料に沿って講義することは想定していないし，共通資料の内容を講義でカバーすることも想定していない．ただし，必要に応じて予習する場合や，積極的に自習したいと考える学生のため，各章末に確認用の基本的な問題を付してある．

　本書に収録した共通資料の内容は，もともと基礎科目「数理科学基礎」のシラバスにできるだけ忠実に作成したものであるため，本来の意味の資料集にはなりきれていない．また，文科生にも便利に使ってもらえるように改訂することは重要な課題である．しかし，時代が刻々と変化していくなか，共通資料の現在の姿を世に問い，大学における数学・数理科学教育の一端をご覧いただくことの意義に鑑みて，本書の刊行を決断した次第である．

東京大学数学部会

謝辞

　本書の執筆に際して，足助太郎，加藤晃史，清野和彦，牛腸徹，斎藤毅，坂井秀隆，辻雄，寺田至ほか同僚諸氏から多くの助言をいただきました．なかでも，斎藤毅氏には，本書の内容のあり方から体裁や記述の細かい点に至るまで，非常に多くの示唆をいただきました．河澄響矢氏と下村明洋氏には，問題および解答と解説の作成に多大なるご協力をいただきました．また，講義を担当された教員の方々や受講した学生の皆さんから多くの有益な示唆をいただきました．

　本書の刊行にあたっては，河野俊丈氏と平地健吾氏がご尽力くださいました．また，東京大学出版会ならびに丹内利香氏は，本書の出版に関連するさまざまな便宜を図ってくださいました．

　皆様に深く感謝し，厚く御礼申し上げます．

著　者

　　追記　第 13 章 §3.2 参考は牛腸徹氏のご教示によります．
　　　　　第 6 章 §A2 の記述は坂井秀隆氏，加藤晃史氏との議論から示唆を得ました．

英語索引

A
absolute value 絶対値 ································ 69
acceleration 加速度 ································· 59
addition (of complex numbers) 加法 ·········· 68
addition (of matrices) 加法 ·······················132
addition (of real numbers) 加法 ·················· 9
addition (of vectors) 加法 ························· 92
algebraic equation 代数方程式 ··················· 74
alternating matrix 交代行列 ·····················132
anti-symmetric matrix 反対称行列 ············132
anticlockwise 反時計回り ·························· 70
antiderivative 原始関数, 不定積分 ···43, 44, 60
area 面積 ······································103, 104
area hyperbolic functions 逆双曲線関数 ····· 50
argument (of a complex number) 偏角 ······· 70
argument (of a function) 引数 ···················· 8
arrow 矢線 ·······································77, 90
associative law
　結合則 ·························4, 10, 69, 79, 138, 141
augmented coefficient matrix,
　augmented matrix 拡大係数行列 ·············135

B
ball 球体 ··· 99
base 底 ·· 47
basis 基底 ·· 94
belong to 属する ······································· 1
bijection, bijective map 全単射 ······11, 47, 144
bilinear 双線型 ··· 96
binary operation 二項演算 ·························· 9
binomial coefficient 二項係数 ············37, 165
bounded above 上に有界 ···············17, 19, 108
bounded below 下に有界 ···············17, 19, 108
bounded function 有界な関数 ············19, 108
bounded interval 有界区間 ························· 5
bounded set 有界な集合 ··························· 17

C
C^n function C^n 関数 ································ 38
C^∞ function C^∞ 関数 ································ 38
Cartesian product 直積 ····························· 6
catenary 懸垂線, カテナリー ······················ 48
Cauchy–Schwarz inequality
　コーシー・シュワルツの不等式 ···················· 96
ceiling function 天井関数 ·························164
chain rule 連鎖律 ······························37, 119
circle 円周 ·· 7
circular cone 円錐 ···································110
circular cylinder 円柱 ······························110
class C^n　C^n 級 ····································· 38
class C^∞　C^∞ 級 ····································· 38
clockwise 時計回り ·································· 70
closed ball 閉球体 ···································· 99
closed disc 閉円板 ····································· 7
closed interval 閉区間 ································ 5
closed rectangle 閉矩形 ······························ 7
coefficient 係数 ·· 71
coefficient matrix 係数行列 ······················135
column 列 ···129
column echelon matrix 列階段行列 ···········159
column reduced matrix 列簡約行列 ··········159
column reduction 列簡約化 ······················159
column vector 列ベクトル ·········78, 91, 92, 130
common logarithm 常用対数 ····················· 47
common part 共通部分 ······························ 4
commutative law 交換則 ·················4, 69, 79
complement 補集合 ··································· 5
complex conjugate 複素共役 ····················· 69
complex number 複素数 ··························· 68
complex plane 複素平面 ···························· 70
complex polynomial 複素多項式 ················ 72
complex root 複素根, 虚根 ························ 74
composite map 合成写像 ·························· 10
composite transformation 合成変換 ·········· 10
composition 合成 ······························10, 138
condition 条件 ·· 3
conjugate complex number 共役複素数 ····· 69
constant 定数 ····································40, 72
constant function 定数関数 ······················ 40
constant polynomial 定数多項式 ··············· 72
constant term 定数項 ······························ 72
contained 含まれる ··································· 3
containment 包含関係 ································ 3
continuity of real numbers 実数の連続性 ···· 19
continuous function 連続関数 ··················· 30
continuously differentiable 連続微分可能 ··· 38
contour line 等高線 ·································115
contraction 縮小 ································82, 142
converge 収束する ······························24, 32
convergent 収束する ···························24, 32
convergent sequence 収束列 ····················· 32
coordinate 座標 ·······························77, 78, 90
coordinate expression 成分表示 ············78, 91
coordinate plane 座標平面 ····················· 6, 77
coordinate space 座標空間 ···················· 6, 90
coordinate vector space 数ベクトル空間 ···· 93
counterexample 反例 ······························· 16
critical point 臨界点 ··························36, 125
critical value 臨界値 ·························36, 125
cross product クロス積 ····························103
cube root 立方根 ····································· 75
cylinder 柱面 ···110

D
de Moivre's formula ド・モアブルの公式 ······ 71
de Morgan's law ド・モルガン則 ················· 5
decreasing 減少 ······································ 40
degree (of a polynomial) 次数 ·················· 72
degree (of a square matrix) 次数 ·············131
dependent variable 従属変数 ··············7, 107
derivative 微分係数, 導関数 ················35, 37
determinant 行列式 ······················103, 104, 146
diagonal entry 対角成分 ··························131
diagonal matrix 対角行列 ·······················131
difference set 差集合 ································· 5
differentiable 微分可能 ·······················35, 37
differential equation 微分方程式 ·············· 59
differential form 微分形式 ························ 61
differential operator 微分作用素 ·············120
differentiate 微分する ······························ 37

dilation 拡大 ··82, 142
direct product 直積 ·· 6
directed line segment 有向線分 ··············77, 90
direction vector 方向ベクトル ····················· 97
disc 円板 ·· 7
distance 距離 ··· 7
distributive law 分配則, 分配律 ·········4, 69, 79
divergent 発散する ································24, 32
divide 割り切る ··74
division 除法 ··73
division theorem 除法定理 ··························73
domain of definition 定義域 ···············8, 107
dot product ドット積 ····································95
double factorial 二重階乗 ·························165

E

element (of a matrix) 要素 ························129
element (of a set) 元, 要素 ···························· 1
elementary column operations 列基本変形···159
elementary row operations 行基本変形 ········150
eliminiation method 消去法 ····················152
elliptic paraboloid 楕円放物面 ················112
empty 空 ·· 2
empty set 空集合 ·· 2
entry 成分 ································6, 78, 91, 129
ε-δ argument ε-δ 論法 ······························24
ε-N argument ε-N 論法 ······························33
equation of a line 直線の方程式 ··············99
equation of a plane 平面の方程式 ········98
equation of a sphere 球面の方程式 ·········99
equation of simple oscillator
　　　単振動の方程式 ·······································59
estimate 評価 ··33
Euler's number オイラーの数 ···················47
exist 存在する ··14
existential proposition 存在命題 ···············14
exponential function 指数関数 ·······47, 58, 59
extensional definition 外延的記法 ············ 2
extreme value theorem 最大値の定理 ·········31
extremum ···20

F

factor 因子, 因数 ···74
factor theorem 因数定理 ····························74
factorial 階乗 ···165
factorization 因数分解 ··································74
field 体 ··69
finite interval 有限区間 ·································· 5
first order differential equation
　　　一階微分方程式 ·······································58
floor function 床関数 ································164
for all すべての ···14
for any 任意の ··14
for some ある ··14
function 関数 ··································7, 9, 107
fundamental theorem of algebra
　　　代数学の基本定理 ···································75
fundamental unit vectors
　　　基本単位ベクトル ···································94

G

Gauss bracket ガウス括弧 ·························164
Gauss–Jordan method
　　　ガウス・ジョルダン法 ····················· 152
Gaussian elimination ガウスの消去法 ···········154

Gaussian plane ガウス平面 ························70
general Leibniz rule 一般ライプニッツ則 ········37
global 大域的 ··20
gradient vector 勾配ベクトル ················123
graph グラフ ·······································8, 108
greatest element 最大元 ······························17
greatest lower bound 最大下界 ···············18

H

half circle 半円 ···110
half-open interval 半開区間 ························· 5
height 高さ ··115
hemisphere 半球面 ·····································108
homogeneous 斉次 ····················63, 64, 136
hyperbolic functions 双曲線関数 ············47
hyperbolic paraboloid 双曲放物面 ·······112
hyperplane 超平面 ··98

I

identically equal 恒等的に等しい ·············40
identically vanish 恒等的に消える ············40
identically zero 恒等的に 0 である ············40
identity map 恒等写像 ·································· 9
identity matrix 単位行列 ···················81, 131
identity transformation 恒等変換 ·······9, 81
ijk notation ijk 記法 ·································105
image 像 ···8, 10
imaginary axis 虚軸 ·····································70
imaginary number 虚数 ·······························68
imaginary part 虚部 ······································68
imaginary root 虚根 ······································74
imaginary unit 虚数単位 ······························68
implication 含意 ··15
included 含まれる ·· 3
inclusion relation 包含関係 ·························· 3
increasing 増加 ··40
indefinite integral 不定積分 ·······················44
independent variable 独立変数 ··········7, 107
indeterminate 不定元 ····································72
inequality 不等式 ··33
infimum 下限 ······································18, 19, 108
infinite interval 無限区間 ······························ 5
inhomogeneous 非斉次 ························64, 136
injection, injective map 単射 ·····················11
inner product 内積 ··95
integer 整数 ·· 1
integrate 積分する ··44
integration by parts 部分積分 ···················44
integration by substitution 置換積分 ·······44
intensional definition 内包的記法 ············ 4
intermediate value theorem 中間値の定理 ·····31
intersection 交叉 ·· 4
interval 区間 ·· 5
inverse function 逆関数 ·······························47
inverse hyperbolic functions 逆双曲線関数 ····50
inverse map 逆写像 ···························10, 47, 144
inverse matrix 逆行列 ·································144
inverse transformation 逆変換 ·······11, 144
inverse trigonometric functions
　　　逆三角関数 ···49
invertible 可逆 ·····································10, 144
irrational number 無理数 ······························ 2
irreducible 既約 ···74
irreducible factorization 既約分解 ·········74

K

kernel 核 ……………………………………… 136
Kronecker's delta クロネッカーのデルタ ……… 131

L

Laplace operator ラプラス作用素 …………… 120
Laplacian ラプラシアン ……………………… 120
leading coefficient 最高次の係数 ……………… 72
leading term 最高次の項 ……………………… 72
least element 最小元 …………………………… 17
least upper bound 最小上界 …………………… 18
left continuous 左連続 ………………………… 30
left derivative 左微分係数 ……………………… 35
left limit 左極限 ………………………………… 26
Leibniz rule ライプニッツ則 …………………… 37
level set 等高線 ………………………………… 115
limit 極限 ………………………………………… 24
limit value 極限値 ………………………… 24, 32
line 直線 …………………………………………… 2
linear 線型 ……………………………… 82, 135, 140
linear combination
　線型結合, 一次結合 ………… 64, 79, 93, 136
linear differential equation
　線型微分方程式 ………………………… 63, 64
linear form 線型形式, 一次形式 …………… 109
linear function 一次関数 …………………… 109
linear map 線型写像 ………………… 135, 140
linear operator 線型作用素 ………………… 140
linear space 線型空間 ………………………… 93
linear transformation
　線型変換, 一次変換 ……………… 80, 140
local 局所的 ……………………………………… 20
logarithm 対数 ………………………………… 47
logarithmic function 対数関数 ……………… 47
lower bound 下界 ……………………… 17, 19, 108

M

magnitude (of a complex number) 大きさ … 69
magnitude (of a vector) 大きさ ……………… 95
map, mapping 写像 …………………………… 7
matrix 行列 …………………………… 80, 129
matrix of order 2 二次行列 …………………… 81
matrix representation 行列表示 ……… 84, 143
maximum 最大 ………………………… 17, 108
mean value theorem 平均値の定理 ………… 39
membership relation 所属関係 ………………… 1
minimum 最小 …………………… 17, 20, 108
modulus (of a complex number) 大きさ …… 69
modulus (of a vector) 大きさ ………………… 95
monic polynomial モニックな多項式 ………… 72
monomial 単項式 ……………………………… 72
monotonic, monotonous 単調 ……………… 40
monotonically decreasing 単調減少 ………… 40
monotonically increasing 単調増加 ………… 40
monotonically nondecreasing 単調非減少 …… 40
monotonically nonincreasing 単調非増加 …… 40
multiplication (of complex numbers)
　乗法 ……………………………………… 68, 71
multiplication (of matrices) 乗法 ………… 137
multiplication (of real numbers) 乗法 ………… 9
multiplicity (of a root) 重複度 ……………… 75
multiplier 乗数 ………………………………… 152

N

n-th derivative 第 n 次導関数 ………………… 37
n-th order derivative n 階導関数 …………… 37
n-th root n 乗根 ……………………………… 75
n times differentiable n 回微分可能 ………… 37
Napier's number ネイピア数 ………………… 47
natural domain of definition
　自然な定義域 …………………………… 107
natural logarithm 自然対数 …………………… 47
natural number 自然数 ………………………… 1
negation 否定 …………………………………… 15
nondecreasing 非減少 ………………………… 40
nonincreasing 非増加 ………………………… 40
nonreal complex number 虚数 ……………… 68
nonreal root 非実根, 虚根 …………………… 74
nonsingular matrix 非特異行列 …………… 144
norm ノルム …………………………………… 95
normal vector 法線ベクトル ………………… 98
normalization 正規化 ………………………… 95
null space 零空間 …………………………… 136
nullity 退化次数 …………………………… 158
number line 数直線 …………………………… 2

O

off-diagonal entry 非対角成分 ……………… 131
one-sided derivative 片側微分係数 …………… 35
one-sided limit 片側極限 ……………………… 27
one-to-one correspondence 一対一対応 …… 12
one-to-one mapping 一対一の写像 ………… 12
onto mapping 上への写像 …………………… 12
open ball 開球体 ……………………………… 99
open disc 開円板 ………………………………… 7
open interval 開区間 …………………………… 5
open rectangle 開矩形 …………………………… 7
operator 作用素, 演算子 …………………… 120
opposite vector 逆ベクトル ……………… 79, 93
order (of a differential equation) 階数 ……… 59
order (of a differential operator) 階数 …… 120
order (of a square matrix) 次数 …………… 131
order of decreasing power 降巾の順 ………… 72
order of increasing power 昇巾の順 ………… 72
ordered tuple 順序付き組 ……………………… 6
ordinary differential equation
　常微分方程式 ……………………………… 59
orthogonal 直交する …………………………… 97
orthogonal projection 直交射影, 正射影 …… 141

P

pair 対 …………………………………………… 6
parabolic cylinder 放物柱面 ………………… 113
paraboloid of revolution 回転放物面 ……… 112
parallel 平行 …………………………………… 94
parallelepiped 平行六面体 ………………… 104
parallelogram 平行四辺形 …………… 103, 104
parameter パラメータ ………………… 97, 98, 101
parametric representation
　パラメータ表示 ……………… 97, 99, 101
partial derivative
　偏微分係数, 偏導関数 ………………… 118, 119
partial differential equation 偏微分方程式 …… 59
partial differential operator 偏微分作用素 … 120
perpendicular 直交する ……………………… 97
Pi パイ記号 …………………………………… 164
pivot ピボット, 要, 枢軸 ……………… 151, 152
plane 平面 ……………………………………… 6
point 点 ………………………………………… 1
point vector 位置ベクトル ………………… 77, 90

polar form 極形式 70
polynomial 多項式 71
polynomial function 多項式関数 73
position vector 位置ベクトル 77, 90
positive-definite 正定値 96
power (of a complex number) 巾 69
power (of a square matrix) 巾 138, 145
power (of a transformation) 巾 11
power function 巾関数 58, 59
power series 巾級数 33
predicate logic 述語論理 14
primitive function 原始関数 43, 60
principal value 主値 50
product (of a matrix and a vector)
  積 80, 134
product (of complex numbers) 積 68
product (of matrices) 積 85, 137
product symbol 総積記号 164
proper subset 真部分集合 3
properly contained 真に含まれる 3
purely imaginary number 純虚数 68

Q
quadratic form 二次形式 109
quadratic function 二次関数 109
quaternion 四元数, クォータニオン 105
quotient (of a polynomial) 商 73

R
radius 半径 7
range 値域 8, 10, 108
rank (of a matrix) 階数, ランク 158
rational number 有理数 2
real axis 実軸 70
real number 実数 2
real part 実部 68
real polynomial 実多項式 72
real root 実根 74
real-valued function 実数値関数 9
rectangle 矩形 7
rectangular form 直交形式 70
reduced 簡約, 被約 151, 153, 159
reflection 鏡映 82, 142, 145, 147
regular matrix 正則行列 144
remainder (of a polynomial) 剰余 73
remainder theorem 剰余定理 73
representation matrix 表現行列 84, 143
restriction 制限 10
right continuous 右連続 30
right derivative 右微分係数 35
right limit 右極限 26
Rolle's thorem ロルの定理 39
root 根 74, 75
rotation 回転 86, 88
rotation matrix 回転行列 86
row 行 129
row canonical form 行標準形 153
row echelon matrix 行階段行列 151
row equivalent 行同値 151
row reduced form 行簡約形 153
row reduced matrix 行簡約行列 151
row reduction 行簡約化 153
row vector 行ベクトル 78, 92, 130

S
saddle point 鞍点, 峠点 112, 125
scalar スカラー 92, 129
scalar multiple スカラー倍 93, 133
scalar multiplication スカラー乗法 92
scalar product スカラー積 95
scalar triple product スカラー三重積 104
scale factor スケール因子 82, 142
scale transformation スケール変換 82, 142
scaling スケーリング 82, 142
second derivative 第2次導関数 37
second order derivative 二階導関数 37
second order differential equation
  二階微分方程式 58
semi-infinite interval 半無限区間 5
semi-open interval 半開区間 5
semicircle 半円 110
separable differential equation
  変数分離型微分方程式 60
separation of variables 変数分離 60
sequence 数列 32
series 級数 33
set 集合 1
shear transformation ずらし変換 142
Sigma シグマ記号 164
simultaneous linear equations
  連立一次方程式 99, 135, 149
singular matrix 特異行列 144
size (of a matrix) サイズ 129
skew-symmetric matrix 歪対称行列 132
slope 傾き 124
solution (of a differential equation) 解 59
solution (of an algebraic equation) 解 74
solve 解く 59
span 張る 101
sphere 球面 98, 108
square matrix 正方行列 81, 131
square number 平方数 10
square root 平方根 75
squeeze theorem はさみうちの原理 28
standard basis 標準的な基底 94
standard unit vectors 標準的単位ベクトル 94
stationary point 停留点 36, 125
stationary value 停留値 36, 125
strict local extreme value 極値 21
strict local maximum 極大 21
strict local minimum 極小 21
strictly decreasing 狭義単調減少 41
strictly increasing 狭義単調増加 41
strip region 帯状領域 110
subscript 下付き添字 91
subset 部分集合 3
substitute 代入する 73
sum (of complex numbers) 和 68
sum (of matrices) 和 132
sum (of vectors) 和 93
sum set 和集合 4
summation symbol 総和記号 72, 164
superposition 重ね合わせ 64
superscript 上付き添字 91
supremum 上限 18, 19, 108
surface of revolution 回転面 110
surjection, surjective map 全射 11
symmetry 対称性 96
system of equations 方程式系 99, 135, 149

T

tangent plane 接平面 122
Taylor's theorem テイラーの定理 39
trace 跡, トレース 144, 146
transformation 変換 9
translation 平行移動, 並進 88
transpose 転置 92, 131, 159
transposed matrix 転置行列 131, 159
transposed vector 転置ベクトル 92
triange inequality 三角不等式 96
trigonometric functions 三角関数 46, 58, 59
tuple 組 6
twice differentiable 二回微分可能 37
two-sided derivative 両側微分係数 35
two-sided limit 両側極限 27

U

union 合併 4
unit circle 単位円周 7
unit sphere 単位球面 99

unit vector 単位ベクトル 95
universal proposition 全称命題 14
unknown function 未知関数 59
upper bound 上界 17, 19, 108
upper triangular matrix 上三角行列 155
upper triangularization 上三角化 155

V

value 値 8
variable 変数 72
vector ベクトル 77, 90
vector product ベクトル積 103
vector space ベクトル空間 93
velocity 速度 59, 111
volume 体積 104

Z

zero matrix 零行列 81, 130
zero vector 零ベクトル 79, 93

日本語索引

あ
- 値 value ... 8
- 跡 (正方行列の) trace ... 144, 146
- ある for some ... 14
- 鞍点 saddle point ... 112, 125

い
- 一階微分方程式 first order differential equation ... 58
- 一次関数 linear function ... 109
- 一次形式 linear form ... 109
- 一次結合 linear combination ... 64, 79, 93, 136
- 一次変換 linear transformation ... 80, 140
- 一対一対応 one-to-one correspondence ... 12
- 一対一の写像 one-to-one mapping ... 12
- 位置ベクトル position vector ... 77, 90
- 一般ライプニッツ則 general Leibniz rule ... 37
- ε-N 論法 ε-N argument ... 33
- ε-δ 論法 ε-δ argument ... 24
- 因子, 因数 factor ... 74
- 因数定理 factor theorem ... 74
- 因数分解 factorization ... 74

う
- 上三角化 upper triangularization ... 155
- 上三角行列 upper triangular matrix ... 155
- 上付き添字 superscript ... 91
- 上に有界 bounded above ... 17, 19, 108
- 上への写像 onto mapping ... 12

え
- n 階導関数 n-th order derivative ... 37
- n 回微分可能 n times differentiable ... 37
- n 乗根 n-th root ... 75
- 演算子 operator ... 120
- 円周 circle ... 7
- 円錐 circular cone ... 110
- 円柱 circular cylinder ... 110
- 円板 disc ... 7

お
- オイラーの数 Euler's number ... 47
- 大きさ (ベクトルの) magnitude, modulus ... 95
- 大きさ (複素数の) magnitude, modulus ... 69

か
- 解 (代数方程式の) solution ... 74
- 解 (微分方程式の) solution ... 59
- 外延的記法 extensional definition ... 2
- 開円板 open disc ... 7
- 開球体 open ball ... 99
- 開区間 open interval ... 5
- 開矩形 open rectangle ... 7
- 階乗 factorial ... 165
- 階数 (行列の) rank ... 158
- 階数 (微分方程式の) order ... 59
- 階数 (微分作用素の) order ... 120
- 外積 ... 103
- 回転 rotation ... 86, 88
- 回転行列 rotation matrix ... 86
- 回転放物面 paraboloid of revolution ... 112
- 回転面 surface of revolution ... 110
- ガウス括弧 Gauss bracket ... 164
- ガウス・ジョルダン法 Gauss–Jordan method ... 152
- ガウスの消去法 Gaussian elimination ... 154
- ガウス平面 Gaussian plane ... 70
- 下界 lower bound ... 17, 19, 108
- 可換則, 可換律 commutative law ... 4, 69, 79
- 可逆 invertible ... 10, 144
- 核 kernel ... 136
- 拡大 dilation ... 82, 142
- 拡大係数行列 augmented coefficient matrix, augmented matrix ... 135
- 下限 infimum ... 18, 19, 108
- 重ね合わせ superposition ... 64
- 加速度 acceleration ... 59
- 片側極限 one-sided limit ... 27
- 片側微分係数 one-sided derivative ... 35
- 傾き slope ... 124
- 合併 union ... 4
- カテナリー catenary ... 48
- 要 pivot ... 151, 152
- 加法 (ベクトルの) ... 92
- 加法 (行列の) addition ... 132
- 加法 (実数の) addition ... 9
- 加法 (複素数の) addition ... 68
- 含意 implication ... 15
- 関数 function ... 7, 9, 107

き
- 基底 basis ... 94
- 基本単位ベクトル fundamental unit vectors ... 94
- 既約 irreducible ... 74
- 逆関数 inverse function ... 47
- 逆行列 inverse matrix ... 144
- 逆三角関数 inverse trigonometric functions ... 49
- 逆写像 inverse map ... 10, 47, 144
- 逆双曲線関数 inverse hyperbolic functions ... 50
- 既約分解 irreducible factorization ... 74
- 逆ベクトル opposite vector ... 79, 93
- 逆変換 inverse transformation ... 11, 144
- 級数 series ... 33
- 球体 ball ... 99
- 球面 sphere ... 98, 108
- 球面の方程式 equation of a sphere ... 99
- 行 row ... 129
- 鏡映 reflection ... 82, 142, 145, 147
- 行階段行列 row echelon matrix ... 151
- 行簡約化 row reduction ... 153
- 行簡約行列 row reduced matrix ... 151
- 行簡約形 row reduced form ... 153
- 狭義単調減少 strictly decreasing ... 41
- 狭義単調増加 strictly increasing ... 41
- 行基本変形 elementary row operations ... 150
- 共通部分 common part ... 4
- 行同値 row equivalent ... 151
- 行標準形 row canonical form ... 153
- 行ベクトル row vector ... 78, 92, 130
- 共役複素数 conjugate complex number ... 69

行列 matrix ... 80, 129
行列式 determinant ... 103, 104, 146
行列表示 matrix representation ... 84, 143
極形式 polar form ... 70
極限 limit ... 24
極限値 limit value ... 24, 32
極小 strict local minimum ... 21
局所的 local ... 20
極大 strict local maximum ... 21
極値 strict local extreme value ... 21
虚根 imaginary root ... 74
虚軸 imaginary axis ... 70
虚数 imaginary number ... 68
虚数単位 imaginary unit ... 68
虚部 imaginary part ... 68
距離 distance ... 7

く
空 empty ... 2
空間ベクトル spatial vector ... 90
空集合 empty set ... 2
クォータニオン quaternion ... 105
区間 interval ... 5
矩形 rectangle ... 7
組 tuple ... 6
グラフ graph ... 8, 108
クロス積 cross product ... 103
クロネッカーのデルタ Kronecker's delta ... 131

け
係数 coefficient ... 71
径数 parameter ... 97, 98, 101
係数行列 coefficient matrix ... 135
結合則, 結合律
　associative law ... 4, 10, 69, 79, 138, 141
元 (集合の) element ... 1
原始関数
　antiderivative, primitive function ... 43, 60
減少 decreasing ... 40
懸垂線 catenary ... 48

こ
交換則, 交換律 commutative law ... 4, 69, 79
広義単調減少 ... 41
広義単調増加 ... 41
交叉 intersection ... 4
合成 composition ... 10, 138
合成写像 composite map ... 10
合成変換 composite transformation ... 10
交代行列 alternating matrix ... 132
恒等写像 identity map ... 9
恒等的に消える identically vanish ... 40
恒等的に等しい identically equal ... 40
恒等的に 0 である identically zero ... 40
恒等変換 identity transformation ... 9, 81
勾配ベクトル gradient vector ... 123
降巾の順 order of decreasing power ... 72
コーシー・シュワルツの不等式
　Cauchy–Schwarz inequality ... 96
根 root ... 74, 75

さ
最高次の係数 leading coefficient ... 72
最高次の項 leading term ... 72
最小 minimum ... 17, 20, 108
最小元 least element ... 17
最小上界 least upper bound ... 18
サイズ (行列の) size ... 129
最大 maximum ... 17, 108
最大下界 greatest lower bound ... 18
最大元 greatest element ... 17
最大値の定理 extreme value theorem ... 31
差集合 difference set ... 5
座標 coordinate ... 77, 78, 90
座標空間 coordinate space ... 6, 90
座標平面 coordinate plane ... 6, 77
作用素 operator ... 120
三角関数 trigonometric functions ... 46, 58, 59
三角不等式 triangle inequality ... 96

し
シグマ記号 Sigma ... 164
四元数 quaternion ... 105
次数 (正方行列の) degree, order ... 131
次数 (多項式の) degree ... 72
指数関数 exponential function ... 47, 58, 59
自然数 natural number ... 1
自然対数 natural logarithm ... 47
自然な定義域
　natural domain of definition ... 107
下付き添字 subscript ... 91
下に有界 bounded below ... 17, 19, 108
実根 real root ... 74
実軸 real axis ... 70
実数 real number ... 2
実数値関数 real-valued function ... 9
実数の連続性 continuity of real numbers ... 19
実多項式 real polynomial ... 72
実部 real part ... 68
射影 projection ... 141
写像 map, mapping ... 7
集合 set ... 1
収束する converge, convergent ... 24, 32
従属変数 dependent variable ... 7, 107
収束列 convergent sequence ... 32
縮小 contraction ... 82, 142
主値 principal value ... 50, 70
述語論理 predicate logic ... 14
純虚数 purely imaginary number ... 68
商 (多項式の) quotient ... 73
上界 upper bound ... 17, 19, 108
消去法 elimination method ... 152
上限 supremum ... 18, 19, 108
条件 condition ... 3
乗数 multiplier ... 152
常微分方程式
　ordinary differential equation ... 59
昇巾の順 order of increasing power ... 72
乗法 (行列の) multiplication ... 137
乗法 (実数の) multiplication ... 9
乗法 (複素数の) multiplication ... 68, 71
剰余 (多項式の) remainder ... 73
常用対数 common logarithm ... 47
剰余定理 remainder theorem ... 73
所属関係 membership relation ... 1
除法 division ... 73
除法定理 division theorem ... 73
真に含まれる properly contained ... 3
真部分集合 proper subset ... 3

す

枢軸 pivot 151, 152
数直線 number line 2
数ベクトル coordinate vector 92
数ベクトル空間 coordinate vector space 93
数列 sequence 32
スカラー scalar 92, 129
スカラー三重積 scalar triple product 104
スカラー乗法 scalar multiplication 92
スカラー積 scalar product 95
スカラー倍 scalar multiple 93, 133
スケーリング scaling 82, 142
スケール因子 scale factor 82, 142
スケール変換 scale transformation 82, 142
すべての for all 14
ずらし変換 shear transformation 142

せ

正規化 normalization 95
制限 restriction 10
斉次 homogeneous 63, 64, 136
正射影 orthogonal projection 141
整数 integer 1
正則行列 regular matrix 144
正定値 positive-definite 96
成分 entry 6, 78, 91, 129
成分表示 coordinate expression 78, 91
正方行列 square matrix 81, 131
積 (行列とベクトルの) product 80, 134
積 (行列の) product 85, 137
積 (複素数の) product 68
跡 (正方行列の) trace 144, 146
積分する integrate 44
絶対値 absolute value 69
接平面 tangent plane 122
ゼロ行列 (零行列) zero matrix 81, 130
ゼロベクトル (零ベクトル) zero vector 79, 93
線型 linear 82, 135, 140
線型空間 linear space 93
線型形式 linear form 109
線型結合 linear combination 64, 79, 93, 136
線型作用素 linear operator 140
線型写像 linear map 135, 140
線型微分方程式
　　　linear differential equation 63, 64
線型変換 linear transformation 80, 140
全射 surjective map, surjection 11
全称命題 universal proposition 14
全単射 bijective map, bijection 11, 47, 144

そ

像 image 8, 10
増加 increasing 40
双曲線関数 hyperbolic functions 47
双曲放物面 hyperbolic paraboloid 112
総積記号 product symbol 164
双線型 bilinear 96
総和記号 summation symbol 72, 164
属する belong to 1
速度 velocity 59, 111
存在する exist 14
存在命題 existential proposition 14

た

体 field 69

第 2 次導関数 second derivative 37
第 n 次導関数 n-th derivative 37
大域的 global 20
対角行列 diagonal matrix 131
対角成分 diagonal entry 131
退化次数 nullity 158
対称性 symmetry 96
帯状領域 strip region 110
対数 logarithm 47
代数学の基本定理
　　　fundamental theorem of algebra 75
対数関数 logarithmic function 47
代数方程式 algebraic equation 74
体積 volume 104
代入する substitute 73
楕円放物面 elliptic paraboloid 112
高さ height 115
多項式 polynomial 71
多項式関数 polynomial function 73
多変数関数 function of several variables 107
単位円周 unit circle 7
単位球面 unit sphere 99
単位行列 identity matrix 81, 131
単位ベクトル unit vector 95
単項式 monomial 72
単射 injective map, injection 11
単振動の方程式
　　　equation of simple oscillator 59
単調 monotonic, monotonous 40
単調減少 monotonically decreasing 40
単調増加 monotonically increasing 40
単調非減少 monotonically nondecreasing 40
単調非増加 monotonically nonincreasing 40

ち

値域 range 8, 10, 108
置換積分 integration by substitution 44
中間値の定理 intermediate value theorem 31
柱面 cylinder 110
重複度 (根の) multiplicity 75
超平面 hyperplane 98
直積 direct product 6
直線 line 2
直線の方程式 equation of a line 99
直交形式 rectangular form 70
直交射影 orthogonal projection 141
直交する perpendicular, orthogonal 97

つ

対 pair 6

て

底 base 47
定義域 domain of definition 8, 107
定数 constant 40, 72
定数関数 constant function 40
定数項 constant term 72
定数多項式 constant polynomial 72
テイラーの定理 Taylor's theorem 39
停留値 stationary value 36, 125
停留点 stationary point 36, 125
点 point 1
天井関数 ceiling function 164
転置 transpose 92, 131, 159
転置行列 transposed matrix 131, 159
転置ベクトル transposed vector 92

と

ド・モアブルの公式 de Moivre's formula ········ 71
ド・モルガン則 de Morgan's law ·················· 5
導関数 derivative ······································ 37
峠点 saddle point ····························· 112, 125
等高線 level set, contour line ···················· 115
同次 homogeneous ························· 63, 64, 136
解く solve ·· 59
特異行列 singular matrix ·························· 144
独立変数 independent variable ················ 7, 107
時計回り clockwise ··································· 70
ドット積 dot product ································ 95
トレース（正方行列の）trace ············· 144, 146

な

内積 inner product ··································· 95
内包的記法 intensional definition ················· 4

に

二階導関数 second order derivative ············· 37
二回微分可能 twice differentiable ················ 37
二階微分方程式
　　second order differential equation ········ 58
二項演算 binary operation ························· 9
二項係数 binomial coefficient ··············· 37, 165
二次関数 quadratic function ····················· 109
二次行列 matrix of order 2 ······················· 81
二次形式 quadratic form ·························· 109
二重階乗 double factorial ························· 165
任意の for any ······································· 14

ね

ネイピア数 Napier's number ······················ 47

の

ノルム norm ·· 95

は

媒介変数 parameter ·························· 97, 98, 101
パイ記号 Pi ·· 164
掃き出し法 ··· 152
はさみうちの原理 squeeze theorem ············· 28
発散する divergent ····························· 24, 32
パラメータ parameter ····················· 97, 98, 101
パラメータ表示
　　parametric representation ········· 97, 99, 101
張る span ··· 101
半円 half circle, semicircle ······················ 110
半開区間 semi-open interval ······················· 5
半径 radius ··· 7
反対称行列 anti-symmetric matrix ·············· 132
反時計回り anticlockwise ··························· 70
半球面 hemisphere ································· 108
半無限区間 semi-infinite interval ·················· 5
反例 counterexample ································ 16

ひ

引数 argument ··· 8
非減少 nondecreasing ······························· 40
非斉次 inhomogeneous ······················· 64, 136
非増加 nonincreasing ······························· 40
非対角成分 off-diagonal entry ··················· 131
左極限 left limit ······································ 26
左微分係数 left derivative ·························· 35
左連続 left continuous ······························ 30

否定 negation ·· 15
非同次 inhomogeneous ························ 64, 136
非特異行列 nonsingular matrix ·················· 144
微分可能 differentiable ························ 35, 37
微分形式 differential form ························· 61
微分係数 derivative ·································· 35
微分作用素 differential operator ················ 120
微分する differentiate ······························ 37
微分方程式 differential equation ·················· 59
ピボット pivot ································ 151, 152
被約 reduced ······························ 151, 153, 159
評価 estimate ··· 33
表現行列 representation matrix ············ 84, 143
標準的単位ベクトル standard unit vectors ··· 94
標準的な基底 standard basis ······················ 94

ふ

複素共役 complex conjugate ······················· 69
複素根 complex root ································ 74
複素数 complex number ···························· 68
複素多項式 complex polynomial ·················· 72
複素平面 complex plane ···························· 70
含まれる contained, included ······················ 3
不定元 indeterminate ······························· 72
不定積分 indefinite integral ······················· 44
不等式 inequality ···································· 33
部分集合 subset ······································· 3
部分積分 integration by parts ··················· 44
分配則, 分配律 distributive law ········ 4, 69, 79

へ

閉円板 closed disc ···································· 7
閉球体 closed ball ··································· 99
平均値の定理 mean value theorem ·············· 39
閉区間 closed interval ································ 5
閉矩形 closed rectangle ······························ 7
平行 parallel ··· 94
平行移動 translation ································ 88
平行四辺形 parallelogram ··················· 103, 104
平行六面体 parallelepiped ························ 104
並進 translation ····································· 88
平方根 square root ································· 75
平方数 square number ····························· 10
平面 plane ··· 6
平面の方程式 equation of a plane ················ 98
平面ベクトル plane vector ························ 77
巾（正方行列の）power ····················· 138, 145
巾（複素数の）power ································ 69
巾（変換の）power ································· 11
巾関数 power function ······················· 58, 59
巾級数 power series ································ 33
ベクトル vector ································ 77, 90
ベクトル空間 vector space ························· 93
ベクトル積 vector product ······················· 103
偏角 argument ······································· 70
変換 transformation ·································· 9
変数 variable ·· 72
変数分離 separation of variables ················· 60
変数分離型微分方程式
　　separable differential equation ············ 60
偏導関数 partial derivative ······················ 119
偏微分係数 partial derivative ···················· 118
偏微分作用素 partial differential operator ···· 120
偏微分方程式 partial differential equation ···· 59

ほ
包含関係 containment ... 3
方向ベクトル direction vector ... 97
法線ベクトル normal vector ... 98
方程式系 system of equations ... 99, 135, 149
放物柱面 parabolic cylinder ... 113
補集合 complement ... 5

み
右極限 right limit ... 26
右微分係数 right derivative ... 35
右連続 right continuous ... 30
未知関数 unknown function ... 59

む
無限区間 infinite interval ... 5
無理数 irrational number ... 2

め
面積 area ... 103, 104

も
モニックな多項式 monic polynomial ... 72

や
矢線 arrow ... 77, 90

ゆ
有界区間 bounded interval ... 5
有界な関数 bounded function ... 19, 108
有界な集合 bounded set ... 17
有限区間 finite interval ... 5
有向線分 directed line segment ... 77, 90
有理数 rational number ... 2
床関数 floor function ... 164

よ
要素（行列の）element ... 129
要素（集合の）element ... 1

ら
ライプニッツ則 Leibniz rule ... 37
ラプラシアン Laplacian ... 120
ラプラス作用素 Laplace operator ... 120
ランク（行列の）rank ... 158

り
立方根 cube root ... 75
両側極限 two-sided limit ... 27
両側微分係数 two-sided derivative ... 35
臨界値 critical value ... 36, 125
臨界点 critical point ... 36, 125

れ
零行列 zero matrix ... 81, 130
零空間 null space ... 136
零ベクトル zero vector ... 79, 93
列 column ... 129
列階段行列 column echelon matrix ... 159
列簡約化 column reduction ... 159
列簡約行列 column reduced matrix ... 159
列基本変形 elementary column operations ... 159
列ベクトル column vector ... 78, 91, 92, 130
連鎖律 chain rule ... 37, 119
連続関数 continuous function ... 30
連続微分可能 continuously differentiable ... 38
連立一次方程式
 simultaneous linear equations ... 99, 135, 149

ろ
ロルの定理 Rolle's thorem ... 39

わ
和（ベクトルの）sum ... 93
和（行列の）sum ... 132
和（複素数の）sum ... 68
歪対称行列 skew-symmetric matrix ... 132
和集合 sum set ... 4
割り切る divide ... 74

著者略歴

松尾　厚（まつお・あつし）

1965年　東京に生まれる
1991年　京都大学大学院理学研究科数理解析専攻博士後期課程
　　　　中途退学
　　　　名古屋大学理学部助手などを経て，
現　在　東京大学大学院数理科学研究科准教授。博士（理学）

大学数学ことはじめ　新入生のために
　　　2019年 4 月12日　初　版
　　　2023年10月16日　第 3 刷

　　　　　［検印廃止］

編　者　東京大学数学部会

著　者　松尾　厚

発行所　一般財団法人　東京大学出版会
　　　　代表者　吉見俊哉
　　　　153-0041 東京都目黒区駒場 4-5-29
　　　　https://www.utp.or.jp/
　　　　電話 03-6407-1069　Fax 03-6407-1991
　　　　振替 00160-6-59964

印刷所　株式会社理想社
製本所　牧製本印刷株式会社

Ⓒ 2019 Department of Mathematics, The University of
Tokyo and Atsushi Matsuo
ISBN 978-4-13-062923-2　Printed in Japan

JCOPY 〈出版者著作権管理機構　委託出版物〉
本書の無断複写は著作権法上での例外を除き禁じられています。複写される場合は、そのつど事前に、出版者著作権管理機構（電話 03-5244-5088、FAX 03-5244-5089, e-mail: info@jcopy.or.jp）の許諾を得てください。

微積分

斎藤毅　A5判・328頁・2800円

数学の基盤となる微積分について，現代的な視点から見通しよくコンパクトにまとめたテキスト。高校の内容との違いや数学に特有な論理的表現についてもくわしく解説し，基本から理解できるように工夫。また物理学に現れるさまざまな微分方程式についてもふれる。

線型代数学

足助太郎　A5判・362頁・3200円

現代数学の基礎であり，将来数学を扱う人たちにとって必携の知識となる線型代数学。本書は，それらの読者に向けて書かれる初学者向け教科書である。行列や複素数に関する知識がまったくない人でも読めるよう記述を工夫し，基礎的な内容を網羅する。

線形代数の世界　抽象数学の入り口　大学数学の入門⑦

斎藤毅　A5判・288頁・2800円

現代数学を支える線形代数。本書は，ジョルダン標準形や，双対空間，商空間，テンソル積などを解説した，さらに進んだ線形代数を学びたい人たちのための教科書である。数学特有の「ことば」や「考え方」についても随所で説明。基本的例・問題も多数。

数学の現在　全3巻 i, π, e

斎藤毅・河東泰之・小林俊行編

A5判, i：224頁・2800円，π：198頁・2800円，e：272頁・3000円

微積分や線形代数の先には，どのような世界がくりひろげられているのだろう。東大数理の執筆陣が，いま数学ではどのようなおもしろい研究がおこなわれているのかを，初学者に向けて生き生きと解説。あなたも臨場感あふれる講義に参加してみませんか。

2019年度日本数学会出版賞受賞

ここに表示された価格は本体価格です。ご購入の際には消費税が加算されますのでご了承ください。